高等医学院校系列教材

生物化学与分子生物学

（可供临床医学、护理、口腔医学、影像、检验、全科医学等医学相关专业使用）

（第二版）

主　编　张一鸣

副主编　陈园园　陆任云　徐文平

编委会成员

陈园园（南京医科大学）
崔小进（南通卫生学校）
刘向华（南京医科大学）
陆任云（江苏大学京江学院）
时费翔（南通卫生学校）
王　倩（南京医科大学）
王　宁（南京医科大学）
徐文平（南通卫生学校）
张　锐（江苏大学京江学院）
张　伟（南京医科大学）
张一鸣（南京医科大学）
张义全（江苏大学京江学院）
张　盈（江苏大学京江学院）

主　审　德　伟

东南大学出版社
SOUTHEAST UNIVERSITY PRESS
·南京·

内容提要

本书主要介绍蛋白质的结构和功能，核酸的结构和功能，酶和糖代谢，脂类代谢，生物氧化，氨基酸代谢，核苷酸代谢，代谢调节网络及细胞信号转导、复制、转录，蛋白质的生物合成、基因表达的调控，分子生物学常用技术及应用，维生素，糖复合物的结构和功能，血液生物化学，肝的生物化学等。本书内容简练、结构合理、图文并茂、实用性强。

本书可供临床医学、护理、口腔医学、影像、检验、全科医学等医学相关专业使用，同时可作为高职教育、成人教育和自学考试的教材。

图书在版编目(CIP)数据

生物化学与分子生物学 / 张一鸣主编. — 2版. —
南京 ：东南大学出版社，2018. 8
ISBN 978 - 7 - 5641 - 7909 - 0

Ⅰ. ①生… Ⅱ. ①张… Ⅲ. ①生物化学②分子生物学
Ⅳ. ①Q5②Q7

中国版本图书馆 CIP 数据核字(2018)第 178238 号

生物化学与分子生物学(第二版)

出版发行	东南大学出版社
出 版 人	江建中
责任编辑	常凤阁
社　　址	南京市四牌楼 2 号
邮　　编	210096
网　　址	http://www.seupress.com
经　　销	各地新华书店
印　　刷	丹阳市兴华印刷厂
开　　本	787 mm×1 092 mm　1/16
印　　张	17.5
字　　数	440 千字
版　　次	2018 年 8 月第 2 版
印　　次	2018 年 8 月第 1 次印刷
书　　号	ISBN 978 - 7 - 5641 - 7909 - 0
定　　价	44.00 元

* 本社图书若有印装质量问题，请直接与营销部联系，电话：025 - 83791830。

修订前言

进入21世纪以来，生物化学在广度和深度上发生着巨大的变化，对生命科学领域的核心学科展示着愈加重要的影响力。现代医学已经进入分子医学时代，生物化学是在分子水平研究生命现象，阐明生物分子结构、功能、调控以及各种生理和病理状态的分子机制，在医学相关院校的专业基础课程中占有绝对重要的地位。

近年来，许多新的教学模式：PBL、CBL、CPC等被引进医学基础教学中，其核心问题是在基础课程中如何与临床实践对接，基础知识如何在医学问题中应用，这也是现今医学专业基础教材编写面临的挑战。本书编写的基本指导思想是：一方面，面对不同本、专科生的教学背景，教科书力求基本概念、基本问题，深入浅出、循序渐进，读了能懂，适当联系新进展，进行知识更新；另一方面，在理论知识上与临床问题相结合，在知识运用上向临床应用倾斜，努力避免繁琐的理论推导与验证，加强对临床工作的指导和对实际工作能力的培养。

本教材共分17章，内容涉及生物大分子的结构与功能、物质代谢、遗传信息的传递与表达、临床生化以及分子生物学研究技术等多方面内容。各章开篇都是一个与本章知识相关的临床案例，希望不管是教学还是自主学习，都能带着问题去引导学习，指引学习的方向。

参与本次编写工作的都是在生物化学与分子生物学教学和科研第一线工作多年的人员，感谢他们的辛勤付出，也感谢因故不能参加本版编写的第一版的同仁。编写过程得到了东南大学出版社负责老师、各学校相关部门的大力支持，在此一并感谢。因时间仓促，书中出现的各种错误和问题，恳请广大读者见谅并予以指正，以便加以修改。

编者

2018. 4

目 录

第一章 蛋白质的结构和功能 …… (1)

第一节 蛋白质的分子组成 …… (1)

一、蛋白质的元素组成 …… (1)

二、蛋白质的基本组成单位——氨基酸 …… (1)

三、氨基酸的连接方式 …… (6)

第二节 蛋白质的分子结构 …… (7)

一、蛋白质的一级结构 …… (7)

二、蛋白质的空间结构 …… (8)

第三节 蛋白质的结构和功能的关系 …… (13)

一、蛋白质一级结构与功能的关系 …… (13)

二、蛋白质空间结构与功能的关系 …… (14)

第四节 蛋白质的理化性质 …… (16)

一、蛋白质的两性解离 …… (16)

二、蛋白质的高分子性质 …… (16)

三、蛋白质的变性 …… (17)

四、蛋白质的沉淀 …… (17)

五、蛋白质的呈色反应及紫外吸收性质 …… (18)

第五节 蛋白质的分类 …… (19)

一、按组成分类 …… (19)

二、按分子形状分类 …… (19)

三、按功能分类 …… (20)

第二章 核酸的结构与功能 …… (21)

第一节 核酸的化学组成 …… (21)

一、核酸的基本组成单位 …… (21)

二、体内几种重要的核苷酸衍生物 …… (25)

第二节 核酸的分子结构 …… (26)

一、DNA 的分子结构 …… (26)

二、RNA 的分子结构 …… (28)

第三节 核酸的理化性质 …… (30)

一、核酸的一般性质和紫外吸收 …… (30)

二、核酸的变性、复性和分子杂交 …… (30)

第三章　酶 …… (32)

第一节　酶促反应的特点 …… (32)
第二节　酶的结构与功能 …… (33)
一、酶的分子组成 …… (33)
二、酶的活性中心 …… (34)
三、酶原及酶原激活 …… (35)
四、同工酶及其临床意义 …… (36)
五、细胞内酶活性的调节 …… (37)
第三节　影响酶促反应的因素 …… (37)
一、酶浓度对酶促反应速度的影响 …… (37)
二、底物浓度对酶促反应速度的影响 …… (38)
三、温度对酶促反应速度的影响 …… (39)
四、pH 对酶促反应速度的影响 …… (39)
五、激活剂对酶促反应速度的影响 …… (39)
六、抑制剂对酶促反应速度的影响 …… (40)
第四节　酶的命名与分类 …… (42)
一、酶的命名 …… (42)
二、酶的分类 …… (42)
第五节　酶与医学的关系 …… (43)
一、酶与疾病的关系 …… (43)
二、酶在医学研究领域中的应用 …… (44)

第四章　糖代谢 …… (45)

第一节　概述 …… (45)
一、糖的生理功能 …… (45)
二、糖的消化 …… (46)
三、糖的吸收 …… (46)
第二节　糖的分解代谢 …… (46)
一、糖酵解 …… (47)
二、糖的有氧氧化 …… (51)
三、磷酸戊糖途径 …… (53)
第三节　糖原的合成与分解 …… (55)
一、糖原的合成代谢 …… (55)
二、糖原的分解代谢 …… (56)
第四节　糖异生 …… (57)
一、糖异生反应途径 …… (57)

二、糖异生的生理意义 …… (58)
第五节　血糖及血糖的调节 …… (58)
一、血糖的来源和去路 …… (58)
二、血糖浓度的调节 …… (59)
三、高血糖与低血糖 …… (60)
四、糖原累积症 …… (61)
第五章　脂类代谢 …… (63)
第一节　概述 …… (63)
一、脂类的分类及其功能 …… (63)
二、脂类的消化和吸收 …… (63)
第二节　三脂酰甘油代谢 …… (65)
一、脂肪的分解代谢 …… (65)
二、脂肪的合成代谢 …… (72)
三、多不饱和脂肪酸的重要衍生物——前列腺素、血栓素及白三烯 …… (77)
第三节　磷脂代谢 …… (78)
一、甘油磷脂的结构与生理功能 …… (78)
二、甘油磷脂的合成 …… (79)
三、甘油磷脂的分解 …… (79)
第四节　胆固醇代谢 …… (80)
一、胆固醇化学 …… (80)
二、胆固醇的生物合成 …… (80)
三、胆固醇的酯化 …… (82)
四、胆固醇在体内的转化与排泄 …… (82)
第五节　血浆脂蛋白代谢 …… (83)
一、血脂 …… (83)
二、血浆脂蛋白 …… (83)
三、血浆脂蛋白代谢 …… (85)
四、脂蛋白代谢异常 …… (88)
第六章　生物氧化 …… (96)
第一节　线粒体内的氧化体系与氧化磷酸化 …… (96)
一、氧化呼吸链 …… (96)
二、氧化磷酸化与 ATP 的生成方式 …… (99)
三、ATP 与能量转移、储存和利用 …… (102)
四、胞液中 NADH 的氧化磷酸化 …… (104)
第二节　线粒体外的氧化体系 …… (105)
一、抗氧化的氧化体系 …… (105)

二、微粒体中的细胞色素 P_{450} 单加氧酶 …… (106)

第七章　氨基酸代谢 …… (108)

第一节　蛋白质的营养作用 …… (108)
一、人体对蛋白质的需要量 …… (108)
二、蛋白质的营养价值 …… (109)
第二节　蛋白质的消化、吸收与腐败 …… (109)
一、蛋白质的消化 …… (109)
二、氨基酸的吸收 …… (110)
第三节　氨基酸的一般代谢 …… (111)
一、氨基酸的脱氨基作用 …… (112)
二、α-酮酸的代谢 …… (114)
第四节　氨的代谢 …… (115)
一、氨的来源与去路 …… (115)
二、氨的转运 …… (115)
三、尿素的生成 …… (117)
第五节　个别氨基酸的代谢 …… (118)
一、氨基酸的脱羧基作用 …… (118)
二、一碳单位的代谢 …… (120)
三、含硫氨基酸的代谢 …… (120)
四、芳香族氨基酸的代谢 …… (122)
五、支链氨基酸的分解代谢 …… (123)

第八章　核苷酸代谢 …… (127)

第一节　核苷酸的合成代谢 …… (128)
一、嘌呤核苷酸的合成 …… (128)
二、嘧啶核苷酸的合成 …… (131)
三、脱氧核糖核苷酸的生成 …… (133)
四、核苷酸的抗代谢物 …… (134)
第二节　核苷酸的分解代谢 …… (136)
一、嘌呤核苷酸的分解代谢 …… (136)
二、嘧啶核苷酸的分解代谢 …… (137)

第九章　代谢调节网络及细胞信号转导 …… (140)

第一节　代谢途径的相互联系 …… (140)
第二节　物质代谢的调节 …… (142)
一、细胞水平的代谢调节 …… (142)
二、激素水平的代谢调节 …… (144)

三、整体水平的代谢调节 …… (144)
第三节　信号分子与受体 …… (145)
一、信号分子的含义、化学本质、分类与作用方式 …… (145)
二、受体的分类与作用特点 …… (147)
三、膜受体的结构与功能 …… (148)
第四节　主要信号转导通路 …… (150)
一、G蛋白偶联受体介导的信号通路 …… (150)
二、离子通道型受体介导的信号转导通路 …… (153)
三、催化型受体和酶偶联型受体介导的信号转导通路 …… (153)
四、胞内受体介导的信号转导通路 …… (154)
第五节　信号转导异常与疾病 …… (155)

第十章　DNA的生物合成 …… (156)

第一节　DNA复制的基本机制 …… (156)
一、半保留复制 …… (156)
二、半不连续复制 …… (157)
第二节　参与DNA复制的有关物质 …… (157)
一、解螺旋酶 …… (157)
二、单链DNA结合蛋白 …… (158)
三、DNA拓扑异构酶 …… (158)
四、引物酶 …… (158)
五、DNA聚合酶 …… (158)
六、DNA连接酶 …… (160)
第三节　DNA复制的过程 …… (160)
一、DNA复制的起始 …… (160)
二、DNA链的延伸 …… (161)
三、DNA复制的终止 …… (162)
四、真核生物DNA的复制终止 …… (162)
五、逆转录和其他复制方式 …… (162)
第四节　DNA损伤与修复 …… (163)
一、DNA损伤的类型 …… (163)
二、DNA损伤的原因 …… (163)
三、DNA修复 …… (165)

第十一章　RNA的生物合成 …… (169)

第一节　DNA指导下RNA的合成 …… (169)
一、依赖DNA的RNA聚合酶 …… (170)
二、转录模板 …… (172)

三、转录过程 …… (175)
第二节 RNA 的转录后加工 …… (180)
一、mRNA 的加工修饰 …… (180)
二、tRNA 转录后的加工修饰 …… (183)
三、rRNA 转录后加工 …… (184)

第十二章 蛋白质的生物合成 …… (186)

第一节 蛋白质生物合成体系 …… (186)
一、合成原料 …… (186)
二、mRNA 是蛋白质生物合成的直接模板 …… (186)
三、tRNA 是氨基酸的运载工具 …… (188)
四、核糖体是肽链合成的工厂 …… (189)
五、其他酶类和蛋白质因子 …… (190)
第二节 蛋白质生物合成过程 …… (191)
一、氨基酸的活化与转运 …… (191)
二、肽链合成的起始 …… (191)
三、肽链延长 …… (193)
四、肽链合成的终止 …… (196)
第三节 蛋白质的翻译后加工 …… (197)
一、翻译后的加工修饰 …… (197)
二、亚基聚合形成功能性蛋白质复合物 …… (198)
第四节 蛋白质合成与医学 …… (198)
一、分子病 …… (198)
二、蛋白质生物合成的阻断剂 …… (198)

第十三章 基因表达的调控 …… (201)

第一节 基因表达调控的现象和概念 …… (201)
一、基因表达调控是生命的必需 …… (201)
二、基因表达适应环境的变化 …… (202)
第二节 原核基因的表达调控 …… (203)
一、操纵子 …… (203)
二、操纵子的基本组成 …… (204)
三、乳糖操纵子的表达调控 …… (207)
四、色氨酸操纵子的表达调控 …… (208)
五、严谨反应 …… (208)
第三节 真核基因表达调控 …… (209)
一、真核基因组的复杂性 …… (209)
二、真核基因表达调控的特点 …… (209)

三、真核基因转录水平的调控 …………………………………………………………………… (211)

第十四章 分子生物学常用技术及其应用………………………………………………………… (215)

第一节 重组 DNA 和基因工程 ……………………………………………………………… (215)
一、工具酶 ……………………………………………………………………………………… (216)
二、目的基因 …………………………………………………………………………………… (217)
三、基因工程载体 ……………………………………………………………………………… (218)
四、外源基因与载体的连接 …………………………………………………………………… (219)
五、重组 DNA 导入受体菌……………………………………………………………………… (219)
六、重组体的筛选 ……………………………………………………………………………… (219)
第二节 基因功能的研究技术………………………………………………………………… (223)
一、转基因技术………………………………………………………………………………… (223)
二、基因敲除技术 ……………………………………………………………………………… (224)
三、基因沉默技术 ……………………………………………………………………………… (224)

第十五章 维生素……………………………………………………………………………… (227)

第一节 脂溶性维生素………………………………………………………………………… (227)
一、维生素 A …………………………………………………………………………………… (227)
二、维生素 D …………………………………………………………………………………… (228)
三、维生素 E …………………………………………………………………………………… (229)
四、维生素 K …………………………………………………………………………………… (230)
第二节 水溶性维生素………………………………………………………………………… (231)
一、维生素 B_1 …………………………………………………………………………………… (231)
二、维生素 B_2 …………………………………………………………………………………… (232)
三、维生素 PP …………………………………………………………………………………… (232)
四、维生素 B_6 …………………………………………………………………………………… (234)
五、泛酸 ………………………………………………………………………………………… (234)
六、生物素 ……………………………………………………………………………………… (235)
七、叶酸 ………………………………………………………………………………………… (236)
八、维生素 B_{12} ………………………………………………………………………………… (237)
九、硫辛酸 ……………………………………………………………………………………… (238)
十、维生素 C …………………………………………………………………………………… (238)

第十六章 血液的生物化学…………………………………………………………………… (241)

第一节 血浆蛋白质…………………………………………………………………………… (242)
一、血浆蛋白质的分类 ………………………………………………………………………… (242)
二、血浆蛋白质的功能 ………………………………………………………………………… (242)
第二节 红细胞代谢…………………………………………………………………………… (243)

一、血红素的合成及调节 …… (243)
二、成熟红细胞的代谢特点 …… (245)

第十七章　肝的生物化学 …… (249)

第一节　肝脏在物质代谢中的作用 …… (250)
一、肝脏在糖代谢中的作用 …… (250)
二、肝脏在脂代谢中的作用 …… (250)
三、肝脏在蛋白质代谢中的作用 …… (251)
四、肝脏在维生素代谢中的作用 …… (251)
五、肝脏在激素代谢中的作用 …… (252)
第二节　肝的生物转化作用 …… (252)
一、生物转化的概念 …… (252)
二、生物转化反应的主要类型 …… (253)
三、生物转化的特点 …… (255)
四、影响生物转化作用的因素 …… (256)
第三节　胆汁与胆汁酸代谢 …… (257)
一、胆汁 …… (257)
二、胆汁酸的代谢 …… (257)
三、胆汁酸的生理功能 …… (259)
第四节　胆色素的代谢与黄疸 …… (260)
一、胆红素的生成与转运 …… (260)
二、胆红素在肝细胞内的转化 …… (261)
三、胆红素在肠腔中的转化及胆素原的肠肝循环 …… (262)
四、血清胆红素与黄疸 …… (262)

主要参考文献 …… (268)

第一章　蛋白质的结构和功能

【案例】

如何伪装成蛋白质?

2008年中国奶粉污染事件是一起严重的食品污染事件,在该事件中不法企业或某些不法分子在奶制品中添加三聚氰胺,用以达到提高奶制品中蛋白质检测含量,提高奶制品售价的目的。为什么三聚氰胺可以伪装成蛋白质?如何避免这种结果呢?

提示:食品中蛋白质含量的现行国家标准和国际通行测定方法是经典凯氏定氮法。

蛋白质(protein)是组成人体一切细胞、组织的重要有机大分子,是生命的物质基础。自然界的蛋白质分布广泛,种类繁多,整个生物界的天然蛋白质约有百亿种之多。蛋白质在生物体中含量很高,约占人体重量的18%,占细胞干重的45%。蛋白质是生命活动的主要承担者,没有蛋白质就没有生命。

第一节　蛋白质的分子组成

一、蛋白质的元素组成

蛋白质由碳、氢、氧、氮、硫五种基本元素组成,此外,一些蛋白质还含有磷、铁、铜、锌、锰、钴、钼等元素,个别蛋白质含有碘、硒。其中氮元素是蛋白质的特征性组成元素,因其在各种蛋白质中含量相近,平均约为16%,实验室可以用定氮法来推算样品中蛋白质的大致含量,被称为凯氏微量定氮法。

100 g样品中蛋白质的含量(g)=每克样品中含氮克数(g)×6.25×100

二、蛋白质的基本组成单位——氨基酸

蛋白质经酸、碱或蛋白酶作用可水解为各种氨基酸的混合物,这表明蛋白质的基本组成单位是氨基酸(amino acid)。

(一) 氨基酸的结构特点

组成蛋白质的氨基酸,其结构都为L-α-氨基酸(脯氨酸、甘氨酸除外),结构式如下:

$$H_3\overset{+}{N}-\underset{\underset{R}{|}}{\overset{\overset{COO^-}{|}}{C}}-H$$

（二）氨基酸的分类

存在于自然界的氨基酸有300多种，其中合成蛋白质的氨基酸仅有20种，这20种氨基酸都有其相应的遗传密码，称为编码氨基酸(coding amino acid)。

蛋白质的许多性质、结构和功能等都与氨基酸侧链R基团紧密相关，根据编码氨基酸侧链R基团的结构和极性不同，按它们在中性溶液中侧链的解离状态可分为三类(表1-1)。

表1-1 蛋白质分子中的编码氨基酸

名称 （缩写代号）	分子结构	残基相对 分子质量	pK_1 α-COOH	pK_2 $α-NH_3^+$	pK_R 侧链	p*I*
非极性侧链氨基酸(Amino acid with nonpolar side chains)						
1. 甘氨酸 Glycine (Gly,G)	$H-C(COO^-)(NH_3^+)-H$	57.0	2.35	9.78		6.07
2. 丙氨酸 Alanine (Ala,A)	$H-C(COO^-)(NH_3^+)-CH_3$	71.0	2.35	9.87		6.11
3. 缬氨酸 Valine (Val,V)	$H-C(COO^-)(NH_3^+)-CH(CH_3)_2$	99.1	2.29	9.74		6.02
4. 亮氨酸 Leucine (Leu,L)	$H-C(COO^-)(NH_3^+)-CH_2-CH(CH_3)_2$	113.1	2.33	9.74		6.04
5. 异亮氨酸 Isoleucine (Ile,I)	$H-C(COO^-)(NH_3^+)-CH(CH_3)-CH_2-CH_3$	113.1	2.32	9.76		6.04
6. 蛋氨酸 Methionine (Met,M)	$H-C(COO^-)(NH_3^+)-CH_2-CH_2-S-CH_3$	131.1	2.13	9.28		5.71
7. 脯氨酸 Proline (Pro,P)	$^-OOC-CH$（吡咯烷环：$C-CH_2-CH_2-CH_2-NH$）	97.1	2.95	10.65		6.80
8. 苯丙氨酸 Phenylalanine (Phe,F)	$H-C(COO^-)(NH_3^+)-CH_2-C_6H_5$	147.1	2.16	9.18		5.67

续表 1-1

名称（缩写代号）	分子结构	残基相对分子质量	pK_1 α-COOH	pK_2 α-NH_3^+	pK_R 侧链	pI
9. 色氨酸 Tryptophan (Trp,W)	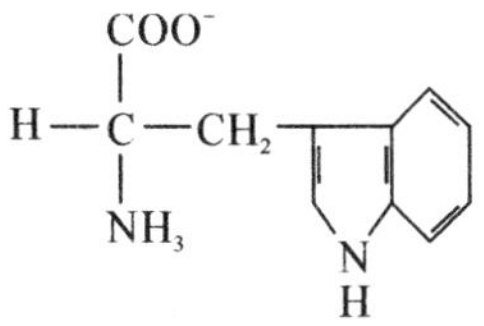 $H-C(COO^-)(NH_3)-CH_2-$(吲哚环, N-H)	186.2	2.43	9.44		5.94
极性中性侧链氨基酸（Amino acid with uncharged polar side chains）						
10. 丝氨酸 Serine (Ser,S)	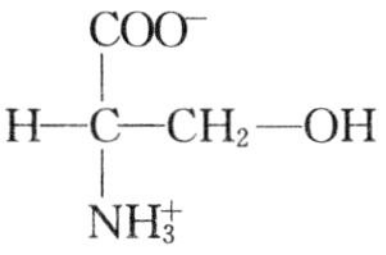 $H-C(COO^-)(NH_3^+)-CH_2-OH$	87.0	2.19	9.21		5.70
11. 苏氨酸 Theronine (Thr,T)	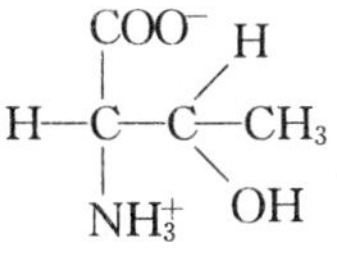 $H-C(COO^-)(NH_3^+)-C(H)(OH)-CH_3$	101.1	2.09	9.10		5.60
12. 天冬酰胺（胺谷-NH_2） Asparagine (Asn,N)	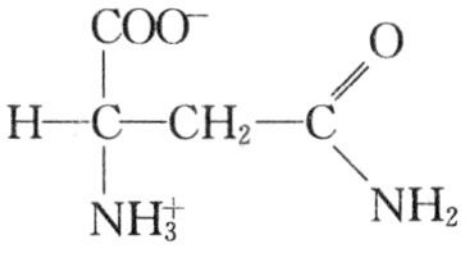 $H-C(COO^-)(NH_3^+)-CH_2-C(=O)NH_2$	114.1	2.1	8.84		5.47
13. 谷氨酰胺（胺谷-NH_2） Glutamine (Gln,Q)	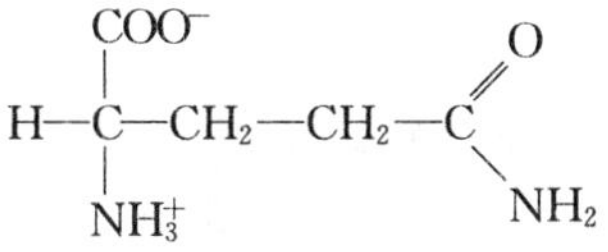 $H-C(COO^-)(NH_3^+)-CH_2-CH_2-C(=O)NH_2$	128.1	2.17	9.13		5.65
14. 酪氨酸 Tyrosine (Tyr,Y)	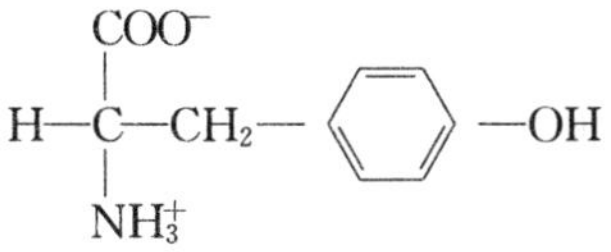 $H-C(COO^-)(NH_3^+)-CH_2-C_6H_4-OH$	163.1	2.20	9.11	10.13 (酚—OH)	5.66
15. 半胱氨酸 Cysteine (Cys,C)	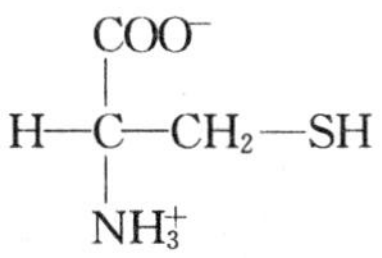 $H-C(COO^-)(NH_3^+)-CH_2-SH$	103.1	1.92	10.78	8.33 —SH	5.07
极性侧链氨基酸（Amino acid with charged polar side chains）						
16. 天冬氨酸 Aspartic acid (Asp,D)	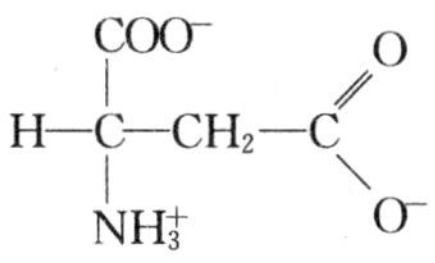 $H-C(COO^-)(NH_3^+)-CH_2-C(=O)O^-$	114.0	1.99	9.90	3.90 β-COOH	2.95

续表 1－1

名称（缩写代号）	分子结构	残基相对分子质量	pK_1 α-COOH	pK_2 α-NH_3^+	pK_R 侧链	pI
17. 谷氨酸 Glutamic acid (Glu,E)	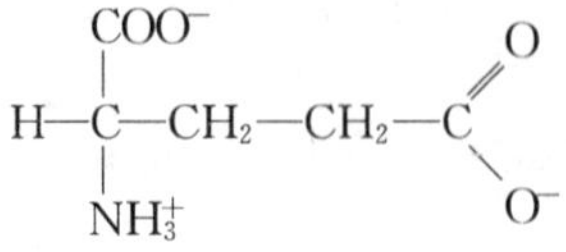 $H-C(COO^-)(NH_3^+)-CH_2-CH_2-C(=O)O^-$	128.1	2.10	9.47	4.07 γ-COOH	3.09
18. 赖氨酸 Lysine (Lys,K)	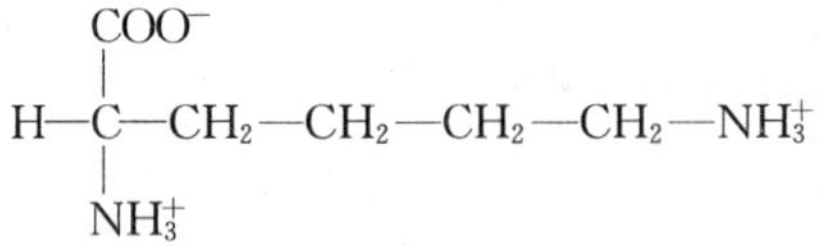 $H-C(COO^-)(NH_3^+)-CH_2-CH_2-CH_2-CH_2-NH_3^+$	129.1	2.16	9.18	10.79 ε-NH_3	9.99
19. 精氨酸 Arginine (Arg,R)	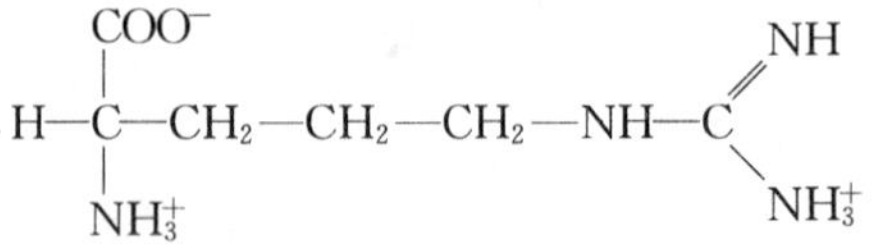 $H-C(COO^-)(NH_3^+)-CH_2-CH_2-CH_2-NH-C(=NH)-NH_3^+$	157.2	1.82	8.99	12.48 胍基-NH_3^+	10.74
20. 组氨酸 Histidine (His,H)	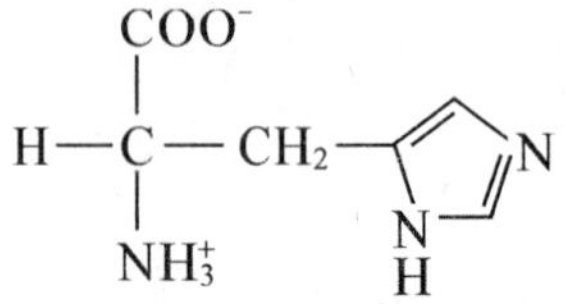 $H-C(COO^-)(NH_3^+)-CH_2-$咪唑基	137.1	1.80	9.33	6.04 咪唑	7.69

20 种氨基酸除上述按侧链极性分类之外也有其他一些分类方式，如天冬氨酸、谷氨酸被称为酸性氨基酸，赖氨酸、精氨酸、组氨酸被称作碱性氨基酸，酪氨酸、苯丙氨酸、色氨酸被称作芳香族氨基酸。

在蛋白质结构中半胱氨酸具有特殊意义，两个半胱氨酸侧链脱氢后以二硫键相结合，形成胱氨酸（如下图所示），蛋白质分子中有不少的半胱氨酸是以胱氨酸的形式存在。

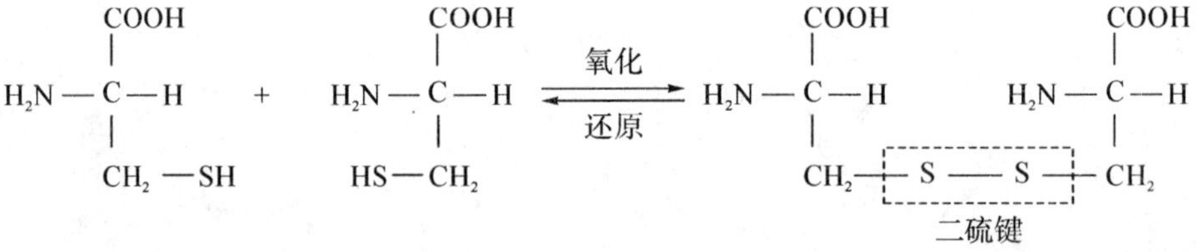

$$H_2N-CH(COOH)-CH_2-SH + HS-CH_2-CH(COOH)-NH_2 \underset{\text{还原}}{\overset{\text{氧化}}{\rightleftharpoons}} H_2N-CH(COOH)-CH_2-S-S-CH_2-CH(COOH)-NH_2$$

二硫键

L-半胱氨酸　L-半胱氨酸　L-胱氨酸

除上述 20 种氨基酸外，蛋白质分子中还有一些修饰（modified）氨基酸，它们是在蛋白质合成过程中或合成后由相应的编码氨基酸经酶催化修饰形成的，也被称为稀有氨基酸。如凝血酶原中的羧基谷氨酸，胶原蛋白中的羟脯氨酸、羟赖氨酸等（如下图所示）。

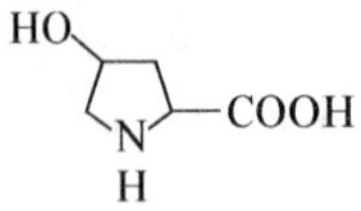

HO–（吡咯烷环，N–H）–COOH

羟脯氨酸

$H_2NCH_2CH(OH)CH_2CH_2CH(NH_2)COOH$

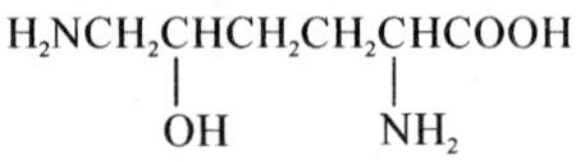

羟赖氨酸

（三）氨基酸的主要理化性质

1. 两性解离及等电点　氨基酸是两性电解质，在碱性溶液中表现出带负电荷，在酸性溶液中表现出带正电荷，其在溶液中的荷电状态受溶液 pH 的影响。氨基酸的解离可用下式表示：

$$\begin{array}{ccccc} & & \mathrm{R{-}CH(NH_2){-}COOH} & & \\ & & \updownarrow & & \\ \mathrm{R{-}CH(NH_3^+){-}COOH} & \underset{+H^+}{\overset{+OH^-}{\rightleftharpoons}} & \mathrm{R{-}CH(NH_3^+){-}COO^-} & \underset{+H^+}{\overset{+OH^-}{\rightleftharpoons}} & \mathrm{R{-}CH(NH_2){-}COO^-} \\ \text{阳离子} & & \text{兼性离子} & & \text{阴离子} \\ pH < pI & & pH = pI & & pH > pI \end{array}$$

在某一 pH 的溶液中，氨基酸解离成阳离子和阴离子的趋势及程度相等，成为兼性离子，呈电中性，此时的溶液 pH 称该氨基酸的等电点（isoelectric point，pI）。处于等电点的氨基酸在电场中，既不向正极也不向负极移动，反之，荷电氨基酸向与其所带电荷相反的电极移动。

2. 紫外吸收作用　芳香族氨基酸色氨酸、酪氨酸和苯丙氨酸侧链存在共轭双键，在紫外区具有光吸收，其中色氨酸、酪氨酸的吸收峰在 280 nm 附近，而苯丙氨酸在 265 nm 有光吸收，且强度小（图 1－1）。

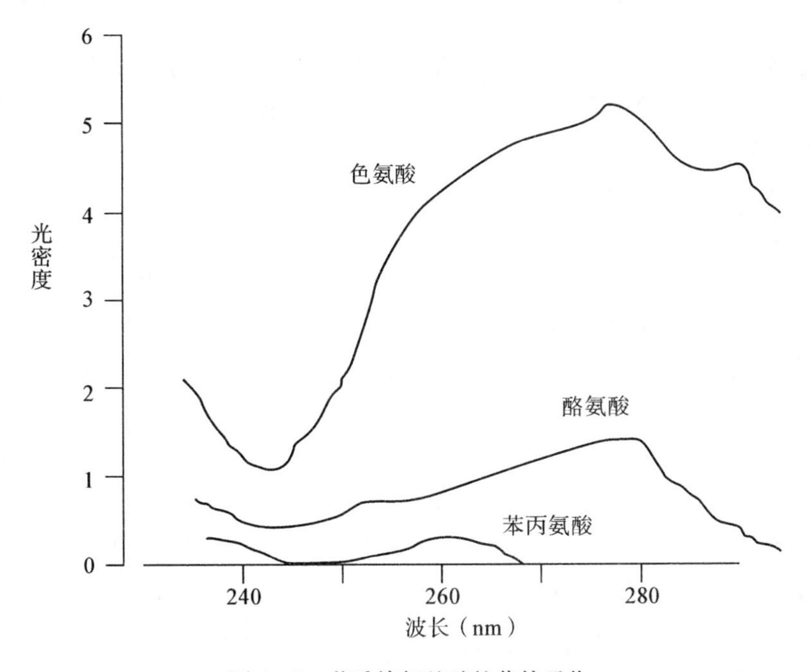

图 1－1　芳香族氨基酸的紫外吸收

3. 茚三酮反应　氨基酸在微酸性溶液中与茚三酮一起加热，生成紫色化合物，该化合物的最高吸收峰在 570 nm 波长处。茚三酮反应可以作为氨基酸比色定量测定的方法。通常用纸层析或柱层析把各种氨基酸分离开以后，用茚三酮反应显色，定性或定量地测定各种氨基酸。

三、氨基酸的连接方式

（一）肽键和肽

在蛋白质分子中，氨基酸之间通过肽键（peptide bond）相连。所谓肽键是由一个氨基酸的α-羧基与另一个氨基酸的α-氨基脱水缩合形成的共价键（—CO—NH—），又称酰胺键，在肽类和其他化合物中偶尔可见到非α-羧基或非α-氨基形成的肽键，但蛋白质分子中的肽键全部是α-羧基和α-氨基形成的，如下式所示：

$$\text{(N-末端)}\ H_2N—\underset{|}{\overset{R_1}{CH}}—CO—NH—\overset{R_2}{CH}—CO—NH—\overset{R_3}{CH}—CO\cdots NH—\overset{R_n}{CH}—COOH\ \text{(C-末端)}$$

这种由氨基酸通过肽键相连而形成的化合物称为肽（peptide），关于肽的描述和表示有以下几点：

1. 氨基酸形成肽键后已不是完整的氨基酸，故将肽中的氨基酸称为氨基酸残基。

2. 根据肽链中氨基酸残基数，肽可分为二肽、三肽……一般十肽以下称为寡肽，大于十肽的称为多肽。

3. 由肽键连接各氨基酸残基形成的长链骨架，即……C_α—C—N—C_α—C—N—C_α—C—N—C_α……称为多肽链的主链，而连接于 C_α 上的各氨基酸残基的 R 基团，统称为多肽链的侧链。

4. 每条多肽链都有一个游离的氨基末端（N-末端）和一个游离的羧基末端（C-末端）。书写时通常将 N-末端写于左侧，C-末端写于右侧，命名也是从 N-末端到 C-末端，称为某氨酰某氨酰……某氨基酸。

（二）几种生物学上重要的多肽

1. 谷胱甘肽　谷胱甘肽（glutathione，GSH）是一种三肽，由谷氨酸、半胱氨酸和甘氨酸组成，因谷氨酰 γ-COOH 参与肽链形成，故又称为 γ-谷氨酰半胱氨酰甘氨酸，分子中半胱氨酸的—SH 是其主要的功能基团。

```
CO—NH—CH—CO—NH—CH2—COOH
|       |
γCH2    CH2
|       |
βCH2    SH
|
αCHNH
|
COOH
```

还原型谷胱甘肽（GSH）

```
γGlu—Cys—Gly
      |
      S
      |
      S
      |
γGlu—Cys—Gly
```

氧化型谷胱甘肽（GSSG）

GSH 是一种抗氧化剂，可保护蛋白质分子中的—SH 免遭氧化，保护巯基蛋白和酶的活性。在谷胱甘肽过氧化物酶的作用下，GSH 还原细胞内产生的 H_2O_2 生成 H_2O，同时，GSH 被氧化成 GSSG，后者在谷胱甘肽还原酶催化下，又生成 GSH，如图 1－2 所示。GSH 是红细胞内重要的还原剂，可以保护红细胞免受氧化剂的损害。

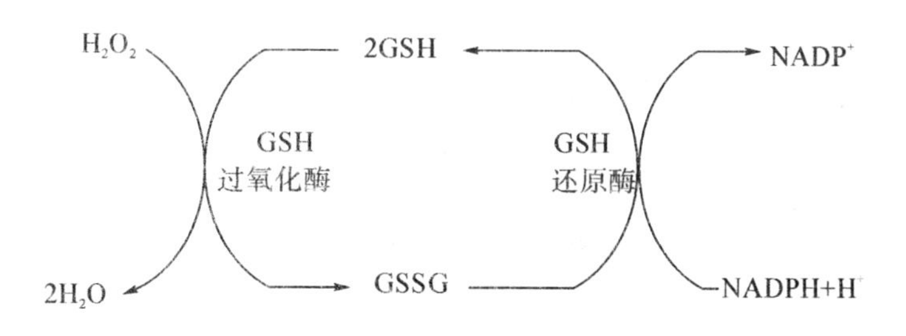

图 1-2　GSH 与 GSSG 间的转换

2. 促肾上腺皮质激素　促肾上腺皮质激素(ACTH)是含有 39 个氨基酸残基的单链多肽(图 1-3)。ACTH 的 1～24 个氨基酸残基为其生物学活性区,可促进体内储存的胆固醇在肾上腺皮质中转化成肾上腺皮质酮,并刺激肾上腺皮质分泌激素。医学上可用 ACTH 来诊断肾上腺皮质的生理状况以及治疗痛风、气喘、皮肤病等疾患。

H_2N—丝—酪—丝—蛋—谷—组—苯—精—色—甘—赖—脯—缬—甘—赖—赖—精—精—脯—缬

HOOC—苯—谷—亮—脯—苯—丙—谷胺—丙—丝—天—谷—丙—谷—甘—天—脯—酪—缬—赖

图 1-3　促肾上腺皮质激素

3. 缩宫素和加压素　缩宫素是由 9 个氨基酸残基组成的多肽类激素,有一链内二硫键;加压素又称抗利尿激素,与缩宫素相比,只有两个氨基酸残基不同。

S-S

H_2N-半-酪-<u>异</u>-谷胺-天胺-半-脯-<u>亮</u>-甘胺-COOH

S-S

H_2N-半-酪-<u>苯</u>-谷胺-天胺-半-脯-<u>精</u>-甘胺-COOH

缩宫素有种属特异性,其生理作用是使多种平滑肌收缩(特别是子宫肌肉),具有催产(使子宫收缩,分娩胎儿)及使乳腺排乳的作用。使用 1∶120 亿的剂量就能使离体子宫收缩。孕酮可抑制缩宫素的作用。而加压素无种属特异性,它能使小动脉收缩,从而增高血压,也有减少排尿的作用,是调节水代谢的重要激素。

第二节　蛋白质的分子结构

蛋白质是生物大分子,其种类繁多,结构复杂,功能各异。每一种蛋白质都有一定的氨基酸组成和排列顺序以及特定的三维结构,这是每种蛋白质具有独特生物学功能的结构基础。根据蛋白质结构的不同层次分为一级、二级、三级、四级结构。其中,一级结构是蛋白质的基本结构,二、三、四级结构为其空间结构。

一、蛋白质的一级结构

蛋白质的一级结构(primary structure)主要指蛋白质多肽链中氨基酸的排列顺序。这种顺序由基因上相应的遗传信息所决定。一级结构中的主要化学键是肽键,很多蛋白质还包括二硫键。一级结构是蛋白质的基本结构,是决定其空间结构的基础。

1954 年，英国科学家 Frederick Sanger 首先测定了胰岛素(insulin)的一级结构(图 1－4)，这是世界上第一个被确定一级结构的蛋白质分子。胰岛素是由胰岛 β 细胞分泌的一种蛋白质类激素，由 A、B 两条多肽链组成，A 链有 21 个氨基酸残基，B 链有 30 个氨基酸残基，A、B 两条链通过两个二硫键相连，A 链本身第 6 位及 11 位两个半胱氨酸残基形成一个链内二硫键。几年以后，美国科学家 Moore，Steine 及 Anfinsen 又测定了牛胰核糖核酸酶的一级结构(图 1－5)。

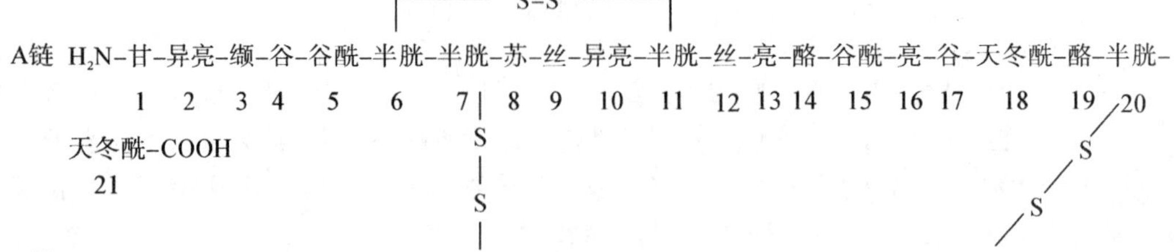

图 1－4　牛胰岛素的一级结构

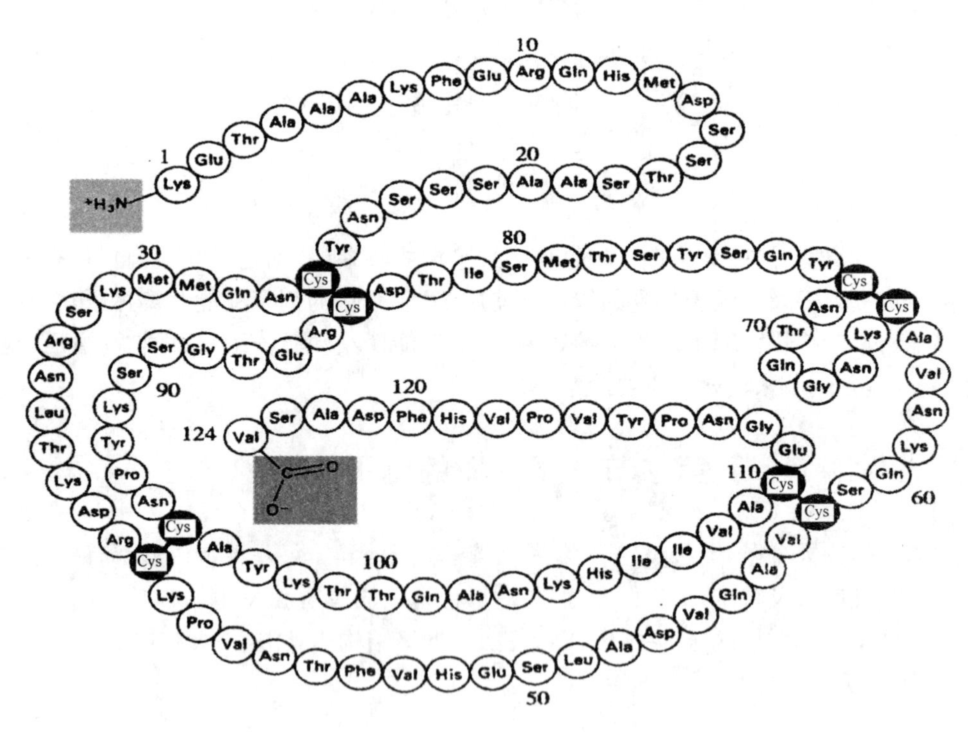

图 1－5　核糖核酸酶的一级结构

二、蛋白质的空间结构

各种天然蛋白质分子的多肽链并非以完全伸展的线状形式存在，而是通过分子中若干单键的旋转、折叠、形成特定的三维空间结构。每一种天然蛋白质都有它特定的空间结构，这种空间结构称为蛋白质的构象。蛋白质分子的构象以一级结构为基础，是体现蛋白质生物学功能或活性所必需的。蛋白质分子的空间结构通常用二级结构、三级结构和四级结构三个层次加以描述，下面分别讨论：

（一）蛋白质的二级结构

蛋白质的二级结构(secondary structure)是指其分子中主链原子的局部空间排列，不包括侧链 R 基团的构象。

20 世纪 30 年代，Pauling 等人对一些小肽和氨基酸进行 X 射线衍射分析，测定了分子中各原子间的键长和键角，发现肽键 C—N 键(0.132 nm)比相邻的 C_α-N 单键(0.147 nm)短，而较 C═N 双键(0.128 nm)长，因此肽键具有部分双键的性质，这就决定了其不能自由旋转，肽键及其两端的 α-碳原子共六个原子处于同一平面上，形成肽键平面，又称为酰胺平面(图 1-6)。

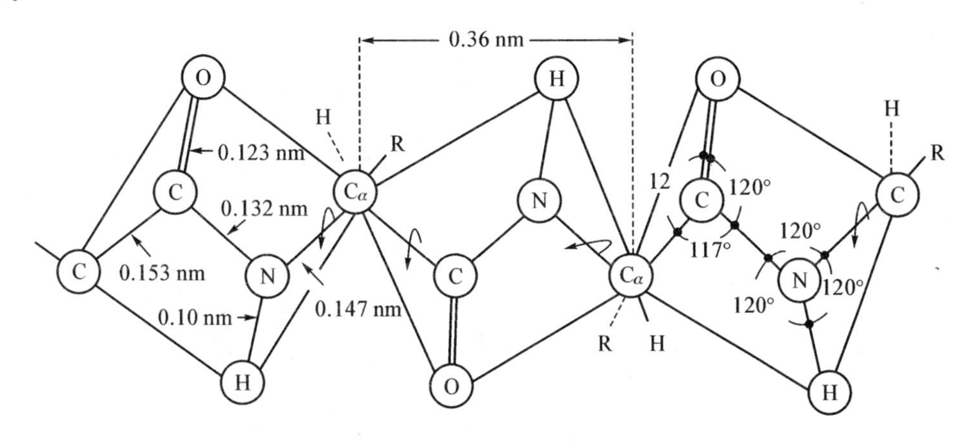

图 1-6　肽键平面结构示意图

整个肽链的主链原子中 C_α-C 和 C_α-N 之间的单键是可以旋转的，此单键的旋转决定两个肽键平面的相对关系，形成不同形式的蛋白质的二级结构，主要有 α-螺旋、β-折叠、β-转角、无规则卷曲。

1. α-螺旋(α-helix)　α-螺旋是肽链以 α-碳原子为转折点，以肽键平面为单位，形成的右手螺旋(图 1-7)。每圈螺旋包括 3.6 个氨基酸残基，螺距约 0.54 nm。主链肽键的＞C═O 和其后第四个氨基酸的＞═NH 形成链内氢键，氢键方向与螺旋轴大致平行，是稳定螺旋的作用力。各氨基酸残基的侧链 R 基团均伸向螺旋外侧，R 基团的大小、荷电状态及形状将影响 α-螺旋的形成及稳定。

α-螺旋是 Pauling 等人研究毛发中的 α-角蛋白的 X 射线衍射图时推断出来的，是最早提出的一种蛋白质二级结构单元。α-螺旋除了在毛发等纤维状蛋白中存在外，也在大量功能性球状蛋白中广泛存在。

2. β-折叠(β-pleated sheet)　β-折叠是一种肽链相当伸展的结构，2～5 个 β-折叠的肽段侧向聚集形成 β-折叠片层结构(图 1-8)，通过肽段间＞C═O 和＞═NH 形成的氢键维系稳定，是蛋白质另一种重要的二级机构单元。

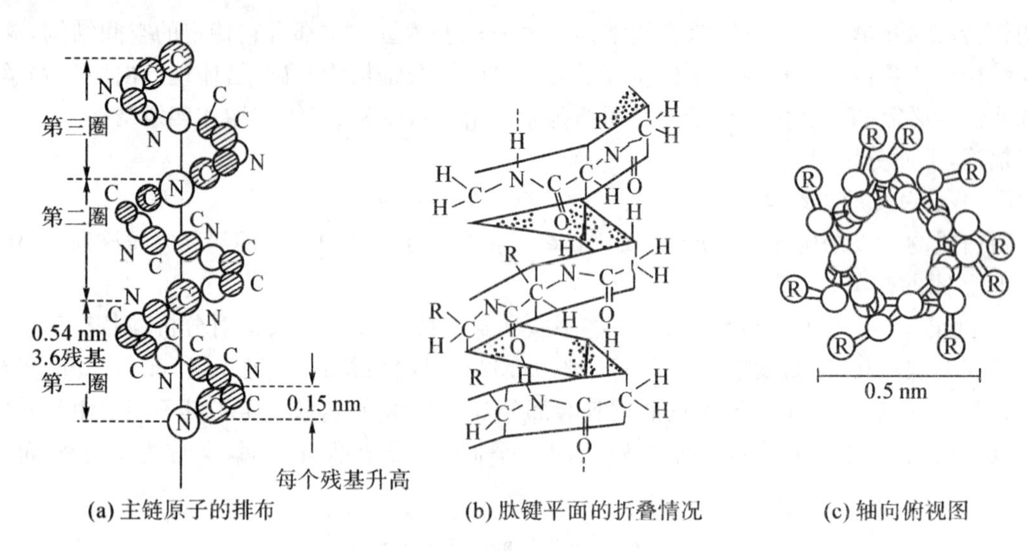

图 1－7　α-螺旋结构示意图

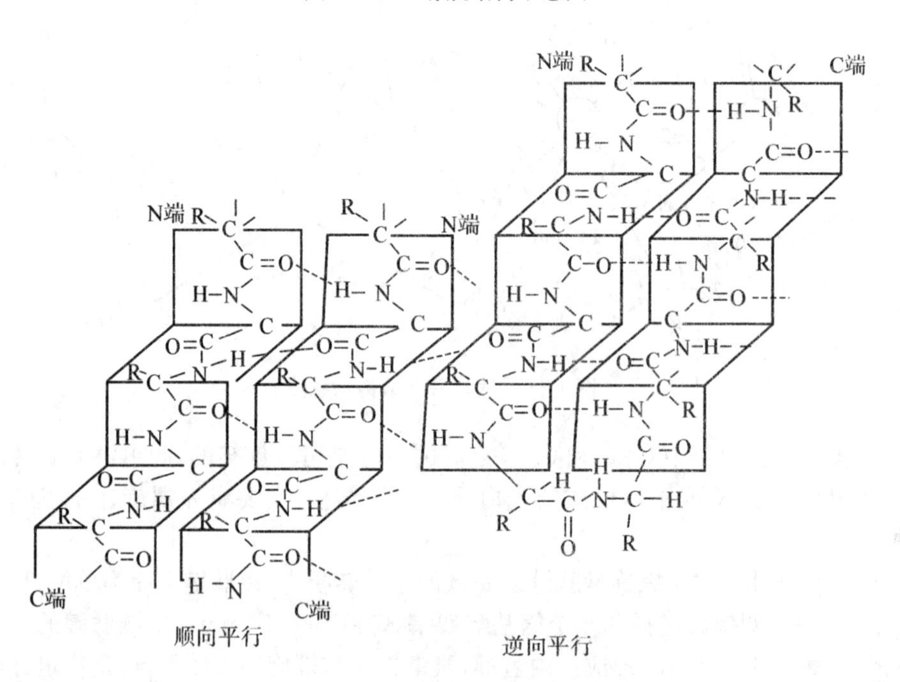

图 1－8　β-折叠结构示意图

丝心蛋白是典型的 β-片层结构，部分球蛋白中也存在 β-片层。形成 β-片层的肽段其氨基酸残基的 R 较小，如甘氨酸、丙氨酸和丝氨酸，而缬氨酸及酪氨酸残基则不参与 β-片层而间隔存在。

3. β-转角(β-turn)　β-转角由四个连续的氨基酸残基构成，其第一个氨基酸残基的>C═O 与第四个氨基酸残基的>═NH 之间形成的氢键是稳定 β-转角的作用力，肽链呈现 180°回折(图 1－9)。β-转角部

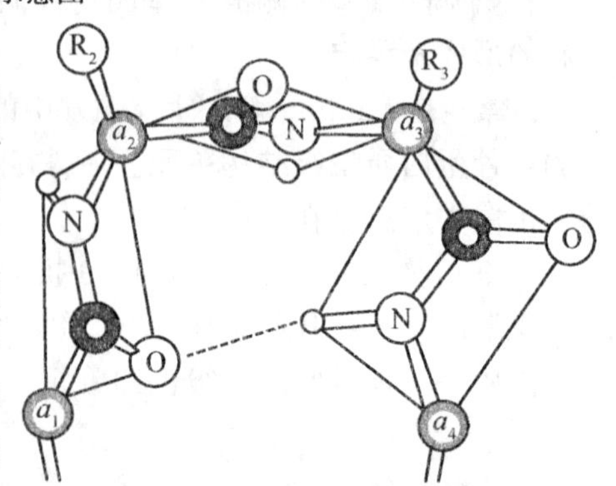

图 1－9　β-转角结构示意图

位常有甘氨酸和脯氨酸存在，并且多数 β-转角位于蛋白质分子的表面。

4. 无规则卷曲(random coil)　无规则卷曲是指多肽链的主链呈现无确定规律的构象。

(二) 蛋白质的三级结构

蛋白质的三级结构(tertiary structure)是指多肽链在二级结构的基础上，进一步盘绕、折叠，依靠次级键和二硫键的维系固定所形成的特定空间结构，即整条肽链所有原子在三维空间的排布位置。

1958 年，英国 Kendrew 等搞清了抹香鲸肌红蛋白的三级结构。肌红蛋白是哺乳动物肌肉中负责储存氧的一种蛋白质，由 153 个氨基酸残基的单条肽链与一个血红辅基组成。在这个球状蛋白质中，多肽链不是简单地沿着一个中心轴有规律地重复排列，而是沿着多个方向进行卷曲，折叠形成一个紧密似球形的结构。在球状蛋白质中，亲水基团多位于分子表面，而疏水基团则位于分子内部形成疏水核心，血红素则位于疏水的空穴中(图 1-10)。蛋白质三级结构的形成和稳定主要依赖 R 基团之间形成的非共价键，即疏水作用、离子键(盐键)、氢键和范德华力(van der Waals)等，共价键二硫键也是稳定三级结构的重要作用力(表 1-2)。

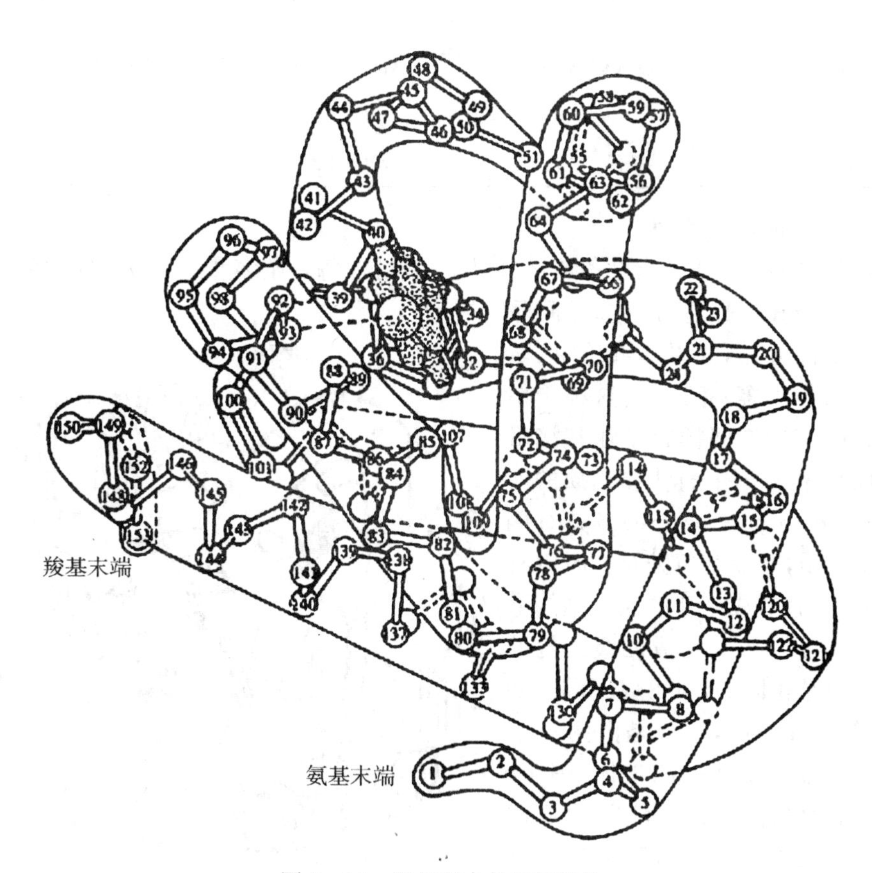

图 1-10　肌红蛋白的三级结构

表 1-2　蛋白质分子中侧链间的相互作用

侧链相互作用	结构示意	参与形成的侧链基团
非共价键		
氢键	供 H 基团　受 H 基团 —OH···O═C —NH···O═C —NH···O(—H)—	Asp, Glu, Asn, Gln(>C═O); Ser, Thr, Tyr(—OH); Arg(>C═NH); Trp(>NH)
盐键	$—NH_3^+$···O—C(═O)— >NH^+····⁻O—C(═O)—	N-端(α-NH_2); Lys(ε-NH_2); Arg(—C(═NH)—NH_2); His(咪唑环 HN⁺ NH); C-端(α-COOH); Asp、Glu(非 α-COOH)
疏水作用	疏水侧链间	Ala、Val、Leu、Ile、Phe 等疏水侧链
共价键		
二硫键	—S—S—	Cys(—SH)

（三）蛋白质的四级结构

在体内有许多蛋白质含有 2 条或 2 条以上多肽链，每一条多肽链都有其完整的三级结构，称为亚基(subunit)，亚基与亚基之间呈特定的三维空间分布，并以非共价键(氢键、盐键、疏水作用等)相连接，这种蛋白质分子中各亚基的空间排布及亚基接触部位的布局和相互作用，称为蛋白质的四级结构(Quaternary structure)。具有四级结构的蛋白质，其亚基单独存在时没有生物学功能，只有形成完整的四级结构寡聚体才有生物学功能。构成四级结构的几个亚基可以是相同的，也可以不同。如血红蛋白(hemoglobin, Hb)是由两个 α-亚基和两个 β-亚基形成的四聚体(图 1-11)。亚基间的聚合较疏松，因此，具有四级结构的蛋白质在一定条件下可以解聚成各自独立的亚基。有些蛋白质亚基间的聚合或解聚是调节其功能活性的一种方式。

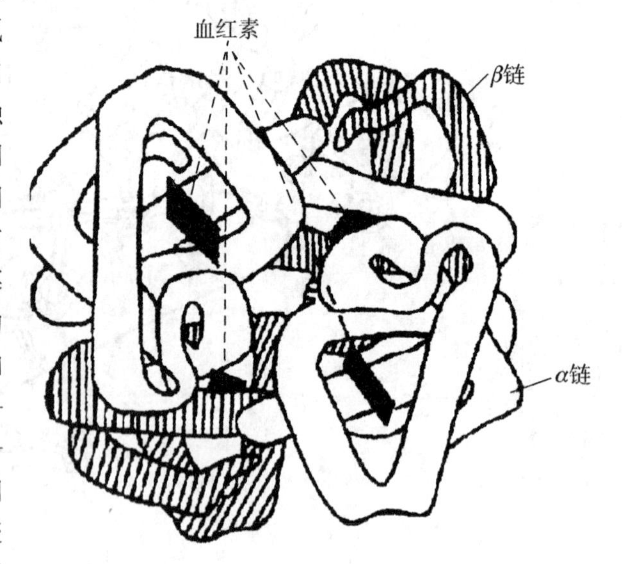

图 1-11　血红蛋白结构示意图

第三节　蛋白质的结构和功能的关系

研究蛋白质的结构和功能的关系是从分子水平上认识生命现象的一个极为重要的领域，它能从分子水平上阐明酶、激素等活性物质的作用机制以及一些遗传疾病的发生机制，这将为疾病（如肿瘤、遗传性疾病）的防治、诊断和药物研究提供重要的理论依据。

蛋白质的特征是有生物学活性，有特定的功能，蛋白质的一级结构决定其空间结构，空间结构决定其生物学功能。

一、蛋白质一级结构与功能的关系

蛋白质一级结构是空间结构的基础，与其生物学功能关系密切。

（一）一级结构是空间结构的基础

Anfinsen 实验是关于核糖核酸酶的变性和复性的实验，在有还原剂 β-巯基乙醇存在下，以 8 mol/L 尿素处理天然的核糖核酸酶时，二硫键被还原，非共价键被破坏，酶失去相应的空间结构发生变性，变性的酶失去了催化活性（图 1－12）。但是经透析从核糖核酸酶溶液中除去变性剂后，酶活性几乎完全恢复，其理化性质也与天然的酶一样，这表明在近乎完全伸展失去全部空间结构后，核糖核酸酶的多肽链仍能自发地折叠，恢复天然的空间构象，具有催化活性。

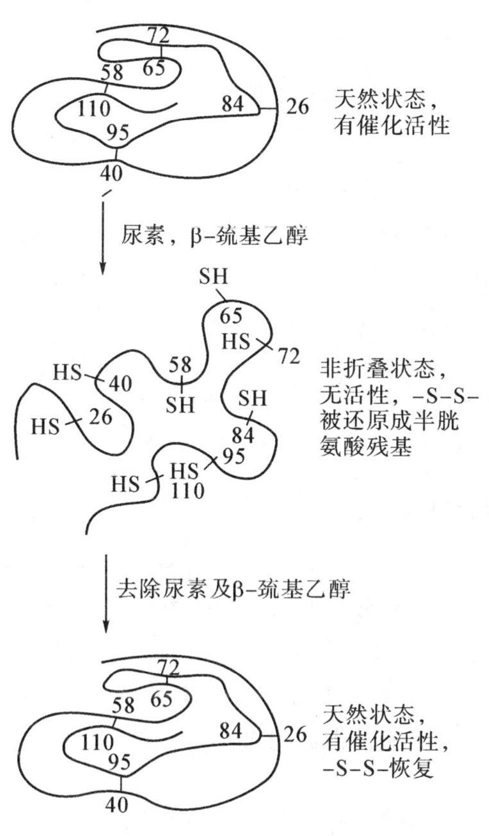

图 1－12　核糖核酸酶变性、复性示意图

（二）一级结构与功能的关系

蛋白质一级结构改变，可能影响蛋白质功能，严重时导致疾病的发生，这样就提出了分子病的概念。分子病（molecular disease）指由于遗传缺陷而造成的蛋白质分子结构或合成量异常所引起的疾病。

最早发现的分子病是一种在非洲某些地方流行的遗传性贫血病——镰刀状红细胞贫血。该病患者的特点是红细胞的形状呈镰刀状，寿命不长，如遗传属纯合子，儿童期就死亡；如属杂合子，可存活至30岁左右。1949年，Pauling发现患者血红蛋白的电泳行为与正常人不同，称为镰刀状血红蛋白（HbS）。经一级结构测定后发现，HbS与正常的血红蛋白（HbA）相比，只有一个氨基酸残基发生了突变，即在β链的第6位上，正常的Glu被Val取代了（$\alpha_2\beta_2^{Glu\rightarrow Val}$）。此后，异常血红蛋白不断有报道，目前全世界已发现有异常血红蛋白400种以上，我国也有发现，表1-3列举了几种在我国发现的异常血红蛋白。

表1-3　我国发现的几种异常血红蛋白

残基位置	mRNA相应密码中碱基置换	残基置换	名称
α11	AA(A、G)→CA(A、G)	Lys→Gln	Hb文昌（武鸣）
α16	AA(A、G)→CA(A、G)	Lys→Gln	Hb北京
α26	G C(A、G)→G A(A、G)	Ala→Glu	Hb沈阳
α27	GA(A、G)→AA(A、G)	Glu→Lys	Hb双峰
α30	GA(A、G)→CA(A、G)	Glu→Gln	Hb G Chinese
α34	G U(A、G)→C G(A、G)	Leu→Arg	Hb Queens
α75	G A(G、U)→G C(C、U)	Asp→Ala	Hb都安
α116	GA(A、G)→AA(A、G)	Glu→Lys	Hb O Indonesia
β6	G A(A、G)→G U(A、G)	Glu→Val	Hb S
β22	G A(A、G)→G G(A、G)	Glu→Gly	Hb G
β26	G A(A、G)→AA(A、G)	Glu→Lys	Hb E
β113	C U(A、G)→G A(A、G)	Val→Glu	Hb New York

* 下面画线的是置换碱基。

二、蛋白质空间结构与功能的关系

蛋白质特定的空间结构是表达特定的生物学功能的基础。各种蛋白质的独特功能与其空间结构密切相关。空间结构发生改变，其生物学功能也随之改变。

（一）血红蛋白结合氧的变构效应

正常成人血红蛋白有四个亚基（$\alpha_2\beta_2$），其中α亚基有141个氨基酸残基，β亚基有146个氨基酸残基。每个亚基结合一个能携带氧的血红素，血红素分子中四个吡咯分子构成卟啉环，环的中心是Fe^{2+}（图1-13）。

血红素的Fe^{2+}能与氧发生可逆结合，血红素的铁原子共有6个配位键，其中4个与血红素的吡咯环的N结合，一个与珠蛋白亚基F螺旋区的第8位组氨酸（F8）残基侧链咪唑基的N

相连接，空着的一个配位键可与 O_2 可逆地结合，结合物称氧合血红蛋白。

在血红素中，四个吡咯环形成一个平面，在未与氧结合时 Fe^{2+} 的位置高于平面 0.7Å，一旦 O_2 与某一个 α 亚基的 Fe^{2+} 结合会使 Fe^{2+} 嵌入四吡咯平面中，也即向该平面内移动约 0.75Å（图 1－14），铁的位置的这一微小移动，牵动 F8 组氨酸残基连同 F 螺旋段的位移，再波及附近肽段构象，造成两个 α 亚基间盐键断裂，整个 Hb 的空间结构改变，再导致其他亚基血红素结合氧功能的改变。Hb 分子中第四亚基的氧合速度为第一亚基开始氧合时速度的数百倍。这种一个亚基与其配体（Hb 的配体为 O_2）结合后，能影响此寡聚体中另外亚基与配体结合能力的现象称为协同效应（cooperative effect）。如果是促进作用则称为正协同效应（positive cooperative effect）；反之则为负协同效应（negative cooperative effect）。携 O_2 的 Hb 亚基促进不携 O_2 的亚基与 O_2 的结合，故为正协同效应。

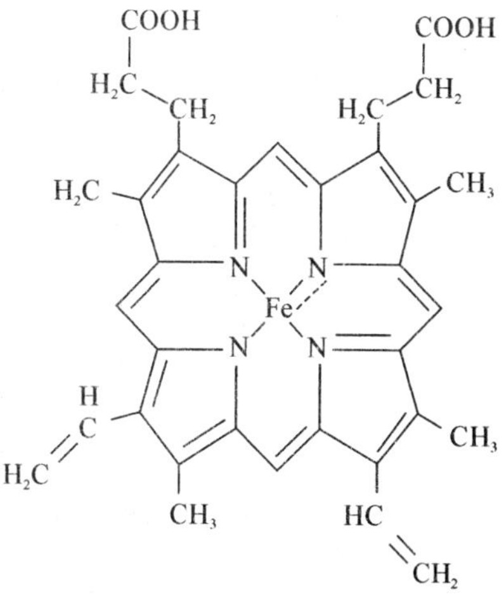

图 1－13　血红素的分子结构

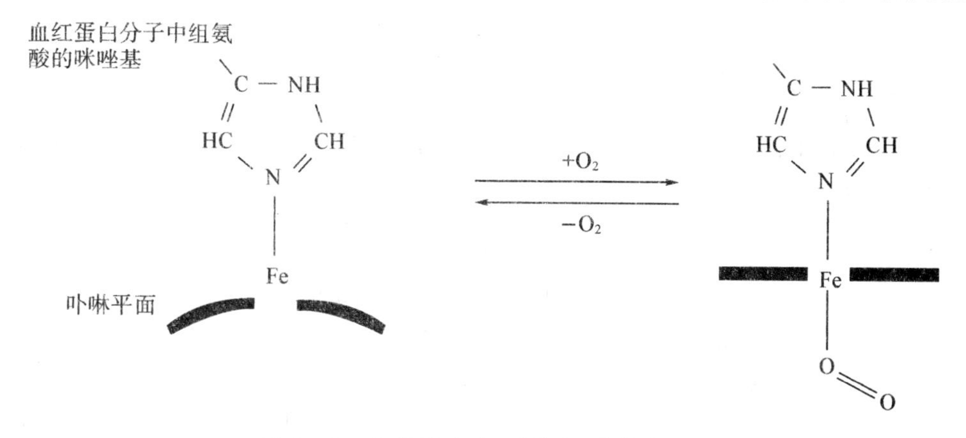

图 1－14　Fe^{2+} 结合 O_2 后落入-卟啉平面内

这种一个氧分子与 Hb 亚基结合后引起其他亚基构象变化，称为变构效应（allosteric effect）。Hb 在体内的主要功能为运输氧气，而 Hb 的变构效应，属于 Hb 空间结构的微调，极有利于它在肺部与 O_2 结合及在周围组织释放 O_2。

（二）分子构象病

生物医学研究表明蛋白质空间构象发生异常变化会引起疾病发生，形成了蛋白质构象病（protein conformational diseases）这一新的病理学概念。

一般讲，引起构象疾病的蛋白质分子与正常蛋白质同时存在于机体内，至少部分蛋白质具有正常折叠的空间构象，并以正常形态释放。当蛋白质构象异常变化时可导致其生物功能丧失，或者引起其后发生的蛋白质聚集与沉积，使组织结构出现病理性改变（图 1－15）。

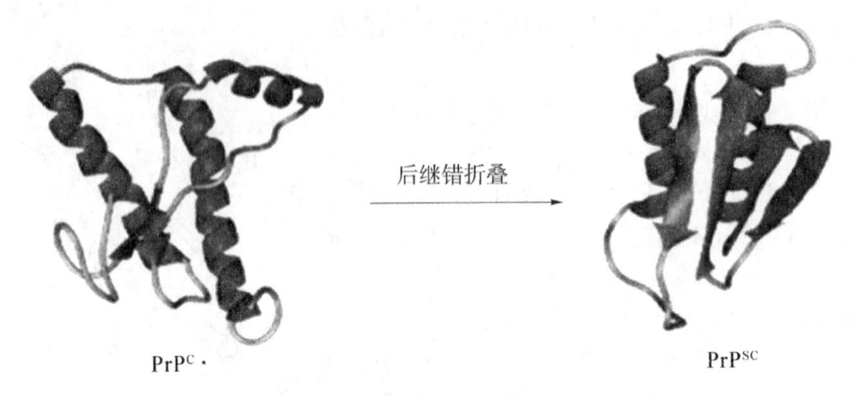

图 1-15　α 螺旋为标志结构的正常蛋白和 β-折叠为标志结构的疾病蛋白构象

当今医学研究表明，许多神经退行性疾病，如亨廷顿舞蹈病（HD）、老年性痴呆（AD）、Down 氏综合征以及朊病毒病等都可以纳入蛋白质构象病。

第四节　蛋白质的理化性质

一、蛋白质的两性解离

蛋白质与氨基酸同样是两性电解质，在溶液中有两性电离现象，它们在溶液中的荷电状态受 pH 影响。蛋白质分子的解离状态可用下式表示：

$$\mathrm{Pr}\begin{matrix}\diagup NH_3^+\\ \diagdown COOH\end{matrix} \underset{+H^+}{\overset{+OH^-}{\rightleftharpoons}} \mathrm{Pr}\begin{matrix}\diagup NH_3^+\\ \diagdown COO^-\end{matrix} \underset{+H^+}{\overset{+OH^-}{\rightleftharpoons}} \mathrm{Pr}\begin{matrix}\diagup NH_2\\ \diagdown COO^-\end{matrix}$$

正离子　　兼性离子　　负离子

$pH<pI$　　$pH=pI$　　$pH>pI$

当蛋白质处于某一 pH 溶液时，所带正、负电荷恰好相等，净电荷为零，呈兼性离子，此时溶液的 pH 称为该蛋白质的等电点。各种蛋白质所含的可解离基团数目及解离度不同，其 pI 值也各不相同。在某一 pH 溶液中当 $pH>pI$ 时该蛋白质带负电荷，反之，$pH<pI$ 时该蛋白质带正电荷，pH 等于 pI 时该蛋白质净电荷为零。依据蛋白质所带净电荷采用电泳和离子交换层析是实验室常用来分离和纯化蛋白质的方法，临床上也常常应用血清蛋白质电泳来协助诊断某种疾病。

二、蛋白质的高分子性质

蛋白质的相对分子质量一般在 1 万到 10 万之间，是高分子化合物。其颗粒平均直径约为 4.3 nm，已达到胶体粒子范围（1～100 nm）。在球状蛋白质三级结构形成时，亲水基团常位于分子表面，在水溶液中能与水起水合作用，因此，蛋白质的水溶液具有亲水胶体的性质。蛋白质表面的水化膜和电荷是其亲水颗粒稳定存在的因素，去除这两个稳定因素（如调节溶液的 pH 至 pI 值、加入脱水剂等），蛋白质即可从溶液中沉淀出来（图 1-16）。

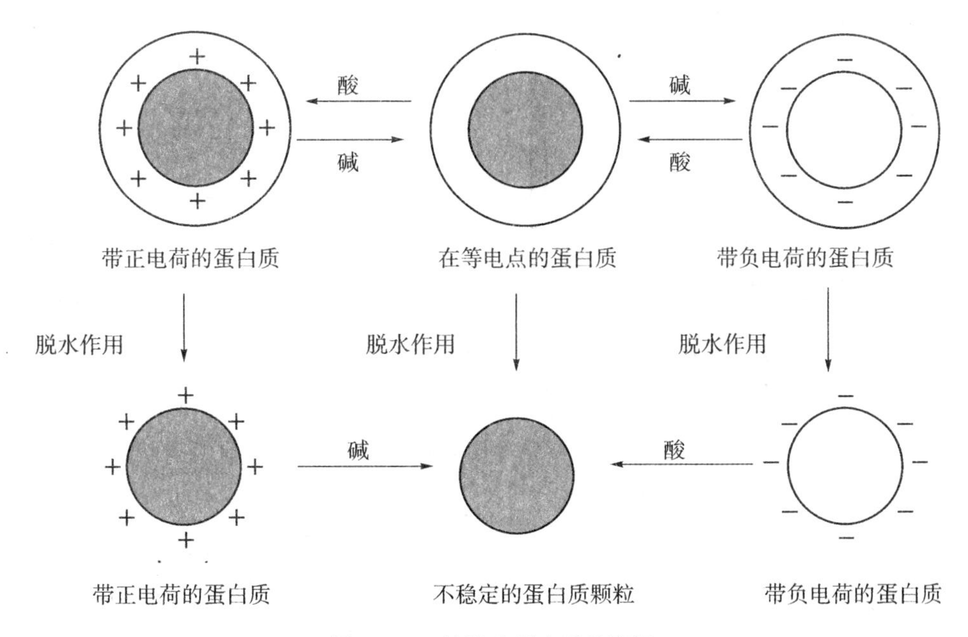

图 1-16　溶液中蛋白质的聚沉

由于相对分子质量大，蛋白质在溶液中表现为扩散速度慢、黏度大，且不能通过半透膜。蛋白质的胶体性质也是某些蛋白质分离、纯化方法的基础。例如，透析法是利用蛋白质不能透过半透膜的性质，将混杂有小分子物质的蛋白质溶液放于半透膜形成的透析袋中，经过透析，除去蛋白质溶液中的小分子物质，达到纯化蛋白质的目的。

三、蛋白质的变性

蛋白质在某些理化因素(如加热、紫外线、酸、碱、重金属盐等)的作用下，空间结构遭到破坏，并导致蛋白质理化性质改变，生物学活性丧失，称为蛋白质的变性(denaturation)。

蛋白质变性作用的本质是空间结构破坏的过程。变性时，蛋白质分子的空间结构发生剧烈改变，次级键被破坏，使原来位于内部的疏水基团暴露于分子表面，蛋白质失去水化膜和电荷层而易于沉淀，但不涉及一级结构的改变或肽键的断裂。蛋白质变性后，许多理化性质都发生改变，如溶解度降低、扩散常数降低、溶液黏度增加、生物学活性丧失等。其中，生物学活性丧失是主要表现，说明了变性蛋白质与天然分子的根本区别。

蛋白质变性具有重要的实际意义。在医疗实践中，用乙醇、紫外线消毒，用高温高压灭菌，就是利用这些因素能使蛋白质变性，从而达到灭菌消毒的作用。而在生产和保存具有生物学活性的蛋白质(如酶、抗体、血清制剂等)时，则要尽量避免使蛋白质发生变性。

四、蛋白质的沉淀

蛋白质自溶液中析出的现象，称为蛋白质的沉淀。蛋白质的沉淀剂有很多种，根据其作用机理不同分为以下几类：

(一) 盐析

加入高浓度的中性盐(如硫酸铵、硫酸钠、氯化钠等)，蛋白质自溶液中脱水析出的现象称为盐析。由于各种蛋白质的溶解度和 pI 值不同，所以盐析时所需的 pH 和离子强度不同，利用这一点可将混合蛋白质溶液中的各种蛋白质分别沉淀，这种分级沉淀的方法称为分段盐析。盐析沉淀得到的蛋白质不变性，因此盐析是分离制备蛋白质的常用方法。

（二）有机试剂沉淀蛋白质

乙醇、丙酮等有机试剂均为脱水剂，可破坏蛋白质分子表面的水化膜，同时能降低水的介电常数，使蛋白质的解离程度降低，表面电荷减少，从而使蛋白质沉淀析出。低温时用丙酮沉淀蛋白质，可保留原有的生物学活性。

（三）重金属盐沉淀蛋白质

重金属离子(如 Hg^{2+}、Cu^{2+}、Ag^{+} 等)可与蛋白质结合成盐而沉淀。当溶液的 pH 大于蛋白质的 pI 值时，蛋白质带负电荷，易与重金属离子结合成不溶性盐。临床急救工作中抢救重金属盐中毒的病人时，可用牛乳灌胃，使之先与重金属离子结合，而后再催吐或洗胃排出。

$$Pr\begin{matrix}\diagup NH_2 \\ \diagdown COO^-\end{matrix} \xrightarrow[pH>pI]{Ag^+} Pr\begin{matrix}\diagup NH_2 \\ \diagdown COOAg\end{matrix}\downarrow$$

（四）生物碱试剂沉淀蛋白质

三氯乙酸、苦味酸、鞣酸、磺基水杨酸等均可使生物碱沉淀，称为生物碱试剂。当溶液的 pH 小于蛋白质的 pI 值时，蛋白质带正电荷，能与生物碱试剂结合形成微溶性盐而沉淀。临床上常用苦味酸、磺基水杨酸等检验尿中的蛋白质，或者用生物碱试剂沉淀血中的蛋白质，制备无蛋白血滤液。

$$Pr\begin{matrix}\diagup NH_3^+ \\ \diagdown COOH\end{matrix} \xrightarrow[pH<pI]{CCl_3COO^-} Pr\begin{matrix}\diagup NH_3^+\cdot CCl_3COO^- \\ \diagdown COOH\end{matrix}\downarrow$$

五、蛋白质的呈色反应及紫外吸收性质

（一）蛋白质的呈色反应

蛋白质分子中的肽键以及某些氨基酸残基的化学基团具有特定的反应性能，使蛋白质溶液具有多种呈色反应。蛋白质的呈色反应常常用于蛋白质的定量测定，下面介绍两种主要的呈色反应。

1. 双缩脲反应　含有多个肽键的蛋白质和肽在碱性溶液中加热可与 Cu^{2+} 形成紫红色化合物。此反应可用于蛋白质的定性和定量。另外，由于氨基酸不呈现双缩脲反应，故此反应也可用于检查蛋白质的水解程度。

2. Folin-酚试剂反应　在碱性条件下，蛋白质分子中的酪氨酸残基使酚试剂(磷钨酸-磷钼酸)还原，生成蓝色化合物，此反应的灵敏度比双缩脲反应高 100 倍，但不同蛋白质中可能因所含的酪氨酸的比例不同而导致一些误差。

（二）蛋白质的紫外吸收性质

蛋白质含有芳香族氨基酸，具有紫外吸收能力，其最高吸收峰在 275～285 nm 处，280 nm 被称作蛋白质的特征紫外光吸收波长。280 nm 吸光度的测定常常用于蛋白质的定性定量

测定。

第五节 蛋白质的分类

自然界蛋白质的种类繁多，功能复杂，蛋白质的分类常以蛋白质分子的组成、形状和功能等差异进行划分。

一、按组成分类

根据蛋白质分子的组成特点，将蛋白质分为单纯蛋白质和结合蛋白质两大类。

（一）单纯蛋白质

单纯蛋白质是指蛋白质分子组成中，除氨基酸外再无别的组成成分的蛋白质。自然界中许多蛋白质属于此类，按理化性质（特别是溶解度、热凝性质、盐析等）的差别，单纯蛋白又分为七类（表 1－4）。

表 1－4 单纯蛋白质的分类

类别	主要分布	特性
清蛋白	血清、卵等	易溶于水、饱和硫酸铵溶液中沉淀，加热凝固
球蛋白	血清、肌肉等	溶于稀盐溶液，半饱和硫酸铵溶液中沉淀，加热凝固
谷蛋白	谷类	溶于稀酸或稀碱
醇溶谷蛋白	谷类	溶于 70%～80%乙醇
组蛋白及精蛋白	细胞核、精子等	碱性蛋白质，溶于稀酸溶液
硬蛋白	毛、发等	不溶于水、稀酸及稀碱

（二）结合蛋白质

结合蛋白质是由单纯蛋白和非蛋白部分结合而成的蛋白质。按非蛋白成分的不同，结合蛋白可分为核蛋白、糖蛋白、脂蛋白、磷蛋白等几类，生物体内功能性蛋白多为结合蛋白质。

二、按分子形状分类

根据分子的形状不同，可将蛋白质分为纤维状蛋白质和球状蛋白质两大类。

（一）球状蛋白质

这类蛋白质分子的长轴与短轴之比一般小于 10，其分子形状近似于球形或椭圆形，多数可溶于水，生物界绝大部分蛋白质属于球状蛋白质，有特异的生理活性，如：酶、转运蛋白、蛋白类激素、免疫球蛋白等都属于球状蛋白质。

（二）纤维状蛋白质

这类蛋白质分子的长轴与短轴之比一般大于 10，分子的构象成长纤维状，多由几条肽链绞合成麻花状的长纤维，具有较好的韧性，且较难溶于水，纤维状蛋白质多数为生物体组织的结构材料，作为细胞坚实的支架或连接各细胞、组织和器官。大量存在于结缔组织中的胶原蛋白、弹性蛋白，就是典型的纤维状蛋白质，再如，毛发指甲中的角蛋白、蚕丝的丝心蛋白等。

三、按功能分类

根据蛋白质的主要功能，可将蛋白质分为结构蛋白质、活性蛋白质和信号蛋白质三大类。目前蛋白质的分类多倾向于根据功能分类。属于结构蛋白质的有角蛋白、胶原蛋白等；属于活性蛋白质的有酶蛋白、运动蛋白等；属于信号蛋白质的有 GTP 结合蛋白、受体等。

复习思考题

1. GSH 由哪三个氨基酸残基组成？有何生理功能？
2. 蛋白质二级结构的基本形式是什么？试述 α-螺旋的结构特点。
3. 举例说明蛋白质结构与功能的关系。
4. 试述蛋白质变性的概念、理化性质有哪些变化，变性有何实际应用。

（张一鸣）

第二章　核酸的结构与功能

【链接】

1868年，瑞士化学家F. Miescher从包扎外伤绷带上的脓细胞中分离出一种酸性化合物，将其称为核质；而后来这种物质在多种细胞中被发现，并被正式命名为核酸。1944年，Avery等发现细菌转化的原因，从而证实DNA是遗传物质。

核酸(nucleic acid)是以核苷酸为基本组成单位的生物大分子，携带和传递遗传信息是其主要的生理功能。核酸分为脱氧核糖核酸(deoxyribonucleic acid, DNA)和核糖核酸(ribonucleic acid, RNA)两大类。DNA主要存在于细胞核和线粒体内，是遗传信息的载体，与生物的繁殖、遗传与变异有密切的关系。RNA主要存在于细胞质中，主要参与蛋白质的合成。在某些病毒中，RNA也可作为遗传信息的载体，据此，可将病毒分为DNA病毒和RNA病毒。

第一节　核酸的化学组成

一、核酸的基本组成单位

(一) 核酸的化学组成

组成核酸的元素有C、H、O、N、P等，其中核酸分子的含P量比较恒定，为9%～10%。因此，可以通过测定生物样品的P含量来推算样品中核酸量。

(二) 核苷酸的基本组成

核酸在核酸酶的作用下可水解成许多核苷酸，核苷酸(nucleotide)是核酸的基本单位。核苷酸可进一步水解产生核苷(nucleoside)和磷酸，核苷还可再水解成戊糖和含氮碱基(图2-1)。DNA的基本组成单位是脱氧核糖核苷酸(deoxyribonucleotide)，而RNA的基本组成单位是核糖核苷酸(ribonucleotide)。

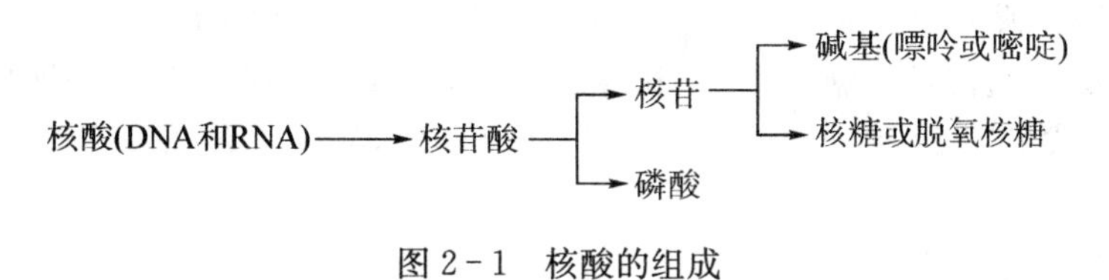

图2-1　核酸的组成

1. 碱基　碱基是含氮的杂环化合物，分为嘌呤(purine)和嘧啶(pyrimidine)两类。核苷酸中的嘌呤碱包括腺嘌呤(adenine, A)和鸟嘌呤(guanine, G)，嘧啶碱包括胞嘧啶(cytosine, C)、尿嘧啶(uracil, U)和胸腺嘧啶(thymine, T)。DNA分子中的碱基有A、G、C、T；而RNA分子中的碱基主要有A、G、C、U。它们的化学结构参见图2-2。此外，个别核酸分子中还含有少量的稀有碱基，如次黄嘌呤、二氢尿嘧啶、5-甲基胞嘧啶等。

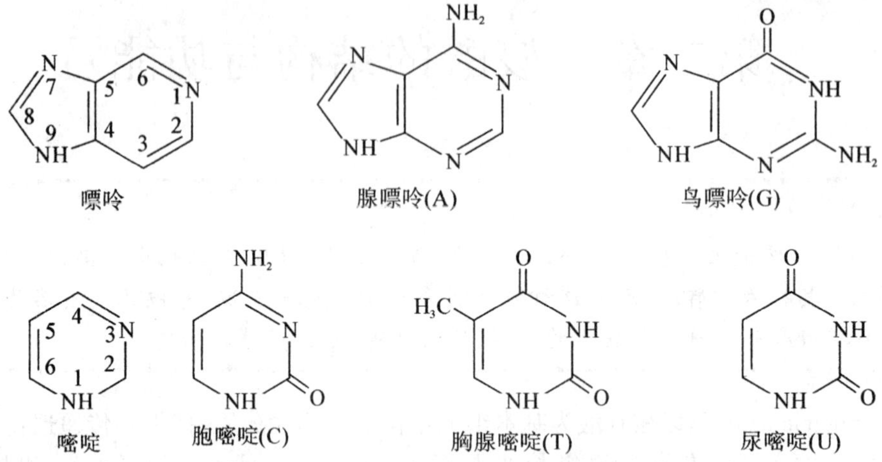

嘌呤　腺嘌呤(A)　鸟嘌呤(G)

嘧啶　胞嘧啶(C)　胸腺嘧啶(T)　尿嘧啶(U)

图 2-2　构成核苷酸的嘌呤和嘧啶的化学结构式

2. 戊糖　核酸分子中的戊糖分为两类：核糖（ribose）和脱氧核糖（deoxyribose）。两者的差别仅在 C-2′原子所连接的基团。在核糖 C-2′原子上有一个羟基，而脱氧核糖 C-2′原子上则没有羟基，见图 2-3。核糖存在于 RNA 中，而脱氧核糖存在于 DNA 中。脱氧核糖的化学稳定性比核糖好，这使 DNA 成为遗传信息的载体。

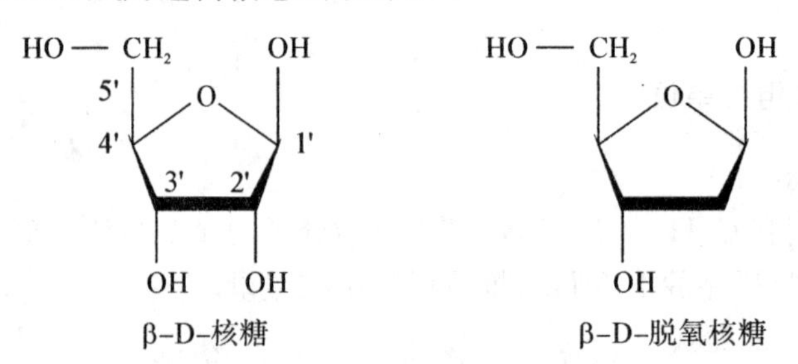

图 2-3　构成核苷酸的核糖和脱氧核糖的化学结构式

3. 磷酸　核酸分子中的磷酸是无机磷酸（H_3PO_4）。

（三）核苷由戊糖和碱基组成

碱基与核糖或脱氧核糖通过糖苷键相连成核苷（nucleoside）或脱氧核苷（deoxynucleoside），通常是戊糖的 C-1′与嘧啶碱的 N-1 或嘌呤碱的 N-9 相连接。某些核苷和脱氧核苷的结构式见图 2-4。用 X 射线衍射法已证明，核苷中的碱基平面与糖环平面互相垂直。

（四）核苷酸由核苷和磷酸组成

核苷中戊糖的 5′-羟基与磷酸发生脱水缩合作用，经磷酸酯键相连生成核苷酸。核苷酸是组成核酸的基本单位。以 AMP 为例，A 是腺嘌呤，MP 代表一磷酸，AMP 又可命名为一磷酸腺苷或腺苷一磷酸；dAMP 又可命名为脱氧一磷酸腺苷或脱氧腺苷一磷酸。某些核苷酸的结构式见图 2-5。

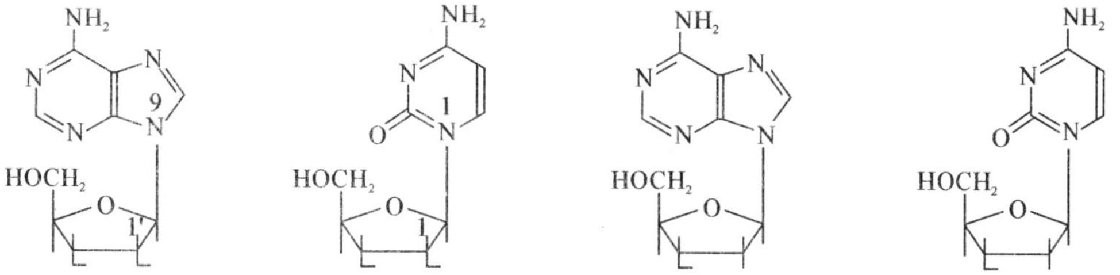

腺嘌呤核苷（腺苷）　胞嘧啶核苷（胞苷）　腺嘌呤脱氧核苷（脱氧核苷）　胞嘧啶脱氧核苷（脱氧胞苷）

图 2－4　核苷和脱氧核苷的化学结构式

5'-腺嘌呤核苷酸　3'-胞嘧啶脱氧核苷酸

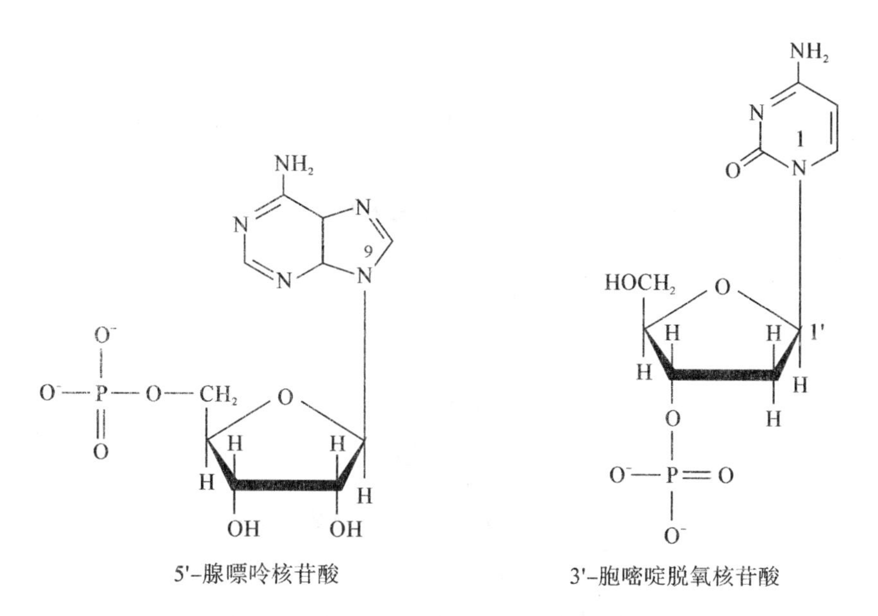

图 2－5　核苷酸和脱氧核苷酸的化学结构式

RNA 和 DNA 分子中的核苷酸组成见表 2－1。

表 2－1　常见核苷酸

碱基	DNA	RNA
腺嘌呤	脱氧一磷酸腺苷 dAMP	一磷酸腺苷 AMP
鸟嘌呤	脱氧一磷酸鸟苷 dGMP	一磷酸鸟苷 GMP
胞嘧啶	脱氧一磷酸胞苷 dCMP	一磷酸胞苷 CMP
尿嘧啶		一磷酸尿苷 UMP
胸腺嘧啶	脱氧一磷酸胸苷 dTMP	

（五）核酸中核苷酸的连接方式

核酸分子中各单核苷酸间的主要连接键是 3′,5′-磷酸二酯键，它是由前一个核苷酸的 3′

羟基与后一个核苷酸的 5′-磷酸基脱水缩合而成。DNA 和 RNA 分子是由多个 3′,5′-磷酸二酯键连接形成的线性大分子,分别称为多聚脱氧核苷酸链和多聚核苷酸链(图 2-6)。

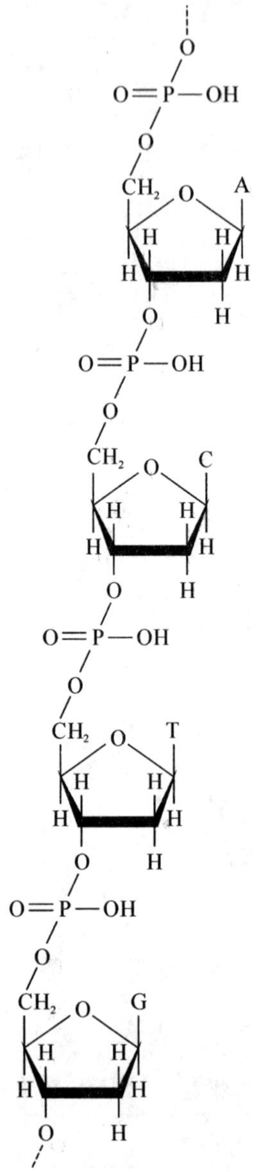

图 2-6　DNA 多聚脱氧核苷酸链

每条多聚脱氧核苷酸链和多聚核苷酸链都具有两个末端,一端带有游离磷酸基,称为 5′-末端,一端带有游离羟基,称为 3′-末端。核酸分子具有方向性,以 5′→3′为正方向。核酸分子巨大,在书写时多采用简写式,通常 5′-末端为头,写在左侧,3′-末端为尾,写在右侧(图 2-7)。

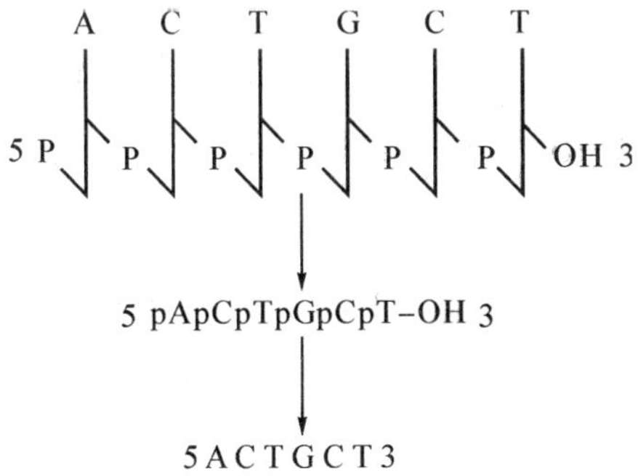

A C T G C T

5 P P P P P P OH 3

5 pApCpTpGpCpT-OH 3

5ACTGCT3

图 2-7 多聚脱氧核苷酸链的简写式

二、体内几种重要的核苷酸衍生物

生物体内的核苷酸，除了作为核酸的基本组成单位，参与核酸的构成外，还有一些核苷酸会以其他衍生物的形式参与各种物质代谢的调节和多种蛋白质功能的调节。

（一）多磷酸核苷

NMP(dNMP)的磷酸基可进一步磷酸化，生成(脱氧)二磷酸核苷(NDP 或 dNDP)和(脱氧)三磷酸核苷(NTP 或 dNTP)。如 5′-腺苷酸磷酸化后可生成二磷酸腺苷(ADP)和三磷酸腺苷(ATP)(图 2-8)。多种 NTP 或 dNTP 都是高能磷酸化合物，它们是核酸合成的原料。体内存在的各种多磷酸核苷酸对物质的合成起活化或供能的作用，其中 UTP 可参与糖原的合成，CTP 可参与磷脂的合成，GTP 可参与蛋白质的生物合成。

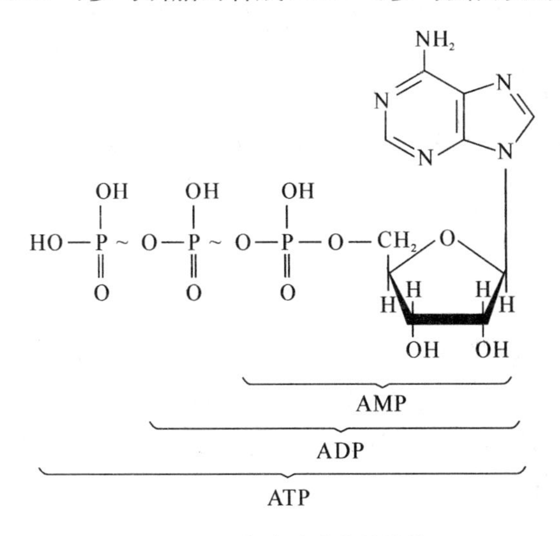

图 2-8 多磷酸腺苷的结构

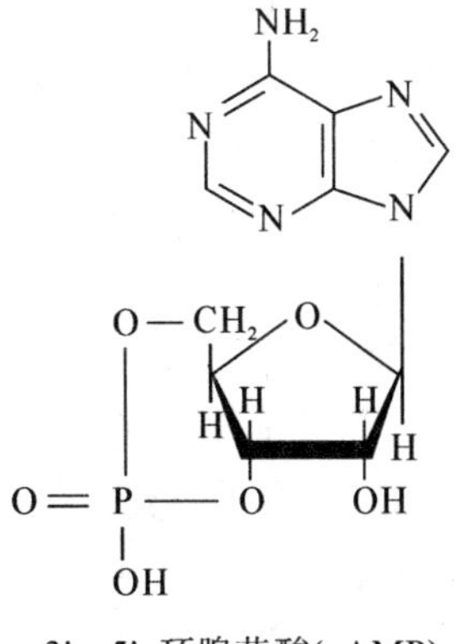

3′, 5′-环腺苷酸(cAMP)

图 2-9 cAMP 的结构

（二）环化核苷酸

体内重要的环化核苷酸有 3′,5′-环化腺苷酸(cAMP)(图 2-9)和 3′,5′-环化鸟苷酸(cGMP)。cAMP 和 cGMP 广泛存在于细胞中，具有重要生物学作用。某些激素、神经递质等信息分子可以通过 cAMP、cGMP 而发挥生理作用，故它们是细胞信号转导过程中的第二信使。

（三）辅酶类核苷酸

体内有些辅酶或辅基的组成成分中含有核苷酸。例如，尼克酰胺腺嘌呤二核苷酸(NAD^+)含有AMP，尼克酰胺腺嘌呤二核苷酸磷酸($NADP^+$)含有2′,5′-二磷酸腺苷等。

第二节　核酸的分子结构

一、DNA的分子结构

（一）一级结构

DNA的一级结构是指DNA分子中的脱氧核糖核苷酸的排列顺序，即核苷酸序列。由于核苷酸之间的差别仅在于碱基的不同，故DNA的一级结构又可称为碱基序列。维持其结构稳定的主要化学键是核苷酸单位之间的3′,5′-磷酸二酯键。

（二）空间结构

DNA是遗传信息的载体，基因(gene)是DNA分子中的功能区段。DNA的基本功能是作为生物遗传信息复制的模板和基因转录的模板，它是生命遗传繁殖的物质基础，也是个体生命活动的基础。构成DNA的所有原子在三维空间的相对位置关系是DNA的空间结构。DNA的空间结构可分为二级结构和高级结构。

DNA二级结构的基本形式是双螺旋结构。DNA双螺旋结构的阐明，揭示了生物界遗传性状得以世代相传的分子机制，将DNA的功能与结构联系了起来，从而有力地推动了核酸的研究和生命科学的发展，在现代生命科学中具有里程式的意义。

1. DNA双螺旋结构的研究背景　20世纪50年代初，美国生物化学家E. Chargaff利用层析和紫外吸收光谱等技术研究了DNA的化学成分，提出了有关DNA中四种碱基组成的Chargaff规则：①不同生物个体的DNA其碱基组成不同；②同一个体的不同组织或不同器官的DNA碱基组成相同；③一种生物DNA碱基组成不随生物体的年龄、营养状态或者环境变化而改变；④对于一特定的生物体而言，腺嘌呤(A)与胸腺嘧啶(T)的摩尔数相等，而鸟嘌呤(G)与胞嘧啶(C)的摩尔数相等。这一规则暗示了DNA的碱基A与T,G与C是以某种相互配对的方式存在。

2. DNA双螺旋结构的主要特点

(1) DNA是反向平行的右手双螺旋结构：在DNA分子中，两条多聚脱氧核苷酸链围绕着同一个螺旋轴形成右手螺旋。DNA双螺旋中的两股链走向是反向平行，一股链为5′→3′，另一股链为3′→5′。DNA双螺旋在空间上形成一个大沟(major groove)和一个小沟(minor groove)。双螺旋的螺距为3.54 nm，直径为2.4 nm(图2-10)。

(2) DNA双链之间形成了互补碱基对：脱氧核糖和磷酸基团构成的亲水性骨架位于双螺旋结构的外侧，而疏水的碱基对位于内侧。一股链中嘌呤碱基与另一股链中的嘧啶碱基以氢键相连，其中A与T之间形成两个氢键，G与C之间形成三个氢键，这种碱基配对关系称为互补碱基对，DNA的两条链则称为互补链。碱基对平面与双螺旋结构的螺旋轴垂直。

(3) 氢键和碱基堆积力维持DNA双螺旋结构的稳定：两条链碱基对之间的氢键维持双螺旋结构的横向稳定性，碱基平面间的疏水性碱基堆积力维持双螺旋结构的纵向稳定性。

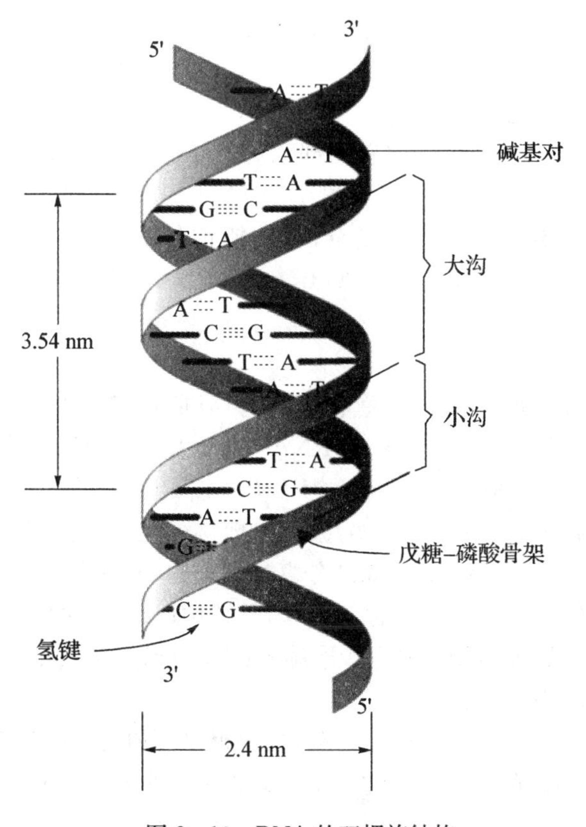

图 2－10　DNA 的双螺旋结构

3. DNA 的高级结构　DNA 双螺旋分子在空间可进一步折叠或环绕成为更复杂的结构，即三级结构，超螺旋结构是 DNA 三级结构的主要形式。绝大部分原核生物 DNA 是共价闭合环状(covalently closed circle，CCC)的双螺旋结构，这种环状结构可以进一步盘绕而形成超螺旋结构。当盘绕的方向与 DNA 双螺旋的方向相同时，形成正超螺旋；反之，则形成负超螺旋(图 2－11)。天然的 DNA 主要是以负超螺旋的形式存在。

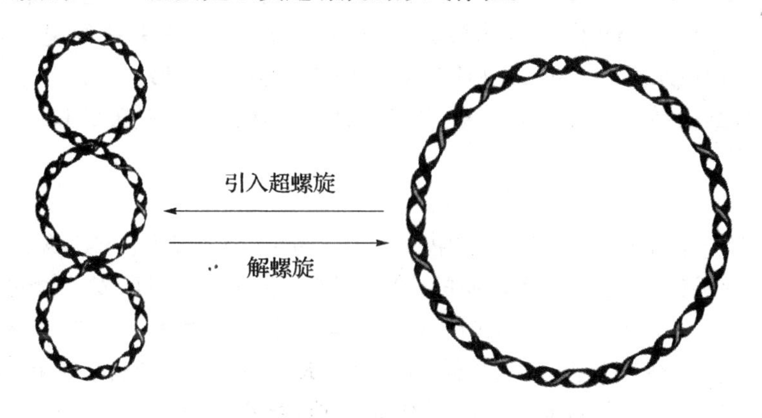

图 2－11　环状 DNA 及其超螺旋结构

真核生物的DNA是以高度有序的形式存在于细胞核内。在细胞周期的大部分时间里，DNA以松散的染色质形式存在，而在细胞分裂期，则形成高度致密的染色体。

二、RNA的分子结构

RNA通常以单链线形分子存在，但有局部双螺旋结构。RNA的一级结构是指RNA分子中核苷酸的排列顺序。RNA相对分子质量比DNA小得多，从数十个到数千个核苷酸长度不等，但它的种类、大小、结构比DNA复杂，其功能也各不相同。RNA主要有三种：信使RNA(messenger RNA，mRNA)、转运RNA(transfer RNA，tRNA)、核糖体RNA(ribosomal RNA，rRNA)。

(一) mRNA

在胞质中mRNA的含量最少，约占总量的3%。但是mRNA的种类最多，约有10^5种之多，而且它们的大小也各不相同。在所有的RNA中，mRNA的寿命最短。真核生物mRNA在细胞核内初合成时，分子大小不一，故被称为不均一核RNA(hnRNA)。hnRNA是mRNA的未成熟的前体，在细胞核内存在的时间极短，经过剪接、加工转变为成熟的mRNA。真核生物mRNA的结构特点主要体现在两端：大部分真核细胞的mRNA的5′-末端可形成7-甲基鸟苷三磷酸(m^7GpppN)的结构，这种结构称为5′-帽子结构；mRNA的3′-末端含有80～250个腺苷酸连接而成的多聚腺苷酸结构，称为多聚腺苷酸尾[poly(A)-tail]或多聚A尾。原核生物的mRNA没有这种首、尾结构。

mRNA的功能是把核内DNA的碱基序列，按照碱基互补原则，抄录并转移到细胞质，再依照其碱基序列指导蛋白质的合成。因此，mRNA是蛋白质氨基酸序列合成的模板。

(二) tRNA

tRNA种类很多，是细胞内相对分子质量最小的一类核酸，由70～120个核苷酸组成，约占细胞总RNA的15%。tRNA含有多种稀有碱基，如双氢尿嘧啶(DHU)、假尿嘧啶核苷(Ψ)、次黄嘌呤(I)和甲基化的嘌呤(m^7G、m^7A)等，它们均是转录后修饰而成的。目前对tRNA的二级结构了解得比较清楚。

所有tRNA的二级结构都有3个发夹结构，呈三叶草形(图2-12)，有四臂、三环和1个附加叉。在蛋白质生物合成时，反密码环中的反密码子能识别mRNA上的密码子；5′-末端与3′-末端部分碱基组成氨基酸臂，3′-末端都是以CCA—OH结束，氨基酸的羧基与3′-末端羟基形成酯键相连，生成氨基酰—tRNA，即tRNA能携带和转运氨基酸。

RNA在二级结构基础上进一步折叠成三级结构。tRNA的三级结构呈倒L形(图2-13)。

(三) rRNA

rRNA是细胞内含量最多的RNA，约占RNA总量的80%以上。rRNA的功能是与核糖体蛋白共同构成核糖体，核糖体是蛋白质的合成部位。原核生物和真核生物的核糖体都能形成大亚基和小亚基。不同来源的rRNA的碱基组成差别很大，各种rRNA的核苷酸序列已经测定，并推测出了它们的空间结构。如真核生物的rRNA的二级结构呈花状，含有很多的茎环结构，为核糖体蛋白的结合和组装提供了结构基础；原核生物的rRNA的二级结构也极为相似。

除以上三种RNA外，真核细胞内还存在一类不编码蛋白质的小RNA分子，称之为非编

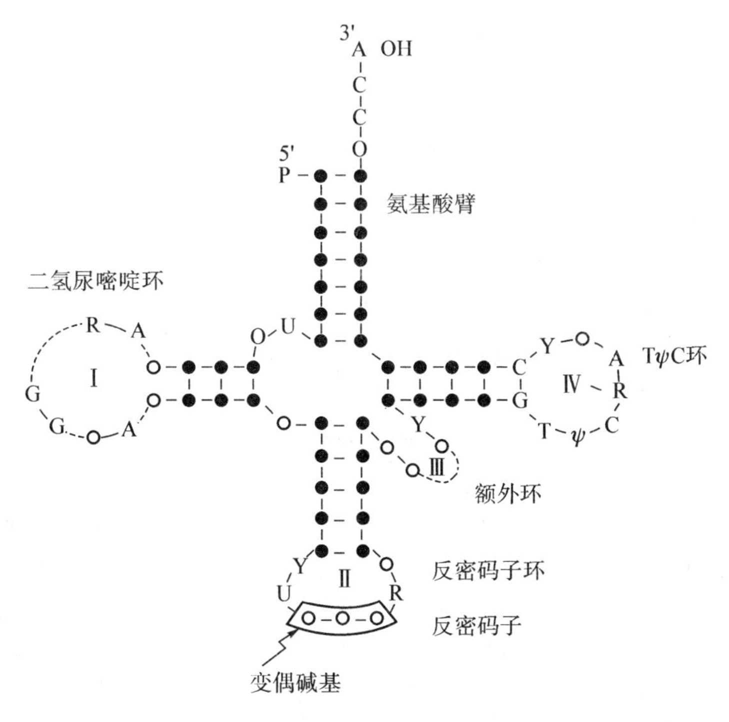

图 2-12　tRNA 的二级结构

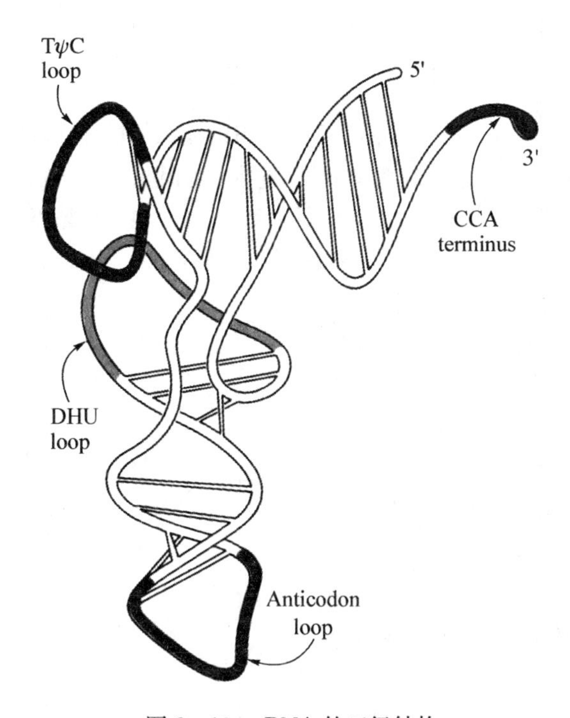

图 2-13　tRNA 的三级结构

码小 RNA(small non-messenger RNA, snmRNAs),包括核内小 RNA(snRNA)、核仁小 RNA(snoRNA)、胞质小 RNA(scRNA)、小片段干扰 RNA(siRNA)等。这些小 RNA 在基因的转

录和翻译、细胞分化和个体发育、遗传和表观遗传等生命活动中发挥重要组织和调控作用。

第三节　核酸的理化性质

一、核酸的一般性质和紫外吸收

（一）核酸的一般性质

核酸是生物体内的高分子化合物，具有极性，微溶于水，不溶于乙醇、乙醚及三氯甲烷等有机溶剂。核酸为多元酸，具有较强的酸性。

大多数 DNA 为线形分子，分子极不对称，其长度可以达到几个厘米，而分子的直径只有 2 nm。因此 DNA 溶液的黏度极高。RNA 溶液的黏度要小得多。

（二）核酸的紫外吸收性质

DNA 和 RNA 分子中所含的碱基都有共轭双键的性质，因此核酸具有紫外吸收特性，其最大吸收峰在 260 nm。利用该特征可以对核酸溶液进行定性和定量分析，也可以分析核酸的纯度。蛋白质的最大吸收峰在 280 nm 波长处，可利用测定溶液 260 nm 和 280 nm 处的吸光度(A)比值（A_{260}/A_{280}）来判断核酸样品的纯度。纯 DNA 样品的 A_{260}/A_{280} 应为 1.8，而纯 RNA 样品的 A_{260}/A_{280} 应为 2.0。若此比值下降，则说明核酸样品中可能有蛋白质和酚等杂质。

二、核酸的变性、复性和分子杂交

（一）DNA 变性

DNA 变性(DNA denaturation)是指在某些理化因素的作用下，DNA 双链互补碱基对之间的氢键发生断裂，使 DNA 双链解开为单链的过程。引起 DNA 变性的因素有加热、酸、碱、有机溶剂等。DNA 变性后，其理化性质会发生一系列的改变，如黏度下降和紫外吸收值增加等。变性后的 DNA 溶液在 260 nm 处紫外吸收作用增强，这种现象称为增色效应。它是检测 DNA 双链是否发生变性的一个常用指标。

实验室中，使 DNA 变性的最常用方法之一是加热。如果连续加热 DNA 的过程以温度对 A_{260} 值作图，所得的曲线称为解链曲线（图 2－14）。从曲线中可以看出，DNA 的变性从开始解链到完全解链，是在一个相当窄的温度内完成的。在 DNA 解链过程中，260 nm 处的紫外吸光度达到最大值一半时所对应的温度，称为 DNA 的解链温度或融解温度（melting temperature，Tm）。Tm 表示在此温度时，50％的 DNA 双链被打开。Tm 值主要与 DNA 的长度以及 GC 碱基的含量有关。GC 含量越高，Tm 值越高；离子强度越高，Tm 值也越高。

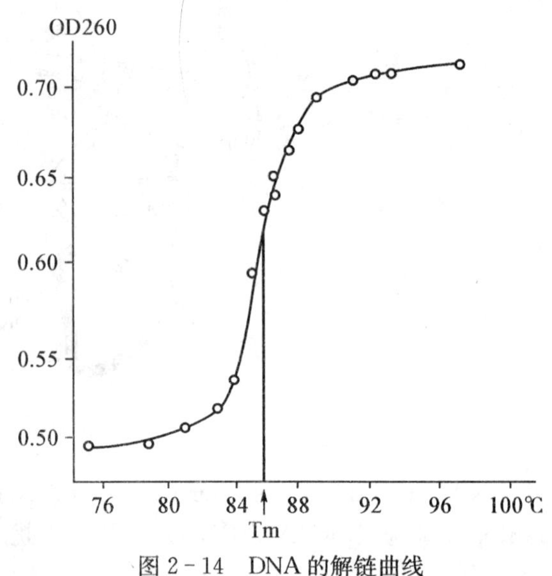

图 2－14　DNA 的解链曲线

（二）DNA 复性

DNA 变性后，当缓慢除去变性条件，两条解离的互补链可重新互补配对，恢复原来的双螺旋结构，这一现象称为 DNA 复性(renaturation)。热变性的 DNA 一般经缓慢冷却后可以复性，此过程称为退火(annealing)。复性后，DNA 的理化性质和生物学活性也会得到相应的恢复。但是，热变性的 DNA 若迅速冷却至 4 ℃以下，两条解离的互补链来不及形成双链，则不能发生复性，可以利用这一特性保持 DNA 的变性状态。

（三）核酸分子杂交

在 DNA 的复性过程中，将不同来源的 DNA 单链或 RNA 单链放在同一溶液中，只要两种核酸单链之间存在一定程度的碱基配对关系，它们就有可能形成杂化双链(heteroduplex)，这一过程称为核酸分子杂交(nucleic acid hybridization)。核酸分子杂交可以发生于 DNA 与 DNA 之间，也可以发生于 RNA 与 RNA 之间或 DNA 与 RNA 之间。

目前，在生物化学和分子生物学的研究中，核酸的分子杂交是应用最广泛的技术之一，它是定性或定量检测特异 DNA 或 RNA 序列片段的有效手段。

【链接】

核酸分子杂交技术的运用

在进行核酸分子杂交技术时，常用放射性同位素、荧光染料或酶来标记一种预先分离纯化的已知 RNA 或 DNA 序列片段去检测未知的核酸样品。这种标记的 RNA 或 DNA 序列片段称为探针。核酸分子杂交结合探针技术可以用来研究 DNA 中某一种基因的位置、鉴定两种核酸分子间的序列相似性以及检测某些专一性在待测样品中的存在等，还可以对细菌病毒所致的疾病、肿瘤及分子病等进行诊断。

1. 概念：核苷酸、DNA 变性、增色效应、Tm 值、分子杂交。
2. 试比较 RNA 和 DNA 在分子组成及结构上的异同点。
3. 简述 DNA 双螺旋结构的要点。
4. 简述 tRNA 二级结构的基本特点。
5. 简述 RNA 的种类及其生物学作用。

（徐文平）

第三章　酶

【案例】

男性，35岁，长期饮酒。除夕夜与家人聚餐，酒醉直至春节晚上7点才醒，感觉饥饿，饱餐一顿，在猛喝两瓶冰啤酒后，突觉腹部剧痛，全身冒汗，无法行动。当即送至医院急诊，诊断为：急性胰腺炎。

提示：暴饮暴食、肿瘤寄生虫引起的胆道堵塞是急性胰腺炎发生的主要因素。

生物体内几乎所有的化学反应都是由生物催化剂来催化完成的。迄今为止，人们已发现了两类生物催化剂：一类是由活细胞产生、能在体内或体外对特异的底物发挥高效催化作用的蛋白质——酶(enzyme)；另一类则是具有高效、特异催化作用的核糖核酸和脱氧核糖核酸，分别称之为核酶(ribozyme)和脱氧核酶(deoxyribozyme)。但由于核酶参与的催化反应有限，而且这些反应大多数可由相应的酶所催化，因此化学本质为蛋白质的酶仍是体内最主要的催化剂。

生物体的一切生命活动都是在酶的催化下平衡协调地进行的，临床上许多疾病都与酶的异常密切相关，许多临床常用药物也是通过对酶的影响来达到治疗的目的。

第一节　酶促反应的特点

酶是生物催化剂，既有与一般催化剂相同的催化性质，又有一般催化剂所没有的生物大分子的特征。酶与一般催化剂的共性主要表现为：只能催化热力学上允许的化学反应；在不改变反应平衡点的情况下，缩短达到化学平衡的时间；在化学反应的前后没有质和量的改变。但因为酶的本质是蛋白质，所以又具有独特的生物催化剂的特点。

1. 高度的催化效率　酶与一般催化剂均是通过降低反应的活化能而起到加速化学反应的作用。酶在催化底物反应时，首先酶的活性中心与底物结合生成酶-底物复合物，然后复合物再分解为产物和游离的酶，此即中间产物学说，其过程可用下式表示：

$$E+S \rightleftharpoons ES \longrightarrow P+E$$

上式中E代表酶，S代表底物，ES代表酶-底物复合物，P代表反应产物。由于ES的形成，大大降低了反应活化能，因此表现为酶作用的高度催化效率，如图3-1所示。

酶催化的反应比无催化剂的自发反应速度高$10^8 \sim 10^{20}$倍，比一般催化剂的催化效率高$10^7 \sim 10^{13}$倍，而且不需要较高的反应温度。

2. 高度的特异性　酶对其所催化的底物和催化的反应具有较严格的选择性，这种选择性称为酶作用的特异性，也叫酶的专一性。根据酶对底物选择的严格程度不同，可将酶的特异性分为以下三种：

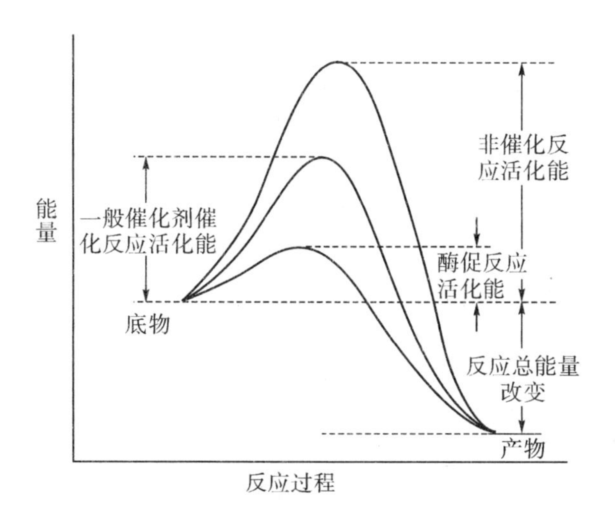

图 3-1　酶与一般化学催化剂降低反应活化能示意图

(1) 绝对特异性:一种酶只作用一种底物发生一种化学反应并生成特定产物。如脲酶只能催化尿素水解成 NH_3 和 CO_2,而不能催化甲基尿素水解。

(2) 相对特异性:一种酶作用于一类化合物或一种化学键,这种不太严格的特异性称为相对特异性。如脂肪酶不仅水解脂肪,也能水解简单的酯类。

(3) 立体异构特异性:一种酶作用于立体异构体中的一种,称为立体异构特异性。如L-乳酸脱氢酶只催化L-型乳酸脱氢,而对D-型乳酸则没有催化作用。

3. 可调节性　机体为了适应内外环境的变化和生命活动的需要,机体的物质代谢活动处于有条不紊的动态平衡中。酶催化能力的调节是维持这种平衡的重要环节。机体可通过调节酶的活性和酶的含量两种方式来改变酶的催化能力。例如,通过酶生物合成的诱导和阻遏、酶降解速率的调节而影响酶的含量;通过酶的化学修饰、酶的变构调节改变酶的催化活性。正是酶的可调节性,为体内物质代谢的协调统一、生命活动的正常进行提供了基础。

4. 高度的不稳定性　酶的化学本质是蛋白质,因此强酸、强碱、有机溶剂、重金属盐、高温、紫外线、剧烈震荡等任何能使蛋白质变性的理化因素都可使酶变性而使其失去催化活性。

第二节　酶的结构与功能

一、酶的分子组成

(一) 酶的分子组成及作用

1. 单纯酶　仅由蛋白质组成,如淀粉酶、脂肪酶、蛋白酶等均属于单纯酶。

2. 结合酶　由蛋白质部分和非蛋白质部分组成,前者称为酶蛋白,后者称为辅助因子。由酶蛋白与辅助因子结合形成的复合物又被称为全酶。在酶促反应中酶蛋白决定反应特异性,辅助因子则决定反应的类型。

辅助因子按其与酶蛋白结合的紧密程度不同可分为辅酶与辅基。辅酶与酶蛋白往往以非共价键相连,结合较为疏松,可用透析或超滤的方法除去。辅基则与酶蛋白以共价键相连,结合较为紧密，不能通过透析或超滤将其除去。

酶的辅助因子包括金属离子和小分子有机化合物。

(1) 金属离子：许多酶中均含有金属离子，作为辅助因子的常见金属离子有 K^+、Na^+、Mg^{2+}、Cu^{2+}、Zn^{2+}、Fe^{2+}、Fe^{3+} 等。金属离子在酶促反应中具有多方面功能，如稳定酶的构象；参与催化反应，传递电子；在酶与底物间起桥梁作用；正电荷可中和底物的阴离子，降低反应中的静电斥力等。

(2) 小分子有机化合物：这类辅助因子主要是指含有 B 族维生素的小分子有机化合物，其主要作用是参与电子、原子、化学基团的传递等酶的催化过程。表 3－1 中列出了 B 族维生素构成的常见几种辅酶(基)形式及其主要的生化功用。

表 3－1　B 族维生素及其辅酶或辅基形式

B 族维生素	辅酶或辅基形式	主要生化功用
维生素 B_1(硫胺素)	焦磷酸硫胺素(TPP)	α-酮酸氧化脱羧酶的辅酶
维生素 B_2(核黄素)	黄素单核苷酸(FMN)	黄素酶的辅基
	黄素腺嘌呤二核苷酸(FAD)	黄素酶的辅基
维生素 PP(尼克酰胺)	尼克酰胺腺嘌呤二核苷酸(NAD^+)	不需氧脱氢酶的辅酶
	尼克酰胺腺嘌呤二核苷酸磷酸($NADP^+$)	不需氧脱氢酶的辅酶
维生素 B_6(吡哆素)	磷酸吡哆醛(胺)	转氨酶、脱羧酶的辅酶
叶酸	四氢叶酸	一碳单位的载体
泛酸	辅酶 A	酰基转移酶的辅酶
生物素	生物素	羧化酶的辅酶
维生素 B_{12}(钴胺素)	5-甲基钴胺素	甲基转移酶的辅酶
	5-脱氧腺苷钴胺素	甲基转移酶的辅酶

二、酶的活性中心

酶蛋白分子量巨大，而相应的底物一般是小分子有机化合物，因此在催化反应中，酶与底物结合形成不稳定的中间产物时，往往只有酶蛋白分子上局部的区域直接与底物结合发挥作用，这个局部的空间结构区域，即称为酶的活性中心(active center)。酶的活性中心包含着一些氨基酸特有的化学基团，如—NH_2、—COOH、—SH、—OH 和咪唑基等，它们有的能直接与底物结合，称为结合基团；有的能够影响底物中某些化学键的稳定性，催化底物发生化学变化，称为催化基团，但两者之间没有明显的界线，统称为酶的必需基团(essential group)。

酶的活性中心是一个局部的空间区域，在酶蛋白分子的表面，形成一个裂隙或凹陷结构，容纳并结合底物起催化反应。必需基团在活性中心相对集中，虽然在一级结构上可能相距很远，但在空间结构上彼此靠近，形成酶的活性中心(图 3－2)。

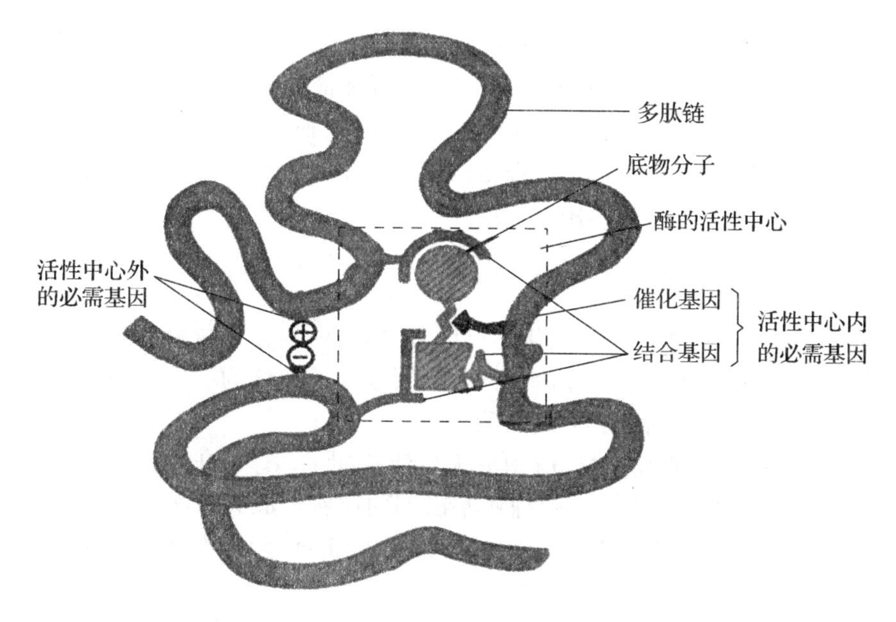

图 3-2 酶活性中心示意图

三、酶原及酶原激活

有些酶在细胞内合成或初分泌时，没有催化活性，这种无活性的酶的前体称为酶原(zymogen)。如胃蛋白酶、胰蛋白酶等许多消化道的蛋白水解酶在它们初分泌时都是以无活性的酶原形式存在。在一定条件下，酶原受某种因素作用后，其分子构象发生变化，从而使无活性的酶原转变成有活性的酶，这一过程称为酶原的激活。

酶原激活的实质是活性中心形成或暴露的过程。例如，胰蛋白酶原随胰液进入肠道后，在肠激酶的作用下，酶分子空间构象发生改变，形成酶的活性中心，于是胰蛋白酶原变成了具有催化活性的胰蛋白酶(图 3-3)。

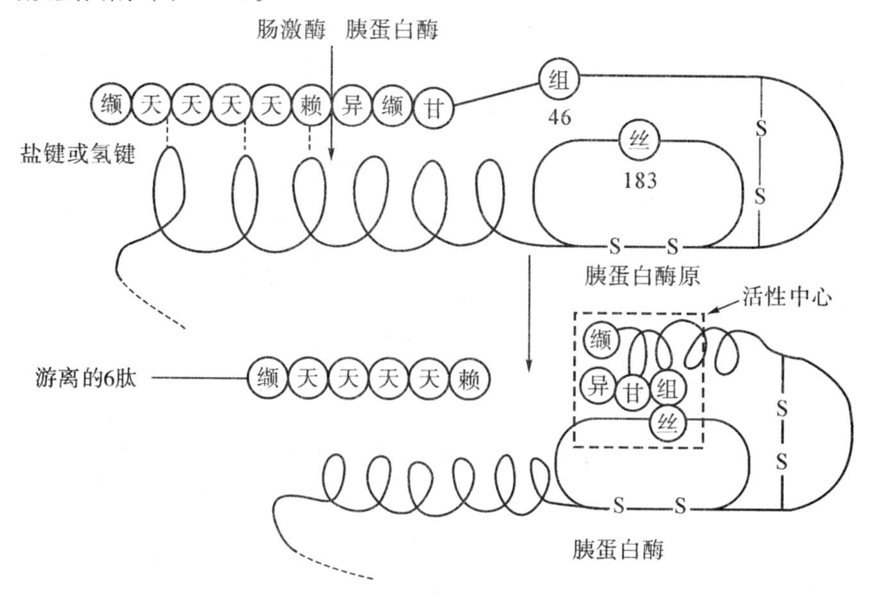

图 3-3 胰蛋白酶原激活示意图

酶原被异常激活可导致危及生命的疾病发生。例如急性胰腺炎就是胆汁反流、胰蛋白酶原等在胰腺中被过早激活，因此胰腺被自身消化；同样血液中凝血酶原的存在保证生理血流的通畅与一旦出血时被激活后促进止血机制的发动，但若凝血酶原被异常激活，即可造成血栓。因此酶原激活的生理意义在于既能防止细胞内产生的蛋白酶对细胞进行自身消化，又可使酶在特定的部位和环境中发挥催化作用。

四、同工酶及其临床意义

同工酶(isoenzyme)是指催化相同化学反应，但酶蛋白的分子结构、理化性质乃至免疫学性质不同的一组酶。同工酶存在于生物的同一种属或同一个体的不同组织、甚至同一组织或细胞中。现已发现有 100 多种酶具有同工酶。

乳酸脱氢酶(LDH)是研究最早、应用最为广泛的同工酶。LDH 四聚体，由骨骼肌型(M 型)和心肌型(H 型)两种亚基组成。两种亚基以不同比例组成五种四聚体，如图 3－4 所示，LDH 同工酶在不同组织中的比例不同，其中心肌中以 LDH_1 较为丰富，而肝脏和骨骼肌中则含 LDH_5 较多。

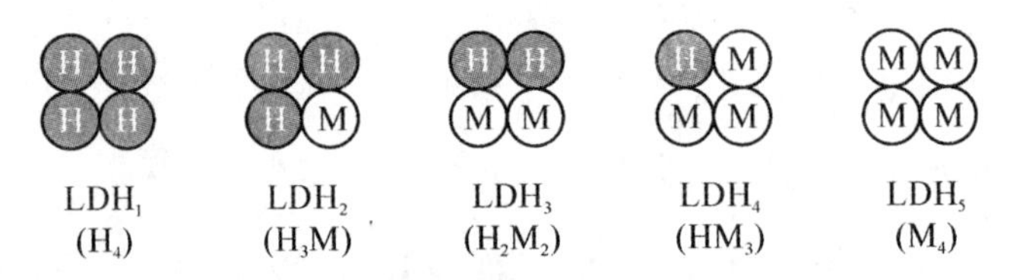

图 3－4　乳酸脱氢酶(LDH)同工酶模式图

在临床上，同工酶的测定有助于疾病的诊断。如通过检测病人血清中 LDH 同工酶的电泳图谱，辅助诊断哪些器官组织发生病变：心肌受损病人血清 LDH_1 含量上升，肝脏受损者血清 LDH_5 含量增高(图 3－5)。

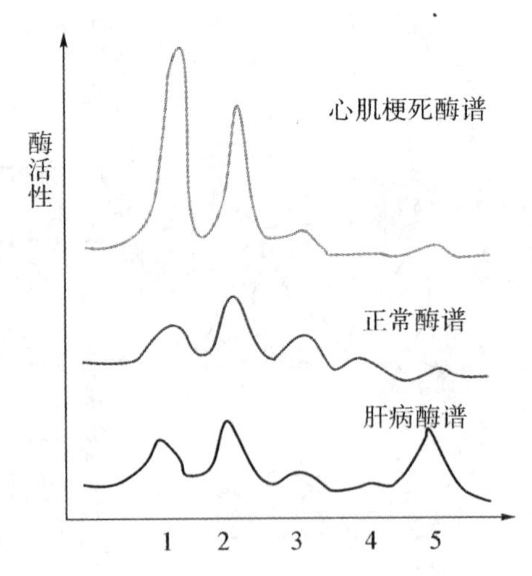

图 3－5　血清 LDH 同工酶谱变化

五、细胞内酶活性的调节

生物体内的新陈代谢是由无数条物质代谢构成的，而几乎所有的物质代谢都是酶促反应。在一条代谢途径中，往往有一到几个酶促反应速度最慢，控制着整个代谢途径的反应速度，这些酶促反应称为该途径的限速反应，催化限速反应的酶称为限速酶。机体可通过调节限速酶活性和含量从而协调代谢途径的速度和方向，其中最常见的是对酶活性的调节，因为这种调节一般在数秒或数分钟内即可实现，被称为快速调节。限速酶活性调节有变构调节和化学修饰调节两种方式。

（一）酶的变构调节

体内某些小分子物质可以与某些酶分子活性中心外的某一部位可逆的非共价结合，使酶分子的构象发生改变，进而改变酶的活性。酶的这种调节作用称为变构调节，受变构调节的酶称变构酶(allosteric enzyme)，能够使酶变构的特异性分子称为效应剂。其中使酶活性增强的效应剂称为变构激活剂；使酶活性减弱的效应剂称为变构抑制剂。

（二）酶的共价修饰调节

体内有些酶可在其他酶的催化作用下，对酶的结构进行共价修饰，从而使酶的活性发生改变，这种调节方式称为酶的共价修饰调节(covalent modification regulation)。体内常见的共价修饰类型有：磷酸化与脱磷酸化、乙酰化与去乙酰化、甲基化与去甲基化、腺苷化与去腺苷化，以及—SH与S—S的转变等方式，其中磷酸化与脱磷酸化最为常见。共价修饰反应迅速，并且具有级联式放大效应，是体内物质代谢快速调节的一种重要方式。

第三节　影响酶促反应的因素

影响酶促反应的因素主要包括底物浓度、酶浓度、温度、pH、激活剂和抑制剂等。需要强调的是：①在研究某一因素对酶促反应速度的影响时，应该维持反应体系中其他因素始终处于最适状态；②酶促反应速度是采用酶促反应初始时的速度，以避免反应进行过程中因底物的减少或产物的增加等因素对反应速率产生影响。

一、酶浓度对酶促反应速度的影响

在一定的温度和pH条件下，当底物浓度足以使酶饱和的情况下，酶的浓度与酶促反应速度呈正比关系（图3-6）。其关系式为：$v=k[E]$。

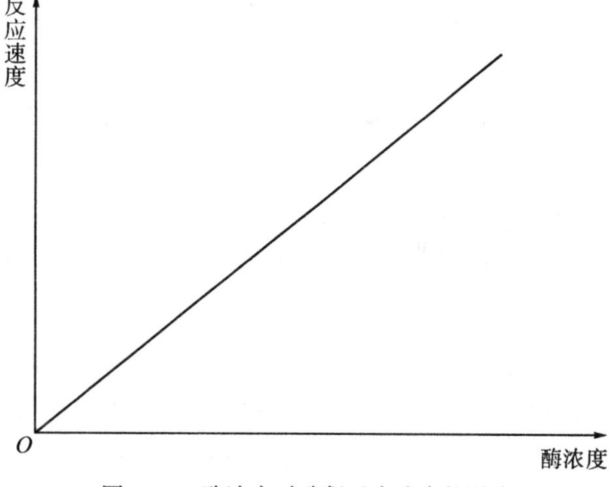

图3-6　酶浓度对酶促反应速度的影响

二、底物浓度对酶促反应速度的影响

在酶的浓度不变的情况下，底物浓度对反应速度影响的作用呈现矩形双曲线（图 3－7）。

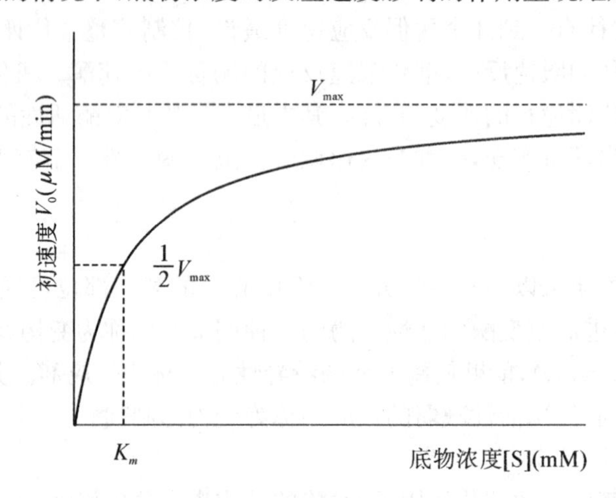

图 3－7　底物浓度对酶促反应速度的影响

当底物浓度很低时，增加底物浓度，可使[ES]的形成呈正比关系增加，因此反应速度随底物浓度的增加而增加，两者呈直线正比关系；当底物浓度较高时，反应速度虽然随着底物浓度的升高而加快，但不再呈正比关系；当底物浓度增高到一定程度时，酶全部形成了[ES]，如果继续加大底物浓度，反应速度则不再增加，说明酶已被底物所饱和。所有酶均有饱和现象，只是不同的酶达到饱和时所需要的底物浓度不同而已。

（一）米－曼氏方程式

1913 年 Michaelis 和 Menten 把图 3－6 归纳为酶促反应动力学最基本的数学方程式，即著名的米－曼氏方程式，简称米氏方程：

$$V=\frac{V_{max}[S]}{K_m+[S]}$$

式中，V_{max}为最大反应速度，[S]为底物浓度，K_m 为米氏常数，V 是在某一底物浓度时相应的反应速度。

（二）K_m 的意义

1. 当反应速度为最大速度一半时，米氏方程可以变换如下：

$$\frac{V_{max}}{2}=\frac{V_{max}[S]}{K_m+[S]}\rightarrow K_m=[S]$$

因此，K_m 值等于酶促反应速度为最大速度一半时的底物浓度，单位为摩尔/升（mol/L）。

2. K_m 值可以近似地表示酶与底物的亲和力，K_m 值愈大，表示酶与底物的亲和力愈小；K_m 值愈小，表示酶与底物的亲和力愈大。

3. K_m 值是酶的特征性常数，只与酶的结构、酶所催化的底物和酶促反应条件有关，而与酶的浓度无关。

三、温度对酶促反应速度的影响

与一般化学反应规律一样，在一定温度范围内酶促反应速度随温度增高而加快，一般情况下，温度每升高 10 ℃，反应速率可增加 1～2 倍；但由于酶是蛋白质，随着温度的升高酶会逐渐变性失活从而使反应速度降低。因此以酶促反应速度 V 对温度作图，可得一条钟罩形曲线（图 3－8），其中在酶催化活力最大时相应的温度即称为酶的最适温度。

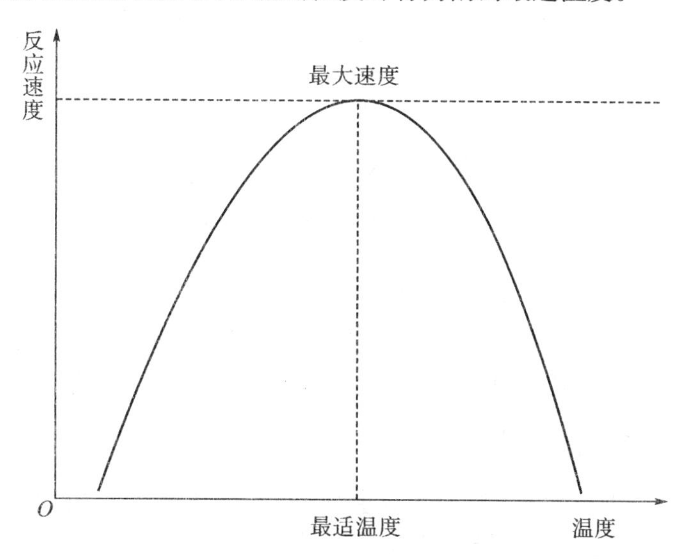

图 3－8　温度对酶促反应速度的影响

人体内酶的最适温度接近体温，一般为 37～40 ℃，若将酶加热到 60 ℃即开始变性，80 ℃以上时，绝大多数酶将发生不可逆的变性而完全失去催化活力，临床常应用这一原理进行高温灭菌消毒。低温条件下，酶的活性只是受到抑制，并不会使酶受到破坏，温度回升后，酶又恢复活性。所以在实际工作中对酶制剂和酶检测标本（如血清等）应放在冰箱中低温保存，需要时从冰箱取出，在室温条件下等温度回升后再使用或检测。临床上低温麻醉就是利用酶的这一性质以减慢组织细胞代谢速度，提高机体对氧和营养物质缺乏的耐受力，有利于手术的进行。

四、pH 对酶促反应速度的影响

酶所处环境的 pH 可影响酶分子上化学基团的解离程度和必需基团中质子供体或质子受体所需的离子化状态，也可影响底物和辅酶的解离程度，从而影响酶与底物的结合。只有在特定的 pH 条件下，酶、底物和辅酶的解离情况，最适宜于它们互相结合，并发生催化作用，使酶促反应速度达最大值，这种 pH 称为酶的最适 pH。最适 pH 不是酶的特征性常数，它可受底物的种类及浓度、缓冲液的种类及浓度、反应温度和酶的纯度等因素的影响。

五、激活剂对酶促反应速度的影响

凡能使酶从无活性变为有活性或使酶从低活性变为高活性的物质统称为酶的激活剂（activator）。从化学本质看，酶的激活剂包括无机离子和小分子有机物。如 Mg^{2+}、Mn^{2+}、K^+、Cl^- 及胆汁酸盐等。按激活剂对酶影响的程度不同，可将酶的激活剂分为必需激活剂和

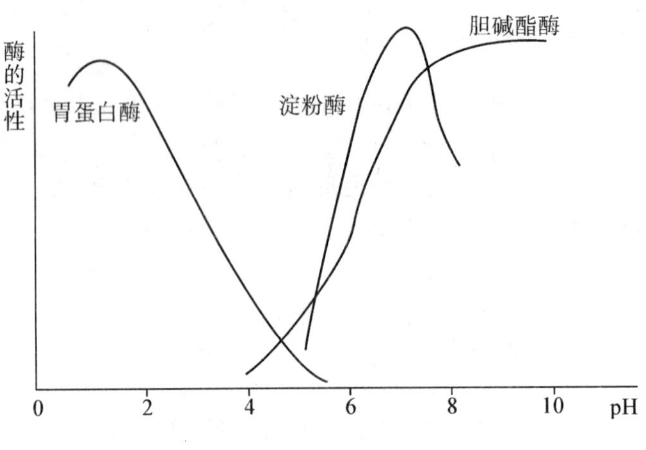

图 3－9　pH 对某些酶活性的影响

非必需激活剂两大类。大多数金属离子激活剂对酶促反应不可缺少，称必需激活剂，如 Mg^{2+} 是己糖激酶及多种激酶的必需激活剂。有些激活剂不存在时，酶仍有一定活性，这类激活剂称非必需激活剂，如 Cl^- 是唾液淀粉酶的非必需激活剂。

六、抑制剂对酶促反应速度的影响

凡能使酶的活性降低或丧失而不引起酶蛋白变性的物质统称酶的抑制剂。但引起酶蛋白变性使酶活性丧失的化学因素不属于抑制剂的范畴。根据抑制剂与酶作用的机制不同，通常将抑制作用分为不可逆性抑制和可逆性抑制两大类。

（一）不可逆性抑制作用

这类抑制剂与酶分子上的化学基团以共价键的方式结合，其抑制作用不能用透析、超滤等物理的方法解除，这种抑制称为不可逆性抑制作用。在临床上这种抑制作用可以通过特异性的化学药物解除，使酶恢复活性。有机磷农药能特异性地与胆碱酯酶活性中心丝氨酸的羟基结合，使酶失活。当胆碱酯酶被有机磷农药抑制后，胆碱能神经末稍分泌的乙酰胆碱不能及时分解，过多的乙酰胆碱会导致胆碱能神经过度兴奋，表现为一系列中毒的症状。临床上常采用解磷定（PAM）治疗有机磷农药中毒（图 3－10）。

（二）可逆性抑制

抑制剂通过非共价键与酶或酶-底物复合物可逆性结合，使酶活性受到抑制，由于抑制剂的结合较为疏松，可采用透析或超滤等物理方法将抑制剂除去，使酶的活性得以恢复，这种抑制作用称为可逆性抑制作用。根据抑制剂的作用机制不同，可逆性抑制作用可分为以下三种类型。

1. 竞争性抑制（competitive inhibition）　竞争性抑制剂（I）与底物（S）结构相似，能与底物竞争酶的活性中心，当酶与 I 结合后，就不再与 S 结合，从而使酶的催化活性受到抑制，这种抑制作用称为竞争性抑制。其反应过程如下：

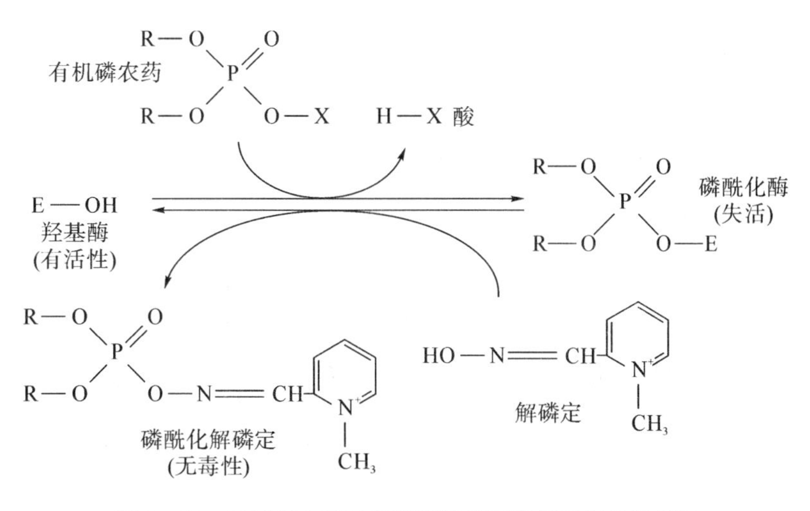

图 3-10　有机磷农药对羟基酶的抑制和解磷定的解抑制

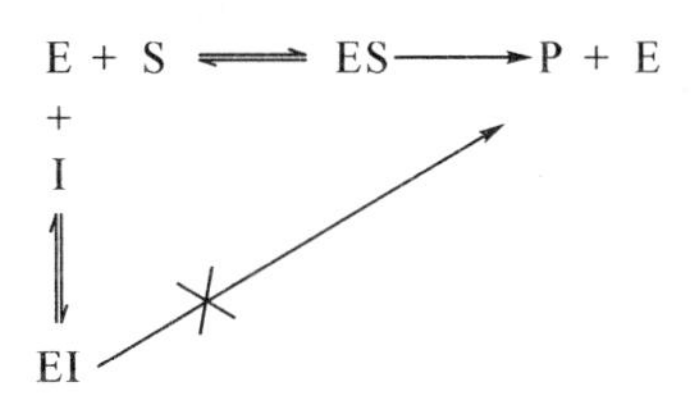

竞争性抑制作用有以下特点：①抑制剂结构与底物相似；②抑制剂结合的部位是酶的活性中心；③抑制作用的大小取决于抑制剂与底物的相对浓度以及抑制剂与酶的亲和力，在抑制剂浓度不变时，通过增加底物浓度可以减弱甚至解除竞争性抑制作用；④按米氏方程的推导，当有竞争性抑制剂存在时，V_{max}不变，K_m 增大。

很多药物都是通过竞争性抑制作用的原理来发挥作用的。磺胺类药物是典型的竞争性抑制剂。对磺胺类药物敏感的细菌在生长繁殖时，不能直接利用环境中的叶酸，而必须在二氢叶酸合成酶的作用下，利用对氨基苯甲酸(PABA)、二氢蝶呤及谷氨酸合成二氢叶酸，后者再转变为四氢叶酸，四氢叶酸是一碳单位的载体，是细菌合成核酸所不可缺少的。磺胺类药物的化学结构与对氨基苯甲酸十分相似(图 3-11)，故能与对氨基苯甲酸竞争二氢叶酸合成酶的活性中心，使该酶的活性受到抑制，进而减少四氢叶酸和核酸的合成，最终导致细菌生长繁殖停止。根据竞争性抑制作用的特点，在临床上使用磺胺类药物时，首次剂量要加倍并必须保持血液中较高的药物浓度，以发挥有效的抑菌作用。

H_2N—⟨苯环⟩—COOH　　H_2N—⟨苯环⟩—SO_2NHR

对氨基苯甲酸(PABA)　　磺胺药

图 3-11　PABA 与磺胺药

另外，许多抗癌药物，如氨甲蝶呤(MTX)、5-氟尿嘧啶(5-FU)、6-巯基嘌呤(6-MP)等抗代谢物也是利用酶的竞争性抑制作用来达到抑制肿瘤生长的目的。

2. 非竞争性抑制(non-competitive inhibition)　非竞争性抑制剂(I)与酶活性中心以外的必需基团结合，抑制剂可以和酶结合形成 EI，也可以和 ES 复合物结合形成 ESI，从而使酶的催化作用受到抑制，这种抑制作用称为非竞争性抑制。其反应过程如下：

E + S ⇌ ES ⟶ P + E
\+
I
⇅
EI + S ⇌ ESI ⟶(×) P + E

3. 反竞争性抑制(un-competitive inhibition)　反竞争性抑制剂(I)只能与酶-底物复合物(ES)结合形成ESI，导致ES浓度的减少，从而使酶的催化作用受到抑制，这种抑制作用称为反竞争性抑制。其反应过程如下：

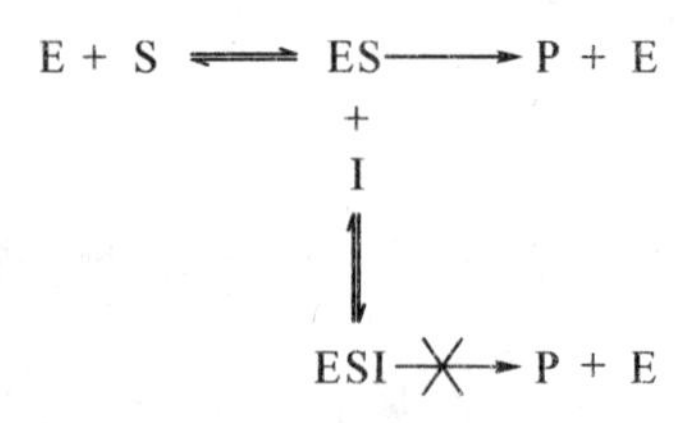

现将三类可逆性抑制作用的主要特点归纳如表3-2。

表3-2　各类可逆性抑制作用的比较

作用特征	无抑制剂	竞争性抑制	非竞争性抑制	反竞争性抑制
与I结合形式		E	E,ES	ES
底物的影响		增加[S]可解除抑制	抑制作用与[S]无关	[ES]形成是抑制的前提
动力学改变				
表现K_m	K_m	增大	不变	减小
最大速率V_{max}	V_{max}	不变	降低	降低

第四节　酶的命名与分类

一、酶的命名

主要根据酶作用的底物、催化反应的性质或酶的来源来命名，如脂肪酶、乳酸脱氢酶、胃蛋白酶等。

二、酶的分类

国际酶学委员会根据酶的反应性质，将酶分成六大类：

1. 氧化还原酶类(oxidoreductases)　催化底物进行氧化还原反应的酶类，例如乳酸脱氢酶、细胞色素氧化酶、过氧化氢酶等。

2. 转移酶类(transferases)　催化底物之间进行某些基团的转移或交换的酶类，例如氨基转移酶、己糖激酶、磷酸化酶等。

3. 水解酶类(hydrolases)　催化底物发生水解反应的酶类，例如淀粉酶、蛋白酶、脂肪酶等。

4. 裂合酶类(lyases)　催化一种化合物分解为两种化合物或两种化合物合成为一种化合物的酶类,如醛缩酶、碳酸酐酶、柠檬酸合成酶。

5. 异构酶类(isometases)　催化各种同分异构体间相互转变的酶类,如磷酸丙糖异构酶、磷酸己糖异构酶等。

6. 合成酶类(ligases)　催化两分子底物合成一分子化合物,同时偶联有 ATP 的磷酸键断裂的酶类,如谷氨酰胺合成酶、谷胱甘肽合成酶等。

国际生物化学和分子生物学学会(IUBMB)根据酶的分类为依据,提出系统命名法。上述六大类酶用 EC(enzyme commission)加 1.2.3.4.5.6 编号表示,再按酶所催化的化学键和参加反应的基团,将酶大类再进一步分成亚类和亚-亚类,最后为该酶在这亚-亚类中的排序。如 α 淀粉酶的国际系统分类编号为:EC3.2.1.1。

第五节　酶与医学的关系

一、酶与疾病的关系

(一) 酶与疾病的发生

生物体正常代谢活动离不开酶的催化作用,因此不论是遗传缺陷或外界因素造成的酶结构的异常或酶活性的改变均可导致疾病的发生甚至危及生命。酶缺陷引起的疾病多为遗传性疾病,如缺乏 6-磷酸葡萄糖脱氢酶可引起蚕豆病;酪氨酸羟化酶缺乏导致白化病;苯丙氨酸羟化酶缺陷导致苯丙酮酸尿症等。另外,很多中毒现象都与酶活性改变有关,如常用的有机磷农药美曲膦脂(敌百虫)、敌敌畏等,能与胆碱酯酶活性中心的丝氨酸羟基结合而使其活性受到抑制;重金属 As^{2+}、Hg^{+}、Ag^{+} 等可与某些酶的巯基结合而使酶活性丧失,此外氰化物(CN^{-})、一氧化碳(CO)等能与细胞色素氧化酶结合,可使呼吸链中断而严重威胁生命。某些疾病或其他后天因素也可引起酶的异常。如急性胰腺炎时,胰蛋白酶原在胰腺中被激活而导致胰腺组织被水解破坏。激素代谢障碍或维生素缺乏也可引起某些酶活性的异常。

(二) 酶与疾病的诊断

酶在临床诊断中具有重要作用。许多疾病的发生、发展常表现为组织或体液中一些特异性酶的改变。因此,通过酶的相关检测,可诊断疾病、观察疗效、判断预后。如许多遗传性疾病是由于先天性缺乏某种有活性的酶所致,因此可从羊水或绒毛中检测该酶的缺陷或其基因表达的缺陷进行产前诊断;当某些器官组织发生病变导致细胞损伤或细胞通透性增加,可使细胞内的某些酶进入体液中,使体液中该酶的含量升高,如急性胰腺炎时,血清淀粉酶活性增加,心肌梗死或肝炎时,血清氨基转移酶活性增加;某些疾病可因酶合成速率的改变或酶的清除排泄障碍而引起血液中酶活性的改变,如骨肉瘤、胆道梗阻时,碱性磷酸酶的活性增加。因此在临床上,通过对血、尿等体液和分泌液中某些酶活性的测定,可以反映某些组织器官的病变情况,从而有助于疾病的诊断。

(三) 酶与疾病的治疗

临床上许多药物可通过影响酶的活性而达到治疗作用,如前所述,磺胺类药物是通过竞争性抑制细菌中的二氢叶酸合成酶活性而达到抑菌的作用;许多抗癌药物则是通过影响核苷酸代谢途径中相关的酶类而达到遏止肿瘤生长的目的。另外因消化腺分泌不足所致的消化不良可通过补充胃蛋白酶、胰蛋白酶等以助消化；对于心、脑血管的栓塞，可用链激酶、尿激酶等以促进血栓溶解。

但由于酶是蛋白质，具有很强的抗原性，故酶在治疗疾病中的应用受到一定的限制。

二、酶在医学研究领域中的应用

酶除了与临床疾病的发生、诊断、治疗有密切关系外，在医学研究领域也有广泛的应用。如酶偶联测定法、酶联免疫测定等已广泛用于临床检验和科学研究。酶还可以作为工具在分子水平上对某些生物大分子进行定向的分割与连接。例如，基因工程中常用的限制性核酸内切酶、连接酶、*Taq*DNA 聚合酶等。

另外，底物与酶的活性中心结合可诱导底物变构形成过渡态底物。设计由这种过渡态底物产生的抗体，具有促使底物转变为过渡态进而发生催化反应的酶活性，故称之为抗体酶。抗体酶的研究是酶工程研究的前沿学科，制造抗体酶的技术比蛋白质工程和生产酶制剂简单，可以大量生产，因此，关于抗体酶的应用研究必会引起重视和发展。

复习思考题

1. 名词解释：酶，同工酶，酶原，酶原激活，酶的活性中心。
2. 结合酶由哪两部分组成？各自的作用是什么？
3. 酶与一般催化剂相比有何特点？何谓酶作用的特异性？举例说明酶的三种特异性。
4. 以磺胺类药物为例，说明竞争性抑制作用的原理及特点。
5. 何谓酶原？酶原激活的实质和意义是什么？
6. 影响酶促反应速度的因素有哪些？并说明温度对酶促反应速度的影响。

（时费翔）

第四章 糖 代 谢

【案例】

酒精性低血糖?

某司机,由于运输货物并错过服务区,12 小时以上未进食,极其饥饿疲劳,考虑到 2 小时后即可到达目的地,决定坚持一下。随后在车厢发现有一 500 ml 罐装啤酒,啤酒酒精含量不高,全部饮用后血液酒精含量也不会超过合法安全驾车规定界线 100 mg/dl(22 nmol/L),于是为了提神并降低饥饿感,全部喝完。但 1 小时后到目的地,尚未来得及饮食,出现昏迷木僵状态,脉速、多汗、体温低,呼气有酒精气味,被认为“醉酒”。送入医院急救,诊断为酒精性低血糖,快速静脉推注 50%葡萄糖 50 ml,然后 5%葡萄糖生理盐水静滴(常加维生素 B_1)后,意识很快清醒,因抢救及时病人未造成脑损伤。

提示:空腹大量饮酒后,由于酒精在肝内氧化,使 NAD^+ 过多地还原为 NADH,造成糖异生作用减弱。当有限的肝糖原被动用以后,即可发生低血糖。

糖是自然界中的一大类有机化合物,其化学本质为多羟醛或多羟酮类及其衍生物或聚合物,其结构式是$(CH_2O)_n$,故也称为碳水化合物(carbohydrate)。糖的分布很广泛,植物含糖量最丰富,为 85%~95%。植物利用日光的电磁能通过光合作用合成糖,动物则直接或间接地从植物获得所需能量。人体每日摄入的糖比蛋白质、脂肪多,占食物总量的 50%以上。

第一节 概 述

一、糖的生理功能

(一) 氧化提供能量

这是糖类最主要生理功能,人体所需能量约有 70%来源于糖。

(二) 提供碳源

葡萄糖为生物体内其他含碳化合物,如氨基酸、脂肪酸、核苷酸等提供碳骨架。

(三) 人体组织结构的重要组分

如蛋白聚糖和糖蛋白构成结缔组织、软骨和骨的基质。糖蛋白和糖脂参与构成细胞膜的成分。

(四) 参与构成体内一些重要的生物活性物质

如激素、酶、免疫球蛋白、血浆蛋白等均为一些具有生理功能的糖蛋白,可参与细胞识别、生物信息传递、免疫应答等过程。糖的磷酸衍生物也可形成 NAD^+、FAD 等重要生物活性物质。

二、糖的消化

人类食物中的糖主要是淀粉(starch),这是由许多葡萄糖分子组成的带分支的大分子多糖。此外还有少量乳糖、蔗糖等二糖。这些糖都必须消化成葡萄糖、果糖、半乳糖等单糖才能被吸收利用。

淀粉的消化过程如图 4-1 所示。唾液和胰液中都有 α-淀粉酶,但由于食物在口腔中停留时间很短,故小肠为消化淀粉的主要部位。淀粉在 α-淀粉酶的作用下分解成麦芽糖、麦芽三糖、异麦芽糖和 α-临界糊精,随后在小肠黏膜刷状缘上的 α-葡糖苷酶(包括麦芽糖酶)以及 α-临界糊精酶(包括异麦芽糖酶)的作用下,水解为葡萄糖。

肠黏膜细胞中还有蔗糖酶和乳糖酶等分别水解蔗糖、乳糖。有些成人食用牛奶后腹胀、腹泻,是由于缺乏乳糖酶,导致乳糖消化吸收障碍所致。

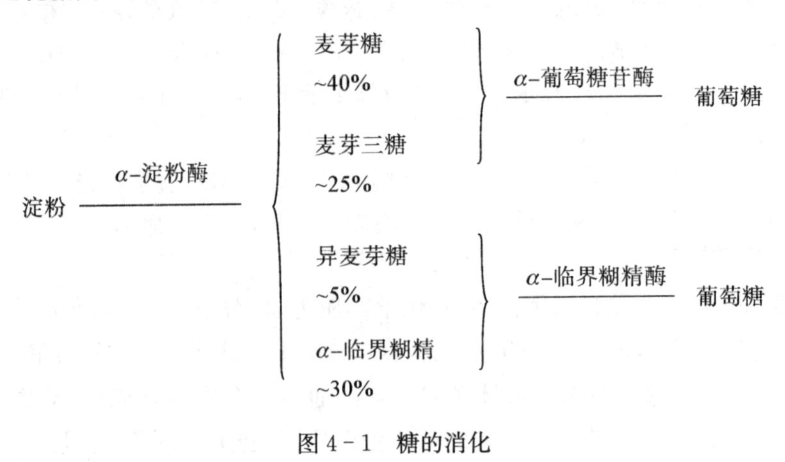

图 4-1　糖的消化

三、糖的吸收

糖被消化成葡萄糖(glucose)后主要在小肠上段被吸收,然后经门静脉入肝。小肠黏膜对葡萄糖的摄入由特定的载体转运,是一个主动耗能的过程。目前已知的葡萄糖转运体(glucose transporters,GLUT)有 5 种,具有组织特异性。如 GLUT1 主要存在于红细胞,而 GLUT4 存在于脂肪和肌肉组织。

第二节　糖的分解代谢

糖的分解代谢在很大程度上受氧供应状况的影响。人及动物体内糖的分解代谢主要有 3 条途径:①葡萄糖有氧氧化,生成 CO_2 和 H_2O。②葡萄糖在缺氧或无氧条件下糖酵解生成乳酸。③葡萄糖进入磷酸戊糖途径,提供机体合成代谢所需的原动力。其中有氧氧化是葡萄糖或糖原分解代谢的主要途径。

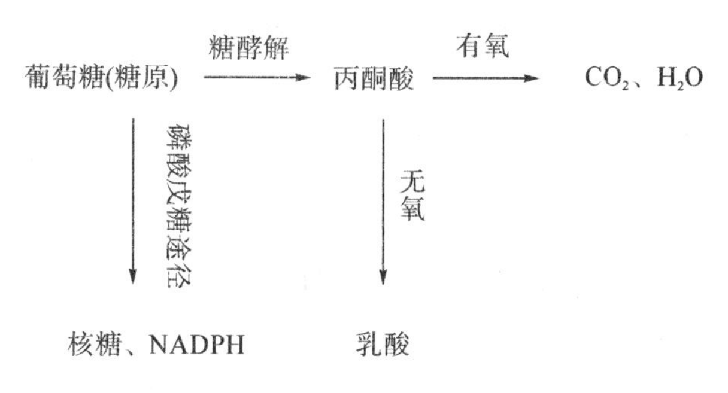

图 4－2 糖的分解代谢途径

一、糖酵解

当机体处于相对缺氧情况(如剧烈运动)时，葡萄糖或糖原分解生成乳酸(lactate)，并产生能量的过程称之为糖的无氧酵解。这个代谢过程与酵母的生醇发酵非常相似，故又称为糖酵解(glycolysis)。糖酵解途径在生物界(除蓝藻外)普遍存在，是生物在长期进化过程中保留下来的最古老的糖代谢途径。参与糖酵解反应的一系列酶存在于细胞胞浆中，因此糖酵解的全部反应过程均在胞浆中进行。糖酵解反应过程可分为二个阶段：葡萄糖分解为丙酮酸的过程及丙酮酸还原为乳酸的过程。前一阶段称为酵解途径，是糖的无氧分解和有氧氧化的共有途径。

(一) 葡萄糖分解为丙酮酸

1. 葡萄糖磷酸化生成 6-磷酸葡萄糖(G-6-P) 6-磷酸葡萄糖的生成不仅活化了葡萄糖，有利于它进一步参与合成与分解代谢，同时还能使进入细胞的葡萄糖不再逸出细胞。此反应不可逆，并需要消耗能量 ATP，Mg^{2+} 是反应的激活剂。

葡萄糖 —(ATP → ADP，Mg^{2+}，己糖激酶)→ 6-磷酸葡萄糖

催化此反应的酶是己糖激酶(hexokinase，HK)，HK 是糖酵解反应过程的关键酶。己糖激酶在生物组织中分布很广，专一性较低，它能催化多种己糖如葡萄糖、甘露糖、氨基葡萄糖、果糖等进行不可逆的磷酸化反应。哺乳动物中已发现了四种己糖激酶的同工酶Ⅰ～Ⅳ型。Ⅳ型酶只存在于肝脏，对葡萄糖有高度专一性，又称葡萄糖激酶(glucokinase，GK)，GK 对葡萄糖的 K_m 为 10 mmol/L，对葡萄糖的亲和力很低，因此只有当肝内葡萄糖浓度很高时方可催化葡萄糖磷酸化，这对维持血糖浓度恒定很重要。

若从糖原开始分解，则是糖原先在磷酸化酶的作用下成为 1-磷酸葡萄糖(G-1-P)，再变位生成为 G-6-P。此过程不消耗 ATP。

糖原 —磷酸化酶→ 1-磷酸葡萄糖 —变位酶→ 6-磷酸葡萄糖

2. 6-磷酸葡萄糖转变为6-磷酸果糖(F-6-P)　这是由磷酸己糖异构酶催化的一个醛-酮异构变化。反应可逆,需 Mg^{2+}。

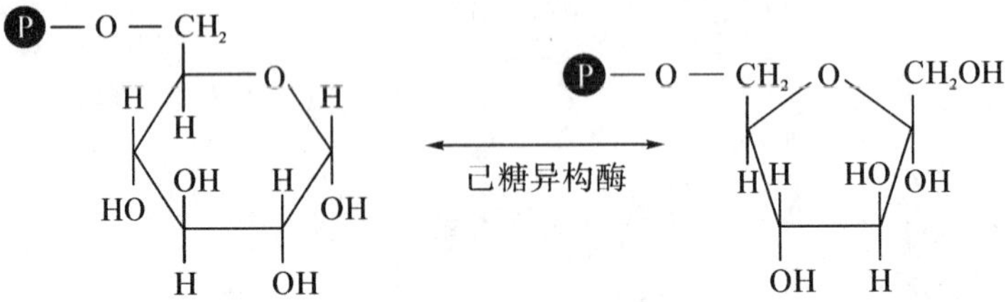

6-磷酸葡萄糖 ⇌(己糖异构酶) 6-磷酸果糖

3. 6-磷酸果糖生成1,6-二磷酸果糖(F-1,6-BP)　催化此反应的酶是6-磷酸果糖激酶1(PFK 1),这是糖酵解途径的第二次磷酸化反应。6-磷酸果糖激酶-1是糖酵解过程的主要关键酶。此反应需要消耗ATP及 Mg^{2+},反应不可逆。

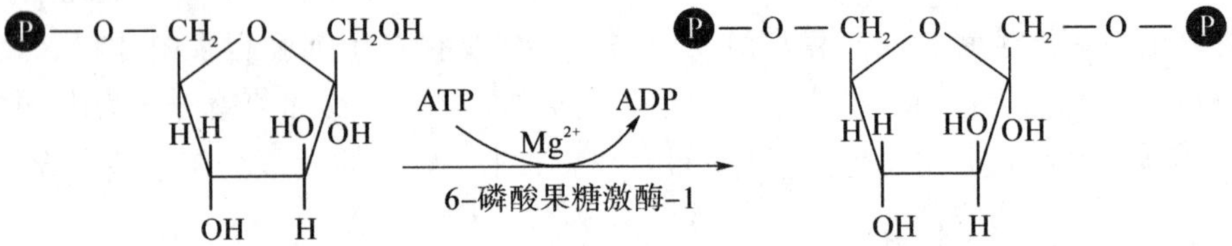

6-磷酸果糖 —(ATP→ADP, Mg^{2+}; 6-磷酸果糖激酶-1)→ 1,6-二磷酸果糖

4. 1,6-二磷酸果糖裂解为2个磷酸丙糖　醛缩酶催化1,6-二磷酸果糖生成磷酸二羟丙酮和3-磷酸甘油醛,两者互为异构体,此反应可逆。

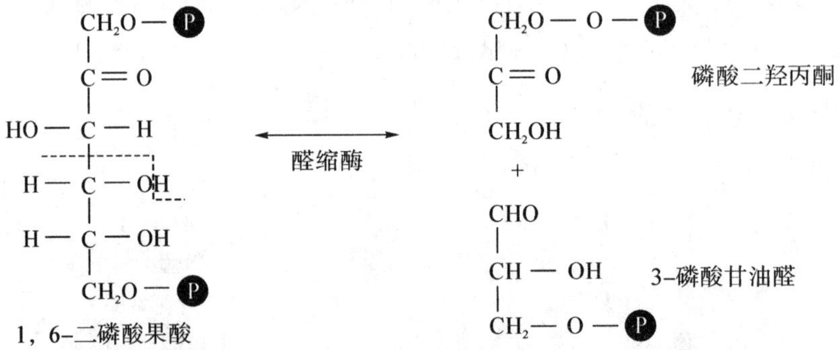

1,6-二磷酸果酸 ⇌(醛缩酶) 磷酸二羟丙酮 + 3-磷酸甘油醛

5. 磷酸丙糖的同分异构化　3-磷酸甘油醛和磷酸二羟丙酮在磷酸丙糖异构酶催化下可互相转变。由于反应中3-磷酸甘油醛不断移去,使磷酸二羟丙酮迅速转变为3-磷酸甘油醛,以利于继续代谢。这样1分子F-1,6-BP相当于生成2分子3-磷酸甘油醛。

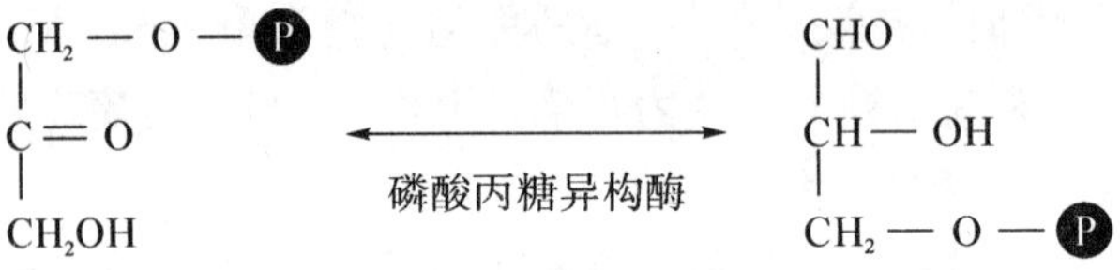

磷酸二羟丙酮 ⇌(磷酸丙糖异构酶) 3-磷酸甘油醛

上述 5 步反应为糖酵解过程中的耗能阶段。1 分子葡萄糖分解消耗 2 分子 ATP，同时产生 2 分子 3-磷酸甘油醛。

6. 3-磷酸甘油醛脱氢氧化成为 1，3-二磷酸甘油酸　此反应由 3-磷酸甘油醛脱氢酶催化脱氢、加磷酸，其辅酶为 NAD^+，反应脱下的氢交给 NAD^+ 成为 $NADH+H^+$；反应时释放的能量储存在所生成的 1，3-二磷酸甘油酸 1 位的羧酸与磷酸构成的混合酸酐内。

CHO
|
CH — OH
|
CH_2 — O — Ⓟ

3-磷酸甘油醛

Pi、NAD^+ → $NADH+H^+$（3-磷酸甘油醛脱氢酶）

O ═ C — O ~ Ⓟ
|
C — OH
|
CH_2 — O — Ⓟ

1，3-二磷酸甘油酸

7. 1，3-二磷酸甘油酸转变 3-磷酸甘油酸　在磷酸甘油酸激酶催化下，1，3-二磷酸甘油酸生成 3-磷酸甘油酸，同时其 C1 上的高能磷酸根转移给 ADP 生成 ATP，这种 ADP 或其他核苷二磷酸的磷酸化作用与底物的脱氢作用直接相偶联的反应称为底物水平磷酸化（substrate-level phosphorylation）。这是糖酵解过程中第一个产生 ATP 的反应。由于 1 分子葡萄糖产生 2 分子 1，3-二磷酸甘油酸，所以在这一过程中，1 分子葡萄糖可产生 2 分子 ATP。

O ═ C — O ~ Ⓟ
|
C — OH
|
CH_2 — O — Ⓟ

1，3-二磷酸甘油酸

ADP → ATP（磷酸甘油酸激酶，可逆）

COOH
|
C — OH
|
CH_2 — O — Ⓟ

3-磷酸甘油酸

8. 3-磷酸甘油酸转变成 2-磷酸甘油酸　此反应由磷酸甘油酸变位酶催化，磷酸基团由 3-位转至 2-位，此反应可逆。

COOH
|
C — OH
|
CH_2 — O — Ⓟ

3-磷酸甘油酸

⇌（磷酸甘油酸变位酶）

COOH
|
C — O — Ⓟ
|
CH_2 — OH

2-磷酸甘油酸

9. 2-磷酸甘油酸转变为磷酸烯醇式丙酮酸（phosphoenolpyruvate，PEP）　由烯醇化酶催化，2-磷酸甘油酸脱水的同时，能量重新分配，生成含高能磷酸键的磷酸烯醇式丙酮酸（PEP）。反应可逆。

COOH
|
C — O — Ⓟ
|
CH_2 — OH

2-磷酸甘油酸

⇌（烯醇化酶）

COOH
|
C — O ~ Ⓟ　+ H_2O
‖
CH_2

磷酸烯醇式丙酮酸

10. 磷酸烯醇式丙酮酸转变丙酮酸　由丙酮酸激酶（pyruvate kinase，PK）催化，K^+、Mg^{2+} 作为激活剂，磷酸烯醇式丙酮酸上的高能磷酸根转移至 ADP 生成 ATP。在生理条件下，此反应不可逆。丙酮酸激酶也是糖酵解过程中的关键酶。这是糖酵解过程第二次生成ATP，产生方式也是底物水平磷酸化。由于1分子葡萄糖产生2分子丙酮酸，所以在这一过程中，1分子葡萄糖可产生2分子ATP。

$$\underset{\text{磷酸烯醇式丙酮酸}}{\begin{matrix}COOH\\ |\\ C-O\sim Ⓟ\\ \|\\ CH_2\end{matrix}} \xrightarrow[\text{丙酮酸激酶}]{ADP\quad K^+\ Mg^{2+}\quad ATP} \underset{\text{丙酮酸}}{\begin{matrix}COOH\\ |\\ C=O\\ |\\ CH_3\end{matrix}}$$

（二）丙酮酸转变为乳酸

在无氧条件下，丙酮酸被还原为乳酸。此反应由乳酸脱氢酶（LDH）催化，其辅酶为NADH，由第一阶段中3-磷酸甘油醛脱氢时产生。NADH脱氢后成为NAD^+，再作为3-磷酸甘油醛脱氢酶的辅酶。因此，NAD^+来回穿梭，起着递氢作用，使无氧酵解过程持续进行。

$$\underset{\text{丙酮酸}}{\begin{matrix}COOH\\ |\\ C=O\\ |\\ CH_3\end{matrix}} \underset{\text{乳酸脱氢酶(LDH)}}{\overset{NADH+H^+\qquad NAD^+}{\rightleftharpoons}} \underset{\text{乳酸}}{\begin{matrix}COOH\\ |\\ CHOH\\ |\\ CH_3\end{matrix}}$$

（三）糖酵解的反应特点

1. 糖酵解过程中无需氧的参与　反应在胞液中进行，3-磷酸甘油醛脱氢虽是氧化反应，但其中的$NADH+H^+$用于丙酮酸还原为乳酸，故糖酵解是一个无需氧的过程。

2. 糖酵解释放少量能量　1分子葡萄糖可产生2分子丙酮酸，经2次底物水平磷酸化，可产生4分子ATP，减去葡萄糖活化时消耗的2分子ATP，净生成2分子ATP。若从1分子糖原开始分解，则净生成3分子ATP。

3. 糖酵解中有3个关键酶　己糖激酶（葡萄糖激酶）、磷酸果糖激酶-1和丙酮酸激酶为糖酵解过程中的关键酶，分别催化了3步不可逆的单向反应。其中磷酸果糖激酶-1的催化活性最低，是最重要的限速酶，对糖分解代谢的速度起着决定性的作用。

（四）糖酵解的生理意义

1. 在组织相对缺氧（应激状态）时迅速提供能量　当肌肉剧烈运动收缩时，肌肉内局部血流相对不足，此时主要通过糖酵解获得能量。又如人们从平原地区进入高原的初期，由于缺氧，组织细胞也往往通过增强糖酵解获得能量。

2. 正常情况下为一些细胞提供部分能量　如成熟红细胞没有线粒体，完全依赖糖酵解提供能量。还有少数组织，如视网膜、睾丸、肾髓质和红细胞等组织细胞，即使在有氧条件下，仍需从糖酵解获得部分能量。肿瘤组织也有糖酵解增强的特点。

3. 糖酵解是糖有氧氧化的准备阶段，并且糖酵解过程的一些中间代谢物是脂类、氨基酸等合成的前体。

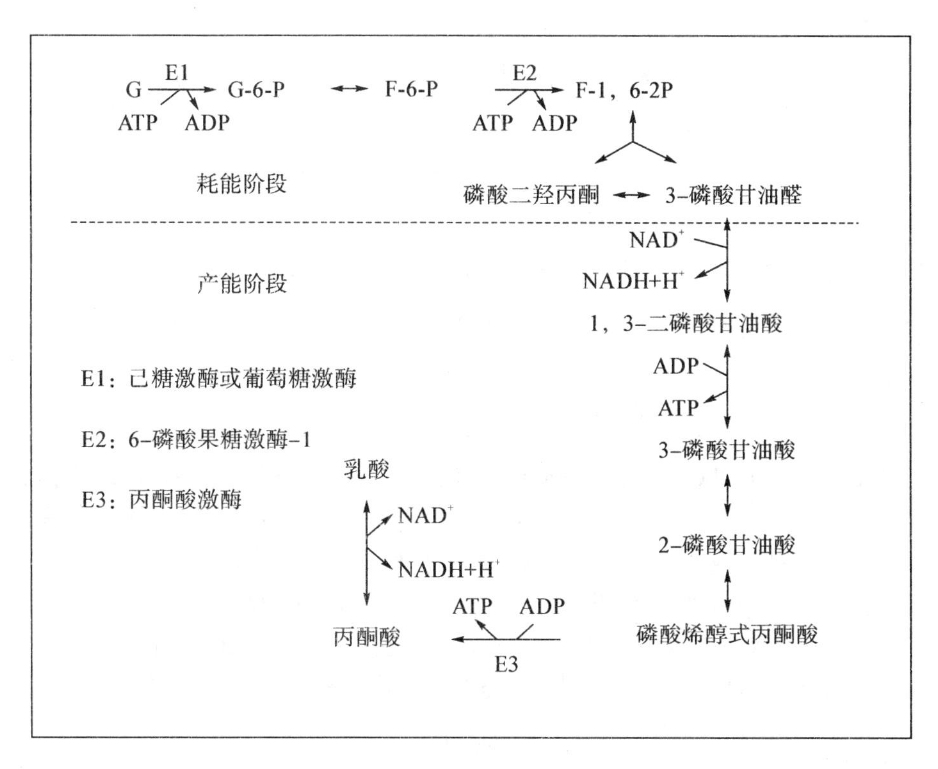

图 4－3　糖酵解的全过程

二、糖的有氧氧化

葡萄糖或糖原在有氧条件下彻底氧化成水和 CO_2 并产生大量能量的反应过程称为有氧氧化(aerobic oxidation)。有氧氧化在细胞的胞液和线粒体中进行，是糖分解代谢的主要方式，体内大多数组织通过有氧氧化获得能量。

(一) 反应过程

糖的有氧氧化可分为 3 个阶段：①葡萄糖或糖原在胞液中循糖酵解途径分解成丙酮酸。②丙酮酸进入线粒体，氧化脱羧生成乙酰 CoA。③乙酰 CoA 进入三羧酸循环彻底氧化生成水和 CO_2 并释放大量能量。

$$\text{葡萄糖(糖原)}\xrightarrow{\text{胞液}}2\times\text{丙酮酸}\xrightarrow[\text{线粒体}]{}2\times\text{乙酰 CoA}\xrightarrow[\text{线粒体}]{\text{TAC}}CO_2+H_2O+ATP$$

1. 葡萄糖生成丙酮酸　此反应过程与糖酵解基本相同。不同的是在有氧条件下，3-磷酸甘油醛氧化产生的 $NADH+H^+$ 不用于还原丙酮酸，而是通过穿梭机制进入线粒体氧化。

2. 丙酮酸氧化脱羧生成乙酰 CoA　胞液内生成的丙酮酸经线粒体内膜上特异载体转运进入线粒体，在丙酮酸脱氢酶复合体的催化下进行氧化脱羧，生成乙酰 CoA，此反应不可逆。总反应式为：

$$\text{丙酮酸}\xrightarrow[\text{丙酮酸脱氢酶复合体}]{NAD^+,\ HSCoA\qquad CO_2,\ NADH+H^+}\text{乙酰CoA}$$

丙酮酸脱氢酶复合体由3种酶和5种辅酶或辅基组成(表4-1)。在整个反应过程中,中间产物不离开多酶复合体,使紧密相连的连锁反应迅速完成,催化效率高,最终使丙酮酸脱羧、脱氢生成乙酰CoA及NADH+H^+。丙酮酸脱氢酶复合体是糖有氧氧化过程中的关键酶。

表4-1 丙酮酸脱氢酶复合体的组成

酶		辅酶(辅基)	所含维生素
E1:	丙酮酸脱羧酶	硫胺素焦磷酸(TPP)、	维生素B_1
E2:	二氢硫辛酸乙酰转移酶	二氢硫辛酸、辅酶A	硫辛酸、泛酸
E3:	二氢硫辛酸脱氢酶	黄素腺嘌呤二核苷酸(FAD)、尼克酰胺腺嘌呤二核苷酸(NAD^+)	维生素B_2、维生素PP

3. 三羧酸循环(tricarboxylic acid cycle,TAC) 乙酰CoA进入由一连串反应构成的循环体系,被氧化生成H_2O和CO_2。由于这个循环反应开始于乙酰CoA与草酰乙酸缩合生成的含有三个羧基的柠檬酸,因此称之为三羧酸循环或柠檬酸循环(citric acid cycle)。这一学说是由Krebs正式提出,1953年他为此获诺贝尔奖,故又称为Krebs循环(图4-4)。三羧酸循环在线粒体中进行,其中氧化反应脱下的氢经呼吸链传递生成水,氧化磷酸化生成ATP;而脱羧反应生成的二氧化碳则通过血液运输到呼吸系统被排出,是体内二氧化碳的主要来源。

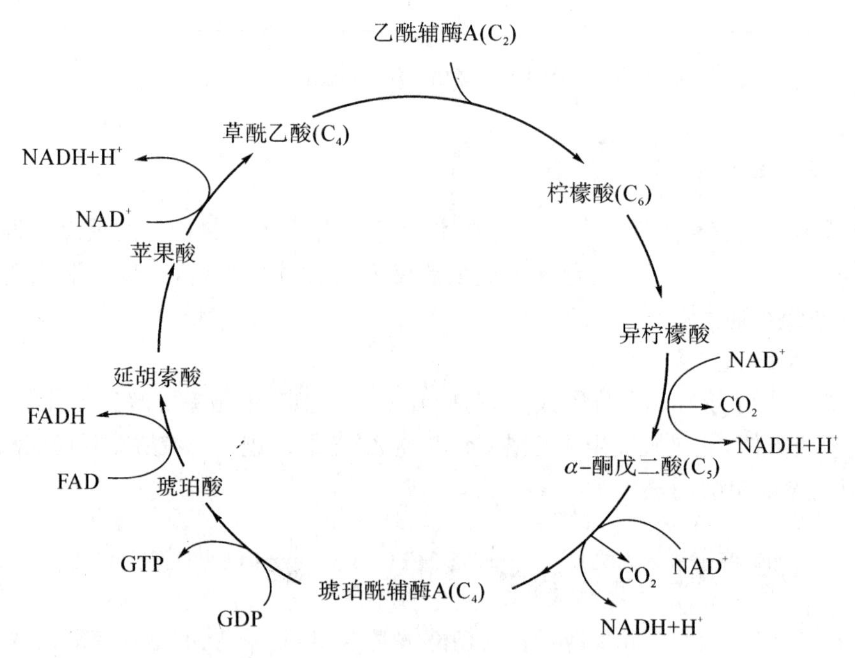

图4-4 三羧酸循环简图

三羧酸循环的总反应方程式为:

$$乙酰CoA+3NAD^+ +FAD+GDP+Pi+2H_2O \longrightarrow$$
$$CoA-SH+3(NADH+H^+)+FADH_2+2CO_2+GTP$$

（二）三羧酸循环的特点

1. 三羧酸循环是乙酰辅酶 A 的彻底氧化过程，终产物为 CO_2、H_2O 和 ATP，无草酰乙酸的净生成。三羧酸循环中的草酰乙酸主要来自丙酮酸的直接羧化，也可通过苹果酸脱氢生成。

2. 三羧酸循环是产生能量的过程，1 分子乙酰 CoA 通过 TAC 经历了 4 次脱氢，其中 3 次脱氢生成 $NADH+H^+$（每分子 $NADH+H^+$ 经呼吸链氧化可产生 2.5 分子 ATP），1 次脱氢生成 $FADH_2$（每分子 $FADH_2$ 经呼吸链氧化可产生 1.5 分子 ATP），故 4 次脱氢共产生 9 分子 ATP。再加上 1 次底物水平磷酸化，因此 1 分子乙酰 CoA 通过 TAC 共产生 10 分子 ATP。

3. 单向反应体系　三羧酸循环中柠檬酸合酶、异柠檬酸脱氢酶、α-酮戊二酸脱氢酶复合体是反应的关键酶，催化单向不可逆反应。因此三羧酸循环是不可逆的。

4. 三羧酸循环的中间产物需不断补充　从理论上讲，三羧酸循环的中间产物可以循环不消耗，然而由于体内各代谢途径相互联系，循环中的某些产物还可参与其他代谢，如草酰乙酸可转变为天冬氨酸参与蛋白质合成。因此为维持三羧酸循环中间产物的一定浓度，保证三羧酸循环的正常进行，必须不断补充消耗的中间产物，称为回补反应。

（三）有氧氧化的生理意义

1. 是机体获取能量的主要方式。1 个分子葡萄糖经无氧酵解仅净生成 2 个分子 ATP，而有氧氧化可净生成 30 或 32 个 ATP。在一般生理条件下，许多组织细胞皆从糖的有氧氧化获得能量。糖的有氧氧化不但释能效率高，而且逐步释能，并逐步储存于 ATP 分子中，因此能量的利用率也很高。

2. 三羧酸循环是糖，脂肪和蛋白质三种能源物质在体内彻底氧化的共同代谢途径，三羧酸循环的起始物乙酰 CoA，不但是糖氧化分解的产物，同时也可来自脂肪和蛋白质分解代谢，因此三羧酸循环实际上是三种有机物在体内氧化供能的最终共同通路。

3. 是体内三大物质代谢互变的枢纽，因糖和甘油在体内代谢可生成 α-酮戊二酸及草酰乙酸等三羧酸循环的中间产物，这些中间产物可以转变成为某些氨基酸；而有些氨基酸又可通过不同途径变成 α-酮戊二酸和草酰乙酸，再经糖异生的途径生成糖或转变成甘油，因此三羧酸循环不仅是三大物质分解代谢的最终共同途径，而且也是它们互变的枢纽。

三、磷酸戊糖途径

磷酸戊糖途径（pentose phosphate pathway）是指从 6-磷酸葡萄糖（G-6-P）脱氢反应开始，经一系列代谢反应生成磷酸戊糖等中间代谢物，然后再重新进入糖氧化分解代谢途径的一条旁路代谢途径。它的功能不是产生 ATP，而是产生细胞合成代谢所需的还原力 NADPH。这条途径存在于肝脏、脂肪组织、甲状腺、肾上腺皮质、性腺、红细胞等组织中。

（一）反应过程

磷酸戊糖途径在胞液中进行，总反应式为：

$$6G\text{-}6\text{-}P + 12NADP^+ + 7H_2O \longrightarrow 5G\text{-}6\text{-}P + 6CO_2 + 12NADPH + 12H^+ + H_3PO_4$$

反应可分为两个阶段：第一阶段是氧化反应，产生 NADPH 及 5-磷酸核糖；第二阶段是非氧化反应，是一系列基团的转移过程。

1. 磷酸戊糖的生成　在6-磷酸葡萄糖脱氢酶及6-磷酸葡萄糖酸脱氢酶的催化下，G-6-P脱氢脱羧转变为5-磷酸核酮糖，同时生成2分子NADPH＋H^+。5-磷酸核酮糖在异构酶的作用下成为5-磷酸核糖。6-磷酸葡萄糖脱氢酶为磷酸戊糖途径的关键酶。此阶段反应不可逆。

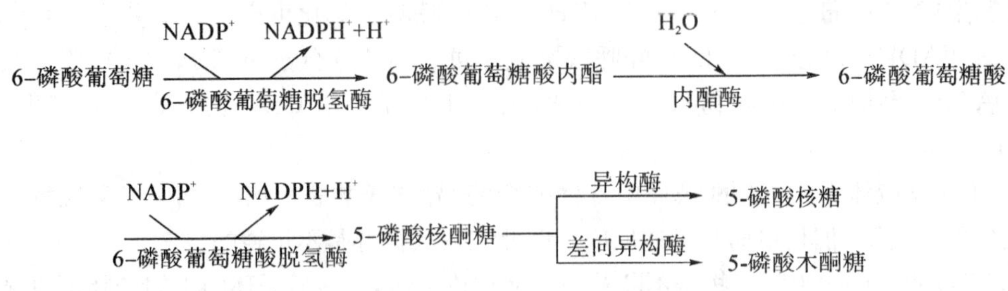

2. 基团转移反应　此阶段为非氧化阶段，5-磷酸核糖和5-磷酸酮糖通过一系列的基团转移，最终生成6-磷酸果糖和3-磷酸甘油醛，它们可转变为6-磷酸葡萄糖继续进行磷酸戊糖途径，也可以进入糖有氧氧化或糖酵解途径。

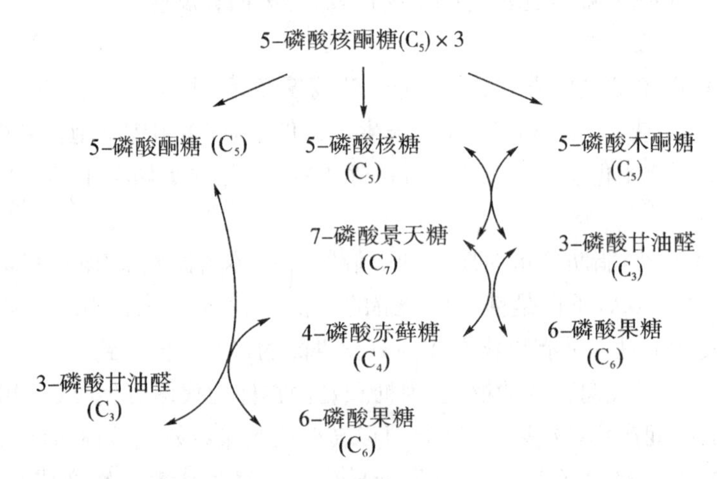

（二）磷酸戊糖途径的生理意义

1. 为核酸的生物合成提供核糖。体内的核糖并不依赖于从食物摄取，磷酸戊糖途径是葡萄糖在体内生成5-磷酸核糖的唯一途径。5-磷酸核糖是合成含核苷酸辅酶及核酸的主要原料，故损伤后修复、再生的组织（如梗死的心肌、部分切除后的肝脏），此代谢途径都比较活跃。

2. NADPH＋H^+作为供氢体参与许多代谢反应，具有多种不同的生理意义。

(1) 作为供氢体，参与体内多种生物合成反应，例如脂肪酸、胆固醇和类固醇激素的生物合成，都需要大量的NADPH＋H^+，因此磷酸戊糖通路在合成脂肪及固醇类化合物的肝、肾上腺、性腺等组织中特别旺盛。

(2) NADPH＋H^+是谷胱甘肽还原酶的辅酶，能维持谷胱甘肽（GSH）处于还原状态。还原型GSH能保护某些蛋白质中的巯基和细胞膜结构的完整性。红细胞对GSH的缺失特别敏感，因此先天性缺乏6-磷酸葡萄糖脱氢酶的人，若服用某些可导致H_2O_2生成的药物（抗疟药伯氨喹啉)或食用含氧化剂的食物(如蚕豆),可因体内 GSH 迅速耗尽,红细胞易于破坏而发生溶血性贫血,俗称“蚕豆病”。

(3) $NADPH+H^+$ 参与体内羟化反应,肝细胞内质网含有以 $NADPH+H^+$ 为供氢体的加单氧酶体系,将参与激素、药物、毒物的生物转化过程。

第三节 糖原的合成与分解

糖原(glycogen)是由许多葡萄糖分子聚合而成的带有分支的高分子化合物。糖原分子的直链部分以 α-1,4-糖苷键将葡萄糖残基连接起来,其支链部分则是以 α-1,6-糖苷键而形成分支(图 4-5)。一个糖原分子仅有 1 个还原端,但有多个非还原端,糖原的合成与分解都从非还原端开始。糖原是动物体内糖的储存形式,有肝糖原、肌糖原两种形式。肝糖原的合成与分解主要是为了维持血糖浓度的相对恒定;肌糖原是肌肉糖酵解提供能量的主要来源。

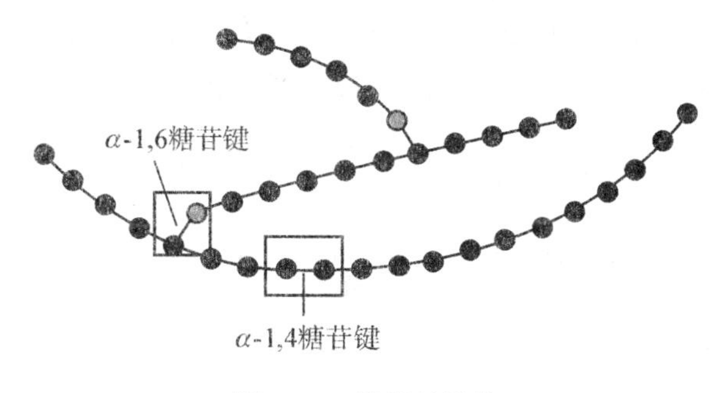

图 4-5 糖原的结构

一、糖原的合成代谢

由单糖(主要是葡萄糖)合成糖原的过程称为糖原合成(glycogenesis),反应在胞液中进行,需要消耗 ATP 和 UTP。

(一) 反应过程

肝脏和肌肉中糖原的合成均以游离葡萄糖为原料,在己糖激酶或葡萄糖激酶催化下消耗 ATP 生成 6-磷酸葡萄糖,异构成 1-磷酸葡萄糖,再消耗 1 分子 UTP 生成葡萄糖的活化形式——尿苷二磷酸葡萄糖(UDPG),最后在不可逆的合成关键酶糖原合酶催化下将葡萄糖单位转到糖原分子的非还原端延长糖链合成糖原。

$$\text{葡萄糖}\xrightarrow[\text{己糖激酶(葡萄糖激酶)}]{\text{ATP}\quad\text{ADP}}\text{6-磷酸葡萄糖}\longleftrightarrow\text{1-磷酸葡萄糖}\xrightarrow[\text{UDP焦磷酸酶}]{\text{UTP}\quad\text{PPi}}\text{UDPG}\xrightarrow[\text{糖原合酶}]{\text{糖原}n\quad\text{UDP}}\text{糖原}n+1$$

(二) 糖原合成的特点

1. 糖原合成反应不能从头开始合成第一个糖分子,需要至少含 4 个葡萄糖残基的 α-1,4-多聚葡萄糖作为引物(primer),在其非还原性末端与 UDPG 反应,每次反应使糖原增加一个葡萄糖单位。

2. 糖原合酶只能延长糖链，不能形成分支。当直链部分不断加长到超过 11 个葡萄糖残基时，分支酶可将一段糖链(至少含有 6 个葡萄糖残基)转移到邻近糖链上，以 α-1，6-糖苷键相连接，形成新的分支。

3. UDPG 是活性葡萄糖基的供体，其生成过程中消耗 UTP，故糖原合成是耗能过程。每增加一个葡萄糖残基，需消耗 2 个高能磷酸键(2 分子 ATP)。

4. 糖原合酶是糖原合成的限速酶，受共价修饰和别构调节两种方式的调节。

二、糖原的分解代谢

糖原分解(glycogenolysis)习惯上指肝糖原分解成为葡萄糖的过程，但并不是糖原合成的逆反应。反应在胞液中进行，无需消耗能量。

(一) 反应过程

肝糖原分解是由 3 个酶催化的连锁反应，关键酶是糖原磷酸化酶。在糖原磷酸化酶的作用下水解 α-1，4-糖苷键，生成 1-磷酸葡萄糖，在变位酶作用下，1-磷酸葡萄糖转变为 6-磷酸葡萄糖，6-磷酸葡萄糖在葡萄糖-6-磷酸酶的作用下，水解为游离葡萄糖释放入血，以维持血糖浓度的恒定。

$$\text{糖原}n+1 \xrightarrow[\text{糖原磷酸化酶}]{H_3PO_4 \quad \text{糖原}n} \text{1-磷酸葡萄糖} \xleftrightarrow[\text{变位酶}]{} \text{6-磷酸葡萄糖} \xrightarrow[\substack{\text{葡萄糖6-磷酸酶}\\ \text{(肝、肾)}}]{H_3PO_4} \text{葡萄糖}$$

(二) 糖原分解的特点

1. 磷酸化酶只能分解 α-1，4-糖苷键，对 α-1，6-糖苷键无作用。因此当糖链分解至分支点约 4 个葡萄糖残基时，由葡萄糖转移酶将端部的三个葡萄糖残基转移到相邻直链的非还原端，仍以 α-1，4-糖苷键相连，磷酸化酶继续作用。而暴露的分支点上的 α-1，6-糖苷键则由糖苷酶水解为游离葡萄糖。目前认为葡聚糖转移酶和 α-1，6-糖苷酶是同一种酶的两种活性，合称脱枝酶(图 4-6)。

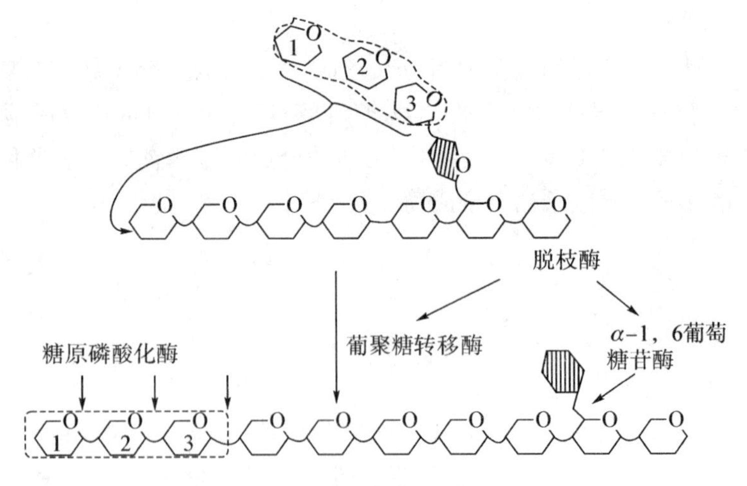

图 4-6　脱枝酶的作用

2. 糖原磷酸化酶是糖原分解的限速酶，受共价修饰和别构调节两种方式的调节。

3. 葡萄糖-6-磷酸酶只存在于肝脏和肾脏中，因此肝糖原可以分解补充血糖。而肌肉组织中没有葡萄糖-6-磷酸酶，因此肌糖原不能直接分解为葡萄糖，产生的 G-6-P 在有氧的条件下被有氧氧化彻底分解，在无氧的条件下糖酵解生成乳酸，后者经血循环运到肝脏进行糖异生，再合成葡萄糖或糖原（见糖异生）。

第四节 糖 异 生

体内糖原储备有限，若没有补充，10 多个小时肝糖原即被耗尽，血糖来源断绝。但事实上，即使禁食 24 小时，血糖仍维持正常水平。此时，除了周围组织减少对葡萄糖的摄取利用外，一些非糖物质也可以转变成葡萄糖，以补充血糖。这种由非糖物质，如生糖氨基酸、乳酸、丙酮酸及甘油等转变为葡萄糖或糖原的过程，称为糖异生（gluconeogenesis）。糖异生的主要器官是肝脏，长期饥饿或酸中毒时，肾脏的糖异生也能大大加强。

一、糖异生反应途径

糖异生的途径基本上是糖酵解的逆过程，糖酵解通路中大多数的酶促反应是可逆的，但是己糖激酶、磷酸果糖激酶和丙酮酸激酶三个限速酶催化的反应过程，都有相当大的能量变化，因而构成“能障”，为越过障碍，实现糖异生，可以由另外不同的酶来催化逆行过程，从而绕过各自能障。糖异生是耗能的合成过程，反应在胞液和线粒体中进行（见附录）。

1. 丙酮酸转变为磷酸烯醇式丙酮酸（PEP） 丙酮酸生成 PEP 的反应包括丙酮酸羧化酶和磷酸烯醇式丙酮酸羧激酶催化的两步反应，构成一条所谓“丙酮酸羧化支路”使反应进行。这个过程中消耗两个高能键（一个来自 ATP，另一个来自 GTP）。

$$\text{丙酮酸} \xrightarrow[\text{丙酮酸羧化酶（生物素）}]{CO_2\ \ ATP\ \searrow\ \ \nearrow ADP} \text{草酰乙酸} \xrightarrow[\text{磷酸烯醇式丙酮酸羧激酶}]{GTP\ \searrow\ \ \nearrow GDP\ \ \nearrow CO_2} PEP$$

丙酮酸羧化酶存在于线粒体中，故丙酮酸必须进入线粒体才能被羧化为草酰乙酸，这也是体内草酰乙酸的重要来源之一。磷酸烯醇式丙酮酸羧激酶在线粒体及胞液中都存在。

2. 1，6-二磷酸果糖转变为 6-磷酸果糖 由果糖双磷酸酶催化进行。这个反应是糖酵解过程中磷酸果糖激酶-1 催化 6-磷酸果糖生成 1，6-二磷酸果糖的逆过程。

$$1,6\text{-双磷酸果糖} \xrightarrow[\text{果糖双磷酸酶}]{\nearrow Pi} 6\text{-磷酸果糖}$$

3. 6-磷酸葡萄糖转变为葡萄糖 反应由葡萄糖-6-磷酸酶催化进行。这个反应是糖酵解过程中己糖激酶催化葡萄糖生成 6-磷酸葡萄糖的逆过程。

$$6\text{-磷酸葡萄糖} \xrightarrow[\text{葡萄糖-6-磷酸酶}]{\nearrow Pi} \text{葡萄糖}$$

二、糖异生的生理意义

1. 在空腹或饥饿情况下维持血糖浓度的相对恒定　在空腹或饥饿时，机体依靠糖异生维持血糖浓度，从而保证脑、红细胞等重要组织器官的能量供应。此时，糖异生的原料主要是甘油和氨基酸。

2. 调节酸碱平衡　长期饥饿可引起代谢性酸中毒，血液 pH 降低，促进肾小管中磷酸烯醇式丙酮酸羧激酶的合成，从而使肾糖异生作用加强；另外，当肾中 α-酮戊二酸因糖异生而减少时，可促进谷氨酰胺以及谷氨酸的脱氨反应以回补三羧酸循环，肾小管将脱下的氨分泌入管腔，与原尿中的 H^+ 中和，有利于排氢保钠，对防止酸中毒有重要作用。

3. 通过糖异生回收乳酸，防止乳酸中毒　肌肉在缺氧或剧烈运动时，肌糖原酵解产生大量乳酸。由于肌肉组织中缺乏葡萄糖-6-磷酸酶，因而不能进行糖异生。乳酸便弥散进入血液，再经门静脉进入肝脏。在肝脏中，乳酸通过糖异生作用合成肝糖原或葡萄糖以补充血糖，而血糖又可被肌肉摄取，合成肌糖原。这个循环即被称为乳酸循环或 Cori 循环。乳酸循环一方面避免了乳酸中能量的损失，另一方面防止因乳酸堆积引起的酸中毒。

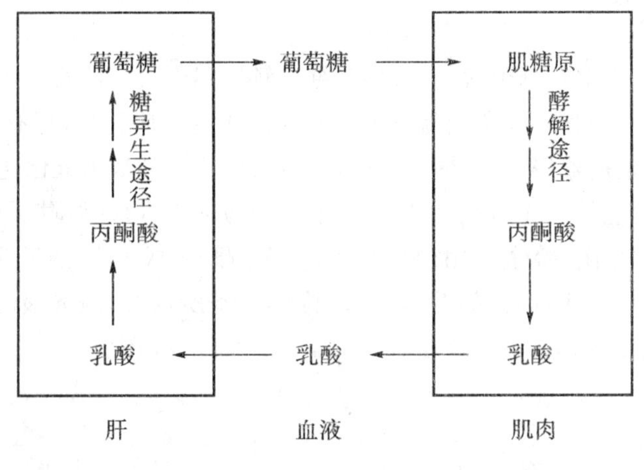

图 4-7　乳酸循环

第五节　血糖及血糖的调节

血液中的葡萄糖，称为血糖(blood sugar)。体内血糖浓度是反映机体内糖代谢状况的一项重要指标。人进食后血糖浓度略有升高、饥饿时血糖浓度略有降低，但正常人安静空腹时血糖浓度是相对恒定的，为 3.9～6.1 mmol/L(葡萄糖氧化酶法)。血糖浓度的维持，对于机体各组织器官特别是脑组织的正常机能活动极为重要，脑组织主要依靠糖有氧氧化供能，所以脑组织在血糖低于正常值的 1/3～1/2 时，可引起功能障碍，严重将导致动物体死亡。机体主要通过激素调节血糖的来源和去路，使血糖处于动态平衡之中。

一、血糖的来源和去路

(一) 血糖的来源

1. 食物中的糖经消化、吸收，成为血糖的主要来源。

2. 肝糖原的分解，这是空腹时血糖的直接来源。

3. 非糖物质如甘油、乳酸及生糖氨基酸等通过糖异生作用生成葡萄糖，这是饥饿时血糖的主要来源。尤其在长期饥饿时，大量非糖物质经糖异生转变为葡萄糖，维持血糖恒定。

(二) 血糖的去路

1. 氧化分解提供能量，这是血糖的最主要去路。

2. 在肝脏、肌肉等组织进行糖原合成，生成肝糖原和肌糖原储存。

3. 通过磷酸戊糖途径转变为其他糖及其衍生物，如核糖、氨基糖和糖醛酸等。

4. 通过脂类、氨基酸代谢等转变为非糖物质脂肪、非必需氨基酸等。

5. 血糖浓度过高时，超过肾小管重吸收能力，出现糖尿。由尿液排出，这是血糖的非正常去路，常见于糖尿病患者。

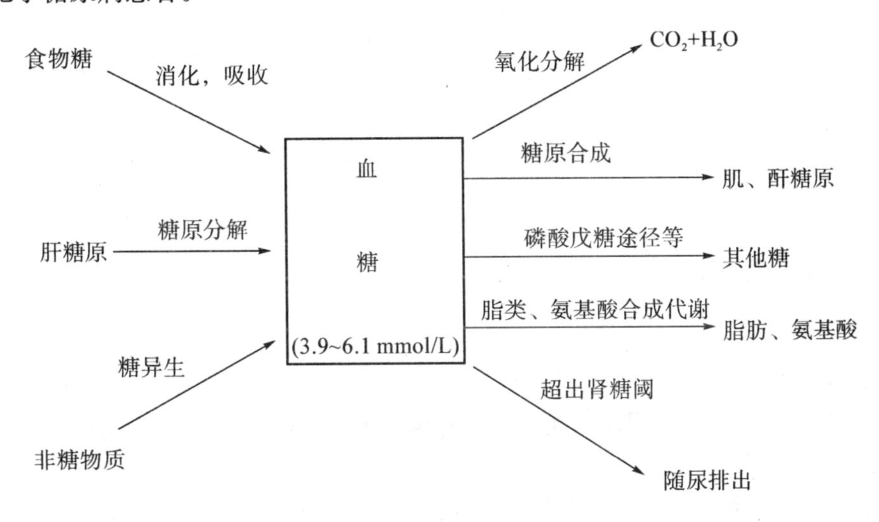

图 4－8　血糖的来源与去路

二、血糖浓度的调节

正常人体内存在着精细的调节血糖来源和去路动态平衡的机制，保持血糖浓度的相对恒定是组织器官、激素及神经系统共同调节的结果。

(一) 肝脏对血糖的调节

肝脏是调节血糖浓度的最主要器官。肝脏对于血糖浓度变化非常敏感，血糖升高时，肝加强合成糖原进行储存。血糖降低时，肝糖原加速分解，直接生成葡萄糖补充血糖。饥饿时，肝脏通过糖异生不断将非糖物质转变为葡萄糖，补充血糖。肝还是其他单糖(果糖、半乳糖等)代谢和转变为葡萄糖的主要部位。因此肝脏在维持血糖水平稳定方面有重要作用。

(二) 激素对血糖的调节

调节血糖的激素有两大类：一类是降低血糖的激素，即胰岛素；另一类是升高血糖的激素，包括胰高血糖素、糖皮质激素、肾上腺素、生长激素等。

表 4-2 激素对血糖浓度的调节作用

降低血糖浓度的激素	升高血糖浓度的激素
胰岛素：1. 促进肌肉、脂肪等摄取血液中葡萄糖 2. 通过对关键酶的调节，促进糖原的合成，抑制糖原的分解 3. 促进葡萄糖在组织细胞中氧化分解 4. 促进糖转变成脂肪 5. 抑制肝的糖异生作用	胰高血糖素：1. 促进肝糖原分解 2. 抑制肝糖原合成 3. 抑制糖无氧酵解 肾上腺素：1. 促进肝糖原分解 2. 促进肝糖原酵解生产乳酸再转变成葡萄糖 3. 促进糖异生 肾上腺皮质激素：1. 促进肝外组织蛋白质分解 2. 促进糖异生、抑制肝外糖的摄取利用 生长激素：有对抗胰岛素的作用

(三) 神经系统对血糖的调节

神经系统对血糖浓度的调节属于整体调节，主要通过下丘脑和自主神经系统调节相关激素的分泌。

三、高血糖与低血糖

(一) 高血糖

临床上将空腹血糖浓度高于 7.22～7.78 mmol/L 称为高血糖（hyperglycemia）。当血糖浓度高于 8.89～10.00 mmol/L 时，超过了肾糖阈，则可出现糖尿。

1. 高血糖与糖尿

(1) 生理性高血糖和糖尿：生理情况下，情绪激动或一次摄入大量葡萄糖，可引起血糖短暂升高，也可出现糖尿，并按原因不同分为情感性糖尿和饮食性糖尿。

(2) 病理性高血糖和糖尿：主要见于糖尿病（diabetes mellitus，DM），表现为持续性高血糖和糖尿。

(3) 肾性糖尿：血糖正常而出现糖尿，见于慢性肾炎、肾病综合征等引起肾对糖的吸收障碍。

2. 糖尿病　糖尿病是一种由于胰岛素相对或绝对缺乏，以高血糖为主要特征的代谢疾病。糖尿病的特征即为高血糖和糖尿，患者由于糖代谢发生紊乱，常伴有脂类和蛋白质代谢的紊乱，出现多种并发症。

临床上将糖尿病分为二型：Ⅰ型（胰岛素依赖型），多发生于青少年，主要与遗传有关，定位于人类组织相容性复合体上的单个基因或基因群，为自身免疫病。Ⅱ型（非胰岛素依赖型），和肥胖关系密切，可能是由细胞膜上胰岛素受体丢失所致。我国以成人多发的Ⅱ型糖尿病为主。

(二) 低血糖

空腹血糖浓度低于 3.33～3.89 mmol/L 时称为低血糖（hypoglycemia）。血糖水平过低，会影响脑细胞的功能，从而出现头晕、倦怠无力、心悸等症状，严重时出现昏迷，称为低血糖休克。

低血糖的常见病因包括：①饥饿或不能进食。②胰性（胰岛 β-细胞功能亢进、胰岛 α-细胞功能低下等),胰岛素分泌过多。③肝性(肝癌、糖原积累病等),肝功能受损,不能有效调节血糖浓度,导致糖原的合成与分解,糖异生等均异常。④内分泌异常(垂体功能低下、肾上腺皮质功能低下等),升血糖激素分泌过少。⑤肿瘤(胃癌等)。

四、糖原累积症

糖原累积症是一类遗传性代谢病,以体内某些组织器官中有大量糖原累积为主要特征。发病原因是患者先天性缺乏与糖原代谢相关的酶类。由于缺陷酶在糖原代谢中的作用、受累器官部位的不同,及糖原结构的差异,因此对健康及生命的影响程度也不同。

复习思考题

1. 名词解释:糖的无氧酵解,糖的有氧氧化,糖异生,乳酸循环,血糖。
2. 简述血糖的来源与去路。
3. 糖酵解与有氧氧化的比较(部位、反应条件、关键酶、底物、终产物、能量生成的方式与数量及生理意义等)。
4. 糖的有氧氧化包括哪几个阶段?简述三羧酸循环的特点及生理意义。
5. 简述磷酸戊糖途径的生理意义。
6. 糖异生过程的关键酶及主要原料有哪些?

(张一鸣)

【附】糖异生和糖酵解

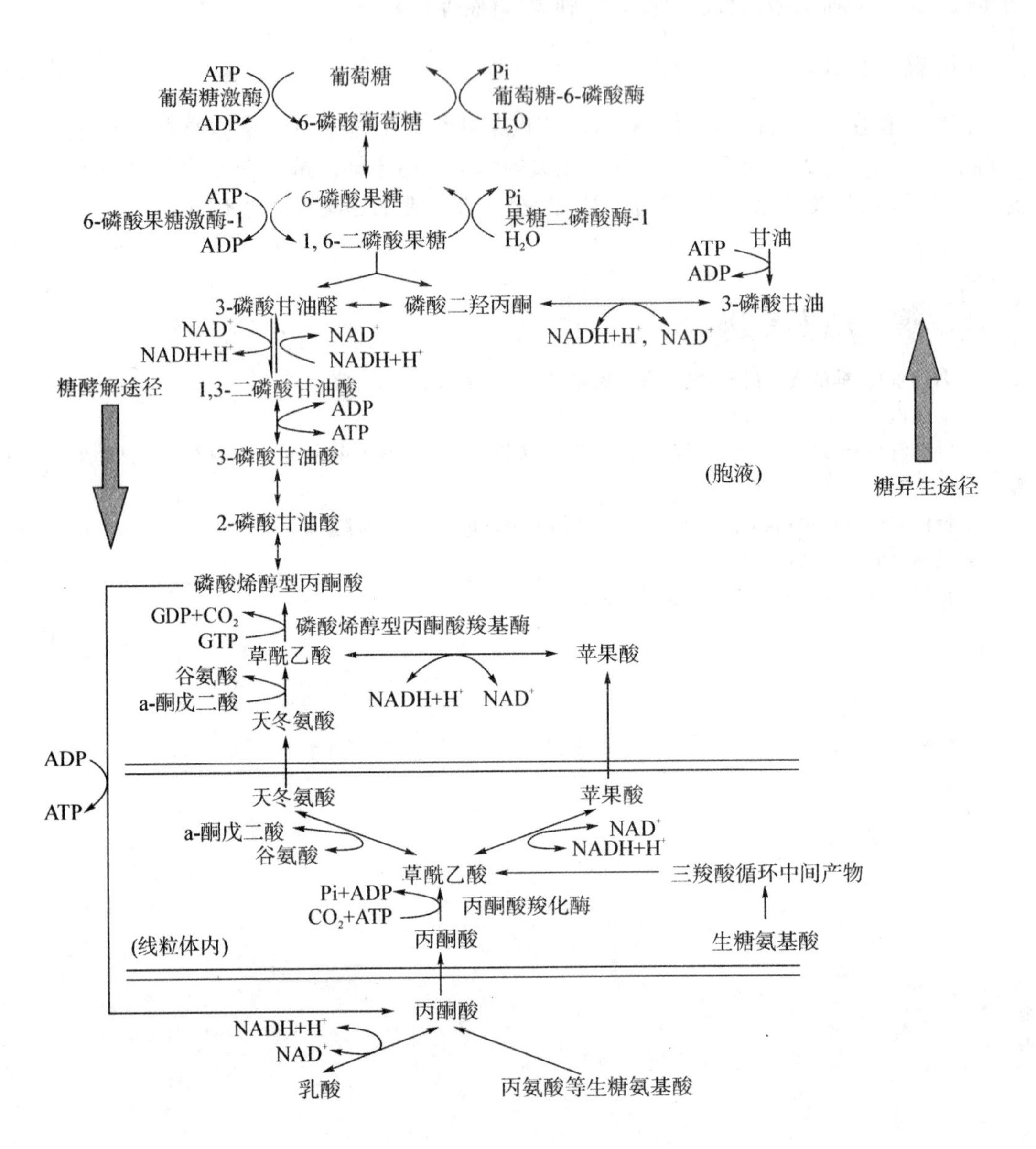

ATP
葡萄糖激酶
ADP
葡萄糖
6-磷酸葡萄糖
Pi
葡萄糖-6-磷酸酶
H_2O
ATP
6-磷酸果糖激酶-1
ADP
6-磷酸果糖
1, 6-二磷酸果糖
Pi
果糖二磷酸酶-1
H_2O
ATP
ADP
甘油
3-磷酸甘油醛
磷酸二羟丙酮
3-磷酸甘油
NAD+
NADH+H+
NAD+
NADH+H+
NADH+H+，NAD+
糖酵解途径
1,3-二磷酸甘油酸
ADP
ATP
3-磷酸甘油酸
(胞液)
糖异生途径
2-磷酸甘油酸
磷酸烯醇型丙酮酸
GDP+CO_2
GTP
磷酸烯醇型丙酮酸羧基酶
草酰乙酸
苹果酸
谷氨酸
a-酮戊二酸
NADH+H+
NAD+
天冬氨酸
ADP
ATP
天冬氨酸
苹果酸
a-酮戊二酸
谷氨酸
NAD+
NADH+H+
草酰乙酸
三羧酸循环中间产物
Pi+ADP
CO_2+ATP
丙酮酸羧化酶
(线粒体内)
丙酮酸
生糖氨基酸
丙酮酸
NADH+H+
NAD+
乳酸
丙氨酸等生糖氨基酸

第五章 脂类代谢

【案例】

临床上高血脂的人越来越多，血脂高应该注意些什么？高能量饮食引发的脂肪肝该如何应对？

随着生活水平的提高，越来越多的人加入到了高血脂行列，高血脂常伴有脂肪肝，高胆固醇是动脉粥样硬化的危险因素。一位71岁的男性，酷爱五花肉、猪头肉，喜欢边看电视边嗑爪子至深夜，某天，突然晕倒在自家门前，邻居拨打120送医，在急诊抽出来的血为白色，为什么？如何避免这种情况发生？

提示：胆固醇和脂肪的合成原料，胆固醇的转化，脂类的消化吸收、胆汁酸的肠肝循环。

第一节 概 述

脂类(lipids)是一类有机物质，共同的特点是不溶于水而溶于有机溶剂。

一、脂类的分类及其功能

脂类分为两大类，即脂肪(fat)和类脂(lipoids)。

(一) 脂肪

即三脂酰甘油(triacylglycerol)，由1分子甘油与3个分子脂肪酸以酯键连接而成，其主要生理作用是为机体提供能量及储存能量，相对于糖原而言，脂肪在单位体积内可储存较多能量。当人体需要时脂肪动员，释放出游离脂肪酸和甘油供各组织利用，因此脂肪是机体饥饿或禁食时主要的能量来源。此外，分布于人体皮下的脂肪组织不易导热，可防止热量散失而能保持体温。内脏周围的脂肪组织还能缓冲外界的碰撞，使内脏免受机械损伤。脂肪还能促进脂溶性维生素的吸收。

(二) 类脂

包括磷脂(phospholipids)、糖脂(glycolipid)和胆固醇(酯)(cholesterol and cholesterol ester)三大类。类脂是生物膜的主要组成成分，约占生物膜重量的一半，是维持生物膜正常结构与功能必不可少的重要成分。此外，胆固醇还是合成胆汁酸盐、维生素 D_3 及类固醇激素的原料，对于调节机体脂类物质的吸收以及钙磷代谢等均起着重要作用。磷脂分子中的花生四烯酸是合成前列腺素等的原料。磷脂酰肌醇的一系列中间代谢产物是重要的信号转导分子。

二、脂类的消化和吸收

(一) 脂类的消化

正常人一般每日从食物中消化50～60 g的脂类，三脂酰甘油占90%以上，还有少量的磷脂、胆固醇(酯)和一些游离脂肪酸。

成人口腔中没有消化脂类的酶，胃中有少量脂肪酶，但此酶只有在中性 pH 时才有活性，小肠中含有来自胰液的多种脂肪酶及来自胆汁的胆汁酸盐，小肠是脂类消化吸收的主要部位。婴儿时期胃液 pH 近中性，脂肪尤其是乳脂能被部分消化。

在小肠上段，通过小肠蠕动及胆汁中胆汁酸盐的作用，食物中的脂类被乳化，不溶于水的脂类形成细小微团(micelles)，提高了溶解度并增加了酶与脂类的接触面积，有利于脂类的消化及吸收。

食物中的脂肪乳化后，被胰脂肪酶催化，生成 2-单脂酰甘油和脂肪酸；食物中的磷脂被磷脂酶 A_2 催化，作用于 2 位的酯键生成溶血磷脂和脂肪酸；食物中的胆固醇酯被水解生成胆固醇及脂肪酸。

$$\text{三脂酰甘油} \xrightarrow[\text{小肠}\ \searrow\ \text{脂肪酸}]{\text{三脂酰甘油脂肪酶}} \text{二脂酰甘油} \xrightarrow[\text{小肠}\ \searrow\ \text{脂肪酸}]{\text{二脂酰甘油脂肪酶}} \text{2-单脂酰甘油}$$

$$\text{磷脂} + H_2O \xrightarrow[\text{小肠}]{\text{磷脂酶}A_2} \text{溶血磷脂} + \text{脂肪酸}$$

$$\text{胆固醇酯} + H_2O \xrightarrow[\text{小肠}]{\text{胆固醇酯酶}} \text{胆固醇} + \text{脂肪酸}$$

食物中的脂类经胰液中各种酶消化后，生成单脂酰甘油、脂肪酸、胆固醇及溶血磷脂等，这些产物极性明显增强，与胆汁乳化成更小的混合微团，被肠黏膜细胞吸收。

(二) 脂类的吸收

脂类的吸收主要在十二指肠下段。甘油及中短链脂肪酸(≤10 C)无需混合微团协助，直接吸收入小肠黏膜细胞，进而通过门静脉进入血液。长链脂肪酸及其他脂类消化产物随微团吸收入小肠黏膜细胞。长链脂肪酸在脂酰 CoA 合成酶催化下，首先生成脂酰 CoA。

$$RCOOH + CoASH + ATP \xrightarrow[\text{小肠黏膜细胞}]{\text{脂酰 CoA 合成酶}} RCO\sim sCoA + AMP + PPi$$

在酰基转移酶的作用下，将单脂酰甘油、溶血磷脂和胆固醇重新酯化生成相应的三脂酰甘油、磷脂和胆固醇酯。

$$\text{2-单脂酰甘油} \xrightarrow[\text{脂酰CoA}\ \ \text{CoAHS}]{\text{酰基转移酶}} \text{二脂酰甘油} \xrightarrow[\text{脂酰CoA}\ \ \text{CoAHS}]{\text{酰基转移酶}} \text{三脂酰甘油}$$

$$\text{溶血磷脂} \xrightarrow[\text{脂酰CoA}\ \ \text{CoAHS}]{\text{酰基转移酶}} \text{磷脂}$$

$$\text{胆固醇} \xrightarrow[\text{脂酰CoA}\ \ \text{CoAHS}]{\text{酰基转移酶}} \text{胆固醇酯}$$

在小肠黏膜细胞中，生成的三脂酰甘油、磷脂、胆固醇酯及少量胆固醇，与细胞内粗面内质网合成的载脂蛋白构成乳糜微粒(chylomicrons,CM),通过淋巴最终进入血液(图 5-1)。

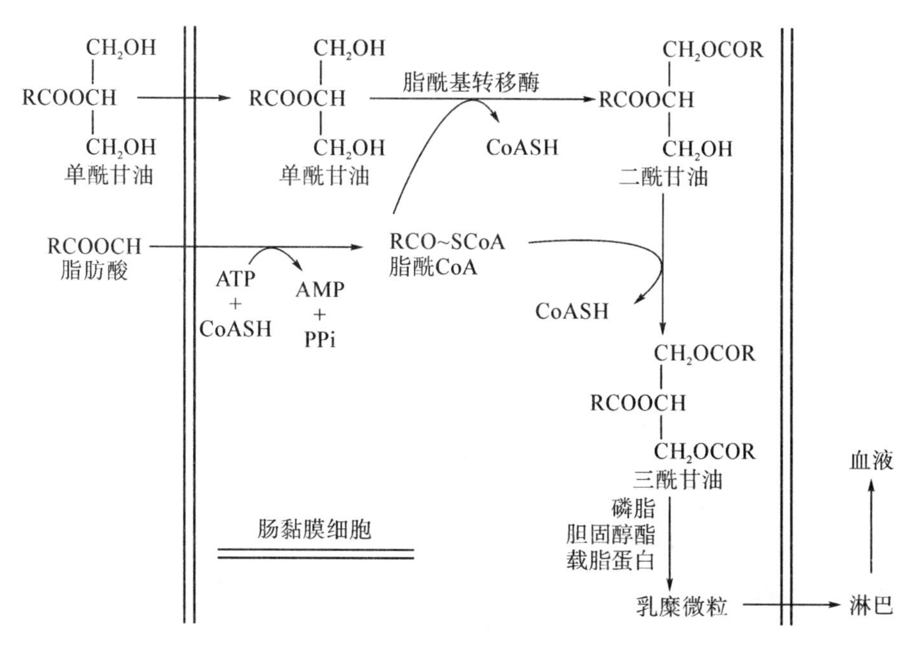

图 5-1　小肠黏膜细胞乳糜微粒的形成

第二节　三脂酰甘油代谢

脂肪组织和肝脏内的脂肪有较高的更新率,其次为黏膜和肌组织,皮肤和神经组织中的脂肪更新率较低。

一、脂肪的分解代谢

脂肪在体内氧化分解为机体提供生命活动所需的能量。

(一) 脂肪动员

储存于脂肪组织中的脂肪被一系列脂肪酶水解为甘油和游离脂肪酸(free fatty acid, FFA),释放入血供全身各组织利用的过程,称为脂肪动员(fat mobilization)。

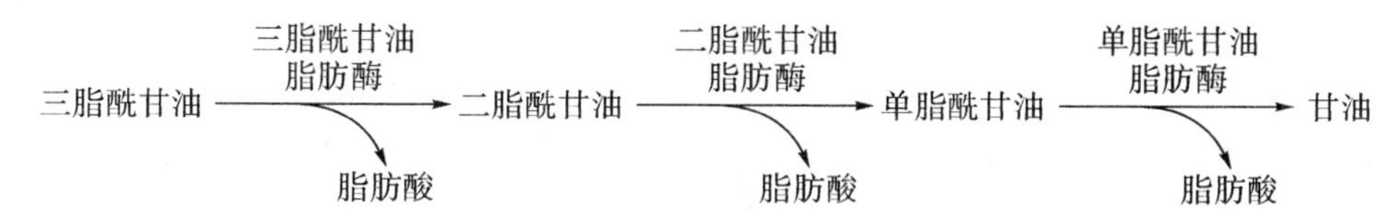

其中,三脂酰甘油脂肪酶是脂肪动员的关键酶,其活性受许多激素的调节故又称为激素敏感脂肪酶(hormone-sensitive triglyceride lipase,HSL)。胰高血糖素、肾上腺素和去甲肾上腺素等促进三脂酰甘油的水解,称为脂解激素。胰岛素和前列腺素等的作用与之相反,称为抗脂解激素(图 5-2)。机体对脂肪动员的调控通过激素对三脂酰甘油脂肪酶的作用来实现。当禁食、饥饿或处于兴奋状态时,肾上腺素、胰高血糖素等分泌增加,脂解作用加强;进食后胰岛素分泌增加,脂解作用降低。

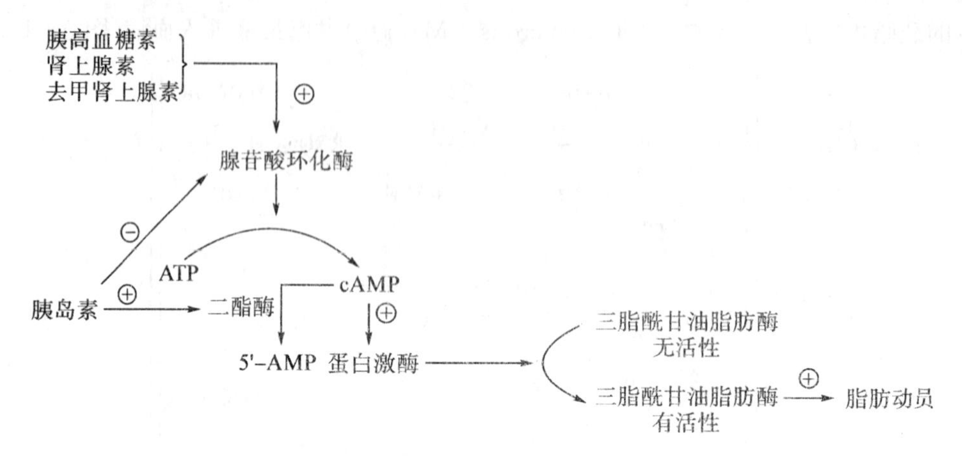

图 5-2 激素调节脂肪动员作用示意图

（二）脂肪酸的β-氧化

游离脂肪酸与清蛋白结合在血液中运输，被全身各组织摄取进入细胞氧化。在供氧充足的条件下，脂肪酸在体内分解成 CO_2 和 H_2O，并产生大量能量，除脑组织和成熟红细胞外，大多数组织均能氧化脂肪酸，但以肝及肌肉组织最为活跃。

1. 脂肪酸的活化　被吸收进入细胞的脂肪酸由脂酰 CoA 合成酶催化，ATP 提供能量，形成脂酰 CoA。

$$\text{RCOOH}+\text{CoASH}+\text{ATP}\xrightarrow[\text{小肠黏膜细胞}]{\text{脂酰 CoA 合成酶}}\text{RCO}\sim\text{SCoA}+\text{AMP}+\text{PPi}$$

脂酰 CoA 合成酶又称硫激酶，分布在胞浆、线粒体膜和内质网膜上。胞浆中的硫激酶催化中、短链脂肪酸活化，内质网膜上的酶催化长链脂肪酸，生成的脂酰 CoA 进入内质网合成三脂酰甘油；而线粒体膜上的酶活化的长链脂酰 CoA，进入线粒体进行β-氧化。

脂酰 CoA 含有高能硫酯键，极性增强，易溶于水，性质活泼，代谢活性明显增强，更容易参加反应。反应过程中生成的 PPi 立即被细胞内焦磷酸酶水解，阻止了逆向反应的进行。1 分子脂肪酸活化成脂酰 CoA，实际上消耗了 2 个高能磷酸键。

2. 脂酰基进入线粒体　催化脂酰基β-氧化的酶系在线粒体基质中，但长链脂酰 CoA 不能自由通过线粒体内膜，需由载体肉毒碱携带进入线粒体。

$$\underset{\text{脂酰CoA}}{\text{RCO}\sim\text{SCoA}} + \underset{\text{肉毒碱}}{\text{HO}-\text{CH}(\text{CH}_2\text{COO}^-)(\text{CH}_2\text{N}(\text{CH}_3)_3)} \xrightleftharpoons{\text{脂酰CoA肉毒碱酰基转移酶}} \underset{\text{脂酰肉毒碱}}{\text{RCO}-\text{O}-\text{CH}(\text{CH}_2\text{COO}^-)(\text{CH}_2\text{N}(\text{CH}_3)_3)} + \text{CoASH}$$

反应由肉毒碱酰基转移酶催化，线粒体内膜的内外两侧均有此酶，系同工酶，分别称为肉毒碱脂酰转移酶Ⅰ和Ⅱ。酶Ⅰ使胞浆侧的脂酰 CoA 转化为辅酶 A 和脂酰肉毒碱，后者穿过线粒体内膜。位于线粒体内膜内侧的酶Ⅱ又使脂酰肉毒碱转化成肉毒碱和脂酰 CoA，肉毒碱可循环使用，脂酰基则进入线粒体基质，成为脂肪酸 β-氧化酶系的底物（图 5－3）。

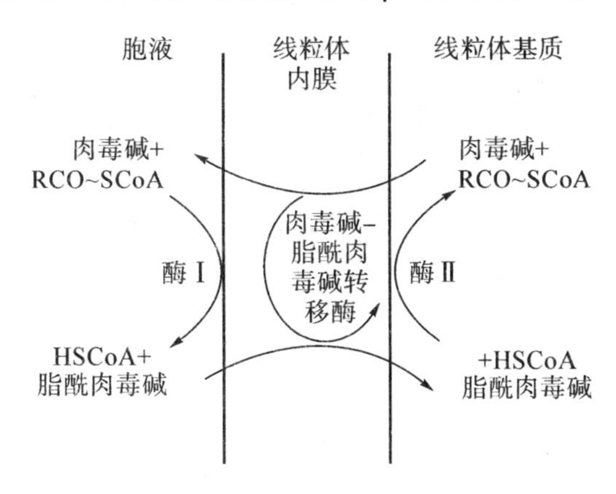

图 5－3　肉毒碱携带脂酰进入线粒体示意图

脂酰 CoA 进入线粒体是脂肪酸 β-氧化（β-oxidation of fatty acid）的限速步骤，肉碱脂酰转移酶Ⅰ是控制脂肪酸 β-氧化的关键酶。丙二酸单酰 CoA 是肉碱脂酰转移酶Ⅰ的抑制剂；胰岛素能诱导乙酰 CoA 羧化酶使丙二酰 CoA 合成增加。禁食、饥饿等胰岛素分泌下降情况下，丙二酰 CoA 合成降低，解除对肉碱脂酰转移酶Ⅰ的抑制，脂酰 CoA 进入线粒体氧化增加。相反，饱食后胰岛素分泌增加，丙二酰 CoA 合成增加，抑制肉碱脂酰转移酶Ⅰ，脂肪酸的 β-氧化也被抑制。

3. 脂酰基 β-氧化的反应过程　脂酰基在线粒体基质中进行 β-氧化要经过四步反应：脱氢、加水、再脱氢和硫解（图 5－4），生成 1 分子乙酰 CoA 和 1 分子少了两个碳原子的脂酰 CoA。

（1）脱氢：反应由脂酰 CoA 脱氢酶催化，脂酰 CoA 在 α 和 β 碳原子上各脱去一个氢原子生成具有反式双键的 α、β-烯脂酰 CoA。

（2）加水：反应由烯脂酰 CoA 水合酶催化，生成 L-β-羟脂酰 CoA。

（3）再脱氢：在 β-羟脂酰 CoA 脱氢酶的催化下，β-羟脂酰 CoA 脱氢生成 β 酮脂酰 CoA。

（4）硫解：在 β-酮脂酰 CoA 硫解酶的催化下，β-酮酯酰 CoA 在 α 和 β 碳原子之间断裂，与 1 分子 CoASH 生成乙酰 CoA 和少了两个碳原子的脂酰 CoA。

长链脂酰 CoA 经一次 β-氧化减少两个碳原子，生成乙酰 CoA，多次循环就会逐步生成乙酰 CoA。

4. 脂肪酸 β-氧化的能量生成　脂肪酸 β-氧化是体内脂肪酸分解的主要途径，脂肪酸氧化可以供应机体所需要的大量能量，以软脂酸为例，其 β-氧化的总反应为：$CH_3(CH_2)_{14}CO\sim SCoA+8NAD^{+}+CoASH+8H_2O \longrightarrow 8CH_3COSCoA+7FADH_2+7(NADH+H^{+})$。

生成的 $FADH_2$、NADH 及乙酰-CoA 进入三羧酸循环偶联氧化磷酸化产生 CO_2、H_2O 和

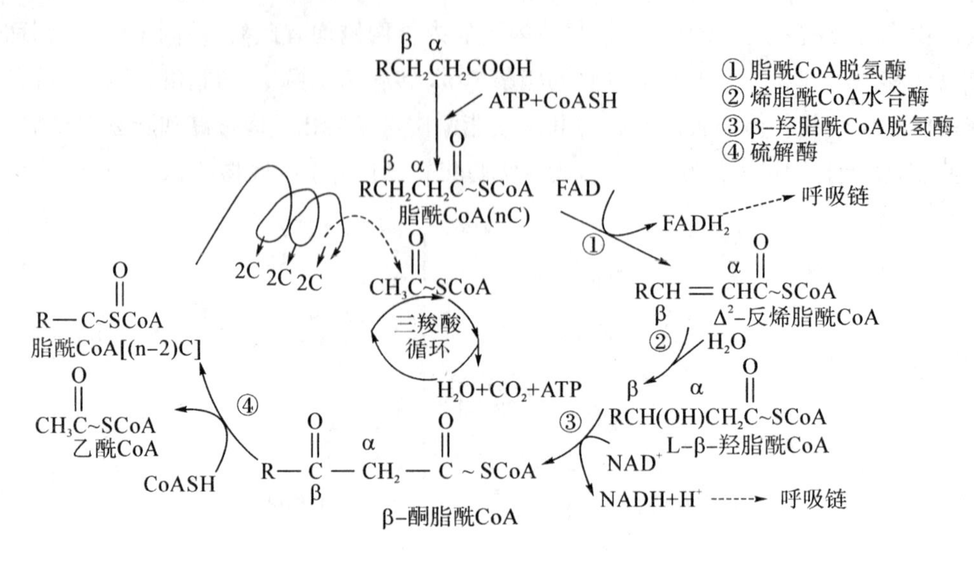

图 5-4 脂酰基 β-氧化反应过程

ATP，1 mol 软脂酸完全氧化生成 CO_2 和 H_2O，净生成 106 mol ATP。脂肪酸氧化时释放出来的能量约有 35％为机体利用合成高能化合物，其余 65％以热能形式释放。

脂肪酸 β-氧化也是脂肪酸的改造过程，人体所需要的脂肪酸链的长短不同，通过 β-氧化可将长链脂肪酸改造成长度适宜的脂肪酸，供机体所需。

（三）脂肪酸的其他氧化形式

1. 不饱和脂肪酸的氧化　体内脂肪酸约 50％以上为不饱和脂肪酸，食物中也含有不饱和脂肪酸，不饱和脂肪酸的氧化途径与饱和脂肪酸基本相同，区别在于：天然不饱和脂肪酸中的双键为顺式，需异构酶和还原酶的参加，使其转变为 Δ^2 反式构型，β-氧化才能继续进行，以棕榈油酸（16 碳-Δ^9-顺单烯脂酸）为例说明：经 3 次 β-氧化后，9 位顺式双键转变为 3 位顺式双键，在异构酶作用下，被转变为 2 位反式双键后才能继续进行 β-氧化（图 5-5）。

2. 丙酸的氧化　人体内和膳食中含极少量的奇数碳原子脂肪酸，经过 β-氧化除生成乙酰 CoA 外还生成 1 分子丙酰 CoA，某些氨基酸如异亮氨酸、蛋氨酸和苏氨酸的分解代谢过程中也有丙酰 CoA 生成，胆汁酸生成过程中亦产生丙酰 CoA。丙酰 CoA 经一系列反应可转变为琥珀酰 CoA 进一步氧化分解，也可经草酰乙酸异生成糖（图 5-6）。

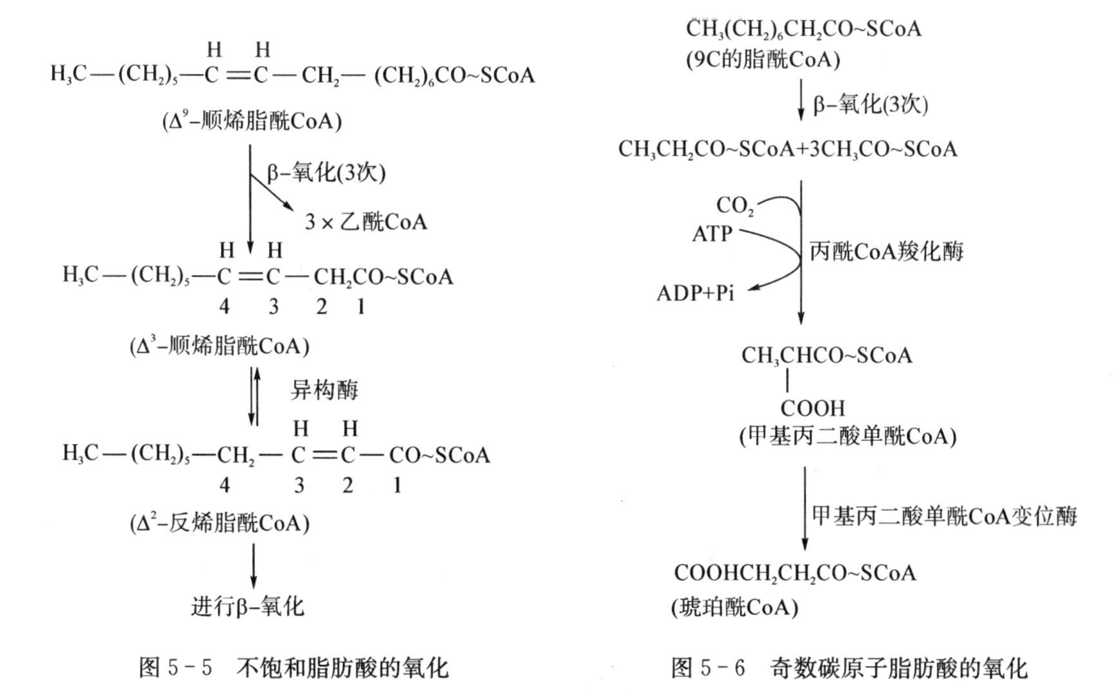

图 5－5　不饱和脂肪酸的氧化　　　　图 5－6　奇数碳原子脂肪酸的氧化

3. 脂肪酸的 ω-氧化　ω-氧化是在肝微粒体中进行，一些中长链脂肪酸先在加单氧酶作用下，ω-碳原子先被氧化生成 ω-羟脂肪酸，并进一步氧化为 α，ω-二羧酸。二羧酸进入线粒体，可同时从二侧进行 β-氧化，最后生成琥珀酰 CoA。

4. 脂肪酸的 α-氧化　脂肪酸在微粒体中由加单氧酶和脱羧酶催化生成 α-羟脂肪酸或少一个碳原子的脂肪酸的过程称为脂肪酸的 α-氧化。长链脂肪酸由加单氧酶催化、由抗坏血酸或四氢叶酸作供氢体在 O_2 和 Fe^{2+} 参与下生成 α-羟脂肪酸，这是脑苷脂和脑硫脂的重要成分，α-羟脂肪酸继续氧化脱羧就生成奇数碳原子脂肪酸。α-氧化障碍者不能氧化植烷酸(3，7，11，15-四甲基十六烷酸)。牛奶和动物脂肪中均有此成分，在人体内大量堆积便引起 Refsum 氏病。α-氧化主要在脑组织内发生，因而 α-氧化障碍多引起神经症状。

（四）酮体代谢

酮体是乙酰乙酸、β-羟基丁酸及丙酮三种物质的总称，是脂肪酸在肝脏进行正常分解代谢所产生的特殊中间产物。肝细胞中有活性较强的合成酮体的酶系，β-氧化反应生成的乙酰 CoA，大都转变成了酮体，而不像心肌、骨骼肌细胞中 β-氧化产生的乙酰 CoA 能彻底氧化为 H_2O 和 CO_2，这是肝脏脂肪酸分解代谢的特点

1. 酮体的生成　酮体是在肝细胞线粒体中生成的，其生成原料是脂肪酸 β-氧化生成的乙酰 CoA。

二分子乙酰 CoA 在硫解酶作用下生成乙酰乙酰 CoA。

乙酰乙酰 CoA 与另 1 分子乙酰 CoA 反应，生成 β-羟-β-甲基戊二酸单酰 CoA（HMG CoA)，反应由 HMG CoA 合成酶催化，这是酮体生成的关键酶。

HMG CoA 裂解酶催化 HMG CoA 裂解，生成乙酰乙酸和乙酰 CoA。

β-羟丁酸脱氢酶催化乙酰乙酸还原，生成 β-羟丁酸，还原速度决定于线粒体中 NADH/

NAD^+的比值，另有少量乙酰乙酸自行脱羧生成丙酮（图 5－7）。酮体生成后迅速进入血液循环，供肝外组织利用。

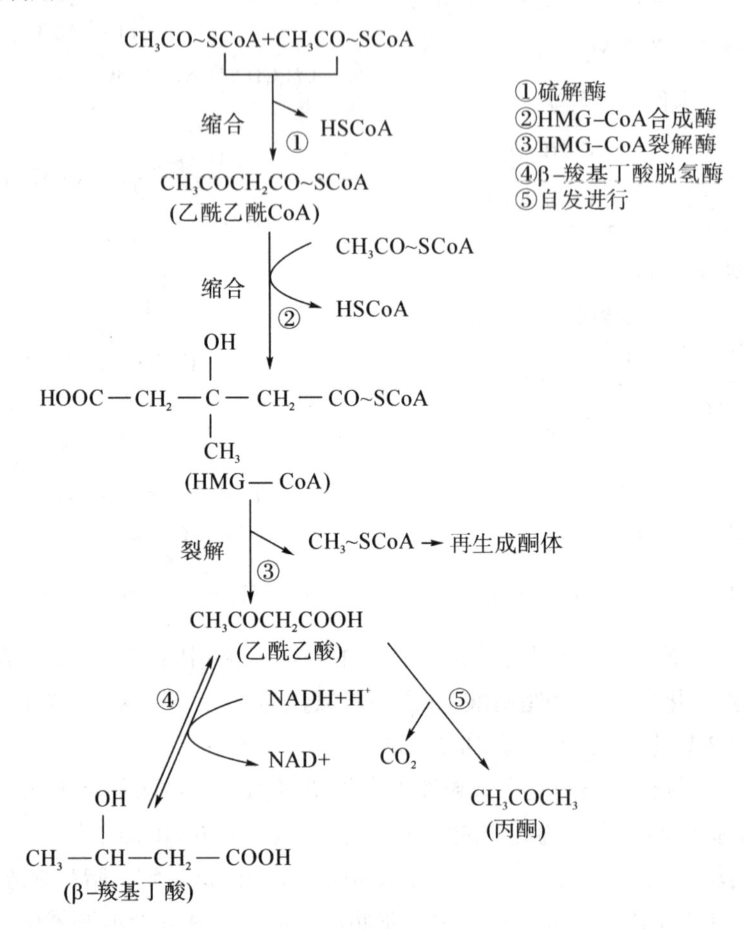

图 5－7　酮体的生成

2. 酮体的氧化　骨骼肌、心肌和肾脏中的琥珀酰 CoA 转硫酶，在琥珀酰 CoA 存在时，催化乙酰乙酸活化生成乙酰乙酰 CoA。

心肌、肾脏和脑中还有硫激酶，也催化乙酰乙酸生成乙酰乙酰 CoA。

生成的乙酰乙酰 CoA 在硫解酶作用下，分解成两分子乙酰 CoA，乙酰 CoA 主要进入三羧酸循环氧化分解。丙酮除随尿排出外，有一部分直接从肺呼出，代谢上不占重要地位。肝细胞中缺乏琥珀酰 CoA 转硫酶和乙酰乙酸硫激酶，所以不能利用酮体。脑组织利用酮体的能力与血糖水平有关，只有血糖水平降低时才利用酮体。

3. 酮体代谢具有重要的生物学意义

(1) 酮体易运输：长链脂肪酸穿过线粒体内膜需要载体肉毒碱转运，脂肪酸在血中转运需要与清蛋白结合，而酮体通过线粒体内膜以及在血中转运不需要载体。

(2) 酮体易利用：脂肪酸活化后进入 β-氧化，经 4 步反应才能生成 1 分子乙酰 CoA，而乙酰乙酸活化后只需一步反应就可以生成两分子乙酰 CoA，因此可以把酮体看做是脂肪酸在肝脏加工生成的半成品。

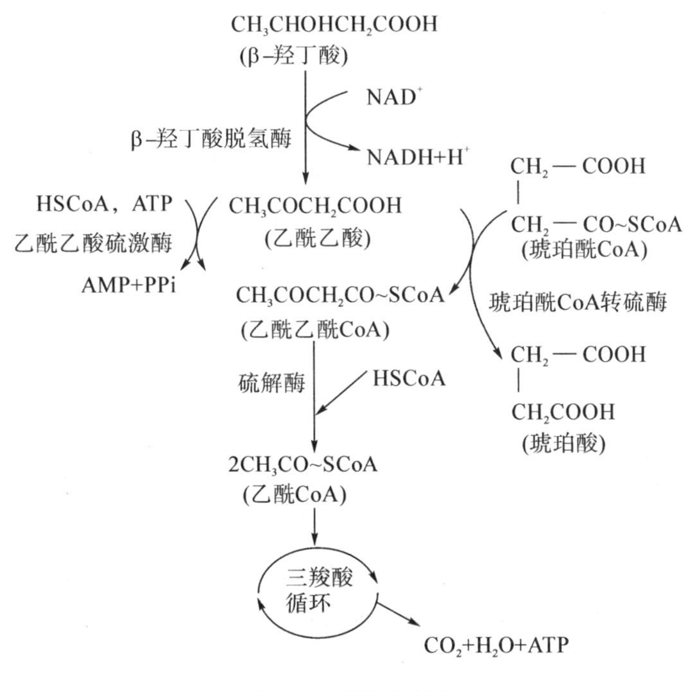

图 5-8　酮体的氧化

(3) 保证脑和成熟红细胞的葡萄糖供应:肝外组织利用酮体会生成大量的乙酰 CoA,抑制丙酮酸脱氢酶系活性,限制糖的利用。同时乙酰 CoA 还能激活丙酮酸羧化酶,促进糖异生。脑组织不能利用长链脂肪酸,主要利用血糖供能,饥饿或糖供应不足时,一方面,肝外组织利用酮体氧化供能,减少了对葡萄糖的需求,保证了脑组织、成熟红细胞对葡萄糖的需要;另一方面,在饥饿时酮体替代葡萄糖,成为脑组织的能源,保证脑的正常功能。饥饿 5 周时酮体供能可多达 70%。

(4) 肌肉组织利用酮体可以抑制肌肉蛋白质的分解,防止蛋白质过多消耗。

4. 酮症酸中毒　在正常情况下,血中酮体维持在 0.03～0.5 mmol/L,但在饥饿、低糖饮食或糖尿病时,糖的供给不足或利用障碍,脂肪动员加强,肝中酮体生成过多,超出肝外组织的利用能力,可引起血中酮体升高,造成酮血症(ketonemia)。血中酮体经肾小球的滤过量超过肾小球的重吸收能力时,尿中出现酮体,称酮尿症(ketonaria)。由于 β-羟丁酸(占 70%)和乙酰乙酸(占 30%)都是酸性物质,当在血中浓度过高时,可导致酮症酸中毒。

5. 酮体生成受多个环节的调节　肝脏中酮体的生成量与糖的利用密切相关。其一,在饱食及糖利用充分的情况下,胰岛素分泌增加,抑制脂肪动员,进入肝内脂肪酸减少,酮体生成减少;其二,由于糖代谢旺盛,α-磷酸甘油及 ATP 生成充足,进入肝细胞的脂肪酸主要用于酯化生成三脂酰甘油及磷脂;其三,糖代谢产生的乙酰 CoA 及柠檬酸促进丙二酸单酰 CoA 的合成,丙二酸单酰 CoA 是肉碱脂酰转移酶 I 的抑制剂,阻止长链脂酰 CoA 进入线粒体进行 β-氧化,还有利于脂肪酸的合成。

相反,在饥饿、胰高血糖素等脂解激素分泌增加或糖尿病等糖的供应不足或利用受阻的情况下,脂肪动员加强,进入肝细胞脂肪酸增多,而此时肝内糖代谢受阻,α-磷酸甘油及 ATP 减少,脂肪合成受抑制,脂肪酸进入线粒体 β-氧化增强,酮体生成增多。

(五) 甘油的分解代谢

甘油在甘油激酶的催化下,生成 α-磷酸甘油,进而在 α-磷酸甘油脱氢酶催化下生成磷酸二羟丙酮,进入糖分解代谢途径,或者在肝细胞中经异生途径生成糖(图 5-9)。

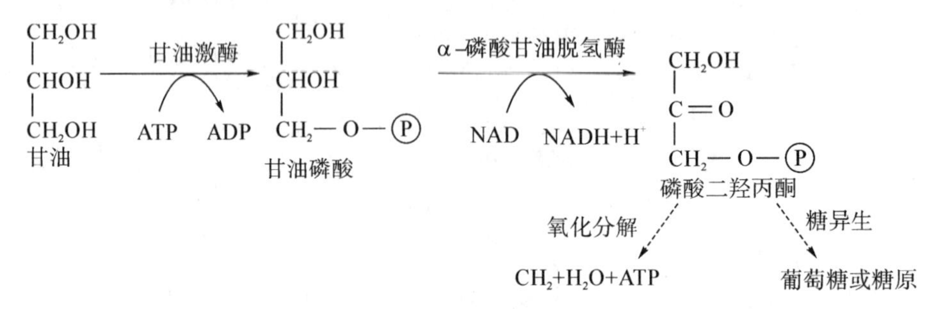

图 5-9 甘油的分解代谢

肝、肾及小肠黏膜细胞富含甘油激酶,而肌肉及脂肪细胞中这种激酶活性很低,利用甘油的能力很弱。脂肪组织中产生的甘油主要经血入肝再进行代谢。

二、脂肪的合成代谢

脂肪是机体储存能量的重要形式。机体可利用摄入的能源物质合成三脂酰甘油储存在脂肪组织,作为能源贮备供机体随时需要。

(一) 脂肪酸的合成

1. 肝脏是脂肪酸合成的主要器官 人体内许多组织都能合成脂肪,肝脏、脂肪组织、小肠是合成脂肪的主要场所。肝脏的合成能力最强。脂肪组织除可利用糖合成脂肪外,更重要的是将从食物消化吸收的外源性脂肪和肝脏合成的脂肪储存起来。

2. 合成脂肪酸的原料 合成脂肪酸的原料是乙酰 CoA,还需 NADPH 供氢及 ATP 供能。脂肪酸合成酶系存在于胞液,故脂肪酸合成的全过程在胞液进行。

乙酰 CoA 主要来自糖分解代谢,部分来自某些氨基酸分解。生成乙酰 CoA 的反应均发生在线粒体内,而乙酰 CoA 不能自由透过线粒体膜进入胞液,需通过柠檬酸-丙酮酸(citrate-pyruvate shuttle)循环穿出线粒体(图 5-10)参与脂肪酸的合成。

在线粒体中,乙酰 CoA 先与草酰乙酸合成柠檬酸,柠檬酸经载体转运到胞液。在胞液中,在 ATP-柠檬酸裂解酶的催化下,柠檬酸裂解为乙酰 CoA 和草酰乙酸。

3. 丙二酸单酰 CoA 的生成 乙酰 CoA 是合成脂肪酸的原料,乙酰基中的两个碳原子参与合成脂肪酸分子中的所有碳原子,但在合成过程中,仅有 1 分子乙酰 CoA 直接参与合成反应,其他均需先羧化为丙二酸单酰 CoA 才能进入合成脂肪酸的途径。

催化乙酰 CoA 羧化为丙二酸单酰 CoA 的是乙酰 CoA 羧化酶:

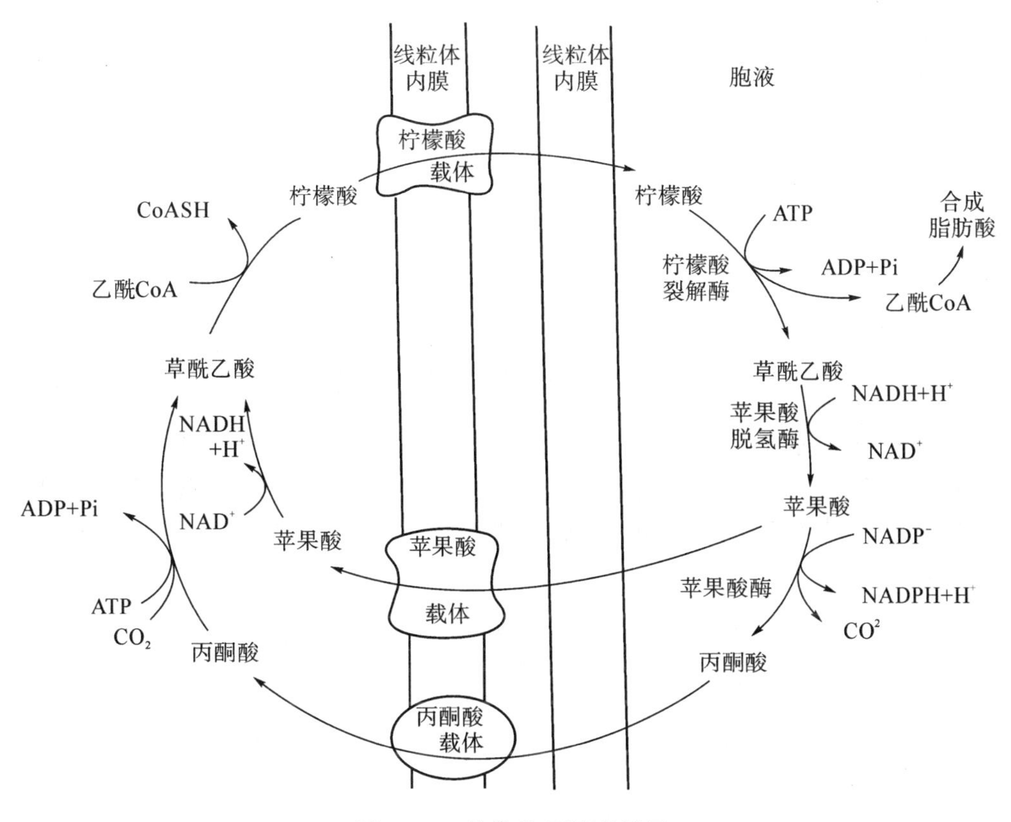

图 5－10　柠檬酸-丙酮酸循环

$$\underset{\text{乙酰 CoA}}{CH_3CO{\sim}SCoA} + HCO_3^- + ATP \xrightarrow[\text{生物素 } Mn^{2+}]{\text{乙酰 CoA 羧化酶}} \underset{\text{丙二酸单酰 CoA}}{\begin{matrix} CH_2\text{—}CO \sim SCoA \\ | \\ COOH \end{matrix}} + ADP + Pi$$

乙酰 CoA 羧化酶存在于胞液中，是脂肪酸合成途径中的关键酶。该酶的活性可通过变构及化学修饰调节而改变。柠檬酸与异柠檬酸促进单体聚合而增强酶活性，长链脂肪酸可加速解聚而抑制该酶活性。乙酰 CoA 羧化酶还可通过依赖于 cAMP 的磷酸化及去磷酸化修饰来调节酶活性。胰高血糖素及肾上腺素等能促进该酶的磷酸化作用而抑制脂肪酸的合成；胰岛素能促进酶的去磷酸化作用，而增强乙酰 CoA 羧化酶活性，加速脂肪酸合成。

同时乙酰 CoA 羧化酶也是诱导酶，长期高糖低脂饮食能诱导此酶的合成而促进脂肪酸合成；反之，高脂低糖饮食能抑制此酶合成，降低脂肪酸的生成。

4. 脂肪酸合成酶系　长链脂肪酸的合成在脂肪酸合成酶系的催化下进行。

大肠杆菌中，该酶系由乙酰基转移酶、丙二酸单酰基转移酶、β-酮脂酰合酶、β-酮脂酰还原酶、β-羟脂酰脱水酶、Δ^2-烯脂酰还原酶及长链脂酰硫酯酶七种酶蛋白聚合在一起以酰基载体蛋白(acyl carrer protein，ACP)为中心构成一个多酶复合体。

ACP 是一个相对分子质量为 10 kD 的多肽，与辅酶 A 相似，含有 4-磷酸泛酰巯基乙胺。该基团的 4′-磷酸与 ACP 分子中丝氨酸残基通过磷酸酰键相连，末端为中心巯基(图 5－11)，可与脂酰基结合。此外，该酶系中 β-酮脂酰合酶含有半胱氨酸残基，其半胱氨酸中的巯基称为外周巯基,也能与脂酰基结合。

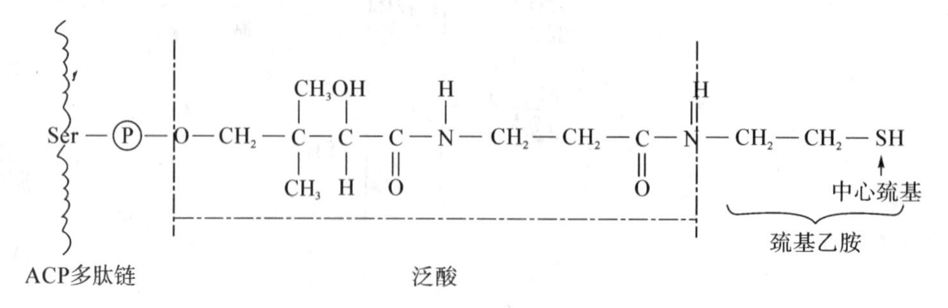

图 5-11　酰基载体蛋白 ACP 的结构

酵母中脂肪酸合成酶是一个 2 500 kD $\alpha_6\beta_6$ 的多功能酶。动物体内是一个分子量为 534 kD 的多功能酶,由两条相同的多肽链组成,两条链首尾相连形成二聚体,具催化活性,若二聚体解聚则活性丧失。动物体内脂肪酸合成酶单体含有 8 个结构域,具有 7 种酶活性和一个 ACP 结构域(图 5-12)。

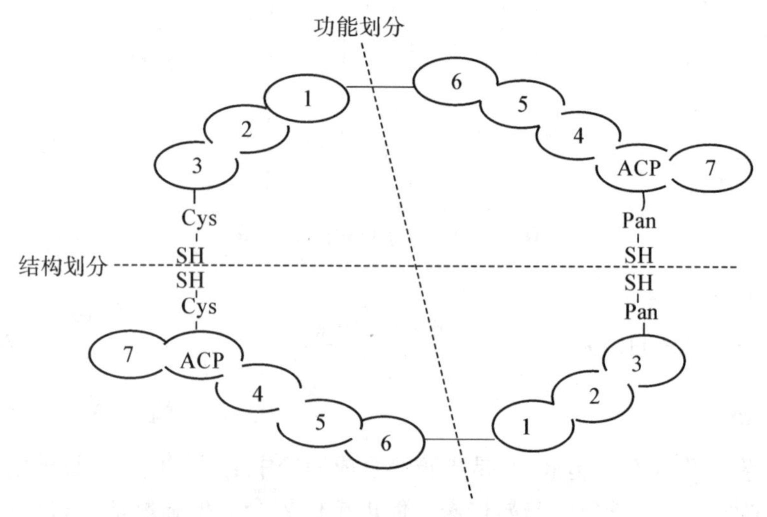

图 5-12　脂肪酸合酶二聚体

1. 乙酰基转移酶;2. 丙二酸单酰基转移酶;3. β-酮脂酰合酶;
4. β-酮脂酰还原酶;5. β-羟脂酰脱水酶;6. Δ^2-烯脂酰还原酶;7. 硫酯酶

5. 软脂酸的合成　软脂酸的合成实际上是一个重复循环的过程,由 1 分子乙酰 CoA 与 7 分子丙二酰 CoA 经转移、缩合、加氢、脱水和再加氢,每循环一次碳链延长两个碳,7 次循环后,生成 16 碳的软脂酰—S—ACP,经硫酯酶水解释放出软脂酸(图 5-13)。

脂肪酸合成时需消耗 ATP 和 NADPH+H^+,NADPH 主要来源于磷酸戊糖途径。

脂肪酸合成的过程不是β-氧化的逆过程,两过程在细胞定位、脂酰基携带者、质子受体/供体、限速酶、激活剂、抑制剂以及反应底物和产物等均不相同。

6. 软脂酸碳链的延长和缩短　人体内不仅有软脂酸,还有碳链长短不等的其他脂肪酸,也有各种不饱和脂肪酸,除营养必需脂肪酸外,其他脂肪酸均可由软脂酸在细胞内加工改造而成。

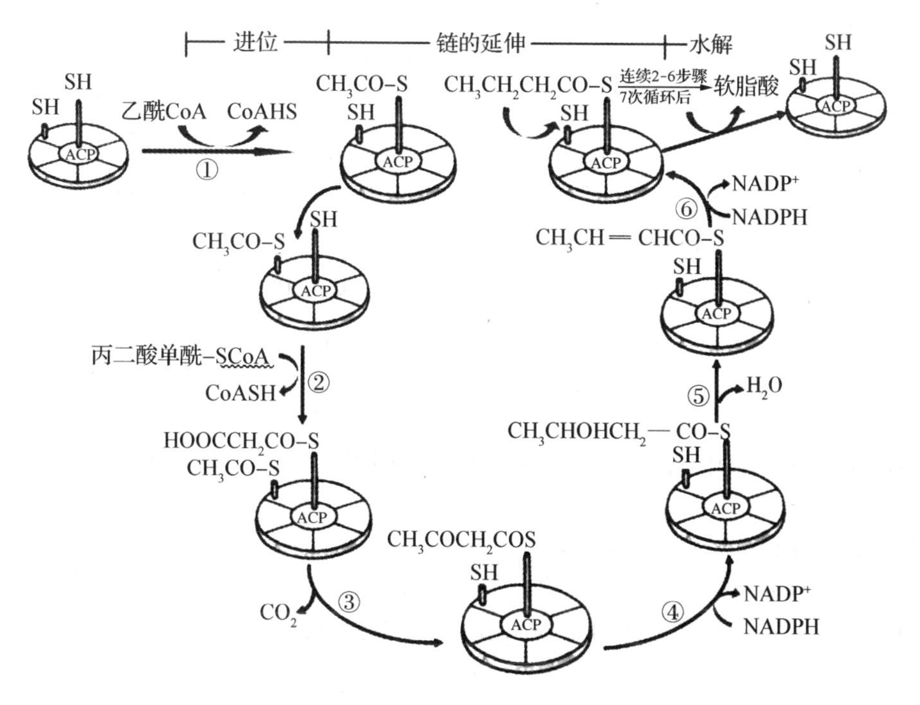

图 5-13　软脂酸的合成过程

脂肪酸碳链的缩短在线粒体中经 β-氧化完成。

脂肪酸碳链的延长可在滑面内质网和线粒体中经脂肪酸延长酶体系催化完成。在内质网，软脂酸延长是以丙二酸单酰 CoA 为二碳单位的供体，由 NADPH＋H^+ 供氢，与胞液中脂肪酸合成过程基本相同。但催化反应的酶系不同，其脂酰基不是以 ACP 为载体，而是与辅酶 A 相连参加反应。除脑组织外一般以合成硬脂酸（18C）为主，脑组织因含其他酶，故可延长至 24 碳的脂肪酸，供脑中脂类代谢需要。

在线粒体，软脂酸与乙酰 CoA 缩合逐步延长碳链，其过程与脂肪酸 β-氧化逆反应相似，但烯脂酰 CoA 还原酶的辅酶为 NADPH＋H^+。一般可延长脂肪酸碳链至 24 或 26 碳，但以硬脂酸为最多。

7. 不饱和脂肪酸的生成　人和动物组织含有的不饱和脂肪酸主要为软油酸（16∶1Δ^9）、油酸（18∶1Δ^9）、亚油酸（18∶2$\Delta^{9,12}$）、亚麻酸（18∶3$\Delta^{9,12,15}$）、花生四烯酸（20∶4$\Delta^{5,8,11,14}$）等。软油酸和油酸可由相应的脂肪酸活化后在去饱和酶的催化下脱氢生成，该酶只催化 Δ^9 以下双键形成，故亚油酸、亚麻酸及花生四烯酸在体内不能合成或合成不足，而它们又是机体不可缺少的，所以必须由食物供给，因此被称之为营养必需脂肪酸。

（二）α-磷酸甘油的来源

合成脂肪需要 α-磷酸甘油，其来源有两方面：

1. α-磷酸甘油主要来自于糖代谢　糖分解代谢产生磷酸二羟丙酮，在胞液中被还原为 α-磷酸甘油，此反应普遍存在于人体内各组织中，它是 α-磷酸甘油的主要来源。

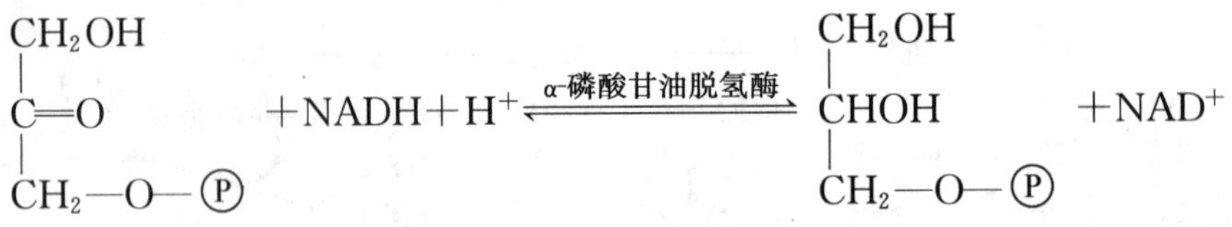

$$\begin{array}{l} CH_2OH \\ | \\ C{=}O \\ | \\ CH_2{-}O{-}Ⓟ \end{array} + NADH + H^+ \xrightleftharpoons{\alpha\text{-磷酸甘油脱氢酶}} \begin{array}{l} CH_2OH \\ | \\ CHOH \\ | \\ CH_2{-}O{-}Ⓟ \end{array} + NAD^+$$

2. 细胞内甘油可再利用　在肝、肾、哺乳期乳腺及小肠黏膜富含甘油激酶，在该酶催化下，可将甘油活化形成 α-磷酸甘油。

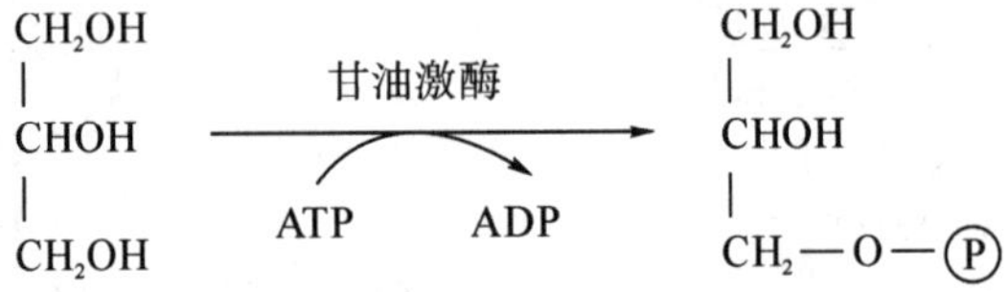

$$\begin{array}{l} CH_2OH \\ | \\ CHOH \\ | \\ CH_2OH \end{array} \xrightarrow[\text{ATP} \quad \text{ADP}]{\text{甘油激酶}} \begin{array}{l} CH_2OH \\ | \\ CHOH \\ | \\ CH_2{-}O{-}Ⓟ \end{array}$$

脂肪组织及肌肉组织中甘油激酶活性很低，因而不能利用甘油来合成脂肪。

（三）脂肪的合成

肝脏、脂肪组织及小肠是人体合成三脂酰甘油的主要场所，以肝脏的合成能力最强。合成脂肪需要 α-磷酸甘油和脂肪酸。脂肪酸需先活化为脂酰 CoA（RCO～SCoA）。

1. 单脂酰甘油途径　单脂酰甘油与脂酰 CoA 在脂酰转移酶作用下生成三脂酰甘油。

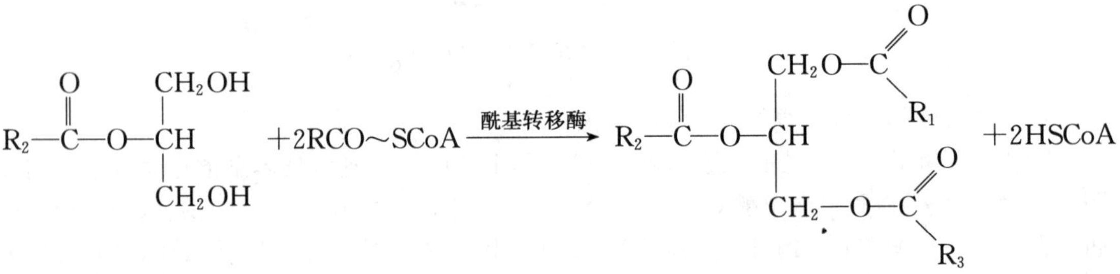

$$\underset{\text{单脂酰甘油}}{R_2{-}\overset{O}{\overset{\|}{C}}{-}O{-}\begin{array}{l} CH_2OH \\ | \\ CH \\ | \\ CH_2OH \end{array}} + 2RCO{\sim}SCoA \xrightarrow{\text{酰基转移酶}} \underset{\text{三脂酰甘油}}{R_2{-}\overset{O}{\overset{\|}{C}}{-}O{-}\begin{array}{l} CH_2O{-}\overset{O}{\overset{\|}{C}}{-}R_1 \\ | \\ CH \\ | \\ CH_2{-}O{-}\overset{O}{\overset{\|}{C}}{-}R_3 \end{array}} + 2HSCoA$$

2. 二脂酰甘油途径（磷脂酸途径）　该途径的特点是 α-磷酸甘油在脂酰基转移酶的催化下，加上 2 分子脂酰基生成磷脂酸。后者在磷脂酸磷酸酶作用下，水解脱去磷酸生成 1,2-二脂酰甘油，再在脂酰基转移酶催化下，加上 1 分子脂酰基生成三脂酰甘油（图 5-14）。

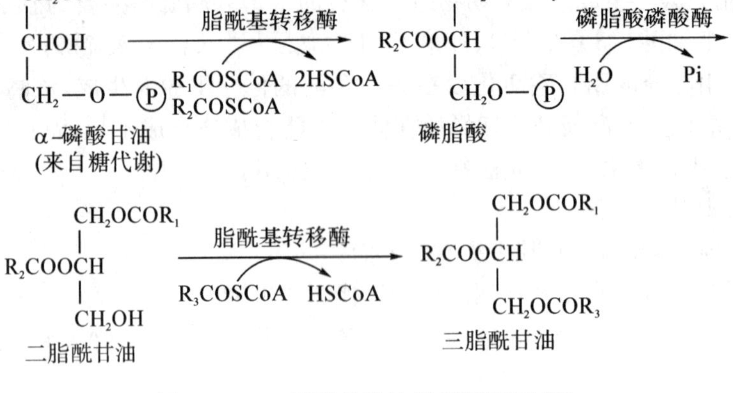

$$\underset{\substack{\alpha\text{-磷酸甘油} \\ \text{(来自糖代谢)}}}{\begin{array}{l} CH_2OH \\ | \\ CHOH \\ | \\ CH_2{-}O{-}Ⓟ \end{array}} \xrightarrow[\substack{R_1COSCoA \quad 2HSCoA \\ R_2COSCoA}]{\text{脂酰基转移酶}} \underset{\text{磷脂酸}}{\begin{array}{l} CH_2COOR_1 \\ | \\ R_2COOCH \\ | \\ CH_2O{-}Ⓟ \end{array}} \xrightarrow[H_2O \quad Pi]{\text{磷脂酸磷酸酶}}$$

$$\underset{\text{二脂酰甘油}}{\begin{array}{l} CH_2OCOR_1 \\ | \\ R_2COOCH \\ | \\ CH_2OH \end{array}} \xrightarrow[R_3COSCoA \quad HSCoA]{\text{脂酰基转移酶}} \underset{\text{三脂酰甘油}}{\begin{array}{l} CH_2OCOR_1 \\ | \\ R_2COOCH \\ | \\ CH_2OCOR_3 \end{array}}$$

图 5-14　二脂酰甘油途径（磷脂酸途径）

磷脂酸即3-磷酸-1,2二脂酰甘油,是合成甘油脂类的共同前体。

三脂酰甘油所含的三个脂肪酸可以相同也可以不同,可为饱和脂肪酸也可为不饱和脂肪酸。

三脂酰甘油的合成速度受激素的影响,如胰岛素可促进糖转变为脂肪,胰高血糖素、肾上腺皮质激素等也影响脂肪的合成。

三、多不饱和脂肪酸的重要衍生物——前列腺素、血栓素及白三烯

前列腺素(prostaglandin,PG),血栓素(thromboxane,TX)和白三烯(leukotrienes,LT)均由花生四烯酸衍生而来。细胞膜含有丰富的花生四烯酸,当细胞受到一些外界刺激时,细胞膜中的磷脂酶 A_2 被激活,水解磷脂释放花生四烯酸,在一系列酶的作用下合成PG、TX及LT。这几种衍生物的生理活性很强,对细胞代谢调节有重要作用,而且与炎症、过敏反应和心血管疾病等多种病理过程有关,可作为调节物对几乎所有的细胞代谢发挥调节作用。

(一) 前列腺素

前列腺素由一个五碳环和两条侧链构成,是二十碳不饱和脂肪酸(前列腺酸)的衍生物,其结构如下:

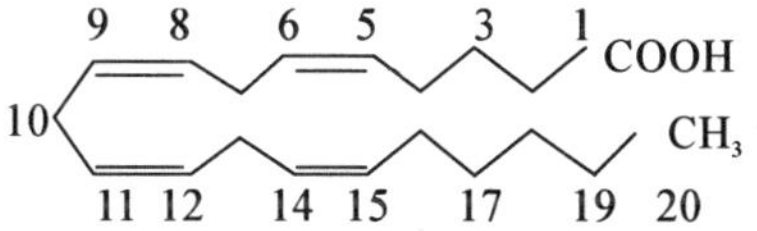

花生四烯酸

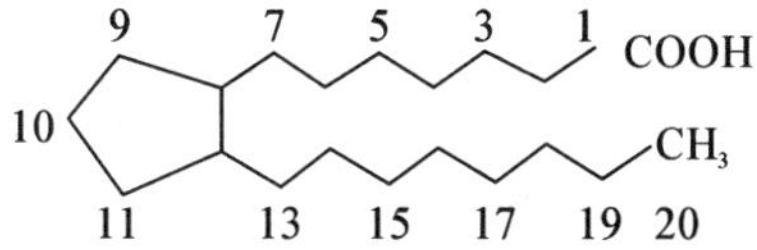

前列腺酸

前列腺素按结构可分为A、B、C、D、E、F、G、H、I等类型,不同类型的前列腺素具有不同的功能。例如:PGE_2 能诱发炎症,促进局部血管扩张,使毛细血管通透性增加,引起红、肿、热、痛等症状。PGE_2、PGA_2 能使动脉平滑肌舒张从而使血压下降;PGE_2、PGI_2 能抑制胃酸分泌,促进胃肠平滑肌蠕动。PGI_2 由血管内皮细胞合成,是使血管平滑肌舒张和抑制血小板聚集最强的物质。PGF_2 能使卵巢平滑肌收缩引起排卵,加强子宫收缩,促进分娩等。

(二) 血栓素

血栓素也是二十碳不饱和脂肪酸衍生物,与前列腺素不同的是五碳环为一个环醚结构所取代,血栓烷 A_2(TXA_2)是其主要活性形式,结构如下:

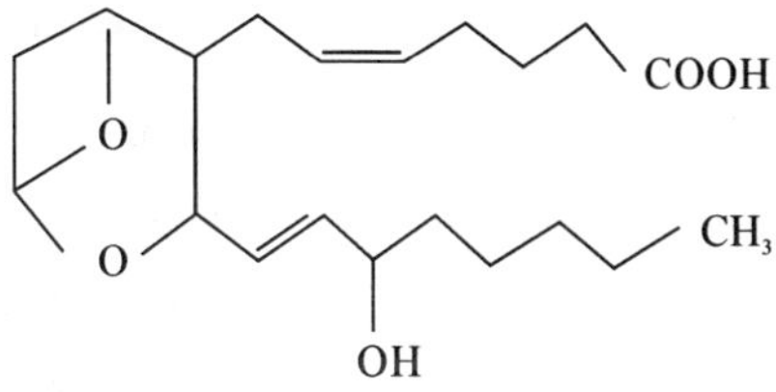

血栓素A_2(TXA_2)

血小板产生的 TXA_2 能促进血小板聚集和血管收缩,促进凝血及血栓形成。血管内皮细胞释放的 PGI_2 有很强的舒血管及抗血小板聚集作用,因此 PGI_2 与 TXA_2 的平衡是调节小血管收缩及血小板黏聚的重要因素,它们的代谢与心脑血管病有密切的关系。

（三）白三烯

白三烯是另一类二十碳多不饱和脂肪酸的衍生物，主要在白细胞内合成，其结构如下：

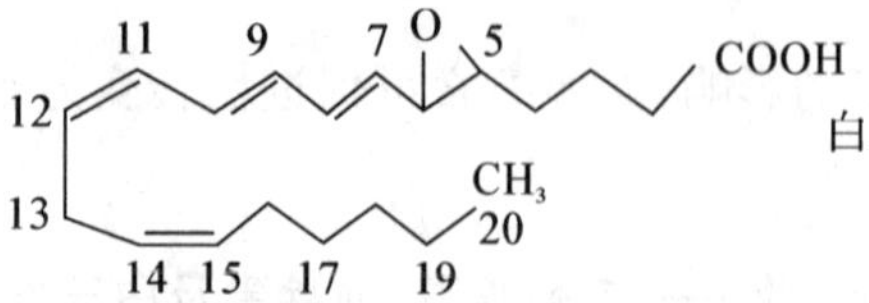

11 9 7 O 5 COOH
12
13 CH_3 20
14 15 17 19

白三烯A_4(LTA_4)

LT 是一类过敏反应的慢反应物质，能使支气管平滑肌收缩，作用缓慢而持久。LTB4 还能调节白细胞的功能，促进其游走及趋化作用，刺激腺苷酸环化酶，诱发多形核白细胞脱颗粒，使溶酶体释放水解酶类，促进炎症及过敏反应发展。

第三节　磷脂代谢

分子中含有磷酸的脂类称为磷脂，机体中主要含有两大类磷脂，即甘油磷脂和鞘磷脂。结构特点是：具有由磷酸相连的取代基团构成的亲水头部和由脂肪酸链构成的疏水尾部。

一、甘油磷脂的结构与生理功能

（一）甘油磷脂

是机体含量最多的一类磷脂，其基本结构如下：

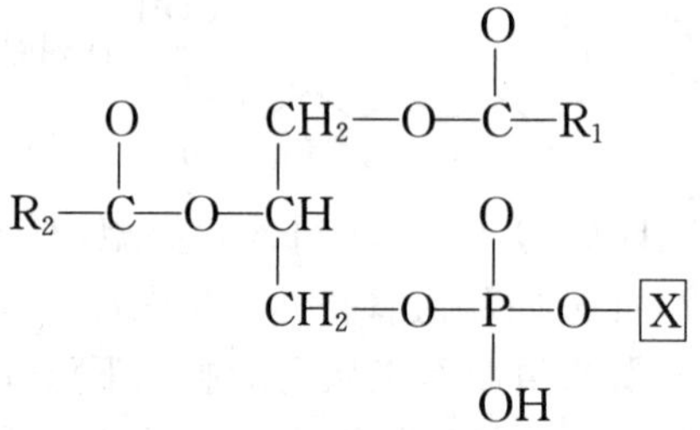

$CH_2—O—C(=O)—R_1$
$R_2—C(=O)—O—CH$
$CH_2—O—P(=O)(OH)—O—$[X]

因取代基团的不同可分为许多类（表 5-1）。

表 5-1　几种重要的甘油磷脂

	X	化学名称
水	—OH	磷脂酸
乙醇胺	$—OCH_2CH_2NH_3^+$	磷脂酰乙醇胺（脑磷脂）
胆碱	$—OCH_2CH_2N(CH_3)_3^+$	磷脂酰胆碱（卵磷脂）
丝氨酸	$—OCH_2CHNH_2COOH$	磷脂酰丝氨酸
肌醇		磷脂酰肌醇
甘油		磷脂酰甘油
磷脂酰甘油		二磷脂酰甘油（心磷脂）

除上述磷脂之外，在甘油磷脂分子中甘油第 1 位的脂酰基可被长链醇取代形成醚，如缩醛磷脂及血小板活化因子等，它们都属于甘油磷脂。

（二）甘油磷脂主要的生理功能

磷脂是生物膜的重要组成成分，许多基本的生命过程，如能量转换、物质运输、信息的识别和传递、细胞的发育和分化、神经传导、激素作用等都与膜相关。

磷脂是血浆脂蛋白的重要组成成分并参与血浆脂蛋白的代谢。若肝的磷脂酰胆碱合成减少，导致 VLDL 生成障碍，三脂酰甘油在肝细胞中堆积，形成脂肪肝。

存在于膜结构中甘油磷脂 C2 位上的脂酰多为花生四烯酸，当细胞受到刺激时，释放花生四烯酸，用于合成前列腺素、血栓素、白三烯等，所以磷脂是必需脂肪酸的贮库。

磷脂酰肌醇-4，5-二磷酸在 PLC 的作用下，生成二脂酰甘油（DAG）和三磷酸肌醇（IP_3），DAG 和 IP_3 参与细胞信号传导。

心磷脂是线粒体内膜和细菌膜的重要成分，而且是唯一具有抗原性的磷脂分子。

二软脂酰胆碱（C1，C2 位上均为饱和的软脂酰基，C3 位上是磷酸胆碱）是肺表面活性物质的重要成分，能保持肺泡表面张力，防止气体呼出时肺泡塌陷，早产儿由于这种磷脂的合成和分泌缺陷而患呼吸困难综合征。

血小板激活因子也是一种特殊的磷脂酰胆碱，具有极强的生物活性。

二、甘油磷脂的合成

（一）合成部位

甘油磷脂的合成在细胞质滑面内质网上进行，合成的甘油磷脂可被生物膜利用或参与脂蛋白的合成。机体各种组织（除成熟红细胞外）都可进行磷脂合成，肝、肾、肠等组织中磷脂合成均很活跃，又以肝脏为最强。

（二）合成原料

合成甘油磷脂需甘油、脂肪酸、磷酸盐、胆碱、丝氨酸、肌醇等为原料。

合成磷脂所需的能量主要由 ATP 提供，此外，还需 CTP 参加，为合成 CDP-乙醇胺，CDP-胆碱等重要活性中间产物所必需。

（三）甘油磷脂的合成

甘油磷脂的合成根据种类不同，可以分为甘油二酯途径和 CDP 甘油二酯途径。磷脂酰胆碱和磷脂酰乙醇胺的循甘油二酯途径合成，其他磷脂循 CDP-甘油二酯途径合成。详细反应过程及中间产物结构可参见附录。

三、甘油磷脂的分解

水解甘油磷脂的磷脂酶类主要有磷脂酶 A_1、A_2、B_1、B_2、C 和 D，它们特异地作用于磷脂分子内部的各个酯键，形成不同的产物。这一过程也是甘油磷酯的改造加工过程。具体反应过程见附录。

磷脂酶 A_1：自然界分布广泛，主要存在于动物细胞的溶酶体内，蛇毒及某些微生物中亦有，可催化甘油磷脂的第 1 位酯键断裂，产物为脂肪酸和溶血磷脂 2。

磷脂酶 A_2：普遍存在于动物各组织细胞膜及线粒体膜，能使甘油磷脂分子中第 2 位酯键水解，产物为溶血磷脂 1 及脂肪酸。

溶血磷脂是一类具有较强表面活性的性质，能使红细胞及其他细胞膜破裂，引起溶血或细胞坏死。经磷脂酶 B_1 和 B_2 作用脱去脂肪酸，转变成甘油磷酸胆碱或甘油磷酸乙醇胺后，失去溶解细胞膜的作用。

磷脂酶 C:存在于细胞膜及某些细胞中,特异水解甘油磷脂分子中第 3 位磷酸酯键,其结果是释放磷酸胆碱或磷酸乙醇胺。

磷脂酶 D:主要存在于植物,动物脑组织中亦有,催化磷脂分子中磷酸与取代基团(如胆碱等)间的酯键,释放取代基团。

第四节　胆固醇代谢

胆固醇是体内最丰富的固醇类化合物,是生物膜的构成成分,也是类固醇类激素、胆汁酸及维生素 D 的前体物质。胆固醇广泛存在于全身各组织中,约 1/4 分布在脑及神经组织中,占脑组织总重量的 2%左右。肝、肾及肠等内脏以及皮肤、脂肪组织亦含较多的胆固醇,以肝为最多,肌肉较少,肾上腺、卵巢等组织胆固醇含量可高达 1%~5%,但总量很少。

人体固醇的来源靠体内合成及从食物摄取,正常人每天膳食中含胆固醇 300~500 mg,主要来自动物内脏、蛋黄、奶油及肉类。植物性食品不含胆固醇,所含植物固醇不易为人体吸收,摄入过多还可抑制胆固醇的吸收。

一、胆固醇化学

胆固醇最初从动物胆石中分离出来,故称为胆固醇。胆固醇分子中含有 27 个碳原子,其 C3 位上的羟基可与脂肪酸以酯键相连形成胆固醇酯(cholesterol ester,CE)。

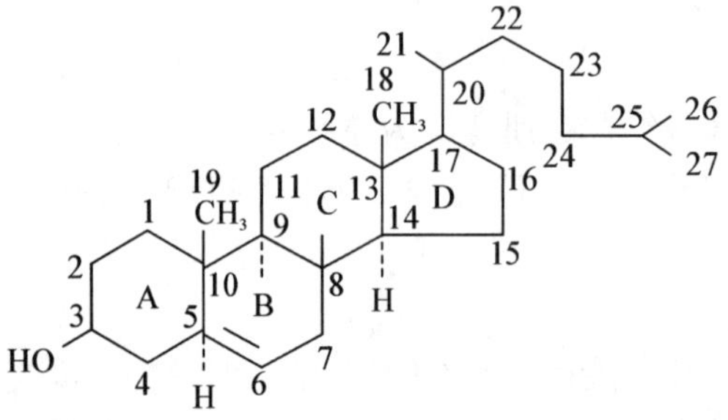

胆固醇 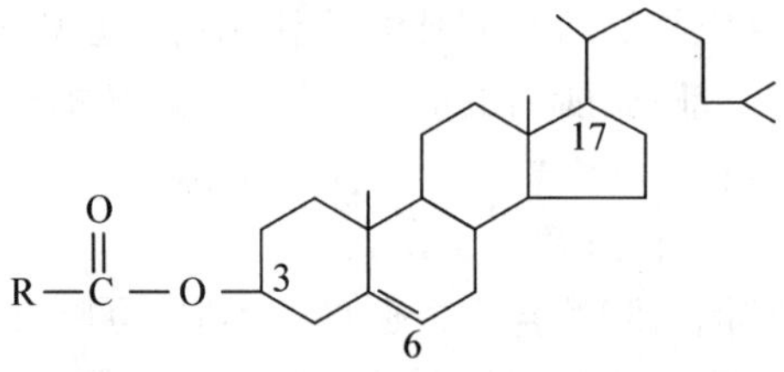　　　　胆固醇酯

二、胆固醇的生物合成

(一) 合成原料

乙酰 CoA 是胆固醇合成的直接原料,它来自葡萄糖、脂肪酸及某些氨基酸的分解代谢。另外,还需要 ATP 供能和 NADPH 供氢。合成 1 分子胆固醇需消耗 18 分子乙酰 CoA、36 分子 ATP 和 16 分子 NADPH。

(二) 合成的部位

成年动物除脑组织及成熟红细胞外,几乎全身各组织细胞均可合成胆固醇。肝脏合成胆固醇的能力最强,合成量占体内胆固醇总量的 70%~80%,小肠次之,合成量占总量的 10%。胆固醇合成酶系存在于胞液及滑面内质膜上。

(三) 胆固醇合成的基本过程

胆固醇合成过程比较复杂,有近 30 步反应,整个过程可分为 3 个阶段。

1. β-羟-β-甲基戊二酸单酰 CoA(HMG CoA)的生成　在胞液中,HMG CoA 的生成过程与酮体生成相同,但细胞内定位不同,酮体的合成在肝细胞线粒体内进行,因此肝细胞中有两套同工酶分别催化上述反应。

2. 甲羟戊酸(MVA)的生成　HMG CoA 在 HMG CoA 还原酶催化下,消耗两分子 $NADPH+H^+$ 生成甲羟戊酸(MVA)。此过程不可逆,是胆固醇合成的限速步骤。

3. 胆固醇的生成　MVA 先经磷酸化、脱羧、脱羟基、再缩合生成含 30C 的鲨烯,经内质网环化酶和加氧酶催化生成羊毛脂固醇,后者再经氧化、还原等多步反应生成 27C 的胆固醇(图 5-15)。

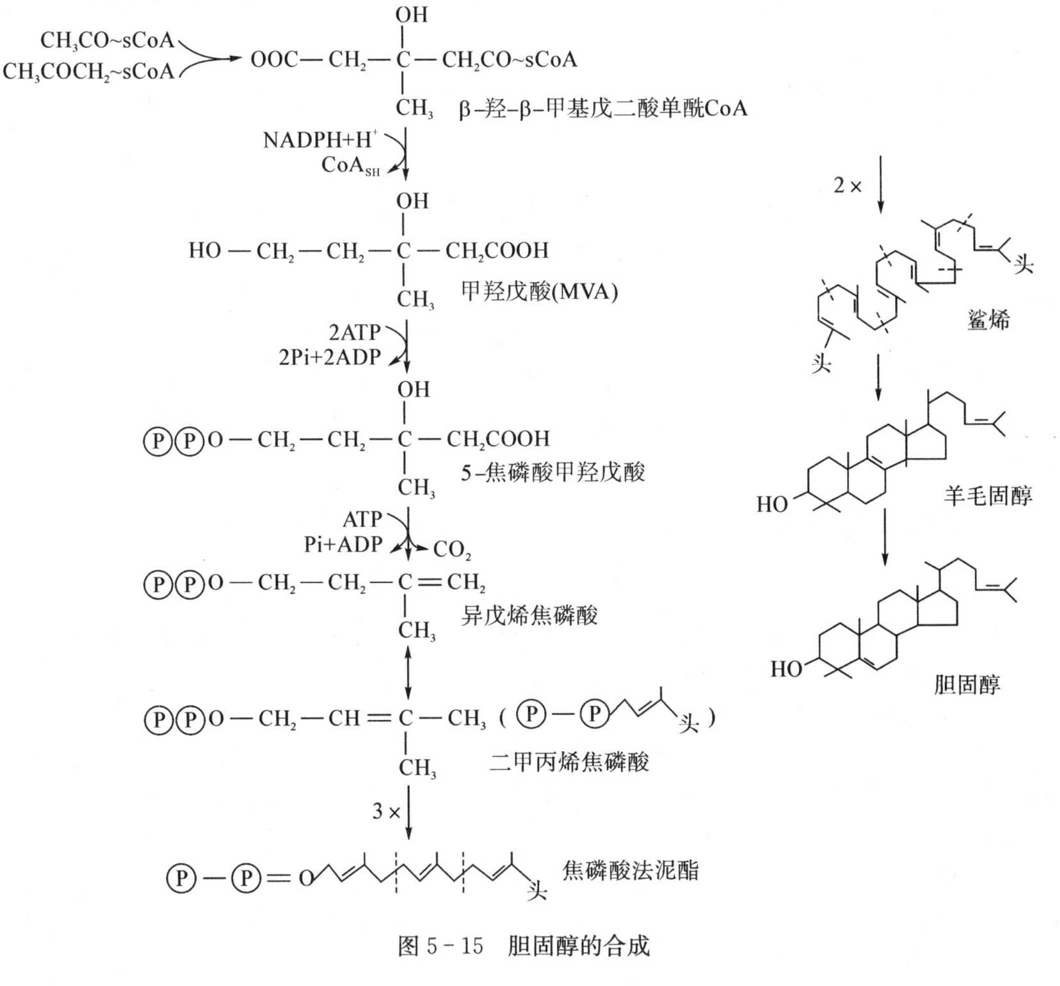

图 5-15　胆固醇的合成

(四) 胆固醇合成的调节

胆固醇合成的调节是通过各种因素对 HMG CoA 还原酶的影响实现。

1. HMG CoA 还原酶具有昼夜节律性　肝脏合成胆固醇有昼夜节律性,午夜最高,中午最低。而肝脏 HMG CoA 还原酶的活性也具有与胆固醇合成相同的昼夜节律性,由此可见,胆固醇合成的周期节律性是 HMG CoA 还原酶活性周期性改变的结果。

2. HMG CoA 还原酶活性受到别构调节、化学修饰调节　甲羟戊酸、胆固醇及一些胆固醇的氧化产物是 HMG CoA 还原酶的别构抑制剂。

胰高血糖素等通过蛋白激酶 A，使 HMG CoA 还原酶磷酸化而失活，抑制胆固醇的合成。而胰岛素能促进去磷酸作用，有利于胆固醇合成。

3. 细胞胆固醇含量对胆固醇合成的影响　胆固醇可反馈抑制 HMG CoA 还原酶的活性，并减少该酶的合成，从而抑制胆固醇的合成。

4. 饮食状态对胆固醇合成的影响　饥饿或禁食可抑制肝脏胆固醇的合成，但肝外组织的合成减少不多。禁食时，HMG CoA 还原酶活性下降，胆固醇合成原料也严重不足。相反，摄取高糖、高饱和脂肪膳食，肝 HMG CoA 还原酶活性增加，合成原料充足，胆固醇合成增加。

5. 激素对胆固醇合成的调节　胰岛素、甲状腺素能诱导 HMG CoA 还原酶的合成，增加胆固醇的合成。甲状腺素还能促进胆固醇转变为胆汁酸，增加胆固醇的转化，此作用强于前者，故当甲状腺功能亢进时，患者血清胆固醇含量反而下降。胰高血糖素、胰岛素通过蛋白激酶 A 使得 HMG CoA 还原酶磷酸化和去磷酸化来调节胆固醇的合成。

三、胆固醇的酯化

细胞内和血浆中的游离胆固醇都可以被酯化成胆固醇酯，但反应过程不同。

1. 细胞内胆固醇的酯化　游离胆固醇可在脂酰 CoA 胆固醇脂酰转移酶（acyl-CoA-cholesterol acyl transferase，ACAT）的催化下，接受脂酰 CoA 的脂酰基形成胆固醇酯。

2. 血浆内胆固醇的酯化　在卵磷脂胆固醇脂酰转移酶（（lecithin cholesterol acyl transferase，LCAT）的催化下，卵磷脂第 2 位碳原子的脂酰基（多为不饱和脂酰基）转移至胆固醇第 3 位羟基上，生成胆固醇酯及溶血磷脂酰胆碱。LCAT 由肝实质细胞合成，合成后分泌入血，在血浆中发挥催化作用。

四、胆固醇在体内的转化与排泄

胆固醇的母核——环戊烷多氢菲在体内不能被降解，所以胆固醇在体内不能被彻底氧化分解为 CO_2 和 H_2O，但经其侧链的氧化、还原或降解，转变为其他具有环戊烷多氢菲母核的产物，或参与代谢调节，或排出体外。

（一）胆固醇转变成胆汁酸

胆固醇在肝内转化为胆汁酸，是体内胆固醇的主要代谢去路。正常人每天合成的胆固醇总量中约有 40%在肝内转变为胆汁酸，随胆汁排入肠道。胆汁酸是胆汁的重要成分。

（二）胆固醇转变为类固醇激素

胆固醇是肾上腺皮质激素、性激素等类固醇激素的前体。肾上腺皮质以胆固醇为原料合成一系列的皮质激素，其中醛固酮在调节水盐代谢中发挥作用，皮质醇和皮质酮在调节糖、脂及蛋白质代谢中发挥作用。

睾丸间质细胞以胆固醇为原料合成睾酮。在卵巢中，可合成雌二醇及孕酮，这些性激素有维持性器官分化、发育及副性征的作用。对全身代谢也有影响。

（三）胆固醇转变为维生素 D_3

维生素 D_3 可以由食物供给，也可在体内合成。皮肤中的胆固醇被氧化生成 7-脱氢胆固醇，在紫外线照射下，形成维生素 D_3，其活性形式 1，25-二羟维生素 D_3［1，25-$(OH)_2$-D_3］具有调节钙磷代谢的作用。

（四）胆固醇的排泄

在体内，部分胆固醇（约40%）在肝内转变为胆汁酸，以胆汁酸盐的形式随胆汁排出，这是胆固醇排泄的主要途径。还有部分胆固醇（约50%）可与胆汁酸盐结合形成混合微团直接随胆汁排出，或可随肠黏膜细胞脱落而排入肠道。进入肠道的胆固醇可随同食物胆固醇被吸收。未被吸收的胆固醇以原型或经肠菌还原为粪固醇后随粪便排出。

第五节　血浆脂蛋白代谢

一、血脂

血浆中所含的脂类统称血脂，包括三酰甘油及少量二脂酰甘油和单脂酰甘油、磷脂、胆固醇和胆固醇酯以及游离脂肪酸，各种脂类在血脂中所占比例不同，正常人血脂含量见表5-2。

表5-2　正常成人空腹时血浆中脂类的主要组成和含量

脂类物质	含量	
	mmol/L	mg/dl
脂类总量	4.0～7.0(5.0)	400～700(500)
三脂酰甘油	0.11～1.81(1.13)	10～160(100)
磷脂	1.94～3.23(2.58)	150～250(200)
磷脂酰胆碱	1.01～2.86(1.40)	80～225(110)
磷脂酰乙醇胺	0～0.41(0.14)	0～30(10)
鞘磷脂	0.13～0.63(0.38)	10～50(30)
总胆固醇	3.88～6.47(5.17)	150～250(199)
酯型	1.35～3.01(2.18)	90～200(145)
自由型	1.04～1.82(1.43)	40～70(55)
脂肪酸总量	4.30～18.95(11.72)	110～485(300)
非酯化脂肪酸	0.20～0.78	5～20

注：表中括号内的数值为均值。

由表5-2可见，血脂含量波动较大，原因是血脂水平受膳食、年龄、性别及代谢等因素影响，食用高脂膳食后，血脂含量短时间内大幅度上升，通常在进食3～6小时后逐渐趋于正常，故测定血脂时，需在空腹12～14小时后采血，才能比较可靠地反映血脂水平。血脂含量只占全身脂类总量的一小部分，但外源性和内源性脂类物质都需经过血液转运于各组织之间，因此血脂的含量可以反映体内脂类代谢的情况。

二、血浆脂蛋白

血脂在血浆中与蛋白质结合，形成亲水复合体，称为脂蛋白（lipoprotein）。脂蛋白是血脂在血浆中的存在及运输形式。脂蛋白中的蛋白质部分称为载脂蛋白(apolipoprotein,apo)。脂蛋白具有微团结构,非极性的三脂酰甘油、胆固醇酯等位于核心,外周为亲水性的载脂蛋白、磷脂等的极性基因,这样使脂蛋白具有较强水溶性,可在血液中运输。

(一) 血浆脂蛋白的分类

血液中的脂蛋白不是单一的形式,其脂类和蛋白质的组成有很大的差异。根据它们各自的特性采用不同的分类方法,可将它们进行分类,一般采用超速离心法和电泳法对血浆脂蛋白进行分类。

1. 超速离心法　各种脂蛋白因所含的蛋白质和脂类的比例不同,分子密度也就不同。血浆在一定密度的盐溶液中进行超速离心时,各种脂蛋白因密度大小不同表现不同的沉降系数而被分离,据此将血浆脂蛋白分为四类:即乳糜微粒(chylomicron,CM)、极低密度脂蛋白(very low density lipoprotein,VLDL)、低密度脂蛋白(low density lipoprotein,LDL)和高密度脂蛋白(high density lipoprotein,HDL)。四种脂蛋白的密度大小依次为:CM<VLDL<LDL<HDL。

2. 电泳分类法　不同脂蛋白所带表面电荷不同,在电场中,按电泳迁移率从大到小分别为:α-脂蛋白、前β-脂蛋白、β-脂蛋白,乳糜微粒停留在点样的位置上(图5-16)。分别对应于超速离心法分类中的HDL、VLDL、LDL、乳糜微粒。

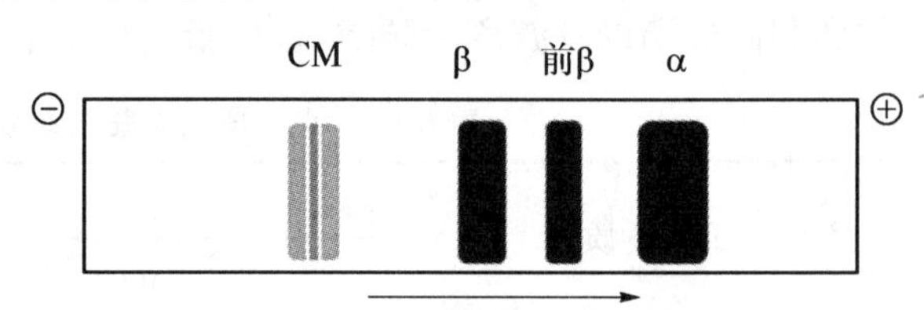

图5-16　血浆脂蛋白电泳

血浆中的游离中短链脂肪酸可与血浆清蛋白结合而被运输,由于脂类染色时脂肪酸不着色,所以不易观察。

(二) 血浆脂蛋白的组成

1. 脂蛋白中脂类的组成特点　各类脂蛋白均含有三脂酰甘油、磷脂、胆固醇(酯),但组成比例上有很大差异(表5-3)。

表5-3　血浆脂蛋白的分类、性质、组成及功能

分类	密度法	乳糜微粒	极低密度脂蛋白	低密度脂蛋白	高密度脂蛋白
性质	密度	<0.95	0.95~1.006	1.006~1.063	1.063~1.210
	S值	>400	20~400	0~20	沉降
	电泳位置	原点	α_2—球蛋白	β—球蛋白	α_1—球蛋白
	颗粒直径(nm)	80~500	25~80	20~25	7.5~10
组成(%)	蛋白质	0.5~2	5~10	20~25	50
	脂类	98~99	90~95	75~80	50
	三酰甘油	80~95	50~70	10	5
	磷脂	5~7	15	20	25
	胆固醇	1~4	15	45~50	20
	游离	1~2	5~7	8	5
	酯化	3	10~12	40~42	15~17

续表 5-3

分类	密度法	乳糜微粒	极低密度脂蛋白	低密度脂蛋白	高密度脂蛋白
载脂蛋白组成(%)	apoAⅠ	7	<1	—	65～70
	apoAⅡ	5	—	—	20～25
	apoAⅣ	10	—	—	—
	apoB100	—	20～60	95	—
	apoB48	9	—	—	—
	apoCⅠ	11	3	—	6
	apoCⅡ	15	6	微量	1
	apoCⅢ0～2	41	40	—	4
	apoE	微量	7～15	<5	2
	apoD	—	—	—	3
合成部位		小肠黏膜细胞	肝细胞	血浆	肝、肠、血浆
功能		转运外源性甘油三酯及胆固醇	转运内源性甘油三酯及胆固醇	转运内源性胆固醇	逆向转运胆固醇

2. 载脂蛋白(apoprotein,apo)　脂蛋白中与脂类结合的蛋白质称为载脂蛋白,主要在肝脏和小肠黏膜细胞中合成。已发现十几种载脂蛋白,结构与功能研究的比较清楚的有 apoA、apoB、apoC、apoD 与 apoE 五类。每一类脂蛋白又分为不同的亚类,如 apoB 分为 B_{100} 和 B_{48};apoC 分为 CⅠ、CⅡ、CⅢ等。载脂蛋白在分子结构上具有一定特点,往往含有较多的 α-螺旋结构,分子的一侧极性较高,可与水溶剂及磷脂或胆固醇极性区结合,构成脂蛋白的亲水面,另一侧极性较低,与非极性的脂类结合,构成脂蛋白的疏水核心区。

载脂蛋白的主要功能是稳定血浆脂蛋白结构,作为脂类的运输载体。有些脂蛋白还可作为酶的激活剂:如 apoAⅠ激活卵磷脂胆固醇脂酰转移酶(LCAT),apoCⅡ可激活脂蛋白脂肪酶(LPL)。有些脂蛋白也可作为细胞膜受体的配体,如 apo B_{48}、apoE 参与肝细胞对 CM 的识别,apoB_{100}可被各种组织细胞表面 LDL 受体所识别等,详见附录。

三、血浆脂蛋白代谢

(一) 血浆脂蛋白代谢中的主要酶

在血浆脂蛋白代谢过程中,有三种酶起重要作用:脂蛋白脂肪酶(lipoprotein lipase,LPL)、肝脂肪酶(hepatic lipase,HL)和卵磷脂胆固醇脂酰基转移酶(LCAT)。

1. LPL 催化 CM 和 VLDL 中的 TG 水解　人体内几乎所有实体组织(如肾、骨骼肌、心肌和脂肪组织等)均能合成 LPL,定位于全身毛细血管内皮细胞表面。LPL 的主要功能是催化 CM 和 VLDL 中的 TG 水解为甘油和脂肪酸,供细胞代谢或贮存,使大颗粒脂蛋白逐渐变为直径较小的残粒。apoCⅡ是其激活剂,当 apoCⅡ缺乏或缺陷时,LPL 活力大为降低。apoAⅣ有辅助激活 LPL 的作用。apoCⅢ则有抑制作用。

2. HL 催化 CM 和 VLDL 残粒中的 TG 水解　HL 主要在肝实质细胞合成,转运到肝窦内皮细胞表面发挥作用，肝素可使之从肝细胞释放入血。HL 在脂蛋白代谢中主要有两方面功能：其一，水解脂蛋白中的 TG 和磷脂。血浆中的 HL 主要是继续 LPL 的脂解作用，进一步水解 CM 和 VLDL 残粒中的 TG，使其中的 80%～90%TG 水解，HL 的活性不需 apoCII 作为激活剂。其二，HL 作为脂蛋白与细胞结合的配体蛋白，介导脂蛋白与其受体结合，参与细胞对脂蛋白的结合和摄取。

3. LCAT 通过转脂酰作用形成溶血卵磷脂和胆固醇酯　LCAT 最优作用的底物是新生 HDL 中的卵磷脂和少量未酯化的胆固醇，LCAT 通过转脂酰作用促进新生 HDL 向成熟 HDL 转化。血浆中 90%以上的胆固醇酯由此酶催化生成，LCAT 在机体胆固醇逆转运中起重要作用。apoAⅠ是该酶的必需激活剂。

（二）血浆脂蛋白代谢

1. 乳糜微粒(CM)代谢　CM 是运输外源性三脂酰甘油和胆固醇的主要形式，在小肠黏膜细胞中生成，在血浆中代谢转化为残粒被肝脏清除。

小肠黏膜细胞利用消化吸收的三脂酰甘油、胆固醇（酯），磷脂与自身合成的载脂蛋白 $apoB_{48}$ 和 apoA，组装成 CM，经淋巴液进入血循环。

进入血液循环的新生 CM 很快从 HDL 获得 apoC 及 apoE，并将部分 apoAⅠ、AⅡ、AⅣ 转移给 HDL，形成成熟的 CM。成熟的 CM 经过毛细血管时，载脂蛋白 apoCⅡ激活肌肉、心脏及脂肪等组织毛细血管内皮细胞表面的 LPL。LPL 使 CM 中的三脂酰甘油和磷脂逐步水解，产生甘油、脂肪酸和溶血磷脂等。在 LPL 的反复作用下，CM 内核的三酰甘油 90%以上被水解，释放出的脂肪酸被心脏、肌肉、脂肪组织等肝外组织所摄取和利用。随着 CM 颗粒内核的三酰甘油被水解和交换，成熟的 CM 颗粒逐渐变小，转变为富含胆固醇酯、$apoB_{48}$ 及 apoE 的 CM 残粒。CM 残粒与肝细胞膜 apoE 受体结合并被肝细胞摄取代谢。具体过程见附录。

由此可见，CM 的主要功能就是将外源性三脂酰甘油转运至脂肪、心和肌肉等肝外组织，同时将食物中外源性胆固醇转运至肝脏。

2. 极低密度脂蛋白(VLDL)代谢　VLDL 是运输内源性三脂酰甘油的主要形式，大部分在肝细胞合成，小肠细胞也能合成少量。

肝细胞可利用非脂类能源物质及脂肪动员获得的脂肪酸合成三脂酰甘油，加上 apoB100、apoE 及磷酯、胆固醇等合成 VLDL。

VLDL 由肝脏和小肠合成后进入血循环，从 HDL 获得胆固醇酯和 apoC。其中 apoCⅡ激活肝外组织毛细血管内皮细胞表面的 LPL，进而水解 VLDL 中的三脂酰甘油。在 LPL 的作用下，VLDL 逐步被降解。与此同时，在胆固醇酯转运蛋白(cholesterol ester transfer protein, CETP)的催化下，VLDL 中的三脂酰甘油与 HDL 中的胆固醇酯发生相互交换，随着脂解和交换的进行，VLDL 中的三脂酰甘油逐渐减少，其密度逐渐加大，胆固醇酯、$apoB_{100}$、apoE 的含量相对增加，VLDL 转变为 IDL。大部分 IDL 继续代谢转变为 LDL，少部分被肝细胞膜上的 apoE 受体识别而吞噬。VLDL 在血浆中的半衰期为 6～12 小时。具体过程见附录。

3. 低密度脂蛋白(LDL)代谢　LDL 在血浆中由 VLDL 转变而来，LDL 中的脂类主要是胆固醇(酯)，载脂蛋白为 apoB100。肝脏是降解 LDL 的主要器官，肾上腺皮质、卵巢、睾丸等组织摄取及降解 LDL 的能力也较强。

LDL 在血中被细胞表面的 apoB100 受体识别，通过受体介导吞入细胞内，与溶酶体融合，水解为胆固醇及脂肪酸，这一代谢过程称为 LDL 受体代谢途径(图 5-17)。胆固醇可参与细胞生物膜的生成，还对细胞内胆固醇的代谢具有重要的调节作用。除 LDL 受体代谢途径外，血浆中的 LDL 约有 1/3 被清除细胞即吞噬细胞直接吞噬后清除，与 LDL 受体介导无关。LDL 在血浆中的半衰期为 2～4 天。

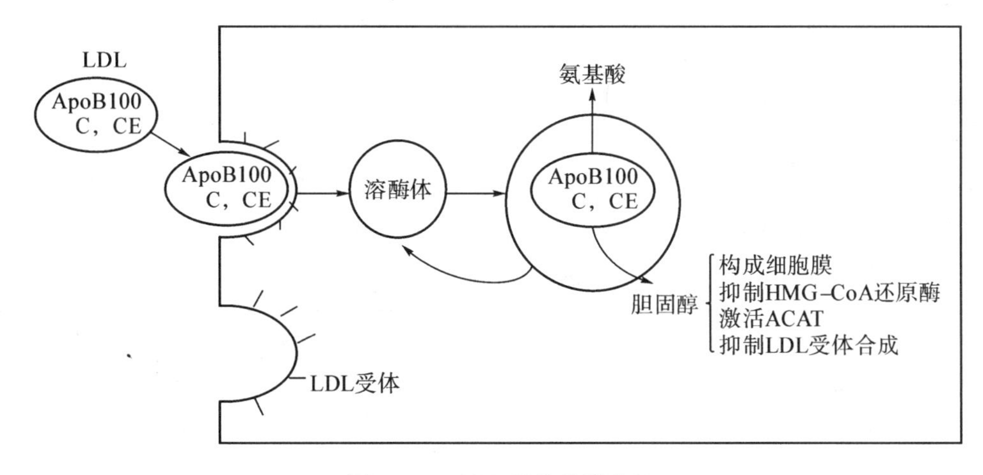

图 5-17　LDL 受体代谢途径

可以看出，LDL 的功能是将肝脏合成的内源性胆固醇运到肝外，保证组织细胞对胆固醇的需求。LDL 的代谢与体内胆固醇的代谢密切相关，血浆 LDL 水平是动脉粥样硬化的独立风险因素。

4. 高密度脂蛋白(HDL)代谢　HDL 在肝脏和小肠中生成。HDL 按其密度大小可分为 HDL_1、HDL_2 和 HDL_3。HDL_1 仅在高胆固醇膳食诱导后才在血浆中出现，未进食高胆固醇膳食时，正常人血浆中仅含 HDL_2 和 HDL_3。新生的 HDL 呈盘状双脂层结构，含磷脂和少量的胆固醇及载脂蛋白，在肝和小肠细胞合成后分泌入血。

血浆中新生的 HDL 摄取外周组织细胞表面的胆固醇，在血浆 LCAT 的作用下，生成胆固醇酯并不断转运至 HDL 核心，使双脂层的盘状 HDL 被逐步膨胀为单脂层的球状 HDL，同时其表面的 apoC 及 apoE 又转移到 CM 及 VLDL 上，新生 HDL 逐步转变为成熟的密度较高的 HDL_3。

HDL_3 在 LCAT 的作用下，胆固醇酯化继续增加，再接受 CM 及 VLDL 中释放出的磷脂、apoAⅠ、apoAⅡ等转变为密度较小、颗粒较大的 HDL_2。

HDL 主要在肝脏降解，成熟的 HDL 与肝细胞膜 HDL 受体结合，被肝细胞摄取，其中的胆固醇可用于合成胆汁酸或直接随胆汁排出体外。HDL 在血浆中的半衰期为 3～5 天。具体过程见附录。

机体通过 HDL 逆向转运胆固醇，将外周组织中衰老细胞膜中的胆固醇运到肝脏代谢并清除出体外，避免了胆固醇在外周组织细胞中的堆积。临床调查显示，HDL_2 的浓度与冠状动脉粥样硬化呈负相关，HDL 是一种抗动脉粥样硬化的血浆脂蛋白，是冠心病的保护因子，俗称“血管清道夫”。

HDL 也是多种载脂蛋白的储存库。比如 CM 及 VLDL 进入血液后，都需从 HDL 获得 apoCⅡ激活 LPL，CM 及 VLDL 中的三脂酰甘油才能水解，一旦其中三脂酰甘油完全水解后，apoCⅡ又回到 HDL。

四、脂蛋白代谢异常

血脂水平高于正常上限即为高脂血症(hyperlipidemia),临床实践中,一般以成人空腹12～14 小时血浆三脂酰甘油超过 2.26 mmol/L、胆固醇超过 6.21 mmol/L,儿童胆固醇超过 4.14 mmol/L 为高脂血症诊断标准。高脂蛋白血症是因为血中脂蛋白合成与清除紊乱所致。这类病症可能是遗传性的,也可能是由营养因素、疾病因素引起,表现为血浆脂蛋白异常、血脂增高等。

在表型分型中按各种血浆脂蛋白升高的程度不同而进行分型,世界卫生组织(World Health Organization,WHO)建议将高脂蛋白血症分为六型(表 5-4)。

表 5-4　表型分型中各型高脂蛋白血症特点

表型	脂质变化	脂蛋白变化	易患疾病	相当于简易分型
Ⅰ	TC↑或正常,TG↑↑↑	CM↑	胰腺炎	高三脂酰甘油血症
Ⅱa	TC↑↑	LDL↑↑	冠心病	高胆固醇血症
Ⅱb	TC↑↑,TG↑↑	VLDL↑,LDL↑	冠心病	混合型高脂血症
Ⅲ	TC↑↑,TG↑↑	β-VLDL↑	冠心病	混合型高脂血症
Ⅳ	TG↑↑	VLDL↑	冠心病	高三脂酰甘油血症
Ⅴ	TC↑,TG↑↑↑	CM↑,VLDL↑	胰腺炎	混合型高脂血症

表型分型有助于高脂血症的诊断和治疗,但过于繁杂。临床上多采用简易分型,将高脂血症分为:

(1) 高胆固醇血症:血清总胆固醇浓度升高,相当于 WHO 分型的Ⅱa 型;

(2) 高三脂酰甘油血症:血清三脂酰甘油浓度升高,相当于 WHO 分型的Ⅰ、Ⅳ型;

(3) 混合型高脂血症:血清总胆固醇、三脂酰甘油浓度均升高,相当于 WHO 分型的Ⅱb、Ⅲ、Ⅴ型。

复习思考题

1. 名词解释:脂肪动员,激素敏感脂肪酶,β-氧化,酮体,营养必需脂肪酸,磷脂,脂蛋白,载脂蛋白。
2. 简述脂肪代谢与糖代谢的关系。
3. 试述磷脂的生物学功能。
4. 试述胆固醇的转化及排泄。
5. 为什么磷脂酰胆碱代谢异常会引起脂肪肝?
6. 试述血浆脂蛋白的分解代谢及生理意义。

(陆任云)

【附一】CDP-胆碱、CDP-乙醇胺的合成

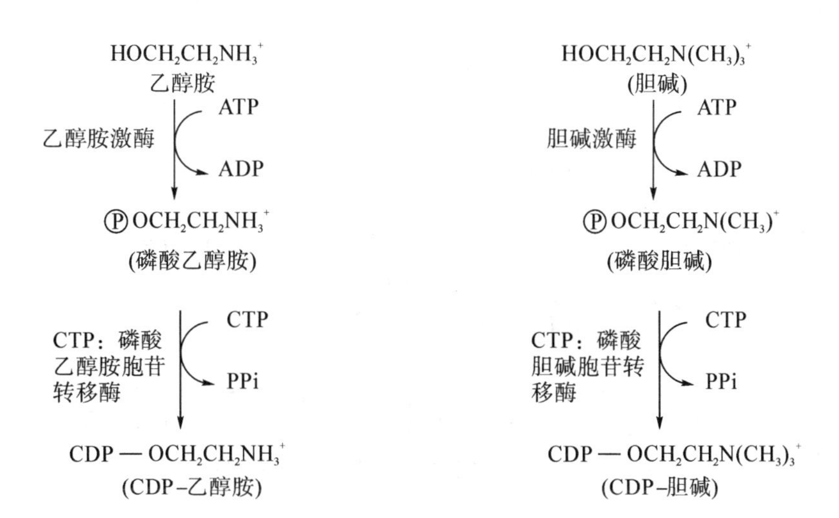

【附二】磷脂酰乙醇胺、磷脂酰胆碱、磷脂酰丝氨酸的合成

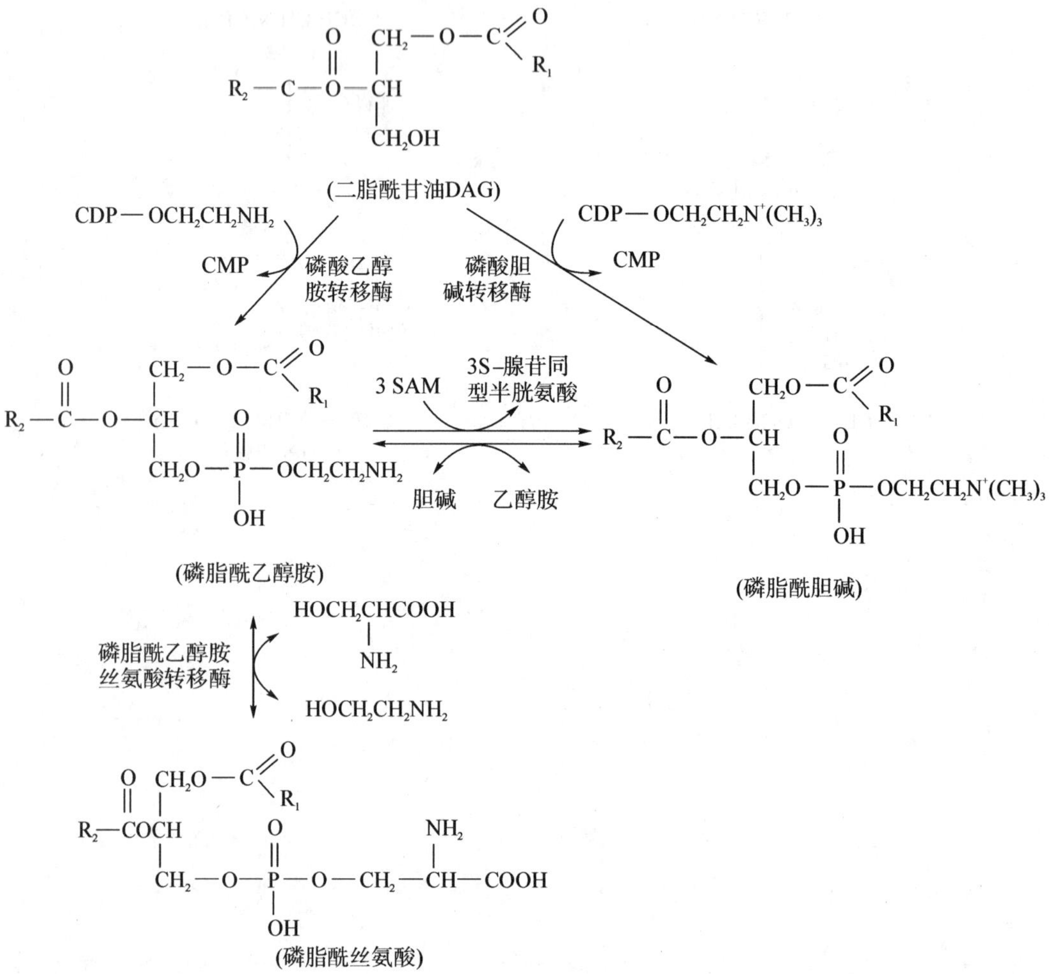

$R_2-C(=O)-O-CH(CH_2-O-C(=O)-R_1)(CH_2OH)$

(二脂酰甘油DAG)

$CDP-OCH_2CH_2NH_2$ → CMP（磷酸乙醇胺转移酶）

$CDP-OCH_2CH_2N^+(CH_3)_3$ → CMP（磷酸胆碱转移酶）

$R_2-C(=O)-O-CH(CH_2-O-C(=O)-R_1)(CH_2O-P(=O)(OH)-OCH_2CH_2NH_2)$

(磷脂酰乙醇胺)

3 SAM → 3S-腺苷同型半胱氨酸

胆碱 ← → 乙醇胺

$R_2-C(=O)-O-CH(CH_2O-C(=O)-R_1)(CH_2O-P(=O)(OH)-OCH_2CH_2N^+(CH_3)_3)$

(磷脂酰胆碱)

磷脂酰乙醇胺丝氨酸转移酶

$HOCH_2CHCOOH$（NH_2） ⇌ $HOCH_2CH_2NH_2$

$R_2-COCH(=O)(CH_2O-C(=O)-R_1)-CH_2-O-P(=O)(OH)-O-CH_2-CH(NH_2)-COOH$

(磷脂酰丝氨酸)

【附三】磷脂酰丝氨酸、磷脂酰肌醇、心磷脂的合成

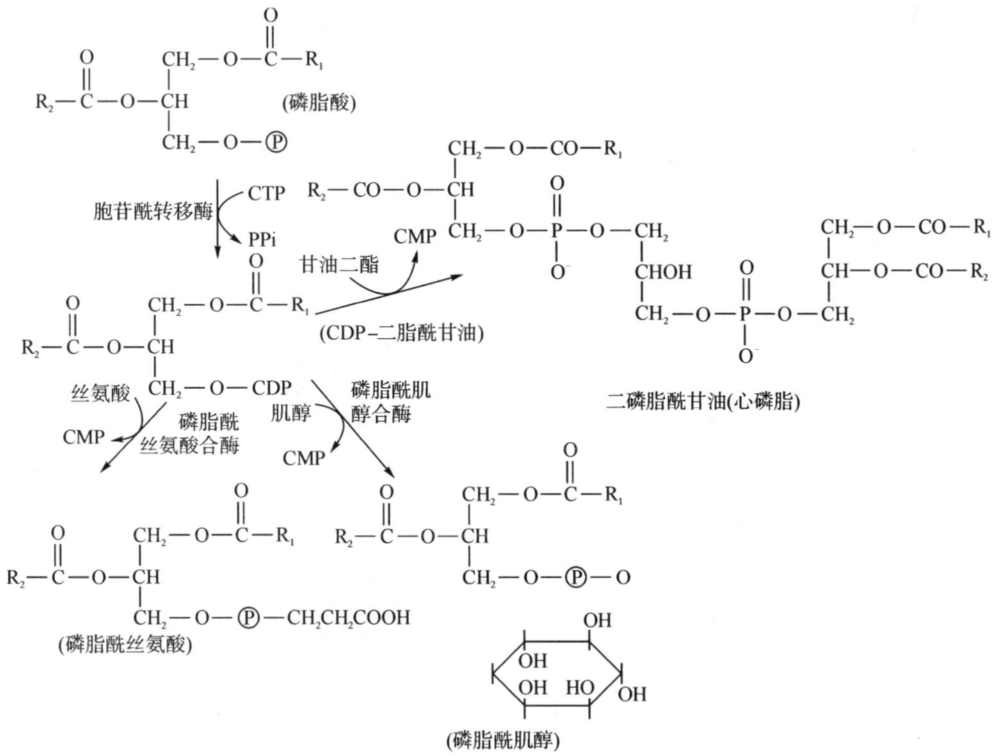

$R_2-CO-O-CH(CH_2-O-CO-R_1)(CH_2-O-Ⓟ)$ (磷脂酸)

↓ 胞苷酰转移酶（CTP → PPi）

$R_2-CO-O-CH(CH_2-O-CO-R_1)(CH_2-O-CDP)$ (CDP-二脂酰甘油)

→ 甘油二酯（→ CMP）→ 二磷脂酰甘油(心磷脂)：

$R_2-CO-O-CH(CH_2-O-CO-R_1)-CH_2-O-PO(O^-)-O-CH_2-CHOH-CH_2-O-PO(O^-)-O-CH_2-CH(O-CO-R_2)-CH_2-O-CO-R_1$

二磷脂酰甘油(心磷脂)

→ 丝氨酸，磷脂酰丝氨酸合酶（→ CMP）：

$R_2-CO-O-CH(CH_2-O-CO-R_1)(CH_2-O-Ⓟ-CH_2CH_2COOH)$

(磷脂酰丝氨酸)

→ 肌醇，磷脂酰肌醇合酶（→ CMP）：

$R_2-CO-O-CH(CH_2-O-CO-R_1)(CH_2-O-Ⓟ-O-$肌醇$)$

OH OH HO OH OH

(磷脂酰肌醇)

【附四】甘油磷脂的分解

$$R_2{-}CO{-}O{-}CH(CH_2{-}O{-}CO{-}R_1)(CH_2{-}O{-}PO(OH){-}X) + H_2O \xrightarrow{\text{磷脂酶 } A_1} HOCH_2{-}CH(O{-}CO{-}R_2){-}CH_2{-}O{-}PO(OH){-}X + R_1COOH$$

(甘油磷脂)（A_1 作用于 $CH_2{-}O{-}CO{-}R_1$ 的酯键） → (溶血磷脂 2)

$$R_2{-}CO{-}O{-}CH(CH_2{-}O{-}CO{-}R_1)(CH_2{-}O{-}PO(OH){-}X) + H_2O \xrightarrow{\text{磷脂酶 } A_2} R_1{-}CO{-}O{-}CH_2{-}CHOH{-}CH_2{-}O{-}PO(OH){-}X + R_2COOH$$

(甘油磷脂)（箭头标 A_1，指向 $R_2{-}C{-}O$ 键） → (溶血磷脂 1)

$$R_1{-}CO{-}O{-}CH_2{-}CHOH{-}CH_2{-}O{-}PO(OH){-}X + H_2O \xrightarrow{\text{磷脂酶 } B_1} CH_2OH{-}CHOH{-}CH_2{-}O{-}PO(OH){-}X + R_1COOH$$

(溶血磷脂 1)（B_1 作用于 $CH_2{-}O{-}CO{-}R_1$ 的酯键）

$$R_2{-}CO{-}O{-}CH(CH_2OH)(CH_2{-}O{-}PO(OH){-}X) + H_2O \xrightarrow{\text{磷脂酶 } B_2} CH_2OH{-}CHOH{-}CH_2{-}O{-}PO(OH){-}X + R_2COOH$$

(溶血磷脂 2)（B_2 作用于 $R_2{-}C{-}O$ 键）

$$R_2{-}CO{-}O{-}CH(CH_2{-}O{-}CO{-}R_1)(CH_2O{-}PO(OH){-}X) + H_2O \xrightarrow{\text{磷脂酶 C}} R_2{-}CO{-}O{-}CH(CH_2{-}O{-}CO{-}R_1)(CH_2OH) + HO{-}PO(OH){-}\boxed{X}$$

甘油磷脂（C 作用于 $CH_2O{-}P$ 键） → 二脂酰甘油 + 磷酰－$\boxed{X}$

$$R_2{-}CO{-}O{-}CH(CH_2{-}O{-}CO{-}R_1)(CH_2{-}O{-}PO(OH){-}OX) + H_2O \xrightarrow{\text{磷脂酶 D}} R_2{-}CO{-}O{-}CH(CH_2{-}O{-}CO{-}R_1)(CH_2{-}O{-}PO(OH){-}OH) + \boxed{X}$$

甘油磷脂（D 作用于 $P{-}OX$ 键） → 磷脂酸

【附五】血浆主要载脂蛋白的功能

载脂蛋白	主要功能
apoAⅠ	激活 LCAT,识别 HDL 受体
apoAⅡ	稳定 HDL 结构,激活 HL
apoAⅣ	辅助激活 LPL
$apoB_{100}$	识别 LDL 受体
$apoB_{48}$	促进 CM 合成
apoCⅠ	激活 LCAT
apoCⅡ	激活 LPL
apoCⅢ	抑制 LPL,抑制肝 apoE 受体
apoD	转运 CE
apoE	识别 LDL 受体和 apoE 受体
apoJ	结合转运脂质,激活补体
apo(a)	抑制纤溶酶活性
CETP	转运 CE 和部分磷脂
PTP	转运磷脂

【附六】CM、VLDL、HDL 的代谢

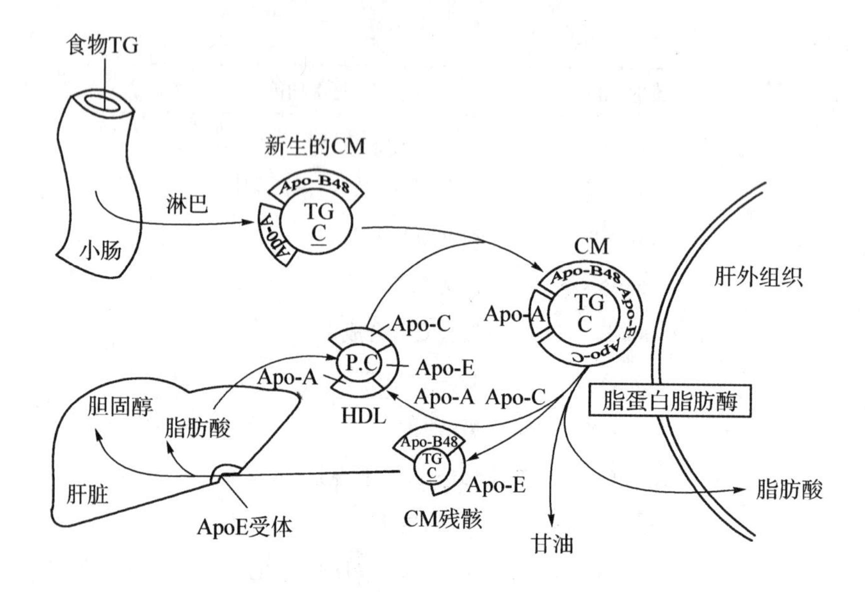

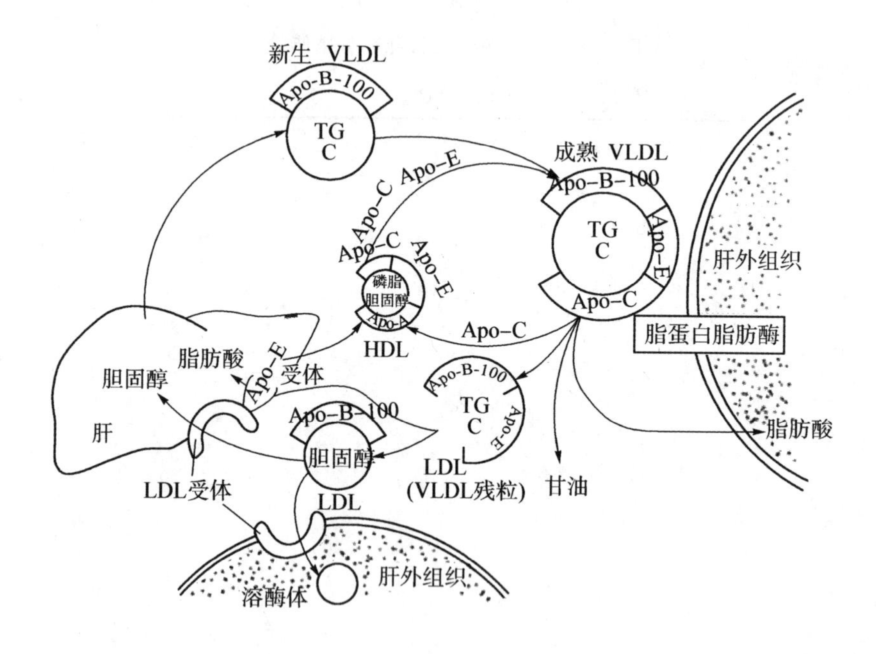

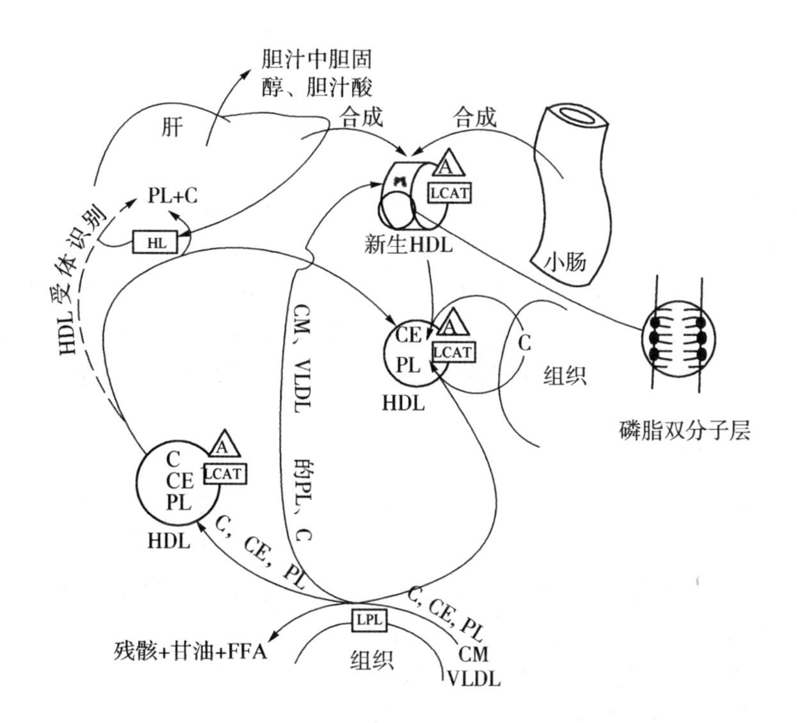
胆汁中胆固
醇、胆汁酸
肝
合成
合成
PL+C
HDL受体识别
HL
A
LCAT
新生HDL
小肠
CM、VLDL
的PL、C
CE
PL
HDL
C
组织
磷脂双分子层
C
CE
PL
HDL
C, CE, PL
C, CE, PL
LPL
残骸+甘油+FFA
组织
CM
VLDL

第六章　生物氧化

【案例】

患者，男，66岁，高血压危象，医生给予静脉注射硝普钠，紧急降压；患者恢复血压后，出现口腔、喉咙灸痛，恶心、呕吐，呼吸困难，且有杏仁味道的症状。那么患者注射硝普钠后出现如上症状的可能原因是什么？根据本章学到的知识，解释其生化机制。

提示：硝普钠是治疗高血压类疾病的高效药，其成分为亚硝基铁氰化钠，在体内代谢后会形成中间代谢产物氰化物和最终代谢物硫氰酸盐，故长期或大量使用会导致氰化物中毒。

糖类、脂类和蛋白质等营养物质，在活细胞内经过一系列的氧化分解，最终生成 CO_2 和 H_2O，并释放出能量，此过程称为生物氧化(biological oxidation)。生物氧化实际上是需氧细胞呼吸作用中的一系列氧化-还原反应，所以又称为细胞氧化和细胞呼吸。生物氧化的特点是在体温条件下进行，通过酶的催化作用，有机分子发生一系列的化学变化，在此过程中逐步氧化并释放能量。这种逐步分次的放能方式，能使得释放的能量得到最有效的收集利用。生物体内的氧化体系很多，其中以线粒体内生产 ATP 的氧化体系最为典型。

第一节　线粒体内的氧化体系与氧化磷酸化

线粒体是细胞内的“动力工厂”，糖类、脂类及蛋白质分解代谢的最后阶段都在线粒体内经过三羧酸循环产生 CO_2 和 H_2O 并产生大量的 $NADH+H^+$ 和 $FADH_2$，后者通过电子传递链(氧化呼吸链)和氧化磷酸化产生 ATP。

一、氧化呼吸链

糖、脂、蛋白质分解代谢过程中脱下的成对氢原子(2H，又称为还原当量)在线粒体内通过一系列酶和辅酶的逐步传递，最终与氧结合生成水，此传递链称为氧化呼吸链(oxidativerespiratory chain)。在氧化呼吸链中，这些酶和辅酶按一定顺序排列于线粒体内膜上，其中传递氢的称为递氢体，传递电子的称为递电子体，递氢体和递电子体都有传递电子的作用，故呼吸链又称为电子传递链(electrontransfer chain)。

(一) 线粒体的结构特点

线粒体的大小、形状和数量因细胞而异，一般呈椭圆形，长 2～3 nm，宽 0.3～1 nm。在电子显微镜下可见线粒体有一层封闭外膜和一层高度折叠内膜构成的囊状细胞器，这种两层膜结构将线粒体分割为两个空间。内外膜之间的空间为膜间腔，内膜内侧为基质。内膜有复杂的折叠伸入线粒体基质，这种结构称为线粒体嵴。内膜基质面和嵴的表面排列着许多颗粒，它们通过柄与内膜基底部相连。这些颗粒与柄称为 ATP 合酶复合物或称 F0-F1 复合物，它们的主要功能是结合 ADP、Pi 并利用能量合成 ATP(图 6-1)。三羧酸循环就在线粒体基质内进行,而电子传递链和氧化磷酸化的部位在线粒体内膜,二者紧密相连。

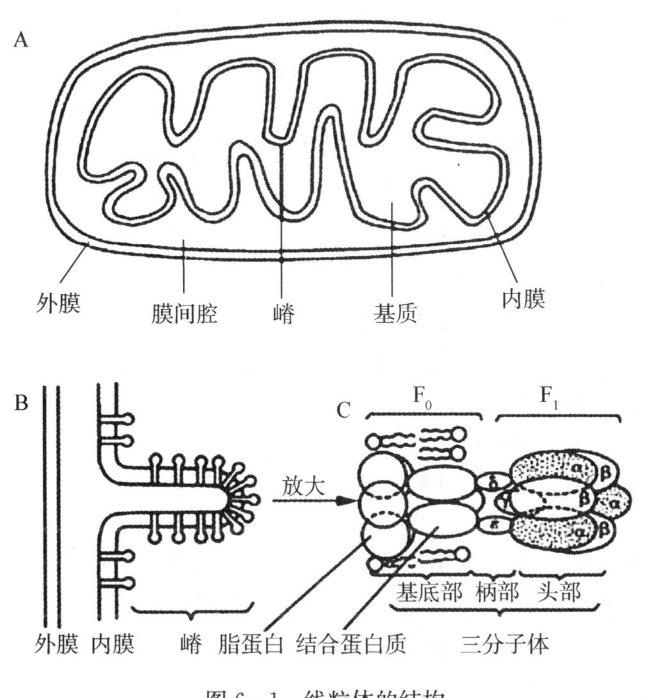

图 6-1 线粒体的结构

A. 线粒体纵切面示意图;B. 线粒体嵴部细节示意图;C. ATP 合酶复合物

(二) 氧化呼吸链的组成及电子传递过程

为研究电子传递链的结构和功能,采用超声波破碎线粒体,用胆汁酸盐和盐析法反复处理线粒体内膜,将线粒体内膜上电子传递链析离为四种含氧化还原酶的复合物、辅酶 Q (coenzyme Q,CoQ)和细胞色素 c。四种蛋白酶复合体分别称为复合体Ⅰ、复合体Ⅱ、复合体Ⅲ和复合体Ⅳ,每个复合体都由多种酶蛋白和辅助因子(金属离子、辅酶和辅基)组成(见表 6-1)。CoQ 和细胞色素 c 极易从线粒体内膜上分离出来,不含在上述酶复合物中,是可移动的电子传递体。

表 6-1 人线粒体呼吸链复合体

复合体	酶名称	功能辅基	含结合位点
复合体Ⅰ	NADH-泛醌还原酶	FMN,Fe-S	NADH(基质侧) CoQ(脂质核心)
复合体Ⅱ	琥珀酸-泛醌还原酶	FAD,Fe-S	琥珀酸(基质侧) CoQ(脂质核心)
复合体Ⅲ	泛醌-细胞色素 c 还原酶	血红素 b_L,b_H,c_1,Fe-S	Cytc(膜间隙侧)
复合体Ⅳ	细胞色素 c 氧化酶	血红素 a,a_3,Cu_A,Cu_B	cytc(膜间隙侧)

1. 电子传递体　电子是通过一系列电子传递体从 NADH(少数由 FAD)传递到氧。组成

呼吸链的电子传递体主要有黄素蛋白类、铁硫蛋白、辅酶Q和细胞色素类。

(1) 黄素蛋白类(flavoprotein,FP):黄素蛋白含有核黄素,即维生素 B_2,体内黄素蛋白类是以黄素单核苷酸(FMN)和黄素腺嘌呤二核苷酸(FAD)为辅基参与能量代谢。辅基与蛋白结合相当牢固,辅基FMN和FAD都可作为电子传递体在氧化还原反应中起作用。呼吸链中NADH-CoQ还原酶是一个酶复合物,由黄素蛋白类和铁硫蛋白组成。其黄素蛋白组分中辅基是FMN,它从 $NADH+H^+$ 接受2个电子和2个质子后,还原成为 $FMNH_2$。琥珀酸-CoQ还原酶是以FAD为辅基,FAD接受琥珀酸脱下的2个氢还原成为 $FADH_2$。

(2) 铁硫蛋白(iron-sulfur protein,Fe-S):铁硫蛋白的辅基是铁硫簇(iron-sulfur cluster),分子中所含的铁和硫构成活性中心。在呼吸链中,铁硫蛋白多和黄素蛋白或细胞色素b结合成复合物而存在。

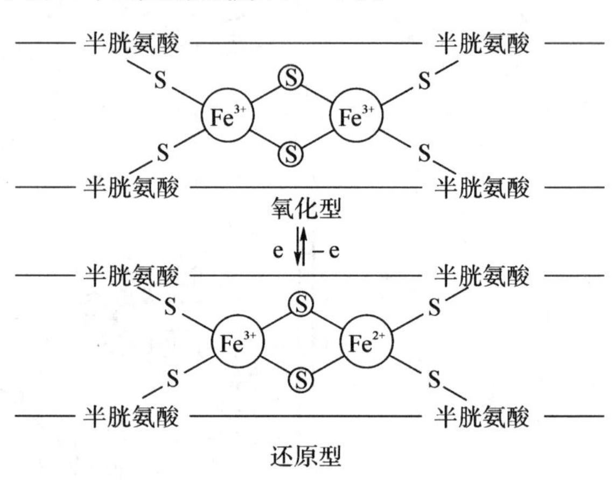

铁硫蛋白分子中含有非卟啉铁和对酸不稳定的硫。各种铁硫蛋白含Fe-S的数目常不同,最常见为[2Fe-2S],另有[4Fe-4S]。在铁硫蛋白中尽管有多个铁原子的存在,但整个复合物一次只能接受及传递一个电子,是单电子传递体。NADH-CoQ还原酶中铁硫蛋白将 $FMNH_2$ 中电子传递给辅酶Q。

(3) 辅酶Q(coenzymeQ,CoQ):又名泛醌,因为它是广泛存在于植物及微生物中的一种醌类而得名。CoQ的苯醌上有一个长短不等的异戊二烯侧链(因物种不同而异)。哺乳动物体内常见CoQ的侧链含有10个异戊二烯单位,因此其符号为Q10。CoQ分子中的苯醌能可逆地结合2个质子和2个电子,还原生成对苯二酚衍生物,即还原型的辅酶Q($CoQH_2$)。$CoQH_2$ 可将2个氢质子释入线粒体膜间隙,将电子传递给细胞色素。CoQ是多种底物的电子进入呼吸链的连接环节,也是呼吸链中唯一的不与蛋白质紧密相结合的电子传递体。

$$\text{CoQ: } (CH_3O)_2\text{-苯醌-}CH_3\text{-}(CH_2-CH=C(CH_3)-CH_2)_{10}H \underset{-2H}{\overset{+2H}{\rightleftharpoons}} \text{CoQH}_2\text{: } (CH_3O)_2\text{-对苯二酚-}CH_3\text{-}(CH_2-CH=C(CH_3)-CH_2)_{10}H$$

CoQ　　　　$CoQH_2$

(4) 细胞色素:细胞色素(cytochrome,Cyt)是生物细胞内一类以铁卟啉为辅基的结合蛋白质,因有颜色,故取名细胞色素。现已发现有30多种。细胞色素具有特殊吸收光谱,根据其还原状态的吸收光谱不同,可分为a、b、c三类。电子传递链中至少含有五种不同的细胞色素:b、c、c1、a、a3,细胞色素b、c、c1的辅基都含铁原卟啉(又称血红素)。细胞色素通过铁卟啉辅基中的铁原子可逆性互变作用($Fe^{2+} \leftrightarrow Fe^{3+}$)来传递电子,是单电子递体。

(5) 细胞色素氧化酶:细胞色素a和a3结合紧密,用一般分离方法尚不能将它们分开,形成一个大分子寡聚体,通常称为细胞色素aa3(Cyt aa3)。细胞色素aa3的辅基与细胞色素b、

c1、c 的辅基不同，是血红素 A，另外细胞色素 aa3 中还含有铜原子，铜原子也参与电子传递过程。细胞色素 aa3 是呼吸链中能与氧进行反应的复合物，它能催化分子氧接受电子而被还原，所以该复合物又称为细胞色素氧化酶。

（三）呼吸链的排列顺序和方向

存在线粒体内膜上的酶复合物和可移动的电子传递体（辅酶 Q 和细胞色素 c）按一定顺序排列构成呼吸链，目前认为排列顺序有两种，即 NADH 氧化呼吸链和琥珀酸氧化呼吸链（图 6－2）。

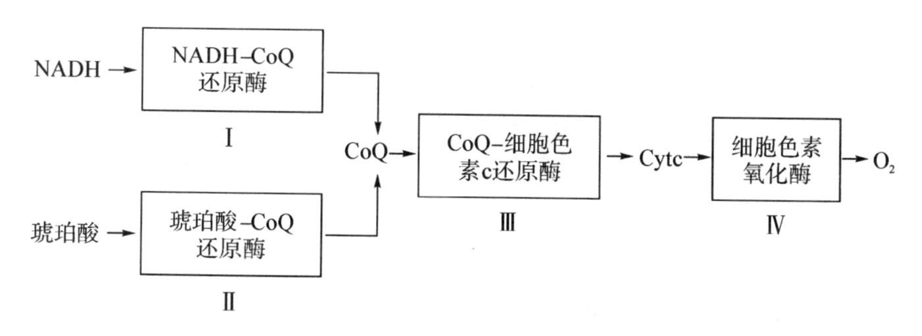

图 6－2　线粒体内的两条呼吸链

呼吸链中复合物及各电子传递体的排列顺序可以由以下方法确定：①根据呼吸链各组分的标准氧化还原电位进行排序。电子只能从氧化能力弱的电子传递体向氧化能力强的传递体传递。测定各电子传递体的标准氧化还原电位（$E^{0'}$值），$E^{0'}$值越小（负值越大或者正值越小）的电子传递体供电子能力越大，处于呼吸链的前列。表 6－2 列出几种共轭氧化还原对的标准氧化还原电位。②底物存在时，利用呼吸链特异的抑制剂阻断某一组分的电子传递，在阻断部位以前的组分处于还原状态，后面的组分处于氧化状态。根据各组分的氧化和还原状态吸收光谱的改变分析其排列顺序。③利用呼吸链各组分特有的吸收光谱，以离体线粒体无氧时处于还原状态作为对照，缓慢给氧，观察各组分被氧化的顺序。④在体外将呼吸链拆开和重组，鉴定四种复合体的组成与排列。

表 6－2　呼吸链中各种氧化还原对的标准氧化还原电位

氧化还原对	$E^{\ominus'}$(V)	氧化还原对	$E^{\ominus'}$(V)
$NAD^+/NADH+H^+$	−0.32	Cyt c1 Fe^{3+}/Fe^{2+}	0.22
$FMN/FMNH_2$	−0.219	Cyt c Fe^{3+}/Fe^{2+}	0.254
$FAD/FADH_2$	−0.219	Cyt a Fe^{3+}/Fe^{2+}	0.29
Cyt b_L(b_H) Fe^{3+}/Fe^{2+}	0.05(0.10)	Cyt a3 Fe^{3+}/Fe^{2+}	0.35
$Q_{10}/Q_{10}H_2$	0.06	$1/2O_2/H_2O$	0.816

二、氧化磷酸化与 ATP 的生成方式

体内 ATP 的生成主要有两种方式：底物水平磷酸化和氧化磷酸化。

底物水平的磷酸化（substrate level phosphorylation）是指与脱氢反应偶联，直接将高能代谢分子中的能量转移给 ADP（或 GDP）而生成 ATP（或 GTP）的反应过程。该内容已在糖代

谢中叙述。

氧化磷酸化(oxidative phosphorylation)是将代谢物脱下的氢,经线粒体氧化呼吸链电子传递释放能量,偶联驱动 ADP 磷酸化生成 ATP 的过程,又称为偶联磷酸化,是体内产生 ATP 的主要方式。

(一) 氧化磷酸化偶联的部位

ATP 的合成是成对电子在电子传递链传递过程中释放出的自由能供给合成的,习惯上把电子传递过程释放能量足以合成 ATP 的部位称为氧化磷酸化的偶联部位,可根据下述实验方法及数据确定。

1. P/O 比值　1940 年 Ochoa S 等人最先利用组织匀浆或切片测定了呼吸过程中 O_2 的消耗和 ATP 生产的关系,这个比例关系即称为 P/O 比值。P/O 比值是指每消耗 1 mol 氧原子时所需消耗的无机磷的摩尔数(即合成 ATP 的摩尔数),它是当一对电子通过呼吸链传至 O_2 所产生的 ATP 分子数。实验证实,沿电子传递链有三个部位可以释放能量形成 ATP,P/O 比值不超过 3。

表 6-3　线粒体离体实验测得的一些底物的 P/O 比值

底物	呼吸链传递过程	P/O 比值	可生成的 ATP
β-羟丁酸	NAD^+→复合体Ⅰ→CoQ→复合体Ⅲ→cyt c→复合体Ⅳ→O_2	2.5	2.5
琥珀酸	复合体Ⅱ→CoQ→复合体Ⅲ→cyt c→复合体Ⅳ→O_2	1.5	1.5
抗坏血酸	cyt c→复合体Ⅳ→O_2	0.88	1
细胞色素 c(Fe^{2+})	复合体Ⅳ→O_2	0.61～0.68	1

2. 自由能变化　根据热力学公式,pH7.0 时标准自由能变化($\Delta G^{\ominus'}$)与还原电位变化($\Delta E^{\ominus'}$)之间有以下关系:

$$\Delta G^{\ominus'} = -nF\Delta E^{\ominus'}$$

n 为传递电子数;F 为法拉第常数(96.5 kJ/mol・V)

结果显示在将 NADH 和 $FADH_2$ 上的电子传递给氧的过程中,有三个部位释放的自由能足以合成 ATP:第 1 个部位是由复合物Ⅰ将 NADH 上的电子传递给 CoQ 的过程,第 2 个部位是由复合体Ⅲ执行的,将电子由 CoQ 传递给细胞色素 c 的过程,第 3 个部位是复合体Ⅳ执行的,将电子从细胞色素 c 传递给氧的过程。这三个部位也对应于 P/O 比值测定中的 ATP 偶联部位。

(二) 氧化磷酸化偶联机制

ATP 合成是一个复杂的过程,是线粒体内膜上和电子传递完全不同的被称作 ATP 合酶完成的,电子传递所释放的自由能必须通过一种保留形式使 ATP 合酶能够利用,这种能量保存和 ATP 合酶对它的利用称为能量偶联。

1. 化学渗透假说(chemiosmotic hypothesis)　化学渗透假说是英国科学家 P. Mitchell 经过大量实验后于 1961 年首先提出的,其基本要点是:电子经呼吸链传递释放的能量,可将 H^+ 从线粒体内膜的基质侧泵到膜间隙,产生质子电化学梯度(H^+ 浓度梯度)贮存能量,当质子顺梯度回流时驱动 ADP 与 Pi 生产 ATP(图 6-3)。

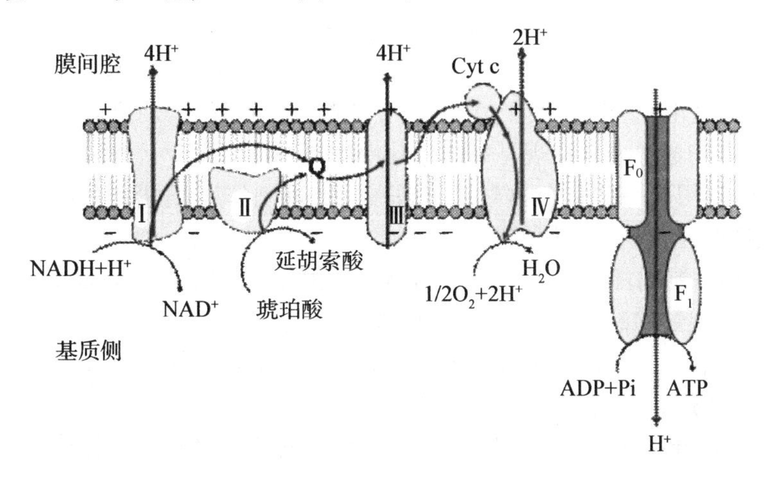

图 6-3 化学渗透学说示意图

2. ATP 合酶(ATPsynthase) 在线粒体内膜上存在着利用呼吸链所释放的能量催化 ADP 和 Pi 生产 ATP 的酶,即 ATP 合酶。该酶主要由亲水性的 F_1 和疏水性的 F_0 两部分组成。F_1 主要由 $\alpha_3\beta_3\gamma\delta\varepsilon$ 亚基组成,其功能是催化生成 ATP。F_0 是镶嵌在线粒体内膜中的质子通道,当 H^+ 顺着电化学梯度经 F_0 回流时,F_1 可以催化 ADP 和 Pi 生产 ATP,此外,连接 F_0 和 F_1 之间的柄部由一个 F_0 亚基和一个寡霉素敏感蛋白(OSCP)组成,所以 ATP 合酶在寡霉素存在时不能生成 ATP(图 6-4)。

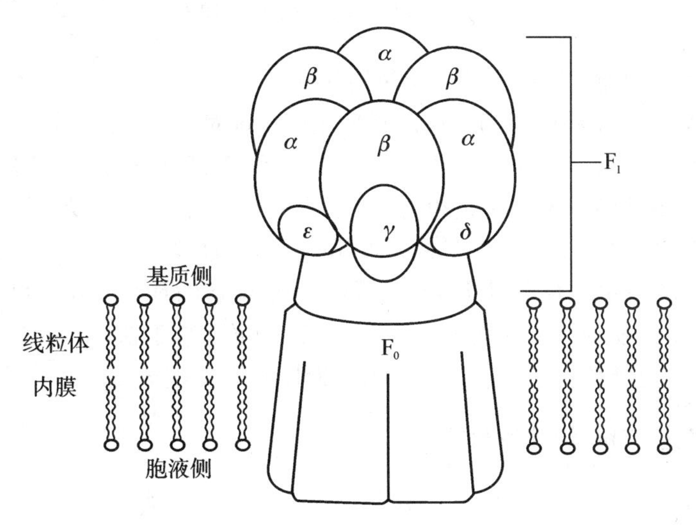

图 6-4 ATP 合酶结构示意图

(三) 影响氧化磷酸化的因素

氧化磷酸化是机体合成 ATP 的最主要的途径,因此机体根据能量需求调节氧化磷酸化速率,从而调节 ATP 的生成量。影响氧化磷酸化的因素有很多,主要有以下几种:

1. ADP+Pi/ATP ADP+Pi/ATP 是决定氧化磷酸化速率中最重要的因素,当 ATP 消耗,ADP 和 Pi 进入线粒体增加,ADP+Pi/ATP 比值升高时则氧化磷酸化速率加快,反之,

ADP+Pi/ATP 比值下降,氧化磷酸化速率变慢。

2. 甲状腺素的作用　甲状腺素是调节氧化磷酸化的重要激素。甲状腺素能诱导许多组织细胞膜上 Na^{+}/K^{+}—ATP 酶生成,使 ATP 水解成 ADP 和 Pi 的速度加快,进入线粒体的 ADP 量增加,促进氧化磷酸化。由于 ATP 的合成与分解都增加,使机体耗氧量和产热量均增加。故甲状腺功能亢进患者常出现基础代谢速率增高。

3. 抑制剂的作用　一些化合物对氧化磷酸化有抑制作用,根据其作用部位不同,分为电子传递抑制剂、磷酸化抑制剂和解偶联剂。

(1) 电子传递抑制剂:能够阻断呼吸链上某部位电子传递的物质,也称为呼吸链抑制剂。

常见的电子传递链抑制剂有以下几种(图 6-5):

①鱼藤酮、阿密妥、粉蝶霉素 A 等,该类抑制剂专一结合 NADH-CoQ 还原酶中的铁硫蛋白,从而阻断电子传递。

②抗霉素 A(antimycin A):具有阻断电子从细胞色素 b 向细胞色素 c_1 的传递作用。

③氰化物(CN^-)、CO 及叠氮化合物:该类抑制剂可与细胞色素氧化酶牢固地结合,阻断电子传至氧的作用。

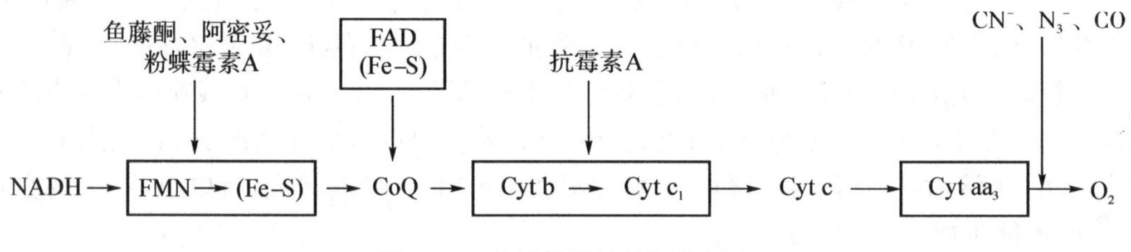

图 6-5　电子传递链抑制作用点

(2) 氧化磷酸化抑制剂:如寡霉素,它们作用于 ATP 合酶,使 ADP 不能磷酸化生成 ATP,又抑制由 ADP 所刺激的氧的利用。磷酸化抑制剂对于电子传递没有直接抑制效应。

(3) 解偶联剂:这类试剂的作用是使电子传递和 ATP 形成两个过程分离。它只抑制 ATP 的形成过程,不抑制电子传递过程,使电子传递产生的自由能都变为热能。典型的解偶联剂是 2,4-二硝基苯酚(2,4-DNP)、双香豆素(dicoumarin)等。

4. 线粒体 DNA 突变　线粒体 DNA(mtDNA)呈裸露的环状双螺旋结构,缺乏蛋白质保护和损伤修复系统,容易受到损伤而发生突变,其突变率远高于核内的基因组 DNA。线粒体 DNA 的突变会影响电子传递过程或 ADP 的磷酸化,从而影响氧化磷酸化的过程。

三、ATP 与能量转移、储存和利用

在生物化学中,把化合物水解时,释放的标准自由能 ΔG 大于 21 kJ/mol 者称高能化合物,被水解的化学键称为高能键。高能化合物主要包括高能磷酸化合物和高能硫酯化合物两类,其中含有高能硫酯键的化合物有乙酰辅酶 A、琥珀酰辅酶 A 等;高能磷酸化合物包括有 ATP、UTP、磷酸烯醇式丙酮酸、氨基甲酰磷酸和磷酸肌酸等(表 6-4)。

表 6－4　一些化合物水解释放的标准自由能

化合物	$\Delta G^{\ominus'}$	
	kJ/mol	(kcal/mol)
磷酸烯醇式丙酮酸	－61.9	(－14.8)
氨基甲酰磷酸	－51.4	(－12.3)
1,3-二磷酸甘油酸	－49.3	(－11.8)
磷酸肌酸	－43.1	(－10.3)
ATP→ADP＋Pi	－30.5	(－7.3)
ADP→AMP＋Pi	－27.6	(－6.6)
焦磷酸	－27.6	(－6.6)
1-磷酸葡萄糖	－20.9	(－5.0)
6-磷酸果糖	－15.9	(－3.8)
AMP	－14.2	(－3.4)
6-磷酸葡萄糖	－13.8	(－3.3)
3-磷酸甘油醛	－9.2	(－2.2)

ATP 是机体内最重要的一种高能磷酸化合物，体内能量的转移、储存和利用均以 ATP 为中心。尽管通过代谢物氧化所生成的含高能磷酸键的化合物很多，但这些化合物中的高能磷酸键最后必需转移使 ADP 磷酸化生成 ATP，才能被机体利用。而各种生理活动，如腺体分泌、肌肉收缩、神经传导、生物合成及维持体温等都以 ATP 作为直接能源(图 6－6)。

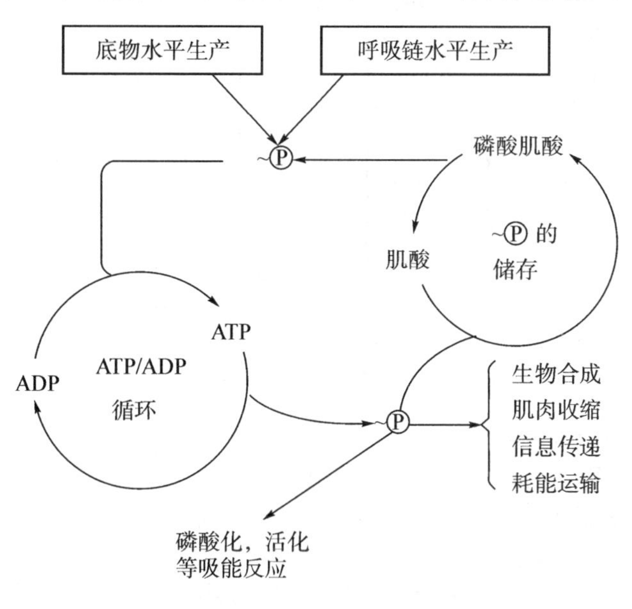

图 6－6　ATP—ADP 循环

ATP 在肌酸激酶(creatine kinase，CK)催化下，可将高能磷酸键转移给肌酸合成磷酸肌酸(creatine phoshate,CP)。磷酸肌酸是肌肉和脑组织中高能磷酸键的储存形式。当脑、肌肉组织活动增加,ATP 消耗超过 ATP 合成速率时,储存在肌肉和脑组织中的 CP 可通过肌酸激酶作用使 ADP 转变为 ATP,从而维持肌细胞和脑细胞中 ATP 水平,故磷酸肌酸是机体可以迅速动用的储备能源。

四、胞液中 NADH 的氧化磷酸化

细胞溶胶内的 NADH 不能透过线粒体内膜进入线粒体氧化。因此需要通过两种“穿梭”途径解决胞液 NADH 的氧化问题。一种称为 α-磷酸甘油穿梭系统(glycerol-phosphate shuttle),另一种称为苹果酸-天冬氨酸穿梭系统(malate-aspartate shuttle)。

(一) α-磷酸甘油穿梭系统

该穿梭系统主要存在于脑和骨骼肌中,其能够通过 α-磷酸甘油将胞液中 NADH 的氢带入线粒体内,具体过程如下:

如图 6-7 所示,磷酸二羟丙酮在胞液 α-磷酸甘油脱氢酶(辅酶为 NAD^+)催化下,由 $NADH+H^+$ 供氢生成 α-磷酸甘油,后者进入线粒体后在线粒体内 α-磷酸甘油脱氢酶(辅酶为 FAD)催化下重新生成磷酸二羟丙酮和 $FADH_2$。磷酸二羟丙酮可穿出线粒体至胞液中继续进行穿梭利用。生成的 $FADH_2$ 经呼吸链进行氧化磷酸化。因此胞液中的 1 分子 NADH 经过此穿梭系统能够产生 1.5 分子 ATP。

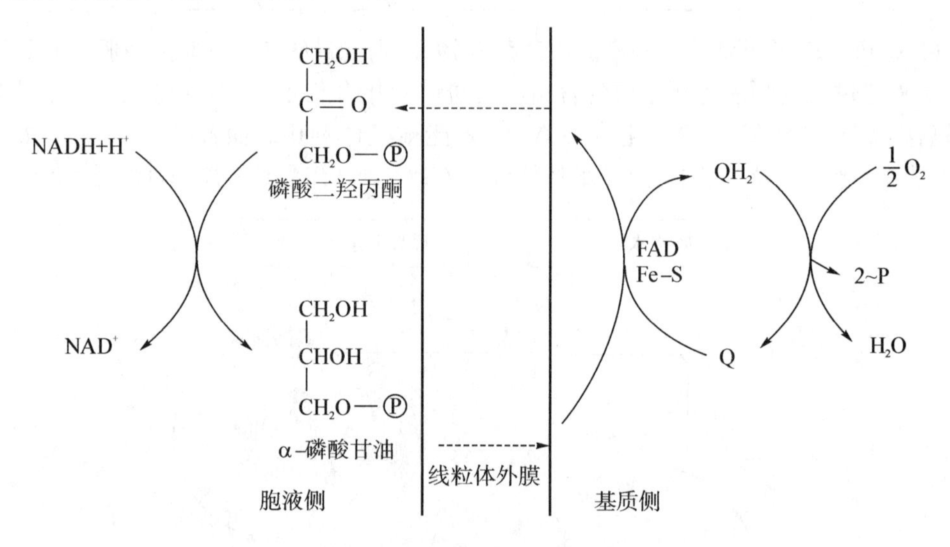

图 6-7　α-磷酸甘油穿梭系统

(二) 苹果酸-天冬氨酸穿梭系统

该穿梭系统又称苹果酸穿梭系统,主要存在于肝脏和心肌中,其能够通过苹果酸将胞液中 NADH 的氢带入线粒体内,具体过程如下:

如图 6-8 所示,胞液中生成的 $NADH+H^+$ 在苹果酸脱氢酶(辅酶为 NAD^+)的催化下,使草酰乙酸还原成苹果酸,苹果酸在线粒体内膜转位酶的催化下穿过线粒体内膜,苹果酸在苹果酸脱氢酶作用下脱氢生成草酰乙酸,并生成 $NADH+H^+$。生成的 $NADH+H^+$ 通过电子传递链进行氧化磷酸化,因此胞液中的 1 分子 NADH 经过此穿梭系统能够产生 2.5 分

子 ATP。

草酰乙酸不能直接透过线粒体内膜返回胞液，但它可在天冬氨酸转氨酶作用下从谷氨酸接受氨基生成天冬氨酸，谷氨酸转出氨基后生成 α-酮戊二酸，α-酮戊二酸和天冬氨酸都能在膜上转位酶的作用下穿过线粒体内膜而进入胞液，胞液中的天冬氨酸和 α-酮戊二酸在天冬氨酸转氨酶的作用下又重新生成草酰乙酸和谷氨酸，草酰乙酸又可重新参与苹果酸穿梭作用。

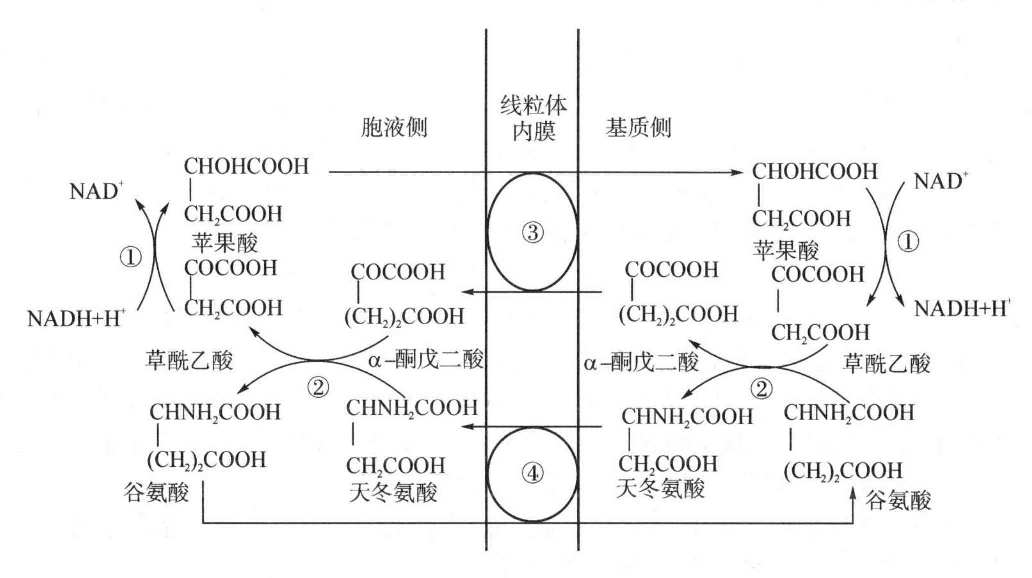

图 6-8 苹果酸穿梭系统

①苹果酸脱氢酶；②天冬氨酸氨基转移酶；③苹果酸-α-酮戊二酸转运蛋白；④天冬氨酸-谷氨酸转运蛋白

第二节 线粒体外的氧化体系

线粒体外的氧化系统以肝脏里的微粒体和过氧化物酶体较为重要。这些亚细胞结构的功能与线粒体不同，氧化过程中不伴有磷酸化及产生 ATP，是某些代谢中间产物或某些药物、毒物的转化场所。

一、抗氧化的氧化体系

在生物体内一些氧化反应会产生一些部分还原的氧的形式。O_2 得到单个电子产生超氧阴离子（$O_2^- \cdot$），超氧阴离子部分再接受电子还原生成过氧化氢（H_2O_2），H_2O_2 可接受单个电子还原生成羟自由基（OH·）。这些未被完全还原的氧分子，其氧化性远大于 O_2，合称为反应活性氧类（reactive oxygen species，ROS）。

$$O_2 \xrightarrow{e^-} O_2^- \cdot \xrightarrow{e^- + 2H^+} H_2O_2 \xrightarrow{e^- + H^+} OH \cdot \xrightarrow{e^- + H^+} H_2O$$

ROS 的产生途径很多，一些生理过程，如线粒体电子传递过程漏出的电子结合 O_2；一些细菌感染、组织缺氧等病理过程，电离辐射、吸烟、药物等外源因素也可导致细胞产生活性氧。活性氧类化学性质非常活跃，氧化性强，可引起蛋白质、DNA 氧化损伤。生物要存活必须将这些毒性极强的高活性氧转变成活性较小或稳定无活性的形式。需氧细胞由几种主要的自我保护机制可避免这些不完全还原氧的侵害。其中最主要的一种方式是通过酶的作用，包括超氧化歧化酶(superoxide dismutase，SOD)、过氧化氢酶(catalase)、过氧化物酶(peroxidase)。

(一) 超氧化歧化酶

超氧化歧化酶(SOD)可催化 1 分子 O_2^-·氧化生成 O_2，另一分子 O_2^-·还原生成 H_2O_2。

$$2O_2^- \cdot + 2H^+ \longrightarrow H_2O_2 + O_2$$

哺乳动物细胞有 3 种 SOD 同工酶，在细胞胞液中，该酶以 Cu^{2+}、Zn^{2+} 为辅基，称为 Cu/Zn-SOD；在线粒体内以 Mn^{2+} 为辅基，称 Mn-SOD。SOD 是人体防御内、外环境中超氧离子损伤的重要酶。如果 SOD 活性下降或含量减少，会引起 O_2^-·堆积，破坏组织细胞，引起多种疾病，所以及时补充 SOD，则可避免或减少疾病。研究证明：SOD 对肿瘤的生长有抑制作用，SOD 亦可减少动物因缺血造成的心肌区域性梗死的范围和程度。

(二) 过氧化氢酶

生理量的 H_2O_2 对机体无害，并有一定的生理意义。例如，中性粒细胞和吞噬细胞中，H_2O_2 可氧化杀死入侵的细菌；甲状腺细胞中产生的 H_2O_2 可以使 $2I^-$ 氧化成 I_2，进而使酪氨酸碘化生成甲状腺激素。但对于大多数组织来说，H_2O_2 若堆积过多，则会对细胞有毒性作用。过多的 H_2O_2 可以氧化巯基酶和含巯基的蛋白质，使之丧失生理活性。但体内过氧化物酶的催化效率极高，在正常情况下不会发生 H_2O_2 的蓄积。

过氧化氢酶又称触酶，其辅基含有 4 个血红素，广泛分布于血液、骨髓、黏膜、肾脏及肝脏等组织。它的功能是分解 H_2O_2，其催化反应如下：

$$2H_2O_2 \longrightarrow 2H_2O + O_2$$

(三) 谷胱甘肽过氧化物酶

谷胱甘肽过氧化物酶(glutathioneperoxidase，GPx)也是体内防止活性氧损伤的主要酶，可去除 H_2O_2 和其他过氧化物类(ROOH)。

在细胞胞质、线粒体以及过氧化物酶体中，谷胱甘肽过氧化物酶通过还原型的谷胱甘肽(GSH)将 H_2O_2 还原为 H_2O，将过氧化物类转变为醇类(ROH)，同时产生氧化型的谷胱甘肽(GS-SG)。它催化的反应如下：

$$H_2O_2 + 2GSH \longrightarrow 2H_2O + GS\text{-}SG$$

$$ROOH + 2GSH \longrightarrow H_2O + ROH + GS\text{-}SG$$

体内还存在维生素 C、维生素 E、β-胡萝卜素、辅酶 Q 等小分子抗氧化剂，它们与体内的抗氧化酶共同组成人体抗氧化体系。

二、微粒体中的细胞色素 P_{450} 单加氧酶

人微粒体细胞色素 P_{450} 单加氧酶(cytochrome P_{450} monooxygenase)简称加单氧酶，可催化氧分子(O_2)中一个氧原子加到底物分子上使其羟化，而另一个氧原子被电子传递系统传来的电子还原并与 $2H^+$ 结合生成水，故又称为混合功能氧化酶(mixed function oxidase，MFO)或者羟化酶(hydroxylase)。其催化反应如下：

$$RH + NADPH + H^+ + O_2 \longrightarrow ROH + NADP^+ + H_2O$$

该酶在肝、肾上腺的微粒体中含量最多,参与类固醇激素、胆汁酸及胆色素的生成,以及药物、毒物的生物转化过程。

复习思考题

1. 何谓呼吸链?请写出线粒体中两条主要呼吸链中成分的排列顺序。
2. 何谓高能磷酸化合物?请举例。
3. 氧化磷酸化的抑制剂分为哪几类?每类的作用机制如何?
4. 氰化物中毒致死的根本原因是什么?
5. 线粒体外的 NADH 如何氧化?

（张　伟）

第七章　氨基酸代谢

【案例】

氨基酸代谢与疾病的发生

小聪一周岁，最近住院了，原因是家人发现他的行为异常，时有伤人和自残行为；头发变黄、皮肤白皙，尿液及汗液有浓烈鼠尿臭味，医院诊断为“苯丙酮酸尿症”。该病的发病机制与机体内氨基酸代谢密切相关。那么氨基酸在体内是如何代谢的呢？除了这种疾病，氨基酸代谢异常又与哪些疾病的发生有关呢？

提示：由氨基酸代谢异常所致的疾病经常与代谢过程中的关键酶缺失有关。

20 世纪 40 年代科学家已经证明活细胞的组成成分在不断地转换更新，蛋白质作为生物体的重要构件分子也有复杂的代谢机制。氨基酸是蛋白质的基本组成单位，氨基酸代谢是蛋白质代谢的中心内容。氨基酸代谢包括合成代谢和分解代谢两方面，本章重点讨论分解代谢。体内蛋白质的更新和氨基酸的分解均需要食物蛋白质来补充。为此，在讨论氨基酸代谢之前，先介绍蛋白质的营养作用及其消化、吸收问题。

第一节　蛋白质的营养作用

一、人体对蛋白质的需要量

体内蛋白质不断更新，其消耗必须由氨基酸来补充。人体每天需要补充足够数量和质量的蛋白质才能维持正常的生理活动。人体对蛋白质的需要量是根据氮平衡实验来确定的。

（一）氮平衡

氮平衡是指氮的摄入量与排出量之间的关系，可反映体内蛋白质的合成与分解代谢的情况。蛋白质中氮含量恒定，约为 16%。人体摄入食物中主要含氮物为蛋白质，用于体内蛋白质的合成，故可以通过测定摄入氮量（食物含氮量）来推测体内蛋白质合成代谢情况；随尿液、粪便排出的氮主要来自于蛋白质分解代谢所产生的含氮物，因此测定排出氮量（尿液、粪便含氮量）可推测体内蛋白质分解代谢情况。测定摄入氮量与排出氮量可了解体内蛋白质的代谢情况，人体的氮平衡有氮总平衡、正氮平衡、负氮平衡三种情况。

1. 氮的总平衡　摄入氮量等于排出氮量，反映体内蛋白质的合成代谢与分解代谢处于动态平衡，常见于健康成年人。

2. 正氮平衡　摄入氮量大于排出氮量，反映体内蛋白质的合成代谢占优势，见于儿童、孕妇和恢复期病人。

3. 负氮平衡　摄入氮量小于排出氮量，反映体内蛋白质的分解代谢占优势，见于长期饥饿、消耗性疾病、大面积烧伤、外科手术后、大量失血等患者。

(二) 蛋白质的生理需要量

根据氮平衡实验计算,并且考虑到食物蛋白质和人体蛋白质的组成差异,不可能全部被吸收利用,所以,为了长期保持氮的总平衡,我国营养学会推荐成人每日蛋白质需要量为 80 g。

二、蛋白质的营养价值

(一) 决定蛋白质营养价值的因素

食物蛋白的营养价值不光取决于数量,还取决于所含氨基酸的种类及比例,尤其取决于必需氨基酸的种类及含量。人体内有 8 种氨基酸不能合成,这些体内必需而又不能自身合成、必须由食物供应的氨基酸,称为营养必需氨基酸,它们是:缬氨酸、异亮氨酸、亮氨酸、苯丙氨酸、蛋氨酸、色氨酸、苏氨酸和赖氨酸。一般说来,蛋白质的营养价值与含必需氨基酸的种类、比例和含量相关。凡食物蛋白所含必需氨基酸的种类和比例与人体蛋白愈相近愈能被机体所利用,故营养价值愈高。所以动物蛋白质的营养价值一般比植物蛋白质高。

(二) 蛋白质的互补作用

几种营养价值较低的蛋白质混合食用,必需氨基酸可以相互补充,从而提高营养价值,称为食物蛋白质的互补作用。例如:谷类蛋白质含赖氨酸较少而色氨酸较多,豆类蛋白质含赖氨酸较多而色氨酸较少,两者混合食用即可提高营养价值。所以,为了充分发挥蛋白质的互补作用,食物种类应该多样化。

第二节　蛋白质的消化、吸收与腐败

一、蛋白质的消化

食物蛋白质必须经过消化,以氨基酸的形式吸收进入人体内才能被机体利用。未经消化的蛋白不易吸收,还会产生过敏反应。因此食物蛋白质在消化道内经多种酶水解为氨基酸及小肽后才能被吸收、利用。唾液中不含水解蛋白质的酶,故食物蛋白质的消化自胃中开始,主要在小肠中进行。

(一) 胃中的消化作用

胃中消化蛋白质的酶是胃蛋白酶,胃黏膜主细胞合成并分泌胃蛋白酶原,经胃酸激活而生成胃蛋白酶。胃蛋白酶又能激活胃蛋白酶原转变成胃蛋白酶。称为自身激活作用(autocatalysis)。胃蛋白酶的最适 pH 为 1.5～2.5,主要水解芳香族氨基酸残基组成的肽键,生成多肽及少量氨基酸。胃蛋白酶对乳汁中的酪蛋白有凝乳作用,乳液凝成乳块后在胃中停留时间延长,有利于充分消化,这对婴儿十分重要。

(二) 小肠中的消化作用

食物在胃中停留时间较短,因此蛋白质在胃中消化很不完全。在小肠中蛋白质的消化产物及未被消化的蛋白质再受胰液及肠黏膜细胞分泌的多种蛋白酶及肽酶的共同作用,进一步水解成为氨基酸。因此,小肠是蛋白质消化的主要部位。

1. 胰液蛋白酶及其作用　小肠中蛋白质的消化主要依靠胰酶来完成,这些酶的最适 pH 为 7.0 左右。胰液中的蛋白酶基本上分为两类,即内肽酶和外肽酶。胰蛋白酶、糜蛋白酶及弹性蛋白酶等均属于内肽酶,能从多肽链内部裂解肽键;羧基肽酶 A 和羧基肽酶 B 属于外肽酶,能从肽链的羧基末端开始水解肽链释放氨基酸。

胰腺细胞分泌的胰酶最初均为无活性的蛋白酶原，进入十二指肠后迅速被肠激酶激活，作用的过程如图 7-1。

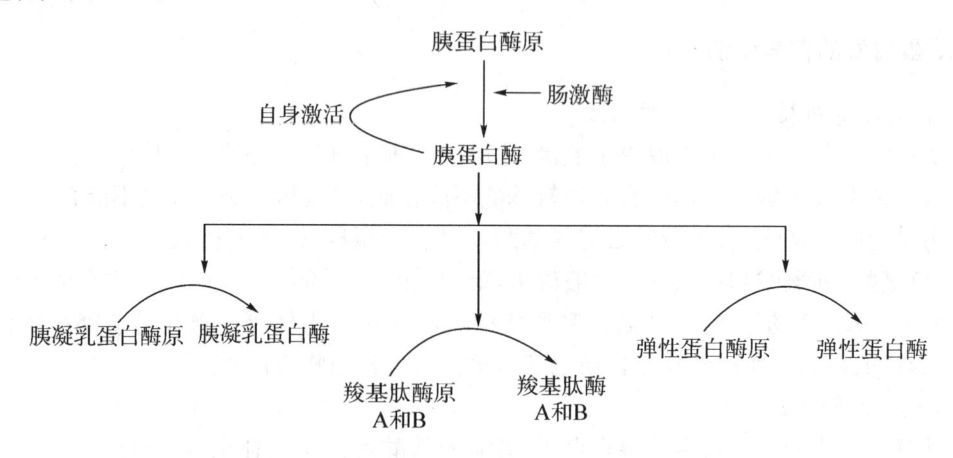

图 7-1　胰蛋白酶原激活作用

2. 肠黏膜细胞的消化作用　蛋白质经过胰液蛋白酶的水解作用后，所得到的产物仅小部分是氨基酸，大部分是寡肽。肠黏膜细胞的刷状缘和胞液中存在寡肽酶，如氨基肽酶及二肽酶，前者从氨基末端逐个水解出氨基酸，生成二肽。再经二肽酶水解为氨基酸。

正常成人，由于各种蛋白酶的作用，食物蛋白质的 95%可被完全水解。

二、氨基酸的吸收

氨基酸的吸收主要在小肠中进行。关于氨基酸的吸收，一般认为它主要是一个耗能的主动吸收过程。

（一）氨基酸吸收载体

实验表明，肠黏膜细胞膜上具有转运氨基酸的载体蛋白，能与氨基酸及 Na^+ 形成三联体，将氨基酸及 Na^+ 转运入细胞，Na^+ 则借钠泵排出细胞外，并消耗 ATP，可利于氨基酸吸收（图 7-2）。不同侧链结构的氨基酸由不同的氨基酸运载体转运。

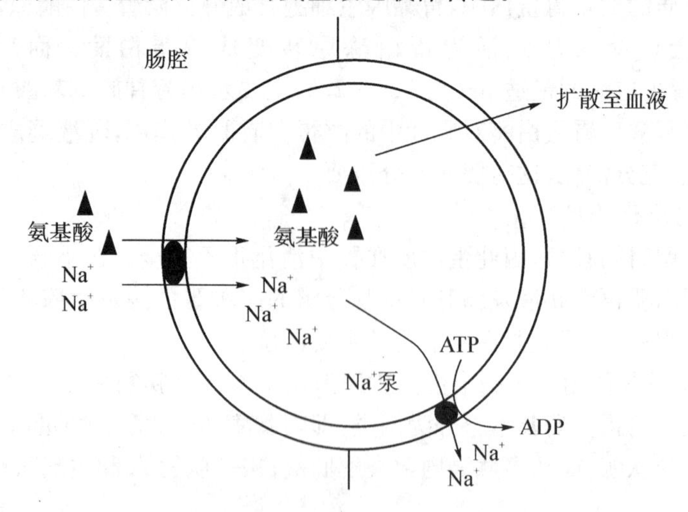

图 7-2　依赖 Na^+ 的氨基酸转运载体

（二）γ-谷氨酰基循环对氨基酸的转运作用

在小肠黏膜、肾小管及脑组织上存在另一种组织摄取氨基酸的转运机制。细胞膜外侧γ-谷氨酰转肽酶，催化谷胱甘肽的γ-谷氨酰基与膜外氨基酸结合并携带其进入细胞内释放的过程，称为γ-谷氨酰基循环(γ-glutamyl cycle)。具体过程见附录。

（三）蛋白质的腐败作用

在消化过程中，有一小部分蛋白质不被消化，也有一小部分消化产物不被吸收。肠道细菌对这一部分蛋白质及其消化产物所起的分解作用，称为腐败作用(putrefaction)。实际上腐败作用是细菌本身的代谢过程，它主要通过两种方式对这些物质进一步分解，一是氨基酸脱羧产生胺；二是氨基酸脱氨生成氨。

1. 胺类的生成　肠道细菌中的蛋白酶使蛋白质水解生成氨基酸，经氨基酸脱羧酶催化产生有毒的胺类，如：

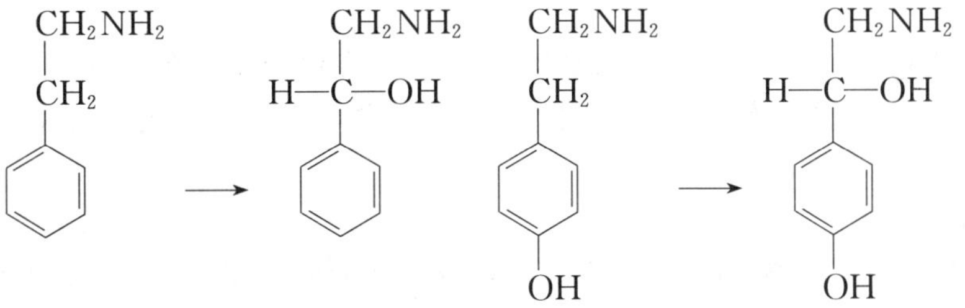

苯乙胺 → 苯乙醇胺　　酪胺 → β-羟酪胺

酪氨酸和苯丙氨酸脱羧生成的酪胺及苯乙胺，吸收后若未能在肝内处理而直接进入脑组织，则可分别经β-羟化形成β-羟酪胺和苯乙醇胺，它们的化学结构与儿茶酚胺类似，称为假神经递质。假神经递质增多，可取代正常神经递质儿茶酚胺，但它们不能传递神经冲动，可使大脑发生异常抑制，这可能与肝性脑病的症状有关。

2. 氨的生成　肠道中的氨主要有两种来源：一是未被吸收的氨基酸在肠道细菌的作用下脱氨基生成；二是血液中尿素渗入肠道受肠道细菌尿素酶的水解而生成氨。这些氨均可被吸收入血液升高血氨水平，正常人能在肝脏中合成尿素，不会产生不良后果。肝功能不全者尿素合成能力下降，严重肾病患者泌氨及排泄尿素能力降低，均能导致血氨浓度升高，发生肝性脑病。

蛋白质腐败作用还能产生如苯酚、吲哚、甲基吲哚及硫化氢等对人体有害的物质，正常情况下随粪便排出，只有小部分被吸收，经肝的代谢转变而解毒，不会发生中毒现象，但习惯性便秘者毒物吸收增多，肝功能不全者也可产生中毒现象。

第三节　氨基酸的一般代谢

食物蛋白质消化吸收的氨基酸(外源性氨基酸)与体内组织蛋白质降解产生的氨基酸以及体内合成的非必需氨基酸(内源性氨基酸)混在一起，分布于体内各处，参与代谢，称为氨基酸代谢库(metabolic pool)。氨基酸代谢库能反映体内氨基酸代谢的动态。体内氨基酸代谢的概况归纳如图7－3。

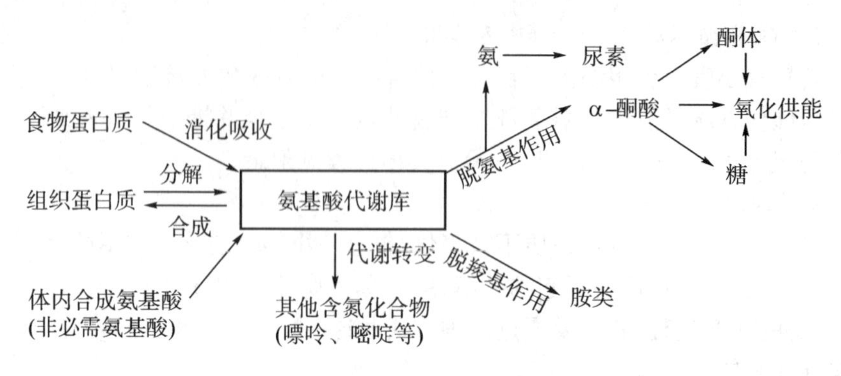

图 7-3 氨基酸代谢状况

一、氨基酸的脱氨基作用

氨基酸分解代谢的第一步骤是脱氨基反应，此反应在体内的大多数组织细胞内都可以进行。氨基酸脱氨基的方式有转氨基、氧化脱氨基、联合脱氨基及非氧化脱氨基等多种方式，其中以联合脱氨基最为重要。

(一) 转氨基作用

一种 R_1 氨基酸在氨基转移酶或称转氨酶的作用下，将氨基转移给另一种 R_2 酮酸，使该酮酸变成 R_2 氨基酸，而原 R_1 氨基酸失去氨基后则变成为 R_1 酮酸，这一过程称为转氨基作用(transamination)。

$$H-\overset{\displaystyle R_1}{\underset{\displaystyle COOH}{C}}-NH_2 + \overset{\displaystyle R_2}{\underset{\displaystyle COOH}{C}}=O \xrightleftharpoons{\text{转氨酶}} \overset{\displaystyle R_1}{\underset{\displaystyle COOH}{C}}=O + H-\overset{\displaystyle R_2}{\underset{\displaystyle COOH}{C}}-NH_2$$

上述反应可逆，平衡常数近于 1。因此，转氨基作用既是氨基酸的分解代谢过程，也是体内某些氨基酸(非必需氨基酸)合成的重要途径。反应的实际方向取决于四种反应物的相对浓度。

除甘氨酸、赖氨酸、脯氨酸和羟脯氨酸外，体内大多数氨基酸都可通过转氨作用移去氨基，但以 α-酮戊二酸、丙酮酸和草酸乙酸三种 α-酮酸作为氨基受体最为常见，催化这三种氨基酸和相应酮酸之间氨基转移的酶是丙氨酸氨基转移酶(GPT 或 ALT)和天冬氨酸氨基转移酶(GOT 或 AST)，这两种酶在人体各组织分布很广，尤其肝脏、心和肾活性最高。

$$\text{谷氨酸}+\text{丙酮酸} \xleftrightarrow{\text{谷丙转氨酶(GPT)}} \alpha\text{-酮戊二酸}+\text{丙氨酸}$$

$$\text{谷氨酸}+\text{草酰乙酸} \xleftrightarrow{\text{谷草转氨酶(GOT)}} \alpha\text{-酮戊二酸}+\text{天冬氨酸}$$

氨基转移酶是细胞内酶，正常人血浆中含量仅在 20 单位以下。但是当某种原因使细胞通透性增加或细胞破坏时，则氨基转移酶可大量释放入血，造成血清中氨基转移酶活性明显增高。例如，急性肝炎患者血清 ALT 活性显著升高；心肌梗死患者血清 AST 明显上升。临床上以此作为疾病诊断和预后的指标之一。

氨基转移酶的辅酶是磷酸吡哆醛(维生素 B_6 的磷酸酯)，在氨基转移酶的催化下，磷酸吡哆醛与磷酸吡哆胺之间的相互转变，起着传递氨基的作用(图 7-4)。

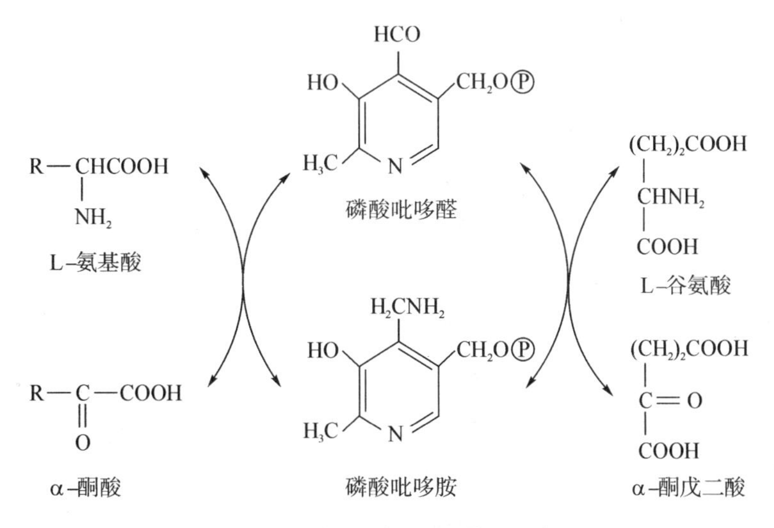

图 7-4　氨基转移酶的作用机制

(二) L-谷氨酸氧化脱氨作用

肝、肾、脑等组织中广泛存在着 L-谷氨酸脱氢酶(L-glutamate dehydrogenase)，此酶活性高，专一性强，只对谷氨酸有催化作用，催化 L-谷氨酸氧化脱氨生成 α-酮戊二酸。

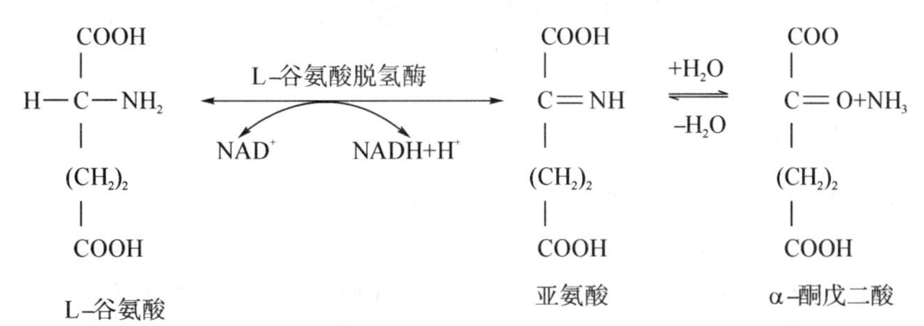

以上反应可逆。一般情况下，反应偏向于谷氨酸的生成，但当 L-谷氨酸浓度高而 NH_3 浓度低时，则有利于 α-酮戊二酸的生成。L-谷氨酸脱氢酶是一种变构酶，GTP 和 ATP 是此酶的变构抑制剂，GDP 和 ADP 是变构激活剂。因此当体内 GTP 和 ATP 不足时，加速 L-谷氨酸氧化脱氨作用，这对于氨基酸氧化供能起着重要的调节作用。

(三) 联合脱氨基作用

由两种或两种以上的酶联合催化作用使氨基酸的 α-氨基脱下，并产生游离氨的过程称为联合脱氨基作用。联合脱氨基是体内主要的脱氨基的方式。常见的有两种途径：

1. 氨基转移酶与 L-谷氨酸脱氢酶的联合脱氨基作用　此途径主要是在肝、肾等组织内进行。首先通过多种氨基转移酶的作用把氨基集中到谷氨酸，谷氨酸再经 L-谷氨酸脱氢酶的作用脱去氨基生成 α-酮戊二酸和氨(图 7-5)。

2. 嘌呤核苷酸循环　此途径主要在心肌和骨骼肌内进行，因为肌肉组织内 L-谷氨酸脱氢酶活性不高，而肌肉组织是分解利用氨基酸的重要组织。肌肉组织中的多种氨基酸通过连续脱氨将氨基转移给草酰乙酸，生成天冬氨酸，天冬氨酸与次黄嘌呤核苷酸(IMP)进入嘌呤核苷酸循环，生成腺嘌呤核苷酸(AMP)。AMP 在腺苷酸脱氨酶(此酶在肌组织中活性较强)催化

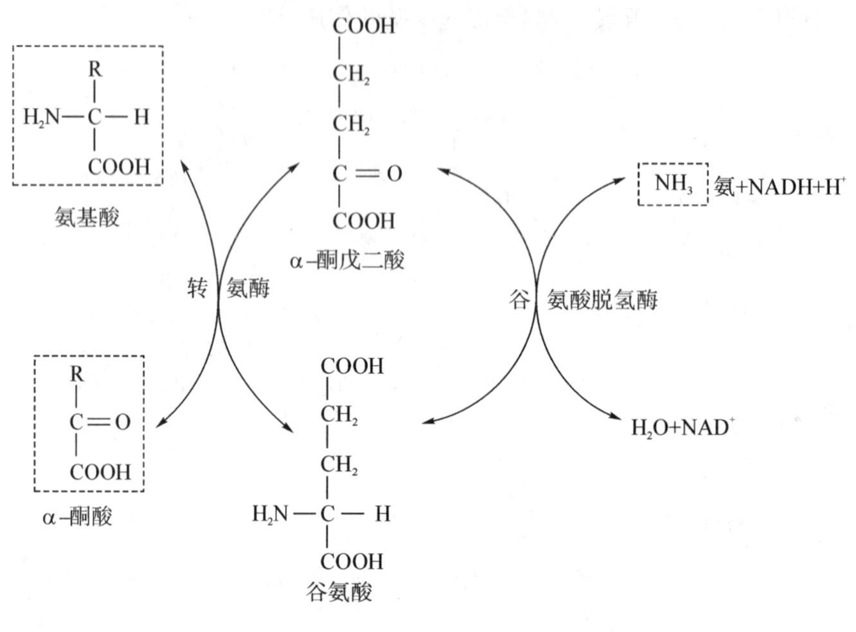

图 7-5 联合脱氨基作用

下，生成 IMP 并释放出氨，完成氨基酸的脱氨基作用。由于 IMP 既是接受天冬氨酸的起始物，又是释放氨基后的再生物，于是构成了嘌呤核苷酸循环(purine nucleotide cycle)。具体过程见附录。

二、α-酮酸的代谢

氨基酸脱氨基后生成的 α-酮酸主要有以下三条代谢途径。

(一) 生成非必需氨基酸

α-酮酸可通过转氨的逆反应合成相应的非必需氨基酸，这些 α-酮酸来自糖代谢和三羧酸循环的中间产物。NH_3 与 α-酮戊二酸也可通过谷氨酸脱氢酶催化的逆反应还原，氨基化再合成谷氨酸。

(二) 转变成糖和脂类

实验证明，用不同的单一氨基酸饲养人工造成糖尿病的犬时，大多数氨基酸可使尿中排出的葡萄糖增加，少数几种则可使葡萄糖及酮体排出同时增加，而亮氨酸和赖氨酸只能使犬尿中酮体增加。据此，把在体内能转变成糖的氨基酸称为生糖氨基酸；能转变为酮体者称为生酮氨基酸；二者兼有者称为生糖兼生酮氨基酸。如表 7-1 所示。

表 7-1 氨基酸生糖生酮或两者兼生的分类

类别	氨基酸
生糖氨基酸	甘氨酸，丝氨酸，缬氨酸，精氨酸，半胱氨酸，脯氨酸，丙氨酸，谷氨酸，谷氨酰胺，天冬氨酸，天冬酰胺，蛋氨酸
生酮氨基酸	亮氨酸，赖氨酸
生糖兼生酮氨基酸	异亮氨酸，苯丙氨酸，酪氨酸，苏氨酸，色氨酸

(三) 氧化供能

不管是生糖还是生酮氨基酸的 α-酮酸在体内最终可经过生物氧化体系彻底氧化成 CO_2 和水,同时释放能量供生理活动需要。在此,三羧酸循环是糖、脂、蛋白质物质代谢的最终去路,也通过三羧酸循环三大能源物质相互联系、相互转变,构成完整的代谢体系。

第四节 氨的代谢

机体代谢产生的氨,以及消化道吸收的氨等进入血液,形成血氨。正常人血氨浓度小于 60 μmol/L。氨具有毒性,脑组织对氨极为敏感,血氨增高会引起脑功能紊乱,出现中毒症状,是肝性脑病发病的重要机制之一。

一、氨的来源与去路

(一) 体内氨有三个主要来源

1. 氨基酸及胺的分解　氨基酸脱氨基作用产生的氨是机体内氨的主要来源。胺类的分解也可以产生氨。

2. 肠道吸收的氨　在肠道细菌的作用下,蛋白质的腐败作用、尿素的分解产生的氨,每日约 4 g。肠道吸收氨的速度与量的多少与肠腔中的 pH 有关,碱性条件下,肠道氨吸收增强。临床上对高血氨病人采用弱酸性透析液作结肠透析,而禁用碱性肥皂水灌肠,就是为了减少氨的吸收。

3. 肾脏产氨　肾小管上皮细胞的谷氨酰胺在谷胺酰胺酶的催化下水解成谷氨酸和 NH_3,这部分氨分泌到肾小管腔中与尿中的 H^+ 结合成 NH_4^+,以铵盐的形式由尿排出体外,这对调节机体的酸碱平衡起着重要作用。酸性尿有利于肾小管细胞中的氨扩散入尿,但碱性尿则妨碍肾小管细胞中 NH_3 的分泌,此时氨被吸收入血,成为血氨的另一个来源。因此,临床上对肝硬化而产生腹水的病人,不宜使用碱性利尿药,以免血氨升高。

血氨的来源很广泛,但其浓度仍能保持很低的水平,说明人体可很快地转移和清除氨。

(二) 血氨的去路

1. 肝脏合成尿素　体内氨的主要代谢去路是在肝脏生成尿素排出体外。

2. 氨与谷氨酸合成谷氨酰胺。

3. 氨的再利用　合成非必需氨基酸或其他含氮物,如嘌呤或嘧啶碱。

4. 肾脏排氨,中和酸,调节酸碱平衡。

二、氨的转运

氨是有毒物质。各组织产生的氨如何以无毒性的方式经血液运输到肝合成尿素,或运至肾以铵盐形式随尿排出?现已阐明,氨在血液中相当一部分不是以自由氨的状态出现,而是以丙氨酸及谷氨酰胺两种形式运输的。

(一) 丙氨酸-葡萄糖循环

肌肉组织是氨基酸分解代谢的主要器官,肌肉组织脱氨基产生的氨将通过转氨基作用集中生成丙氨酸,以丙氨酸形式经血液运到肝脏代谢生成尿素。在肝中,丙氨酸通过联合脱氨基作用,释放出氨,用以合成尿素。转氨基后生成的丙酮酸可经糖异生途径生成葡萄糖,这个过程被称为丙氨酸-葡萄糖循环(alanine-glucose cycle)(图 7 - 6)。通过这个循环,肌肉中氨基酸分解生成的氨以无毒的丙氨酸形式经血液运输到肝,既运出了有毒的氨又为肝脏提供了糖异生的原料。其他组织器官也能释放丙氨酸,经血流进入肝内代谢。所以说丙氨酸是血氨的优良运输工具。

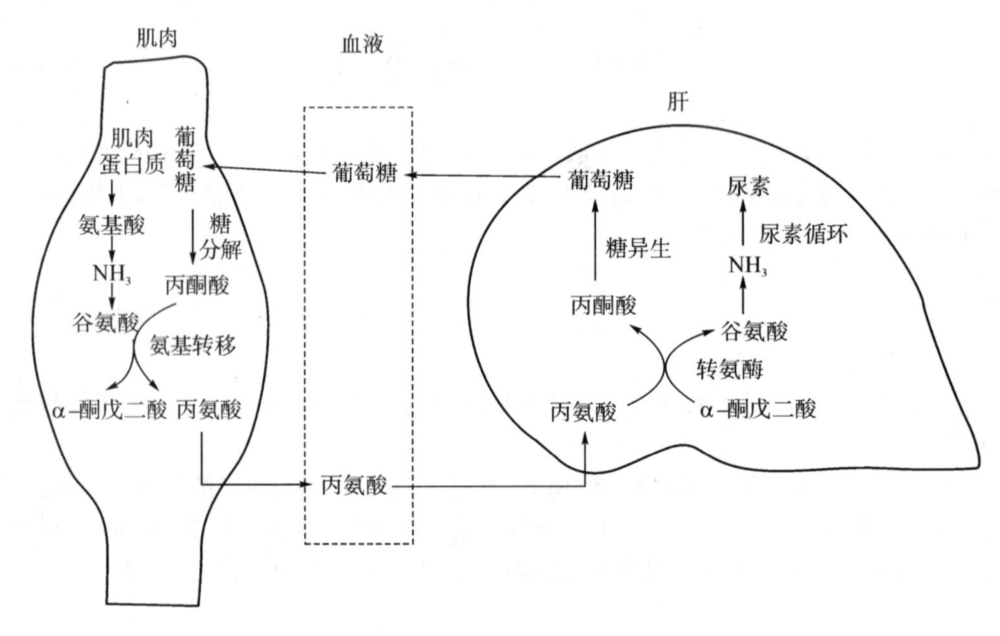

图 7 - 6　葡萄糖-丙氨酸循环

(二) 谷氨酰胺的运氨作用

谷氨酰胺是另一种运氨形式。它主要从脑、肌肉等组织向肝或肾运氨。氨与谷氨酸在谷氨酰胺合成酶的催化下生成谷氨酰胺,此反应在脑组织内进行得比较活跃。它是脑中解氨毒的一种重要方式。谷氨酰胺由血液运至肝或肾,再经谷氨酰胺酶水解成谷氨酸及氨。谷氨酰胺的合成与分解是由不同酶催化的不可逆反应,其合成需要 ATP 参与,消耗能量。

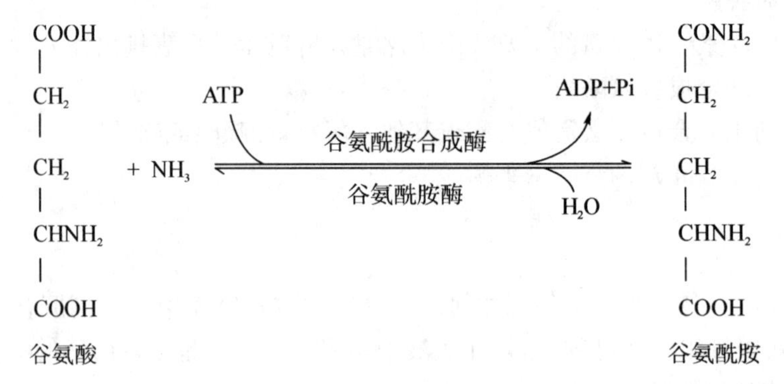

谷氨酰胺不仅是氨的运输形式,也是氨的储存及利用形式,它的酰胺氮能掺入嘌呤、嘧啶碱,因而是核酸合成的原料。谷氨酰胺在脑中固定和转运氨的过程中起着重要作用。临床上对氨中毒病人可服用或输入谷氨酸盐,以降低氨的浓度。

三、尿素的生成

如前所述，氨在体内主要的去路是在肝中合成尿素而解毒，正常成人尿素占排氮总量的80%～90%。肝脏是合成尿素的主要器官。临床上可见急性肝坏死患者血、尿中几乎不含尿素，而氨基酸含量增多，血氨升高。

(一) 尿素合成的鸟氨酸循环学说

1932年，德国学者 Hans krebs 和 Kurt Hensleit 根据一系列实验研究，提出了鸟氨酸循环(ornithine cycle)合成尿素的学说(图 7-7)。

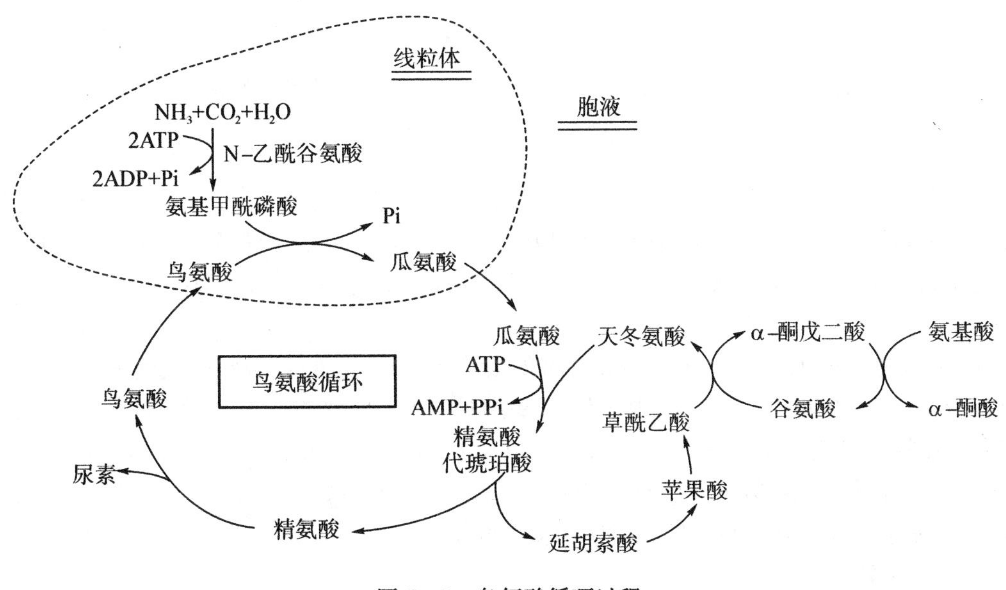

图 7-7 鸟氨酸循环过程

【链接】

鸟氨酸循环的实验根据是：将鼠肝切片置于铵盐和重碳酸盐实验介质中，有氧条件下保温数小时，结果发现铵盐含量减少，而尿素增多。当加入少量鸟氨酸、瓜氨酸或精氨酸时，能大大加速尿素的合成。根据这三种氨基酸的结构推断，它们彼此相关，即鸟氨酸可能是瓜氨酸的前体，而瓜氨酸又是精氨酸的前体。而且早已证实肝脏含有精氨酸酶，此酶催化精氨酸水解生成鸟氨酸和尿素。

1. 氨基甲酰磷酸的生成　在肝细胞的线粒体内，NH_3、CO_2 与 ATP 缩合生成氨基甲酰磷酸。该反应由氨基甲酰磷酸合成酶 I(carbamoyl phosphate synthetase I，CPS-I)催化，Mg^{2+} 参与，反应消耗 2 分子 ATP，N-乙酰谷氨酸(N-acetyl glutamic acid，AGA)为氨基甲酰磷酸合成酶 I 的激活剂。AGA 由乙酰 CoA 和谷氨酸合成，精氨酸可促进 AGA 的生成。进食蛋白质后，乙酰谷氨酸合成酶活性升高，产生较多的 AGA，可增强氨基甲酰磷酸的合成，调节尿素的生成。

2. 瓜氨酸的生成　氨基甲酰磷酸是高能化合物，性质活泼，在鸟氨酸氨基甲酰转移酶(ornithine carbamoyl transferase，OCT)的催化下，氨基甲酰磷酸与鸟氨酸缩合生成瓜氨酸。

瓜氨酸随即透出线粒体进入胞质内。

3. 精氨酸的生成　在胞质中，经精氨酸代琥珀酸合成酶的催化，天冬氨酸分子的 α-氨基结合到瓜氨酸上，生成精氨酸代琥珀酸，这步反应消耗 1 分子 ATP。接着精氨酸代琥珀酸在裂解酶催化下分解为精氨酸与延胡索酸。此反应中天冬氨酸起着供给氨基的作用。

4. 尿素生成　精氨酸在精氨酸酶催化下，水解为尿素及鸟氨酸。鸟氨酸进入下一轮循环。

尿素是人和其他哺乳动物体内蛋白质分解代谢的终产物。尿素合成总反应式可以简要表示为：

$$2NH_3 + CO_2 + 3ATP + 3H_2O \longrightarrow \begin{matrix} NH_2 \\ | \\ C{=}O \\ | \\ NH_2 \end{matrix} + 2ADP + AMP + 4Pi$$

尿素分子中的二个氮原子，一个来自于氨基酸脱氨基生成的氨，另一个则由天冬氨酸提供，而天冬氨酸又可由多种氨基酸通过转氨基反应而生成。因此，尿素分子中的两个氮原子都是直接或间接来自各种氨基酸。另外，还可看到，尿素合成是一个耗能的过程。

（二）尿素合成的调节

氨基甲酰磷酸合成酶 I 是尿素循环关键的第一步反应，它的必需变构激活剂是 N-乙酰谷氨酸(AGA)。氨基酸降解速度体现为转氨基加速，这将导致谷氨酸浓度增高，随之又引起 AGA 合成增加，最终促进尿素循环过程。这使得尿素生物合成过程的调节和其他代谢过程受控于限速酶的情况不同，尿素循环中的其他酶是由它们的底物控制的。比如膳食中蛋白质含量愈高，尿素合成愈快，排出的含氮物中尿素亦愈多。

（三）高血氨症和氨中毒

当肝功能严重损伤时，尿素合成发生障碍，血氨浓度升高，称为高血氨症。一般认为，为解氨毒，氨可与脑中的 α-酮戊二酸结合生成谷氨酸，氨还可进一步与脑中的谷氨酸结合生成谷氨酰胺。因此，脑中氨的增加可使脑细胞中的 α-酮戊二酸减少，导致三羧酸循环减弱，从而使脑组织 ATP 生成减少，引起大脑功能障碍，严重时可发生昏迷，这就是肝性脑病氨中毒学说的基础。

因此，对于血氨升高的病人应采取降血氨的措施，常用的方法有：给予谷氨酸使之与 NH_3 结合为谷氨酰胺；补给精氨酸或鸟氨酸以促进 NH_3 合成尿素；给予肠道抑菌药物可减少 NH_3 生成；限制蛋白质进食量可减少氨的来源；用酸性盐水灌肠或服用使肠道酸化的药物，可减少肠内 NH_3 的生成和吸收。

第五节　个别氨基酸的代谢

氨基酸除了以上共同的代谢途径外，有些氨基酸还有其特殊的代谢方式，生成一些重要的生理活性物质，具有重要的生理意义。

一、氨基酸的脱羧基作用

体内部分氨基酸也可进行脱羧基作用生成相应的胺，催化这类反应的酶是氨基酸脱羧酶，其辅酶是磷酸吡哆醛。胺类含量虽然不高，但具有显著的生物活性。若在体内堆积，则会引起神经系统或心血管功能紊乱，但由于体内存在胺氧化酶，使其分解，因此一般不会造成严重后果。

（一）γ-氨基丁酸

谷氨酸在谷氨酸脱羧酶作用下，脱去α-羧基生成γ-氨基丁酸（γ-aminobutyric acid，GABA）。此酶在脑及肾组织中活性很高，所以脑中含量较高。

$$\underset{\text{L-谷氨酸}}{\begin{array}{l} COOH \\ | \\ (CH_2)_2 \\ | \\ CH-NH_2 \\ | \\ COOH \end{array}} \xrightarrow[\searrow CO_2]{\text{L-谷氨酸脱羧酶}} \underset{\gamma\text{-氨基丁酸}}{\begin{array}{l} COOH \\ | \\ (CH_2)_2 \\ | \\ CH_2NH_2 \end{array}}$$

GABA是一种抑制性神经递质，对中枢神经有抑制作用。临床上用维生素B_6治疗妊娠呕吐和小儿抽搐，其原理就是维生素B_6参与构成谷氨酸脱羧酶辅酶，促进谷氨酸脱羧生成较多γ-氨基丁酸，从而抑制神经组织兴奋性。

（二）牛磺酸

半胱氨酸可首先经氧化成磺酸丙氨酸，再脱羧生成牛磺酸，后者是结合胆汁酸的重要组成成分。胆汁酸在脂类的消化吸收，维持胆固醇在胆汁中的溶解状态等方面起重要作用。此外，脑组织中含有较多的牛磺酸，对神经系统、细胞增殖都有更为重要的生理功能。

$$\underset{\text{L-半胱氨酸}}{\begin{array}{l} CH_2SH \\ | \\ CH-NH_2 \\ | \\ COOH \end{array}} \xrightarrow{3[O]} \underset{\text{磺酸丙氨酸}}{\begin{array}{l} CH_2SO_3H \\ | \\ CH-NH_2 \\ | \\ COOH \end{array}} \xrightarrow[\searrow CO_2]{\text{磺酸丙氨酸脱羧酶}} \underset{\text{牛磺酸}}{\begin{array}{l} CH_2SO_3H \\ | \\ CH_2NH_2 \end{array}}$$

（三）组胺

组氨酸通过组氨酸脱羧酶，生成组胺。它可由多种组织的肥大细胞所分泌。组胺具有强烈的血管舒张作用，增加毛细血管通透性，过敏反应的发生与刺激肥大细胞释放过量组胺所引起的局部水肿有关；组胺还有促进胃黏膜分泌胃蛋白酶原及胃酸等作用，可用于研究胃的分泌活动。

（四）5-羟色胺

色氨酸首先经色氨酸羟化酶催化生成5-羟色氨酸，再经5-羟色氨酸脱羧酶催化生成5-羟色胺（5-hyroxytryptamine，5-HT）。

5-羟色胺最早从血清中发现，故又名血清素。5-羟色胺广泛存在于哺乳动物组织中，特别在脑中含量较高，也存在于胃肠、血小板及乳腺细胞中。脑中的5-羟色胺可作为神经递质，具有抑制作用；在外周组织，5-羟色胺有收缩血管的作用。在体内5-羟色胺经单胺氧化酶催化生成5-羟色醛及5-羟吲哚乙酸等随尿排出，类癌患者尿中5-羟吲哚乙酸排出量明显升高。

（五）多胺

多胺是腐胺、精脒和精胺的总称，由两种氨基酸鸟氨酸、蛋氨酸脱羧生成。多胺有多种生理功能，多胺分子带有许多正电荷，能与带负电荷的DNA及RNA结合，这可能与稳定细胞结构、促进核酸与蛋白质的生物合成有关。精脒与精胺是调节细胞生长的重要物质。凡生长旺盛或迅速生长的组织如胚胎、再生肝、癌组织等，作为多胺合成关键酶的鸟氨酸脱羧酶活性均较强，多胺的含量也较高。临床上常以测定病人血液或尿液中多胺的含量，作为辅助诊断癌症及观察病情的生化指标之一。

二、一碳单位的代谢

（一）一碳单位的概念与四氢叶酸

某些氨基酸在分解代谢过程中可以产生含有一个碳原子的基团，称为一碳单位（one-carbon unit）。体内的一碳单位有：甲基（$—CH_3$）、甲烯基（$—CH_2—$）、甲炔基（—CH＝）、甲酰基（—CHO）、亚胺甲基（—CO＝NH）等。但 CO_2 不属于一碳单位。

一碳单位不能游离存在，必须与四氢叶酸（FH_4）结合转运和参与代谢。FH_4 是一碳单位的载体，在一碳单位代谢中起辅酶作用。FH_4 分子上第 5 位和第 10 位 N 原子是携带一碳单位的位置，分别用 N^5、N^{10} 表示，FH_4 的结构如图 7－8 所示。

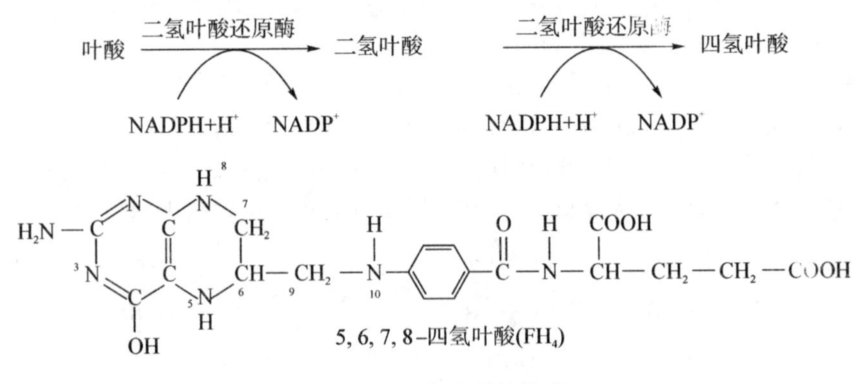

图 7－8　四氢叶酸结构式

（二）一碳单位的来源与互变

一碳单位主要来源于丝氨酸、甘氨酸、组氨酸及色氨酸的代谢。

不同形式一碳单位根据生理需要通过氧化还原反应而彼此转变。但是，在这些反应中，N^5-甲基四氢叶酸（$N^5—CH_3\ FH_4$）的生成是不可逆的，因此它的含量较多，成为细胞内四氢叶酸的储存形式。但 $N^5—CH_3\ FH_4$ 可将甲基转移给同型半胱氨酸生成甲硫氨酸，又重新转变成 FH_4，继续参加一碳单位的代谢（图 7－9）。

（三）一碳单位的生理功能

一碳单位的主要生理功能是作为合成嘌呤和嘧啶核苷酸的原料，比如 N^5，N^{10}-甲烯四氢叶酸可为合成胸腺嘧啶提供甲基，N^{10}-甲酰四氢叶酸参与合成嘌呤碱中的 C_2 原子等。因而一碳单位是将氨基酸和核酸代谢联系起来，与细胞的增殖、组织生长和机体发育等重要过程密切相关。一碳单位代谢障碍可影响 DNA 合成，妨碍细胞分裂增殖，骨髓中红细胞生成障碍而导致巨幼红细胞贫血。磺胺药及某些抗肿瘤药（甲氨蝶呤等）也正是分别通过干扰细菌及肿瘤细胞的叶酸、四氢叶酸合成，影响一碳单位代谢与核酸合成而发挥其药理作用。

三、含硫氨基酸的代谢

含硫氨基酸有甲硫氨酸、半胱氨酸两种。半胱氨酸和胱氨酸可以通过氧化还原互变，但不

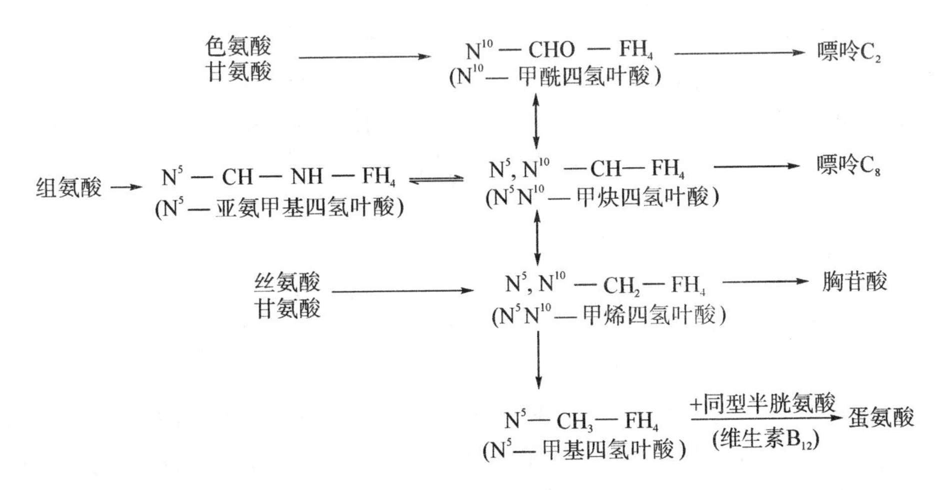

图 7－9　一碳单位的生成与互变

能变成甲硫氨酸，而甲硫氨酸能转变成半胱氨酸。因此甲硫氨酸是必需氨基酸。

（一）甲硫氨酸的代谢

甲硫氨酸(methionine，Met)含有 S-甲基，通过各种转甲基作用可以生成多种含甲基的重要生理活性物质。但是在转甲基之前，首先必须与 ATP 作用，生成 S-腺苷甲硫氨酸(S-adenosyl methionine，SAM)。SAM 称为活性甲硫氨酸，其甲基称为活性甲基。SAM 甲基也是一碳单位，但它不需要 FH_4 作载体。

S-腺苷甲硫氨酸在甲基转移酶的催化下，将活性甲基转移给甲基受体，然后水解去除腺苷生成同型半胱氨酸，后者在甲基转移酶的催化下，从 N^5—CH_3 FH_4 获得甲基，重新生成甲硫氨酸。从 Met 活化为 SAM 到提供出甲基及 Met 再生成的整个过程称为甲硫氨酸循环或蛋氨酸循环(methionine cycle)(图 7－10)。

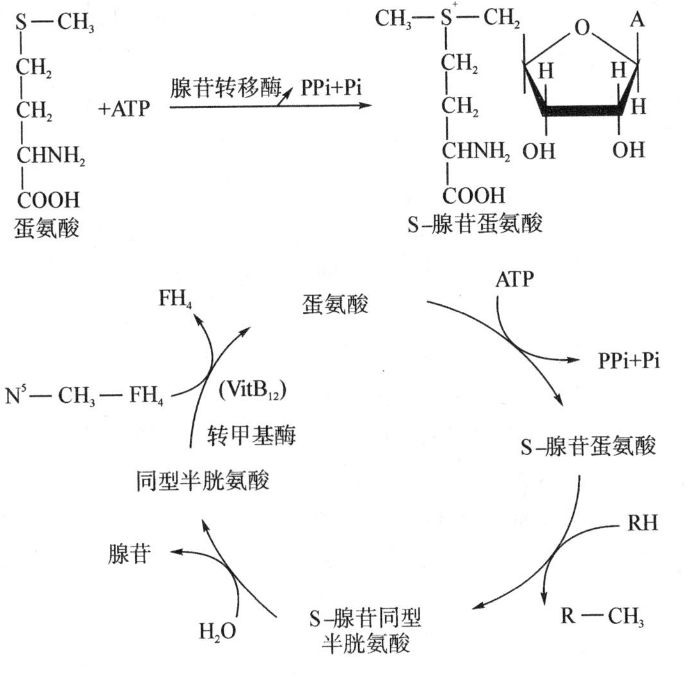

图 7－10　甲硫氨酸循环

体内一些重要生理功能的化合物，如肾上腺素、胆碱、甜菜碱、肉碱、肌酸等的合成过程中的甲基化反应都从 SAM 获得活性甲基。由此，N^5—CH_3 FH_4 可看成是体内甲基的间接供体。并且，由 N^5—CH_3 FH_4 提供甲基使同型半胱氨酸转变为甲硫氨酸的反应是目前已知体内能利用 N^5—CH_3 FH_4 的唯一反应。催化此反应的 N^5-甲基四氢叶酸转甲基酶，又称甲硫氨酸合成酶，其辅酶是维生素 B_{12}，它参与甲基的转移。维生素 B_{12} 缺乏时 N^5—CH_3 FH_4 上的甲基不能转移，这不仅不利于甲硫氨酸的生成，同时也影响四氢叶酸的再生，使组织中游离的四氢叶酸含量减少，不能重新利用它来转运其他一碳单位，导致核酸合成障碍，影响细胞分裂。因此，维生素 B_{12} 不足时可以导致巨幼红细胞性贫血。

（二）半胱氨酸与胱氨酸的代谢

1. 半胱氨酸与胱氨酸的互变　半胱氨酸含有巯基（—SH），胱氨酸含有二硫键（—S—S—），两者可以相互转变。蛋白质分子中的半胱氨酸的—SH 是许多酶的必需基因；两个半胱氨酸形成的二硫键对于维持蛋白质分子构象起着重要作用。

2. 硫酸根的代谢　含硫氨基酸，尤其是半胱氨酸在分解代谢中所产生的 H_2S 和 SO_3^{2-} 可经氧化还原反应产生 H_2SO_4，由其产生的硫酸盐可从尿中排出。有一部分 SO_4^{2-} 在消耗 ATP 的条件下生成 3′-磷酸腺苷-5′-磷酸硫酸（PAPS），称为活性硫酸根。PAPS 化学性质活泼，是硫酸基团的供体，参与肝脏的生物转化作用。此外，PAPS 也可向软骨组织中的蛋白多糖提供硫酸根形成糖硫酸酯等。

四、芳香族氨基酸的代谢

芳香族氨基酸包括苯丙氨酸、酪氨酸和色氨酸。在体内苯丙氨酸可转变成酪氨酸，两者在结构上相似，代谢途径也相近。

（一）苯丙氨酸和酪氨酸的代谢

1. 苯丙氨酸转变为酪氨酸　苯丙氨酸在苯丙氨酸羟化酶的作用下，转变为酪氨酸。苯丙氨酸羟化酶主要存在肝脏中，是一种加单氧酶，其辅酶是四氢生物蝶呤。此羟化反应不可逆，故酪氨酸不能转变为苯丙氨酸。

苯丙氨酸（C_6H_5—CH_2—CH(NH_2)—COOH） + O_2 —[苯丙氨酸羟化酶；四氢生物蝶呤 → 二氢生物蝶呤]→ 酪氨酸（HO—C_6H_4—CH_2—CH(NH_2)—COOH） + H_2O

二氢生物蝶呤 + NADPH+H^+ —[FH_2还原酶]→ 四氢生物蝶呤 + $NADP^+$

苯丙氨酸的另一代谢途径是通过转氨基作用生成苯丙酮酸，这是次要的代谢途径。当先天性苯丙氨酸羟化酶缺乏时，则此通路加强，苯丙酮酸可大量随尿排出，称为苯丙酮酸尿症（phenyl ketonuria，PKU）。有此遗传病的患儿，由于大量苯丙酮酸等产物影响大脑发育，因而智力迟钝，对儿童身心影响极大。但这种患儿酪氨酸代谢正常，如在生活中能早期、严格食用低苯丙氨酸蛋白质食物，可使症状缓解并能控制其发展。

2. 儿茶酚胺的生物合成　在肾上腺髓质嗜铬细胞内，由酪氨酸羟化酶作用，生成 3，4-二羟苯丙氨酸（3，4-dihydroxyphenylalanine，DOPA），简称多巴。通过多巴脱羧酶的作用，多巴转变成多巴胺（dopammine）。多巴胺是脑中的一种神经递质。帕金森氏病（Parkinson

disease)患者多巴胺生成减少。多巴胺进入细胞内的嗜铬颗粒，经多巴胺-β-羟化酶催化，多巴胺侧链的β-碳原子被羟化，生成去甲肾上腺素(norepinephrine)，后者经甲基转移酶催化，由活性甲硫氨酸提供甲基，转变成肾上腺素(epinephrine)。多巴胺、去甲肾上腺素和肾上腺素分子中都含有邻苯二酚，即儿茶酚，故将这三种物质统称为儿茶酚胺(catecholamine)。酪氨酸羟化酶是儿茶酚胺合成的关键酶，受终产物的反馈调节。

OH

CH_2CHNH_2COOH

酪氨酸

酪氨酸羟化酶

OH OH

CH_2CHNH_2COOH

3，4-二羟苯丙氨酸
(DOPA)

DOPA脱羧酶

CO_2

OH OH

CH_2
CH_2
NH_2

多巴胺

多巴胺-β-羟化酶

OH OH

HCOH
CH_2
NH_2

去甲肾上腺素

N-甲基转移酶

SAM

OH OH

HCOH
CH_2
$NH-CH_3$

肾上腺素

儿茶酚胺

3. 黑色素的生成　酪氨酸代谢的另一条途径是合成黑色素。在皮肤的黑色素细胞中，酪氨酸经酪氨酸酶催化，羟化生成多巴，后者经氧化、脱羧等反应转变成吲哚-5，6-醌，黑色素就是吲哚醌的聚合物。人体缺乏酪氨酸酶，则黑色素合成障碍，其皮肤、毛发乃至虹膜缺少黑色素，称为白化病。

(二) 色氨酸的代谢

色氨酸在肝脏中通过色氨酸加氧酶的作用，生成一碳单位。色氨酸分解可产生丙酮酸和乙酰辅酶A，所以色氨酸是一种生糖兼生酮氨基酸。此外，色氨酸分解还可产生尼克酸，这是体内合成维生素的特例。但转化率低，不能满足机体需要，仍依赖食物补得。

色氨酸在参与5-羟色胺的生成时，在松果体中还能进一步合成褪黑激素(melatonin)。黑夜中光刺激减弱，合成相关酶活性增强，褪黑激素生成增多，白昼则减少。褪黑激素可作用于蛙皮黑素细胞，使肤色变浅；对动物则能抑制促性腺激素的分泌，可能与防止性早熟有关。松果体一般在青春期前发生萎缩退化，尔后失去功能。

五、支链氨基酸的分解代谢

支链氨基酸包括亮氨酸、异亮氨酸和缬氨酸，这三种氨基酸都是必需氨基酸。支链氨基酸降解为糖或酮体的过程很复杂，一般可分为两个阶段来叙述。第一阶段为共同反应阶段，即三种氨基酸经历的反应性质相同，产物类似，分别生成相应的α，β-不饱和脂酰辅酶A。第二阶段为不同反应阶段，生成的不饱和脂酰辅酶A各自进行分解代谢，缬氨酸分解产生琥珀酰辅酶A；亮氨酸产生乙酰辅酶A和乙酸乙酰辅酶A；异亮氨酸产生乙酰辅酶A和琥珀酰辅酶A，所以缬氨酸为生糖氨基酸，亮氨酸为生酮氨基酸，异亮氨酸为生糖兼生酮氨基酸。

在体内肌肉组织是支链氨基酸分解代谢的主要场所。正常人血中支链氨基酸含量与芳香族氨基酸中的苯丙氨酸和酪氨酸含量有一定比例关系，称为支/芳比，其值变动范围为2.3～3.5，当该比值低于2，是经典判断肝病氨基酸代谢异常的指标。临床上给肝功能不良者输入支链氨基酸相应的α-酮酸，经体内转氨可以合成支链氨基酸，同时可以抑制自由NH_3的释放，有利于降低血氨，能收到一定的治疗效果。

复习思考题

1. 名词解释：转氨作用，联合脱氨基作用，γ-谷氨酰循环，一碳单位。
2. 血液氨基酸有哪些来源和去路？血液与器官之间氨基酸交换的概况如何？
3. 试述血NH_3有哪些来源和去路。
4. 试述鸟氨酸循环的过程，主要反应部位及意义。
5. 试述组胺、5-HT、GABA、多胺等物质的生成及其功能。

（王　宁）

【附一】γ-谷氨酰基循环

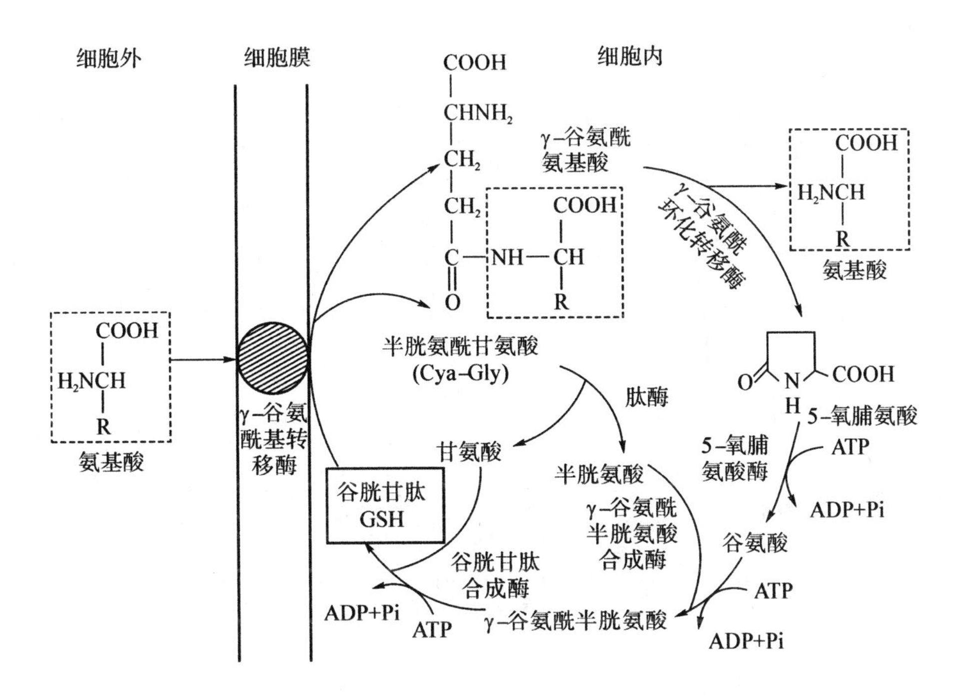

细胞外
细胞膜
细胞内
COOH
CHNH2
CH2
CH2
C—NH—CH
O
R
γ-谷氨酰
氨基酸
γ-谷氨酰
环化转移酶
COOH
H2NCH
R
氨基酸
COOH
H2NCH
R
氨基酸
γ-谷氨
酰基转
移酶
半胱氨酰甘氨酸
(Cya-Gly)
肽酶
O N COOH
H
5-氧脯氨酸
5-氧脯
氨酸酶
ATP
ADP+Pi
甘氨酸
半胱氨酸
谷胱甘肽
GSH
γ-谷氨酰
半胱氨酸
合成酶
谷氨酸
ATP
ADP+Pi
谷胱甘肽
合成酶
ADP+Pi
ATP
γ-谷氨酰半胱氨酸

【附二】嘌呤核苷酸循环

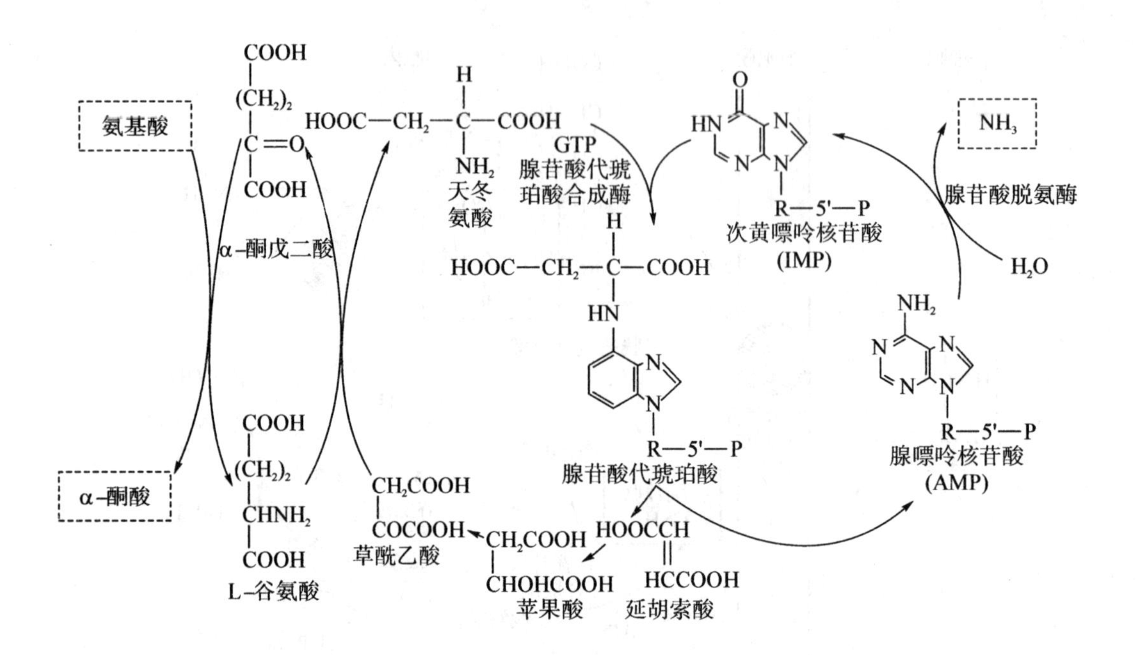

氨基酸
α-酮酸
COOH
$(CH_2)_2$
C=O
COOH
α-酮戊二酸
CHNH₂
L-谷氨酸
HOOC—CH₂—C—COOH
H
NH₂
天冬氨酸
GTP
腺苷酸代琥珀酸合成酶
HN
R—5'—P
腺苷酸代琥珀酸
HOOCCH
HCCOOH
延胡索酸
CH₂COOH
CHOHCOOH
苹果酸
COCOOH
草酰乙酸
次黄嘌呤核苷酸
(IMP)
NH₃
腺苷酸脱氨酶
H₂O
腺嘌呤核苷酸
(AMP)

第八章　核苷酸代谢

【案例】

张某，男，51岁，2年来因全身关节疼痛伴低热反复就诊，均被诊断为“风湿性关节炎”。经抗风湿和激素用药后疼痛现象稍有好转。一个月前疼痛加剧，因抗风湿效果不佳前来就诊。查体：体温：38.5℃，双足第一跖趾关节红肿有压痛，双踝关节肿胀，右侧比较明显。双侧耳郭触及数个绿豆大小的结节。白细胞：9×10^9个/L，血沉：50 mm/h。

问：1. 该患者最可能的诊断是什么？需要做什么检查进一步确诊？

2. 明确诊断后如何治疗？药物的治疗机制是什么？

核苷酸(neucleotide)是核酸(DNA和RNA)组成的基本结构单位。细胞内存在多种游离的核苷酸，这是在代谢上极为重要的物质，总结起来有下面几个方面的作用：①作为核酸合成的原料；②体内能量的利用形式，例如ATP是生物系统的主要能源物质，GTP也可以提供能量；③作为代谢信号的调节分子，例如cAMP及cGMP是很多激素的共同第二信使；④作为辅酶结构的组成部分，例如AMP是NAD^+、$NADP^+$、FAD和CoA的组成成分；⑤形成许多生物合成的活性中间物。例如：UDP-葡萄糖是葡萄糖的活性形式。

除上述一些主要功能外，核苷酸代谢的失常与某些疾病的发生、发展有密切关系。另外一些抗代谢药物的作用机制也在于抑制核苷酸的生物合成。因此，研究核苷酸代谢在医学中具有重要意义。

人体内的核苷酸主要由机体细胞自身合成，因此核苷酸不属于营养必需物质。食物中的核酸主要以核蛋白的形式存在，受胃酸的作用，核蛋白在胃中分解成核酸和蛋白质。核酸进入小肠后，在胰液与肠液中各种水解酶的催化下水解成核苷酸。核苷酸进一步的水解产物为核苷、碱基和戊糖(图8-1)。食物来源的嘌呤和嘧啶碱很少被机体利用。

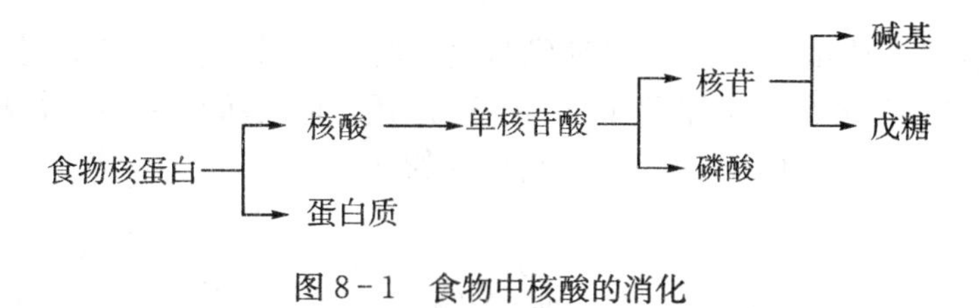

图8-1　食物中核酸的消化

核苷酸代谢包括合成代谢和分解代谢，本章重点讨论核苷酸在体内的合成过程。

第一节　核苷酸的合成代谢

一、嘌呤核苷酸的合成

人体内嘌呤核苷酸的生物合成由两条不同的途径组成：从头合成途径(de novo synthesis)和补救合成途径(salvage pathway)。前者是指以磷酸核糖、氨基酸、一碳单位、CO_2 等小分子物质为原料，经过一系列复杂的酶促反应合成嘌呤核苷酸的过程；后者是以体内现成的嘌呤碱基或嘌呤核苷为原料，经过简单的酶促反应合成核苷酸的过程。两者的重要性因组织不同而异，如肝主要进行从头合成途径，脑和骨髓等则主要以补救合成途径为主。一般情况下，前者是合成的主要途径。

(一) 嘌呤核苷酸的从头合成途径

嘌呤核苷酸的从头合成是在胞液中进行。合成的原料是5-磷酸核糖、谷氨酰胺、一碳单位、甘氨酸、CO_2 和天冬氨酸，嘌呤环上各原子的来源见图8-2。5-磷酸核糖来自磷酸戊糖途径。

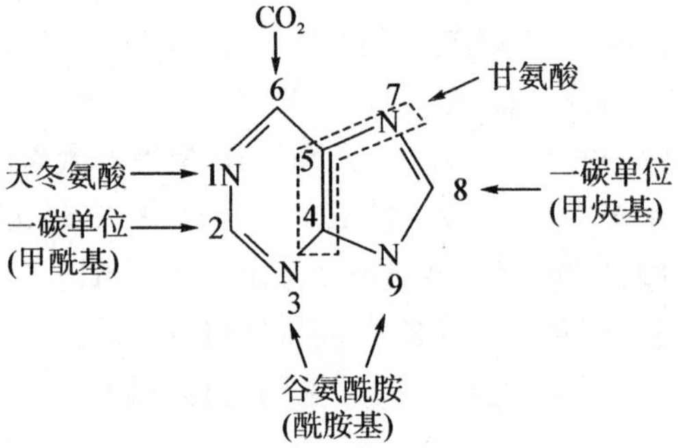

图8-2　嘌呤环上各原子的来源

嘌呤核苷酸从头合成过程可分为两个阶段：第一阶段为合成次黄嘌呤核苷酸(inosine monophosphate，IMP)，第二阶段是由IMP合成腺嘌呤核苷酸(AMP)和鸟嘌呤核苷酸(GMP)。

1. IMP的合成　首先，来自磷酸戊糖代谢途径的5-磷酸核糖(R-5-P)在专一的磷酸核糖焦磷酸激酶(PRPP合成酶)的催化下与ATP作用，生成活化的5′-磷酸核糖-1′-焦磷酸(phosphoribosyl pyrophosphate，PRPP)。反应式如下：

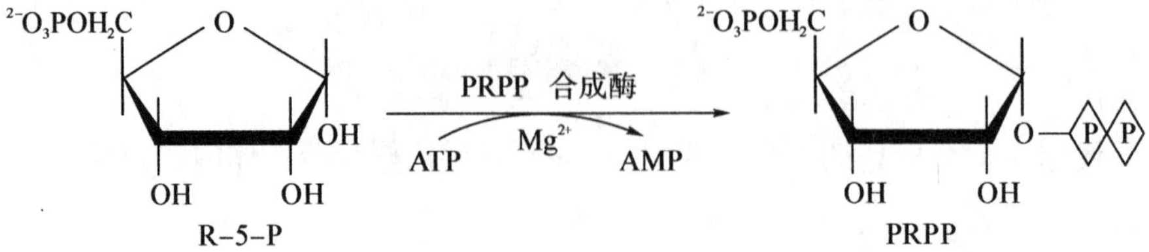

PRPP不仅是嘌呤从头合成的第一个中间产物，同时还是嘌呤核苷酸补救合成途径、NAD^+、$NADP^+$，以及嘧啶核苷酸生物合成途径的中间体。这步反应是嘌呤核苷酸从头合成

途径中的关键步骤。PRPP 经过 10 步连续的酶促反应，生成 IMP，具体过程见图 8－3。

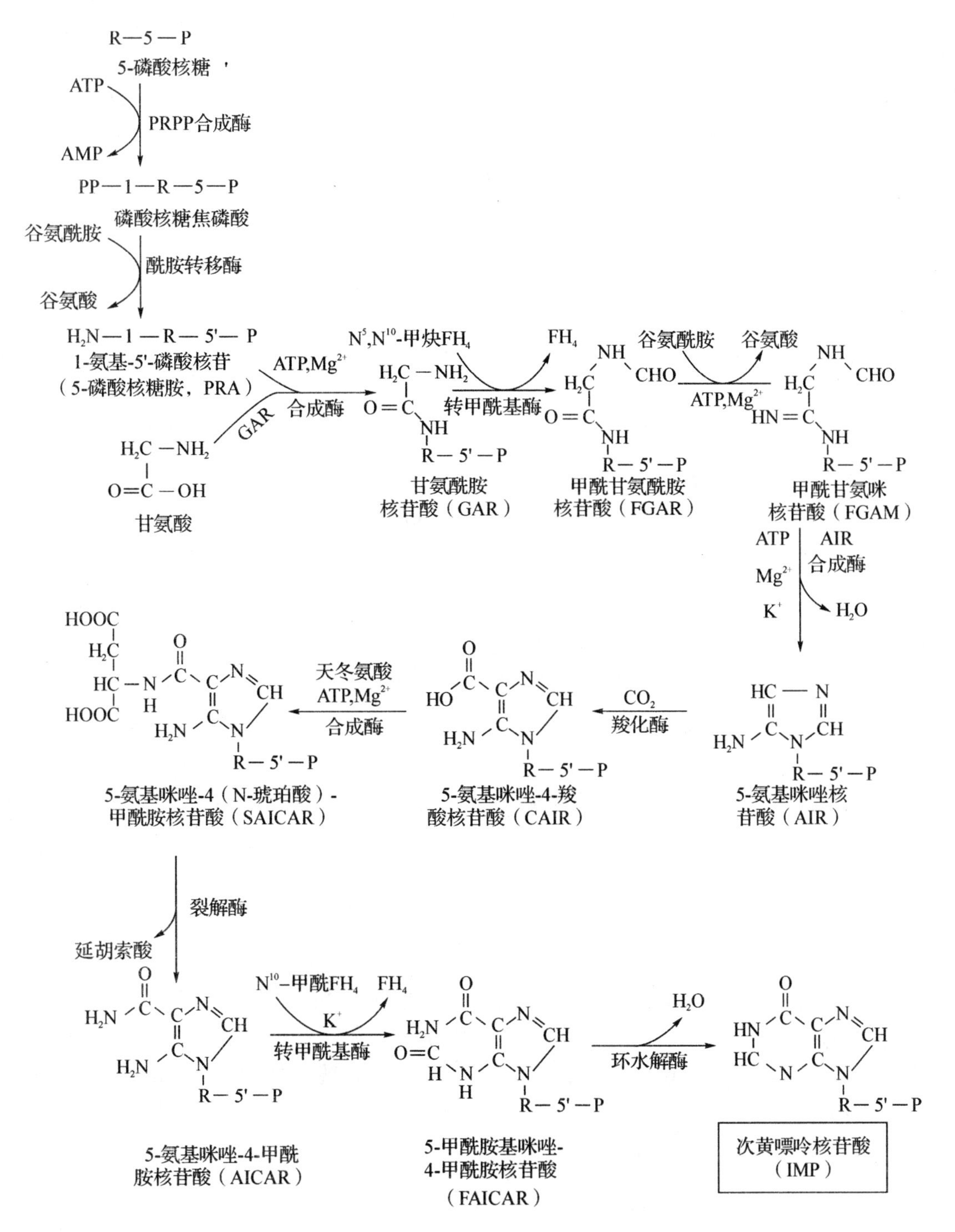

图 8－3　次黄嘌呤核苷酸的合成途径

2. AMP 和 GMP 的合成　IMP 虽然不是核酸分子的主要成分，但它是嘌呤核苷酸合成的重要中间产物，是合成 AMP 和 GMP 的前体。IMP 由 GTP 提供能量，生成 AMP。IMP 亦可由 ATP 提供能量，生成 GMP(图 8－4)。

由上述反应过程可以清楚地看到，嘌呤碱是在磷酸核糖分子上逐步合成的，而不是首先单独合成嘌呤碱后再与磷酸核糖结合。这是嘌呤核苷酸从头合成的一个重要特点。

现已证明，并不是所有的细胞都具有从头合成嘌呤核苷酸的能力，肝脏是体内从头合成嘌呤核苷酸的主要器官，其次是小肠黏膜及胸腺。

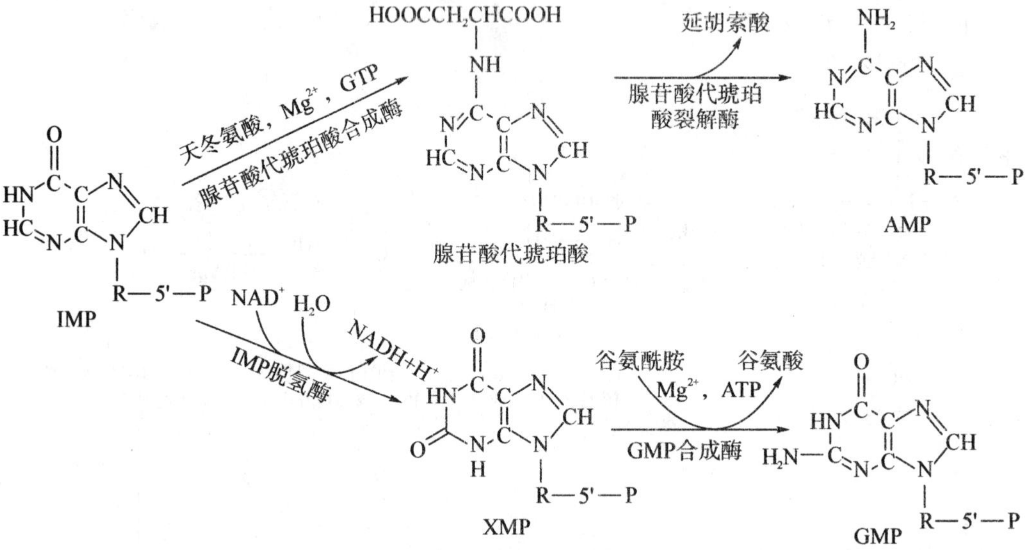

IMP —(天冬氨酸，Mg^{2+}，GTP；腺苷酸代琥珀酸合成酶)→ 腺苷酸代琥珀酸（$HOOCCH_2CHCOOH$–NH–，R—5'—P）—(腺苷酸代琥珀酸裂解酶；延胡索酸)→ AMP（NH_2，R—5'—P）

IMP（R—5'—P）—(NAD^+，H_2O → $NADH+H^+$；IMP脱氢酶)→ XMP（R—5'—P）—(谷氨酰胺，Mg^{2+}，ATP → 谷氨酸；GMP合成酶)→ GMP（H_2N—，R—5'—P）

图 8－4　由 IMP 合成 AMP 和 GMP

AMP 和 GMP 可分别在相应激酶催化下转变成 ADP 和 GDP，进而转变成 ATP 和 GTP。

$$\text{AMP} \xrightarrow[\text{ATP}\ \ \text{ADP}]{\text{激酶}} \text{ADP} \xrightarrow[\text{ATP}\ \ \text{ADP}]{\text{激酶}} \text{ATP}$$

$$\text{GMP} \xrightarrow[\text{ATP}\ \ \text{ADP}]{\text{激酶}} \text{GDP} \xrightarrow[\text{ATP}\ \ \text{ADP}]{\text{激酶}} \text{GTP}$$

(二) 嘌呤核苷酸的补救合成途径

补救合成途径是细胞利用现有嘌呤碱或嘌呤核苷与 PRPP，经一到两步酶促反应形成嘌呤核苷酸的过程。体内存在两种酶参与嘌呤核苷酸的补救合成：腺嘌呤磷酸核糖转移酶(adenine phosphoribosyl transferase，APRT)和次黄嘌呤－鸟嘌呤磷酸核糖转移酶(hypoxanthine-guanine phosphoribosyl transferase，HGPRT)。由 PRPP 提供磷酸核糖，它们分别催化 AMP 和 IMP、GMP 的补救合成：

$$\text{腺嘌呤} + \text{PRPP} \xrightarrow{\text{APRT}} \text{AMP} + \text{PPi}$$

$$\text{鸟嘌呤} + \text{PRPP} \xrightarrow{\text{HGPRT}} \text{GMP} + \text{PPi}$$

$$\text{次黄嘌呤} + \text{PRPP} \xrightarrow{\text{HGPRT}} \text{IMP} + \text{PPi}$$

【链接】

嘌呤磷酸核糖转移酶在人类嘌呤核苷酸代谢中起着重要的作用。莱-纳（Lesch-Nyhan）综合征是由于 HGPRT 的严重遗传缺陷所致。由于 HGPRT 的缺乏，使得分解产生的 PRPP 不能被利用而堆积，PRPP 促进嘌呤的从头合成，从而使嘌呤分解产物尿酸增高。此种疾病是一种 X 连锁隐性遗传，多见于男性患儿。患者表现为尿酸增高及神经异常，如智力发育受阻、共济失调，具有攻击性和敌对性。患儿还有咬自己的口唇、手指和足趾等自毁容貌的表现，故又称自毁容貌症。

另有一条补救合成途径是嘌呤核苷的磷酸化，但在生物体内，只限于腺嘌呤核苷的磷酸化，而其他嘌呤核苷缺乏相应的激酶，不能进行嘌呤核苷的磷酸化，无广泛意义。

$$\text{(脱氧)腺嘌呤核苷} \xrightarrow[\text{ATP}\ \ \text{ADP}]{\text{腺苷激酶}} \text{AMP}$$

嘌呤核苷酸补救合成的生理意义在于，一方面可以节约从头合成时能量和一些氨基酸的消耗；另一方面，对体内某些组织器官如脑、骨髓来说，由于缺乏从头合成嘌呤核苷酸的酶系，因此补救合成途径具有更重要的意义。研究表明，由 HGPRT 的完全缺乏引起的痛风症伴随严重的神经系统障碍，可能与脑组织不能补救合成嘌呤核苷酸密切相关。

二、嘧啶核苷酸的合成

嘧啶核苷酸比嘌呤核苷酸的结构简单。与嘌呤核苷酸一样，体内嘧啶核苷酸的合成也有两条途径，即从头合成途径和补救合成途径。

（一）嘧啶核苷酸的从头合成途径

嘧啶核苷酸的合成主要在肝中进行。基本原料是天冬氨酸、谷氨酰胺和 CO_2（图 8-5）。与嘌呤核苷酸从头合成途径不同，嘧啶核苷酸的“从头合成”是先合成嘧啶环，然后再与 PRPP 提供的磷酸核糖相连。基本过程也分为两个阶段：首先是尿嘧啶核苷酸（UMP）的合成，然后由 UMP 合成三磷酸胞苷（CTP）和脱氧胸腺嘧啶核苷酸（dTMP）。具体合成过程如下：

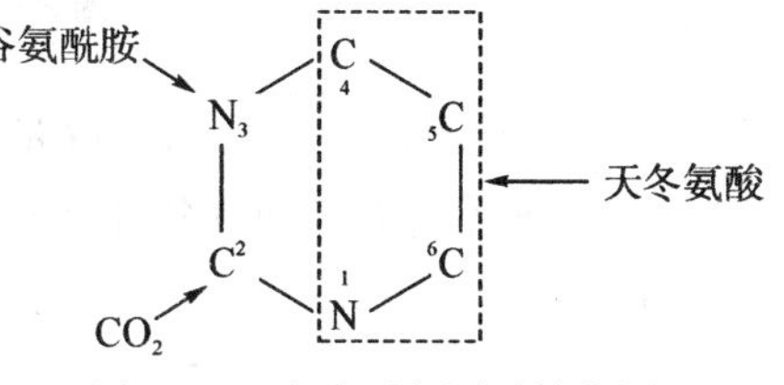

图 8-5　嘧啶环各原子的来源

1. UMP 的合成　嘧啶环的合成始于谷氨酰胺和 CO_2 合成氨基甲酰磷酸，催化此反应的酶是胞液中氨基甲酰磷酸合成酶Ⅱ（carbamoyl phosphate synthetase Ⅱ，CPS-Ⅱ）。氨基甲酰磷酸在胞液中天冬氨酸氨基甲酰转移酶的催化下，与天冬氨酸结合生成氨甲酰天冬氨酸。后者经二氢乳清酸酶催化脱水，形成具有嘧啶环的二氢乳清酸，再经二氢乳清酸脱氢酶作用，脱氢成为乳清酸。乳清酸在乳清酸磷酸核糖转移酶的催化下与 PRPP 结合，生成乳清酸核苷酸，后者再由乳清酸核苷酸脱羧酶催化脱去羧基，生成 UMP。UMP 向 UDP 与 UTP 转化的过程与嘌呤核苷酸转化方式相同，分别相应激酶催化完成（图 8-6）。

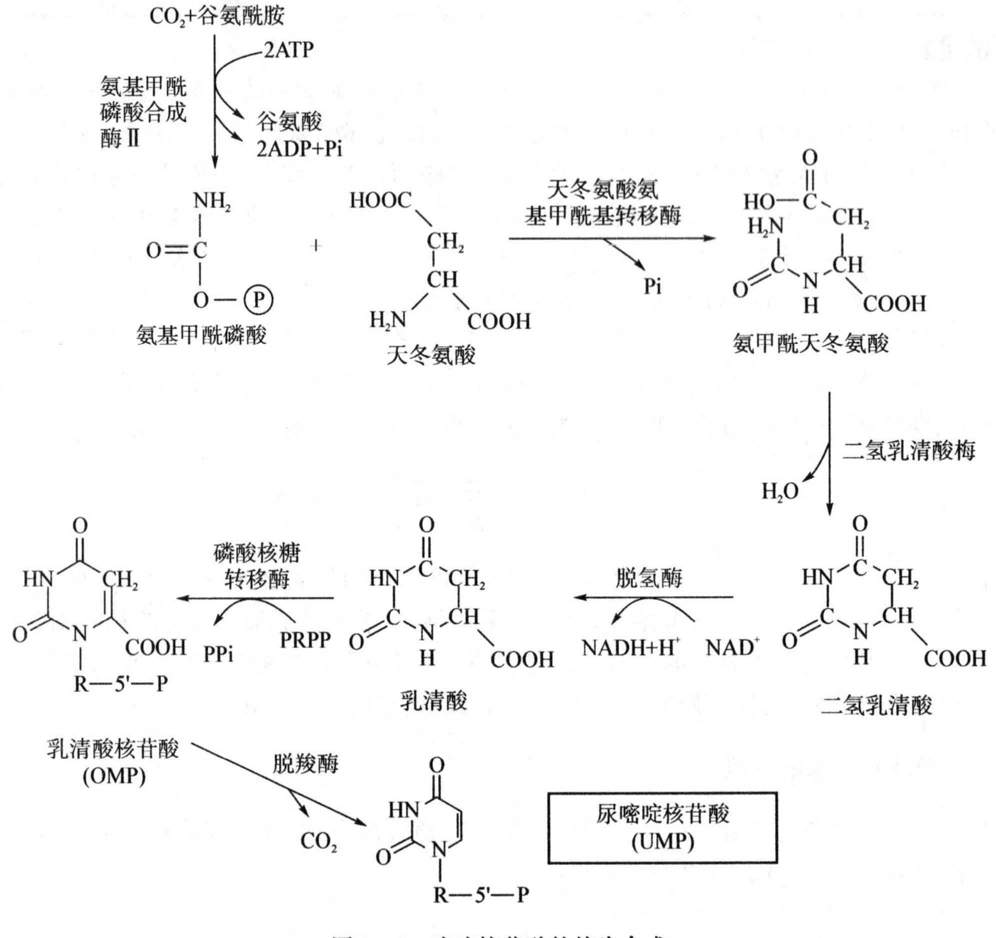

图 8-6　嘧啶核苷酸的从头合成

2. CTP 的合成　CTP 的合成是在核苷三磷酸水平上进行的。UMP 首先经尿苷酸激酶和尿苷二磷酸核苷激酶的催化生成 UTP。UTP 在 CTP 合成酶催化下，从谷氨酰胺获得氨基，生成 CTP。

UMP —尿苷酸激酶（ATP → ADP）→ UDP —二磷酸核苷激酶（ATP → ADP）→

UTP —CTP合成酶（谷氨酰胺、ATP → 谷氨酸、ADP+Pi）→ CTP

3. dTMP 的合成　脱氧胸腺嘧啶核苷酸(dTMP)是在脱氧尿嘧啶核苷酸(dUTP)的基础上，脱掉焦磷酸生成 dUMP，或者 dCMP 脱氨基生成 dUMP，dUMP 进一步甲基化生成

dTMP,并在激酶的作用下生成二、三磷酸脱氧胸苷酸(dTDP,dTTP)(图 8-7)。

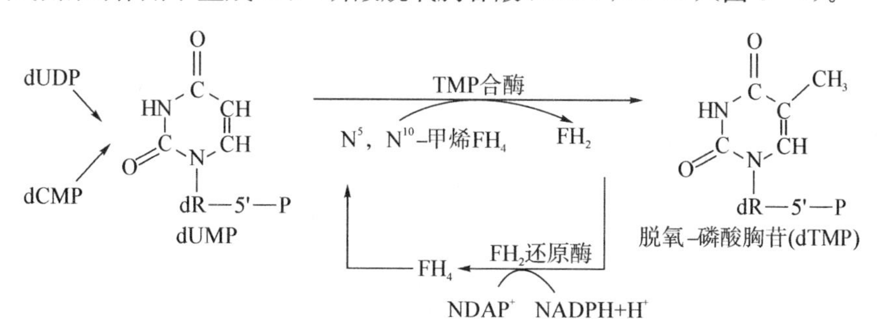

图 8-7 胸腺嘧啶核苷酸的合成

【链接】

乳清酸尿症(orotic aciduria)是一种嘧啶核苷酸代谢异常的遗传病。患者以生长发育迟缓、低色素性贫血和尿中排泄过量乳清酸为特征。这是由于患者体内的乳清酸磷酸核糖转移酶(OPRT)和乳清核苷酸脱羧酶严重匮乏,产生所谓"嘧啶饥饿"(pyrimidine starvation)现象,结果核酸和辅酶生成不足,干扰了红细胞正常生成,产生巨红细胞贫血症。

另外,由于上述两种酶的缺乏,机体内合成的乳清酸不能进一步代谢,一方面使乳清酸在体内堆积,另一方面导致尿苷酸生成减少。由于尿苷酸对乳清酸代谢途径中的前几种酶有负反馈作用,尿苷酸的不足更促进这些酶活力升高,因而乳清酸的生成更显著增加,而产生乳清酸尿症。

(二) 嘧啶核苷酸的补救合成途径

嘧啶磷酸核糖转移酶是嘧啶核苷酸补救合成的主要酶,催化嘧啶碱接受来自 PRPP 的磷酸核糖基,直接生成相应的核苷酸。此酶利用尿嘧啶、胸腺嘧啶和乳清酸作为底物,但对胞嘧啶不起作用。尿苷激酶也是一种补救合成酶,催化尿嘧啶核苷生成尿嘧啶核苷酸。

$$\text{嘧啶}+\text{PRPP}\xrightarrow{\text{嘧啶磷酸核糖转移酶}}\text{磷酸嘧啶核苷}+\text{PPi}$$

$$\text{尿嘧啶核苷}+\text{ATP}\xrightarrow{\text{尿苷激酶}}\text{UMP}+\text{ADP}$$

脱氧胸苷可通过胸苷激酶生成 dTMP。此酶在正常肝脏活性很低,在再生肝脏活性升高,恶性肿瘤中此酶活性明显升高,并与恶性程度有关。

三、脱氧核糖核苷酸的生成

脱氧核糖核苷酸是 DNA 合成的原料。细胞分裂旺盛时,脱氧核糖核苷酸含量明显增加,以适应合成 DNA 的需要。在体内,脱氧核糖核苷酸由核糖核苷酸直接还原生成,还原反应是在核苷二磷酸(NDP)水平上进行(这里 N 代表 A、G、U、C 等碱基),由核糖核苷酸还原酶(ribonucleotide reductase)催化 4 种二磷酸核糖核苷(ADP、GDP、UDP、CDP)转变成为对应的二磷酸脱氧核糖核苷(dADP、dGDP、dUDP、dCDP),然后,经激酶的催化作用,dNDP 再磷酸化生成三磷酸脱氧核苷(图 8-8)。

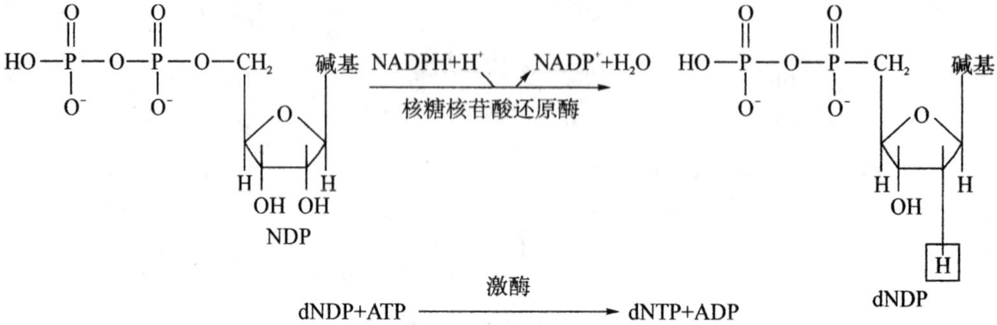

$$\text{NDP} + \text{NADPH} + \text{H}^+ \xrightarrow{\text{核糖核苷酸还原酶}} \text{dNDP} + \text{NADP}^+ + \text{H}_2\text{O}$$

NDP：$HO-P(=O)(O^-)-O-P(=O)(O^-)-O-CH_2$—核糖（2′-OH，3′-OH）—碱基

dNDP：$HO-P(=O)(O^-)-O-P(=O)(O^-)-CH_2$—脱氧核糖（3′-OH，2′-H）—碱基

$$\text{dNDP} + \text{ATP} \xrightarrow{\text{激酶}} \text{dNTP} + \text{ADP}$$

图 8-8　脱氧核糖核苷酸的生成

四、核苷酸的抗代谢物

核苷酸的抗代谢物是指一些碱基、氨基酸或叶酸等的类似物。它们主要以竞争性抑制或“以假乱真”等方式干扰或阻断核苷酸的合成代谢，从而阻止核酸以及蛋白质的生物合成。肿瘤细胞的核酸及蛋白质合成十分旺盛，因此这些抗代谢物具有抗肿瘤作用。

(一) 谷氨酰胺类似物

谷氨酰胺是核苷酸合成中重要的原料，氮杂丝氨酸和 6-重氮-5-氧正亮氨酸在结构上与谷氨酰胺相似，抑制了以谷氨酰胺作为底物的合成过程，抑制剂和催化位点的氨基酸侧链之间形成了共价键，故抑制反应是不可逆的。

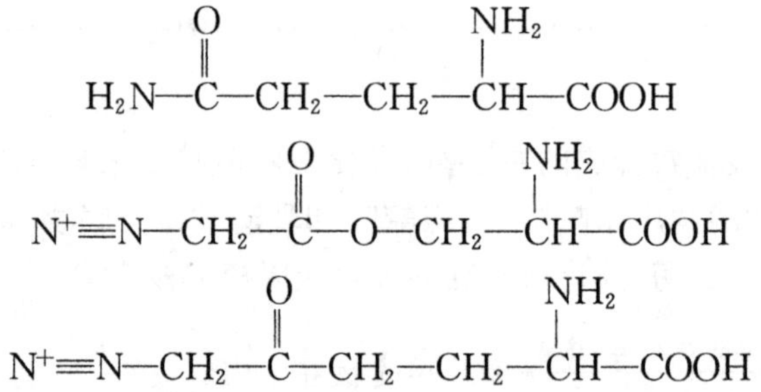

$H_2N-C(=O)-CH_2-CH_2-CH(NH_2)-COOH$　谷氨酰胺

$N^+{\equiv}N-CH_2-C(=O)-O-CH_2-CH(NH_2)-COOH$　氮杂丝氨酸(重氮乙酰丝氨酸)

$N^+{\equiv}N-CH_2-C(=O)-CH_2-CH_2-CH(NH_2)-COOH$　6-重氮-5-氧正亮氨酸

(二) 叶酸和对氨基苯甲酸类似物

叶酸在体内的还原产物四氢叶酸(FH_4)是一碳单位的载体。磺胺类药物是对氨基苯甲酸的类似物，在对氨基苯甲酸参与合成叶酸的反应过程中，它竞争性抑制细菌中叶酸的生物合成。因此，在医学上被广泛用于抑制细菌的生长。

氨蝶呤(aminopterin)和氨甲蝶呤(methotrexate，MTX)是叶酸的类似物，阻止嘌呤核苷酸和胸腺嘧啶核苷酸的合成。MTX 在临床上常用于白血病的治疗。

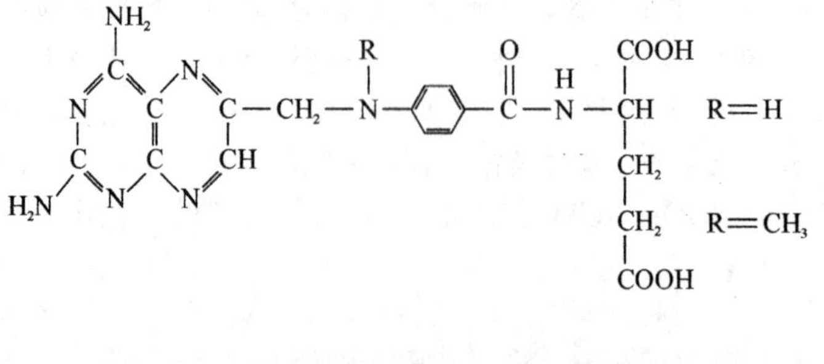

2,4-二氨基蝶啶—$CH_2-N(R)-C_6H_4-C(=O)-NH-CH(COOH)-CH_2-CH_2-COOH$

R＝H　氨喋呤

R＝CH_3　甲氨喋呤

（三）嘌呤类似物

6-巯基嘌呤(6-mercaptopurine，6-MP)、6-巯代鸟嘌呤(6-thioguanine，6-TG)、8-氮杂鸟嘌呤(8-azaguanine，8-AG)是嘌呤类似物。

6-MP是临床上最常用的药物。6-MP的结构与次黄嘌呤相似，6-MP与PRPP结合生成的6-MP核苷酸结构与IMP相似，抑制IMP向AMP和GMP的转化；6-MP还可直接竞争性抑制HGPRT活性，抑制补救合成途径；此外，6-MP核苷酸结构与IMP相似，还可反馈抑制PRPP酰胺转移酶而干扰磷酸核糖胺的形成，阻断嘌呤核苷酸的从头合成。目前应用6-MP来治疗急性骨髓性白血病和急性淋巴细胞性白血病。

6-巯基嘌呤(6-MP)　　6-巯基鸟嘌呤　　8-氮杂鸟嘌呤

（四）嘧啶和嘧啶核苷类似物

常用的嘧啶类似物有5-氟尿嘧啶(5-fluorouracil，5-FU)、6-氮尿嘧啶(6-AU)，嘧啶核苷类似物有5-氟尿嘧啶脱氧核苷(5-FudR)、胞嘧啶阿拉伯糖苷(阿糖胞苷，Ara-C)等。

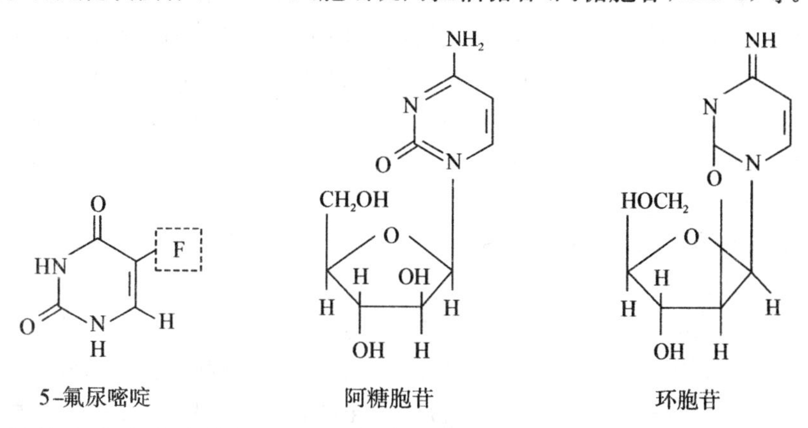

5-氟尿嘧啶　　阿糖胞苷　　环胞苷

5-FU的结构和胸腺嘧啶类似。5-FU本身无生物学活性，必须在体内转变为一磷酸脱氧核糖尿嘧啶核苷(5-FdUMP)及三磷酸氟尿嘧啶核苷(5-FUTP)，才能发挥作用。5-FdUMP结构与dUMP类似，可抑制胸苷酸合成酶，降低dTMP的生成，阻断DNA的合成；5-FUTP可以FUMP的形式掺入RNA分子，异常核苷酸的掺入破坏了RNA的结构和功能，干扰蛋白质的生物合成。5-FU临床上用于治疗乳腺癌、卵巢癌及胃肠癌。

6-AU必须在体内转变成相应的6-AU核苷酸后才具有抗癌作用。6-AU核苷酸可抑制乳清酸核苷酸脱羧酶的活性，使乳清酸核苷酸不能转变成尿嘧啶核苷酸，从而抑制核酸的合成，但此药临床上使用较少。

Ara-C是脱氧胞苷的类似物，它在体内转变成阿糖胞苷酸后，抑制CDP转变为dCDP，同时抑制DNA聚合酶，从而干扰细胞DNA的增殖。

第二节　核苷酸的分解代谢

一、嘌呤核苷酸的分解代谢

体内核苷酸的分解代谢类似于食物中核苷酸的消化过程。细胞内的核苷酸首先在核苷酸酶的作用下水解成核苷。核苷再经核苷磷酸化酶催化，生成游离的碱基与1-磷酸核糖。1-磷酸核糖可进一步转变成5-磷酸核糖。后者是合成PRPP的原料，参与新的核苷酸的合成，也可经磷酸戊糖途径氧化分解。嘌呤碱可经补救合成途径再合成新的核苷酸，也可最终氧化生成尿酸(uric acid)，通过肾脏随尿液排出体外。

嘌呤碱的分解首先是在脱氨酶的作用下水解脱去氨基。腺嘌呤和鸟嘌呤水解脱氨分别生成次黄嘌呤和黄嘌呤。脱氨基反应可以在核苷和核苷酸水平进行。黄嘌呤氧化酶首先催化次黄嘌呤氧化生成黄嘌呤；再催化黄嘌呤进一步氧化生成尿酸。肝、小肠和肾是嘌呤核苷酸分解代谢的主要器官。分解代谢过程见附录。

尿酸是人体内嘌呤分解代谢的终产物。正常人血浆中尿酸含量为0.12～0.36 mmol/L，尿酸的水溶性较差。当体内核酸大量分解或摄入高嘌呤食物时，血中尿酸水平升高，当超过0.48 mmol/L(8 mg%)时，尿酸就以钠盐的形式沉积于关节、软组织、软骨及肾等处，导致关节炎、尿路结石及肾疾病，称为痛风症(gout)。痛风症多见于成年男性，有原发与继发两类。继发性痛风症常见于一些血液病患者，血细胞中大量核酸(嘌呤)分解，尿酸的生成增加，或者见于各种肾脏疾病引起肾功能减退，使尿酸排泄减少，血中尿酸升高，导致高尿酸血症(hyperuricemia)。所谓原发性痛风是指由于嘌呤核苷酸代谢异常所致的痛风病，原发性痛风症的病因比较复杂，现已了解与HGPRT的缺陷有关。

临床上主要采用两种方法针对痛风病进行治疗：一是服用排尿酸的药物，如丙磺舒、水杨酸、辛可芬，它们可以减少肾小管对尿酸的重吸收，促进尿酸的排泄。二是服用次黄嘌呤的类似物别嘌呤醇(allopurinol)来治疗痛风症。别嘌呤醇与次黄嘌呤的结构非常相似，其作用机制是：一方面别嘌呤醇能与PRPP反应，生成别嘌呤醇核苷酸，由于它的结构与IMP相似，因而可反馈抑制嘌呤核苷酸的从头合成，使其分解代谢产物下降；另一方面别嘌呤醇又可作为黄嘌呤氧化酶的抑制剂，使次黄嘌呤和黄嘌呤合成尿酸的量明显减少，同时增加次黄嘌呤和黄嘌呤的排出，使尿酸结石不能形成，从而减轻关节症状。

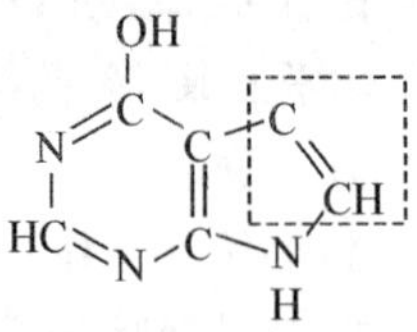

次黄嘌呤 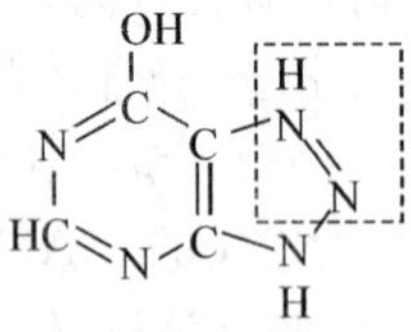　　别嘌呤醇

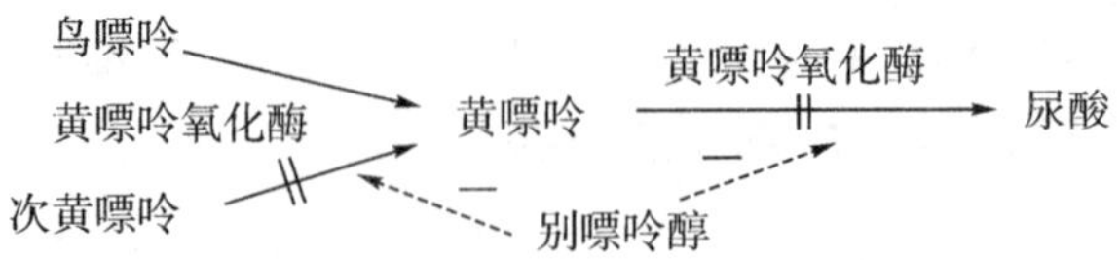

二、嘧啶核苷酸的分解代谢

嘧啶核苷酸也是在核苷酸酶和核苷酸磷酸化酶的催化下，去除磷酸与核糖，生成嘧啶碱。胞嘧啶脱氨基转变成尿嘧啶。尿嘧啶还原成二氢尿嘧啶，并水解开环，最终生成 NH_3、CO_2 和 β-丙氨酸。胸腺嘧啶降解生成 NH_3、CO_2 和 β-氨基异丁酸。β-氨基异丁酸可进一步代谢或直接随尿排出。食入含 DNA 丰富的食物以及经放射线治疗或化学治疗的癌症患者，尿中 β-氨基异丁酸排出量增加。嘧啶碱的分解代谢主要在肝脏中进行。与嘌呤碱分解产生的尿酸不同，嘧啶碱的降解产物均为高度水溶性终产物：CO_2、NH_3、β-氨基异丁酸和 β-丙氨酸。具体过程见附录。

复习思考题

1. 名词解释：从头合成途径，补救合成途径，抗代谢物。
2. 试述核苷酸在体内的重要生理功能。
3. 什么是痛风症？说明其临床治疗原理。
4. 简述脱氧核糖核苷酸的生成过程。
5. 比较嘌呤核苷酸与嘧啶核苷酸从头合成的异同(从合成原料、合成过程、合成特点及合成产物等方面进行比较)。

（崔小进）

【附一】嘌呤核苷酸分解

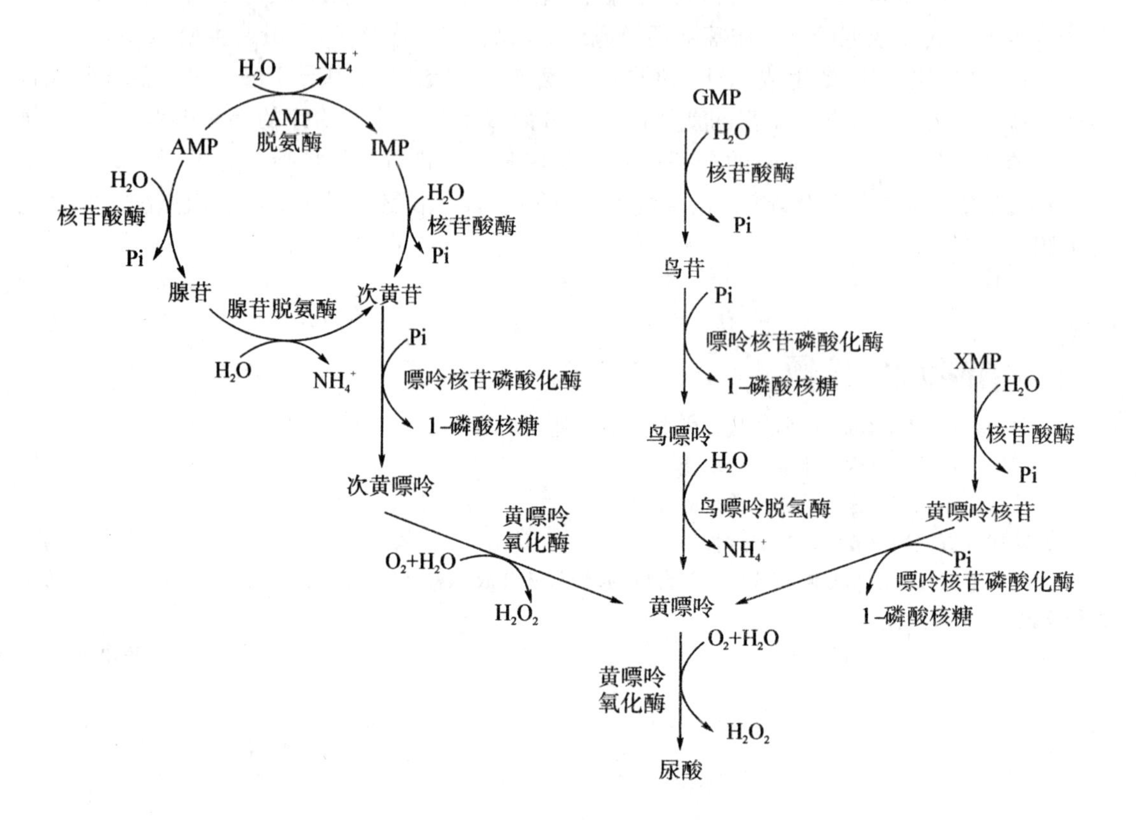

H_2O
NH_4^+
AMP
脱氨酶
AMP
IMP
H_2O
核苷酸酶
Pi
H_2O
核苷酸酶
Pi
腺苷
腺苷脱氨酶
次黄苷
H_2O
NH_4^+
Pi
嘌呤核苷磷酸化酶
1-磷酸核糖
次黄嘌呤
GMP
H_2O
核苷酸酶
Pi
鸟苷
Pi
嘌呤核苷磷酸化酶
1-磷酸核糖
鸟嘌呤
H_2O
鸟嘌呤脱氢酶
NH_4^+
XMP
H_2O
核苷酸酶
Pi
黄嘌呤核苷
Pi
嘌呤核苷磷酸化酶
1-磷酸核糖
黄嘌呤
氧化酶
O_2+H_2O
H_2O_2
黄嘌呤
O_2+H_2O
黄嘌呤
氧化酶
H_2O_2
尿酸

【附二】嘧啶的分解过程

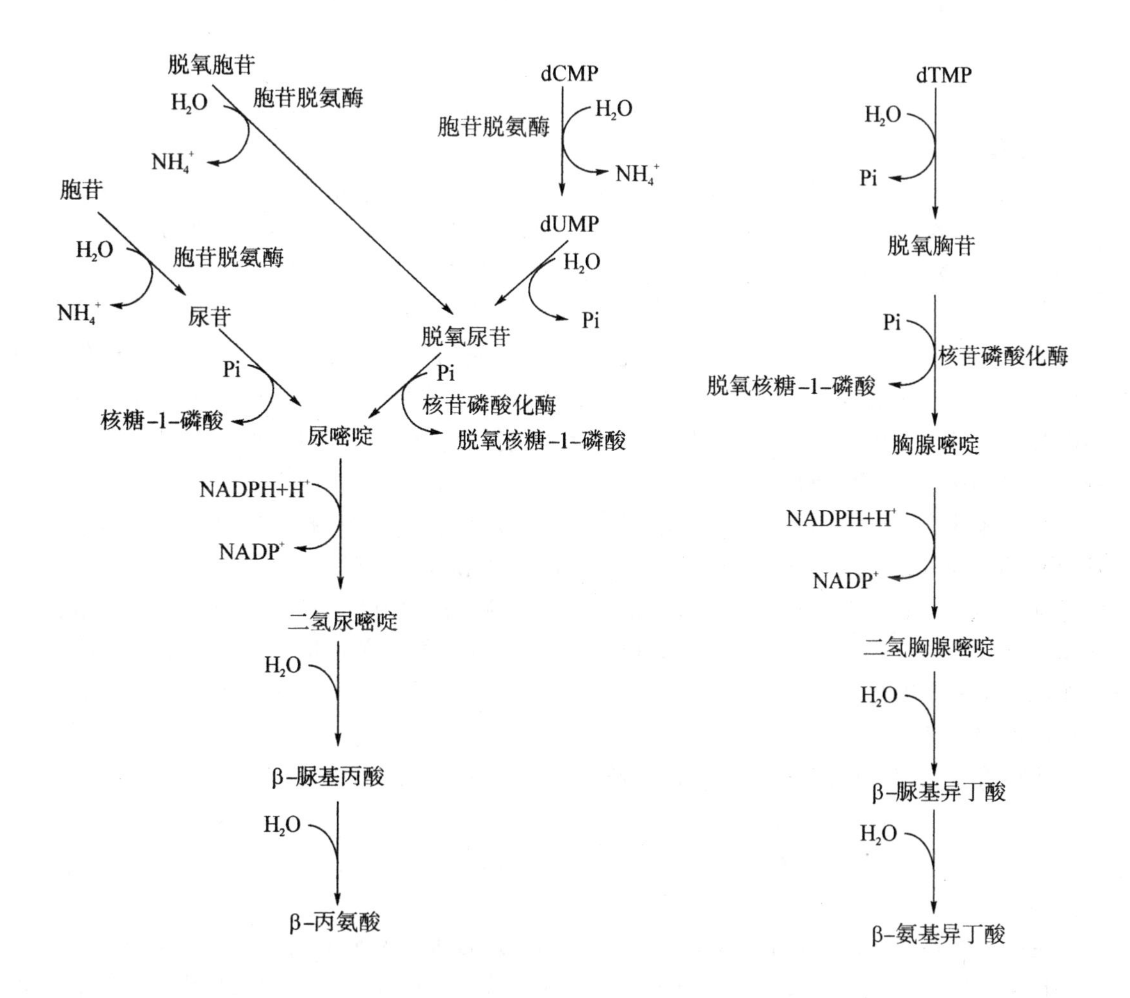
脱氧胞苷
H_2O
胞苷脱氨酶
NH_4^+
胞苷
H_2O
胞苷脱氨酶
NH_4^+
尿苷
Pi
核糖-1-磷酸
尿嘧啶
dCMP
胞苷脱氨酶
H_2O
NH_4^+
dUMP
H_2O
Pi
脱氧尿苷
Pi
核苷磷酸化酶
脱氧核糖-1-磷酸
NADPH+H^+
$NADP^+$
二氢尿嘧啶
H_2O
β-脲基丙酸
H_2O
β-丙氨酸
dTMP
H_2O
Pi
脱氧胸苷
Pi
核苷磷酸化酶
脱氧核糖-1-磷酸
胸腺嘧啶
NADPH+H^+
$NADP^+$
二氢胸腺嘧啶
H_2O
β-脲基异丁酸
H_2O
β-氨基异丁酸

第九章 代谢调节网络及细胞信号转导

【案例】

李某，女，26 岁，销售经理，近期常感头痛、失眠、掉头发、体重下降，近 6 个月以流行的"戒含糖和淀粉"的食物进行节食减肥。此减肥法能达到控制体重的原理是什么？长期节食减肥对机体的危害有哪些？物质代谢在长期节食减肥中有哪些改变？

物质代谢是生物体重要的基本特征之一，各种物质的代谢相互联系、相互制约，形成一个整体。前几章已分别叙述了糖、脂类、蛋白质和核酸等物质的代谢过程，以及在这些代谢过程中能量和信息的变化。这表明生物体的新陈代谢包括物质代谢、能量代谢和信息代谢三个方面，并且其中存在复杂的调节机制。

生物体的物质代谢、能量代谢和信息代谢受环境变化信息的调控。细胞对环境信息的应答，启动细胞内信号分子传递途径，最终调节基因表达和代谢生理反应，这称为细胞信号转导(cellular signal transduction)。在正常的生物体内，通过各种错综复杂的信号转导通路及不同水平的代谢调节，确保了机体的代谢过程均能按其生长发育及适应外界环境的需要而有条不紊相互协调地进行，这表明生物体在长期的进化过程中逐渐形成了一整套高效、灵敏、经济、合理的调控系统。

本章将重点叙述代谢调节网络及信号转导通路的具体内容。

第一节 代谢途径的相互联系

生物体内各种代谢途径相互影响，相互转化，通过各种交叉形成代谢网络。糖、脂类、蛋白质和核酸等的代谢途径可通过交叉点上关键的中间代谢物而相互作用和相互转化。其中三个最关键的中间代谢物是 6-磷酸葡萄糖、丙酮酸和乙酰 CoA，在此以乙酰 CoA 的来源和去路为例加以简单说明(图 9-1)。

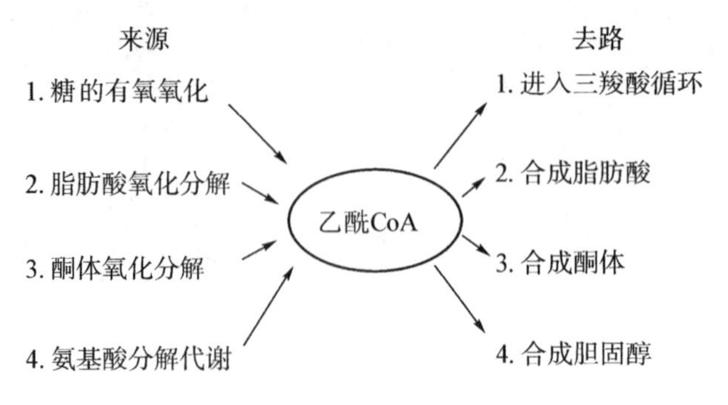

图 9-1 乙酰 CoA 的来源及去路

生物体内 4 类主要有机物质——糖、脂类、蛋白质和核酸，其相互转变关系非常复杂。

1. 糖代谢与脂代谢的相互联系　糖类和脂类在代谢关系上十分密切。当糖供给充足，摄入糖量超过体内能量消耗时，这些糖除合成少量糖原储存在肝脏和肌肉外，还可大量转变为脂肪贮存起来，导致发胖。

脂肪中的甘油部分可以转变为糖，当脂肪大量分解时，在肝、肾、肠甘油激酶的作用下，甘油转变为磷酸甘油，而磷酸甘油可通过糖异生途径生成葡萄糖。但甘油三酯分解产生的脂肪酸不能转变为糖。当饥饿、糖供应不足或糖代谢障碍时，体内的多数细胞可以利用脂肪代替糖提供能量，脑细胞虽不能直接利用脂肪，但可利用肝脏脂酸代谢的副产品。然而，大量酮体的产生容易导致酮症酸中毒，多见于严重糖尿病且血糖控制不佳的患者。

此外，糖可以转变为胆固醇，也能为磷脂合成提供原料，但胆固醇不能转变为糖。

2. 糖代谢与蛋白质代谢的相互联系　糖是生物体的重要碳源和能源。糖在有氧氧化过程中，经三羧酸循环形成的 α-酮戊二酸、草酰乙酸，可作为合成非必需氨基酸的碳链结构，通过氨基化或转氨基作用形成相应的氨基酸，进而可合成蛋白质。此外，由糖分解产生的能量，也可用于氨基酸和蛋白质的合成。

蛋白质降解生成的氨基酸，除生酮氨基酸（亮氨酸、赖氨酸）外，其余的氨基酸均可通过转氨基或脱氨基生成 α-酮酸，酮酸再转变为糖代谢的中间产物，如丙酮酸、草酰乙酸、α-酮戊二酸等，而它们可经糖异生途径转变为糖。

3. 蛋白质代谢与脂类代谢的相互联系　体内的氨基酸均能分解生成乙酰 CoA，经还原缩合反应可合成脂肪酸，进而合成脂肪。当摄入过多蛋白质时可转变为脂肪存储。另外，丝氨酸在脱去羧基后形成乙醇胺，乙醇胺经甲基化可形成胆碱，丝氨酸、乙醇胺和胆碱都是合成磷脂的原料，因此氨基酸能转变为脂类。

脂肪酸、胆固醇等脂类不能转变为氨基酸，但脂肪中的部分甘油可糖异生为葡萄糖，后者可转变为某些非必需氨基酸。

4. 核酸代谢与糖、脂类和蛋白质代谢的相互联系　核酸是遗传物质，在机体的遗传和变异及蛋白质合成中，起着决定性的作用。一般来说，核酸不是重要的碳源、氮源和能源，但许多游离核苷酸在代谢中起着重要的作用。例如，ATP 是能量的载体和提供磷酸基团的重要物质，UTP 参与糖原的合成，CTP 参与磷脂的合成，GTP 供给蛋白质肽链合成时所需要的部分能量。此外，许多重要的辅酶，如辅酶 A、FAD、NADH 等，都是腺嘌呤核苷酸的衍生物。

另一方面，核酸本身的合成，又受到其他物质特别是蛋白质的影响。例如，甘氨酸、天冬氨酸、谷氨酰胺是核苷酸合成的原料，参与嘌呤和嘧啶环的合成；核苷酸合成需要多种酶和蛋白因子的参与。

总的来说，糖、脂类、蛋白质和核酸等物质在代谢过程中都是彼此影响、相互转化和密切相关的。各类物质的主要代谢关系见图 9－2。

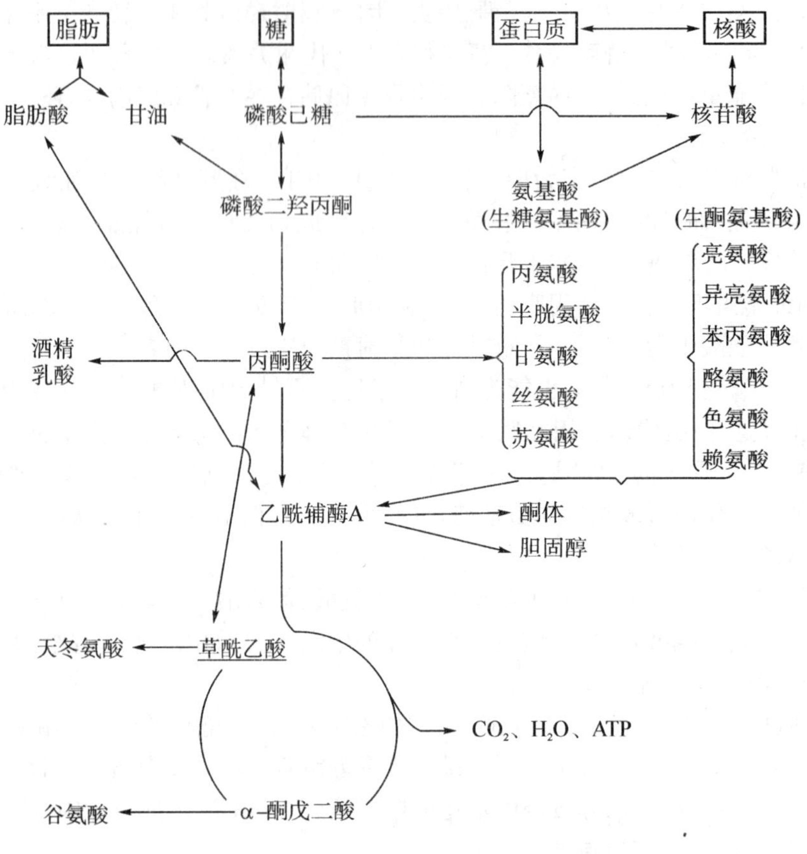

图 9-2　糖、脂类、蛋白质和核酸的代谢关系

第二节　物质代谢的调节

体内的代谢过程尽管错综复杂，但却有条不紊地进行，其原因在于机体存在着多层次严密的调节机制，以适应体内外环境的不断变化，保持机体内环境的相对稳定及动态平衡。代谢调节(metabolic regulation)，是生物在长期进化过程中，为适应环境需要而形成的一种生理功能。进化程度愈高的生物，其调节系统就愈复杂。按调节的水平不同，代谢调节可分为三个层次：细胞水平、激素水平和整体水平。

通过细胞内代谢物浓度的变化，对酶的活性及含量进行调节，称为细胞水平调节，这是最原始的调节方式；随着低等的单细胞生物进化到多细胞生物时出现了激素水平调节(细胞间调节)，激素可以改变细胞内代谢物质的浓度和某些酶的催化活性或含量，从而影响代谢反应的速度；而高等生物和人类则有了功能更复杂的神经系统，在神经系统的控制下，通过神经递质直接发生作用，或者改变某些激素的分泌，再通过各种激素相互协调，对整体代谢进行综合调节，即整体水平调节。

一、细胞水平的代谢调节

细胞水平的调节实际上就是酶的调节，这是单细胞生物主要的调节方式，是生物体最原始和最基本的调节方式，也是一切代谢调节的基础，包括细胞内酶的隔离分布、酶结构的调节和酶量的调节。

（一）细胞内酶的隔离分布

代谢途径有关酶类常常组成多酶体系，分布于细胞的某一区域或亚细胞结构中（表 9－1），这就使得有关代谢途径只能分别在细胞不同区域内进行，使得各种代谢途径互相不会干扰，如脂酰基 β-氧化、三羧酸循环在线粒体中进行，而脂肪酸合成、糖酵解在细胞液中进行，尿素合成在胞液和线粒体中进行。

表 9－1　主要代谢途径（多酶体系）在细胞内的分布

多酶体系	分布	多酶体系	分布
糖原合成与分解	细胞液	磷酸戊糖途径	细胞液
糖酵解	细胞液	脂肪酸合成	细胞液
酮体的生成	线粒体	脂酰基的 β-氧化	细胞液、线粒体
三羧酸循环	线粒体	胆固醇合成	细胞液、内质网
糖异生	细胞液、线粒体	尿素合成	细胞液、线粒体
DNA 及 RNA 的合成	细胞核	血红素合成	细胞液、线粒体

（二）酶活性的调节

代谢反应进行的速率和方向是由此代谢途径中一个或几个具有调节作用的酶的活性决定的，这些能够调节代谢的酶称为关键酶（key enzymes），关键酶往往处于代谢途径的起始点或分支处。它们催化的反应有下述特点：①催化反应速度最慢，因此又称限速酶（limiting velocity enzymes），它的活性决定整个途径的总速度；②催化单向反应或非平衡反应，它的活性决定整个途径的方向；③酶活性可受多种代谢物或激素的调节。因此，调节某些关键酶的活性是细胞代谢调节的重要方式。酶活性的调节参照第 3 章内容。表 9－2 列出了一些重要代谢途径的关键酶。

表 9－2　某些重要代谢途径的关键酶或限速酶

代谢途径	关键酶
糖原合成	糖原合成酶
糖原分解	糖原磷酸化酶
糖酵解	己糖激酶、6-磷酸果糖激酶-1、丙酮酸激酶
三羧酸循环	柠檬酸合成酶、异柠檬酸脱氢酶、α-酮戊二酸脱氢酶复合体
磷酸戊糖途径	6-磷酸葡萄糖脱氢酶
脂肪酸合成	乙酰 CoA 羧化酶
脂肪酸的 β-氧化	肉碱脂酰转移酶 I
酮体生成	HMG-CoA 合成酶
胆固醇合成	HMG-CoA 还原酶
尿素合成	精氨酸代琥珀酸合成酶

（三）酶量的调节

细胞水平的代谢调节除通过改变酶分子结构以调节细胞内原有的酶活性外，还可以通过改变细胞内酶的合成或降解以调节细胞内酶的含量，从而调节代谢的速率和强度。由于酶的合成、降解所需时间较长，消耗 ATP 较多，涉及基因表达调控，常需数小时甚至数日才能实现，故酶量调节属迟缓调节。

1. 酶蛋白合成的诱导与阻遏　酶蛋白合成的调节包括诱导和阻遏两方面。某些代谢物、激素或药物可诱导相关酶蛋白的合成，进而使机体加强这些酶的基因表达，称为酶的诱导；反之，抑制相关酶蛋白的合成，称为阻遏。一般将加速酶合成的化合物称为诱导剂，减少酶合成的称阻遏剂，二者是在酶蛋白生物合成的转录或翻译过程中发挥作用，但影响转录较常见，通常底物多为诱导剂，产物多为阻遏剂。而激素和药物也是常见的诱导剂。

2. 酶蛋白降解　酶蛋白分子的降解速率能影响酶含量，溶酶体中的蛋白水解酶可非特异降解酶蛋白质，ATP 依赖的泛素-蛋白酶体特异性降解蛋白质。凡能改变或影响这两种蛋白质降解机制的因素均可调节酶蛋白的降解速度，进而调节酶含量。

二、激素水平的代谢调节

这是高等生物体内代谢调节的重要方式。激素作用有较高的组织特异性和效应特异性。激素与靶细胞上特异受体结合，经细胞信号转导，引起代谢改变，最终表现为一系列的生物学效应。详细内容见本章第三、四节。

三、整体水平的代谢调节

机体内各细胞、组织、器官之间的代谢不是孤立地个别进行的，而是通过一定的调节方式使其相互联系、相互协调和相互制约的，由此构成了一个统一的整体。整体水平调节主要通过神经系统及神经体液途径对机体的生理功能及代谢进行调节，以适应机体内外环境的不断变化，力求在动态中维持相对的稳定。下面以饥饿和应激为例说明物质代谢的整体水平调节。

（一）饥饿

在病理状态（如昏迷、食管及幽门梗阻等）或特殊情况下不能进食时，如不能及时治疗或补充食物，机体物质代谢在整体水平调节下将发生一系列变化。

短期饥饿时，肝糖原分解加强以维持血糖相对稳定；随着肝糖原的逐渐耗尽，肌肉蛋白质分解加强，糖异生开始发挥作用，以满足脑和红细胞对糖的需要；继而脂肪动员加强，酮体生成增多，脂肪酸和酮体成为心肌、骨骼肌等的重要燃料。一部分酮体可被大脑利用。

而长期饥饿（如饥饿 1 周以上）时，机体蛋白质降解减少，主要靠脂肪酸和酮体供能。脂肪动员进一步加强，机体主要利用脂肪酸供能。肝内生成大量酮体，脑组织利用酮体为主，超过葡萄糖的利用；肌肉以脂肪酸为主要能源，保证酮体优先供应脑组织；肌肉蛋白质分解减少，乳酸和丙酮酸取代氨基酸成为糖异生的主要来源。负氮平衡有所改善；肾糖异生作用明显加强。

按理论计算，正常人脂肪储备可维持饥饿长达 3 个月的基本能量需要。但由于长期饥饿使脂肪动员加强，产生大量酮体，酮体堆积引起酮症酸中毒；蛋白质的分解增加，人体必需的营养元素缺乏，进而造成器官损害甚至危及生命。

（二）应激

应激（stress）是机体收到强烈刺激（如剧痛、创伤、出血、烧伤、冷冻、中毒、急性感染、情绪紧张及强力活动等）时所引起机体的“紧张状态”，其特征是以交感神经兴奋和肾上腺皮质激素分泌增多为主要表现的一系列神经和内分泌变化。肾上腺素、胰高血糖素和生长激素水平增加，同时伴有胰岛素分泌减少，引起一系列代谢改变：

1. 血糖水平升高，这对保证大脑、红细胞的供能有重要意义。

2. 脂肪动员加强，血浆脂肪酸升高，成为骨骼肌、肾等组织的主要能量来源。

3. 蛋白质分解加强，尿素生成及尿氮排出增加，呈负氮平衡。

总之，应激时机体代谢特点是分解代谢增强，合成代谢受到抑制，以满足机体在此种紧张状态下对能量的需要。

第三节　信号分子与受体

如前所述，生物体的物质代谢、能量代谢和信息代谢受到环境变化信息的调控。生物体内各种细胞在功能上的协调统一是通过细胞间相互识别和相互作用来实现的。细胞信号转导是通过多种分子相互作用的一系列有序反应，将来自细胞外的信息传递给细胞内各种效应分子的过程。细胞信号转导的主要步骤如下：特定的细胞释放信号物质→信号物质到达靶细胞，与靶细胞的受体特异性结合→受体对信号进行转换并启动细胞内信使系统→靶细胞产生生物学效应。细胞信号转导是生物体生命活动的基本机制。

一、信号分子的含义、化学本质、分类与作用方式

细胞外的信号经过受体转换进入细胞内，通过细胞内一些蛋白质分子和小分子活性物质进行传递，这些能够传递信号的分子称为信号转导分子。细胞可以感受化学信号和物理信号，生物体内许多化学物质的主要功能就是在细胞间和细胞内传递信息。凡由细胞分合成并能传递信息以调节靶细胞生命活动的化学物质称为信号分子。

（一）细胞间信号分子——第一信使

细胞间信号分子主要有蛋白质和肽类（如生长因子、胰岛素等），氨基酸及其衍生物（如甘氨酸、甲状腺素等），类固醇激素（如糖皮质激素、性激素等），脂肪酸衍生物（如前列腺素）等。这些都是化学信号分子，又称为第一信使。除类固醇激素和甲状腺素等为脂溶性分子外，其他多属水溶性分子。分泌细胞间信号分子的细胞称为信号分泌细胞，细胞间信号分子作用的细胞称为靶细胞，靶细胞存在接收该信号的受体。

按照传输距离和作用方式，可将细胞间信号分子分为如下3类（图9-3）：

1. 内分泌信号（激素）　激素由特殊分化的内分泌细胞释放，如胰岛素、甲状腺素、肾上腺素等。其分泌部位和靶器官（组织）往往有相当长的距离，因此信号分子须通过血液运送至靶器官，是长距离运输的信号分子，大多数对靶细胞的作用时间较长。按激素受体在细胞的部位不同，可将激素分两大类：

（1）膜受体激素：该类激素与位于靶细胞细胞膜上的受体结合后，将信息传递到细胞内，通过变构调节、化学修饰来调节相关酶的活性从而调节代谢，也可对基因表达进行调控。

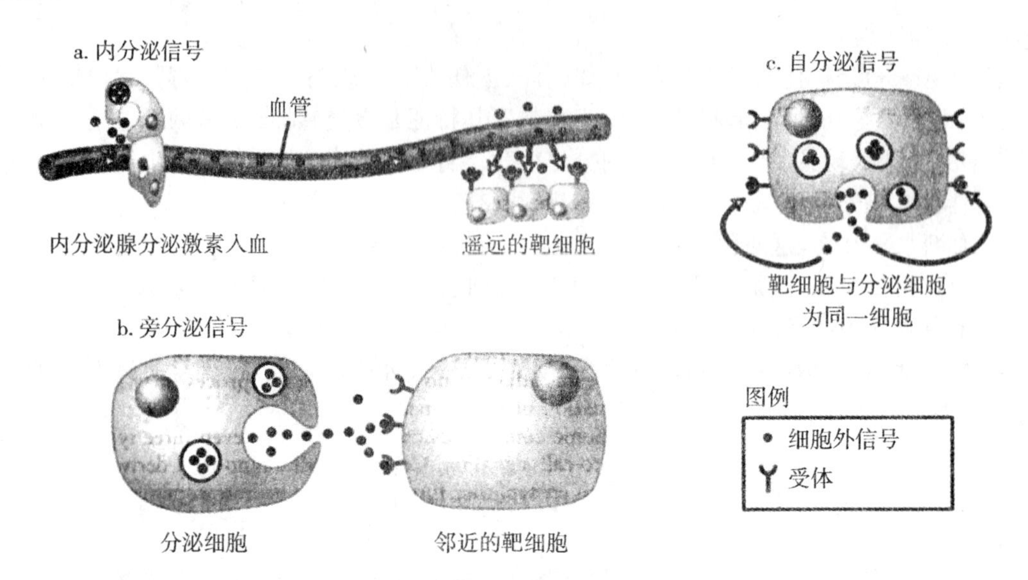

图 9-3　细胞间信号分子的种类

(2) 胞内受体激素:该类激素与靶细胞的胞内受体结合,通过影响基因转录,进而促进或阻遏蛋白质或酶的合成,调节细胞内酶含量,从而调节细胞代谢。

2. 旁分泌信号　体内某些细胞能分泌一种或数种化学介质,如生长因子、细胞生长抑素、一氧化氮和前列腺素等。此类信号分子的特点是不进入血循环,分泌到细胞外液作用于邻近的靶细胞。除生长因子外,它们的作用时间较短。其中在突触间传递信息的物质称为突触分泌信号,由神经元突触前膜释放,突触后膜接受,负责将神经信号由一个神经原传递至另一个神经原或效应细胞,如乙酰胆碱和去甲肾上腺素等,其作用时间极短。

3. 自分泌信号　细胞对自身分泌的化学信号分子产生反应,如一些恶性肿瘤细胞中癌基因所表达的蛋白质,可刺激自身细胞增殖。

(二) 细胞内信号分子——第二信使

多细胞生物体受到刺激后,首先产生细胞间化学信号分子经过靶细胞受体将信息传入细胞内,胞内小分子化合物将信号传递到特定效应部位,最终产生一定生理反应或改变基因的表达。细胞内的小分子信号化合物主要有无机离子,如 Ca^{2+};脂类衍生物,如二脂酰甘油(DAG);糖类衍生物,如三磷酸肌醇(IP_3);核苷酸,如环磷酸腺苷(cAMP)、环磷酸鸟苷(cGMP)等。这些胞内信号分子可以作为外源信息在细胞内的信号转导分子,称为第二信使(second messenger)。第二信使承担将细胞接受的第一信使信息转导至细胞内的任务,最终引起相应的生物效应。

近年来,发现 NO 也是一种重要的细胞信号分子,它既是胞间信号分子又是胞内信号分子,参与神经传递、血管调节、炎症和免疫反应等过程。

细胞内信息物质在传递信号时绝大部分通过酶促级联放大方式进行(图 9-4)。它们最终通过改变细胞内有关酶的活性、开启或关闭细胞膜离子通道及细胞核内基因的转录,达到调节细胞代谢和控制细胞生长、繁殖和分化的作用。所有信号分子在完成信息传递后,必须立即灭活。

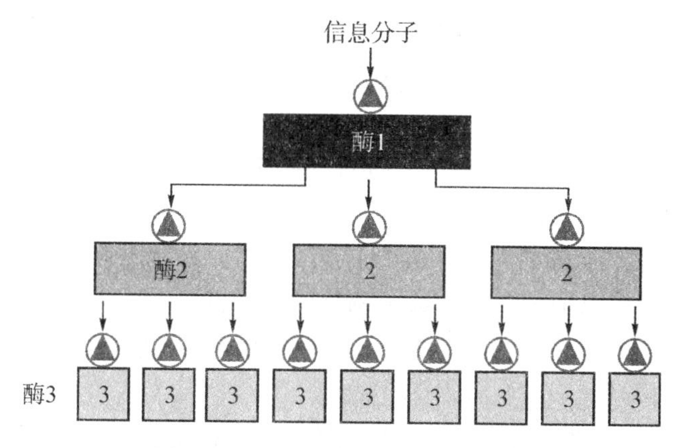

图 9-4　信号分子诱发的级联反应

二、受体的分类与作用特点

受体(receptor)存在于细胞膜或细胞内,能特异识别外源化学信号并与之结合,从而启动一系列信号转导,最后产生相应的生物学效应。受体多为糖蛋白,个别糖脂也具有受体作用。能够与受体特异性结合的生物活性分子称为配体(ligand),细胞间信号分子就是一类最常见的配体。除此以外,某些药物、维生素和毒物也可作为配体发挥生物学作用。

(一) 受体的分类

根据在细胞内的位置,受体可分为胞内受体和膜受体(图 9-5)。胞内受体包括位于细胞质或细胞核内的受体,大多为 DNA 结合蛋白,其相应配体多是脂溶性信号分子,如类固醇激素、甲状腺激素、维甲酸等。此型受体的分子结构有共同的特征性结构域,从受体的 N-端到 C-端分别是高度可变区-核转位及 DNA 结合区-激素结合区。水溶性信号分子和膜结合型信号分子(如生长因子、细胞因子、水溶性激素分子、黏附分子等)不能进入靶细胞,其受体位于靶细胞的细胞膜表面,称为膜受体。

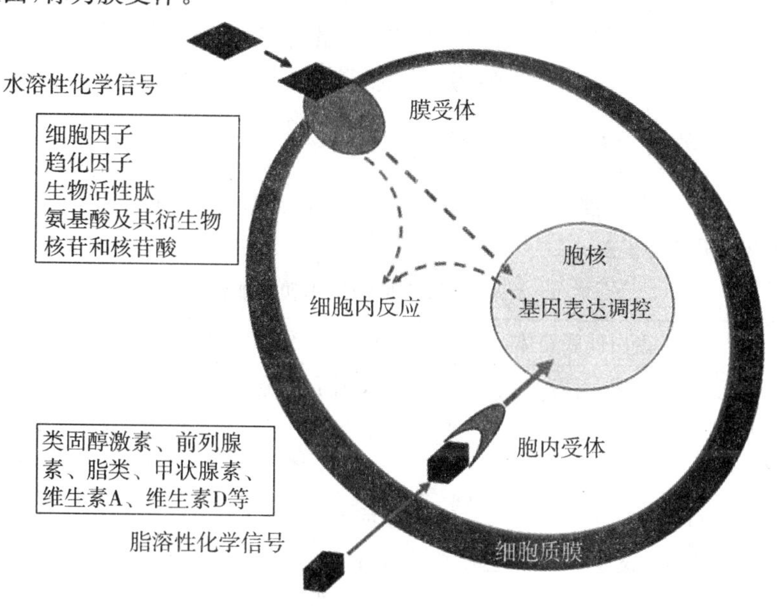

图 9-5　受体的种类

膜受体按照其介导的信号转导的机制和受体分子的结构特点，又分为离子通道型受体、G蛋白偶联型受体、催化型受体和酶偶联型受体，这些受体绝大部分是镶嵌糖蛋白。

（二）受体的作用特点

受体在膜表面和细胞内的分布可以是区域性的，也可以是散在的，其作用都是识别和接收外源信号。受体与配体的相互作用有以下特点：

1. 高度专一性　受体选择性地与特定配体结合，这种选择性是由分子的空间构象所决定的。受体与配体的特异性识别和结合保证了调控的准确性（图 9－6）。

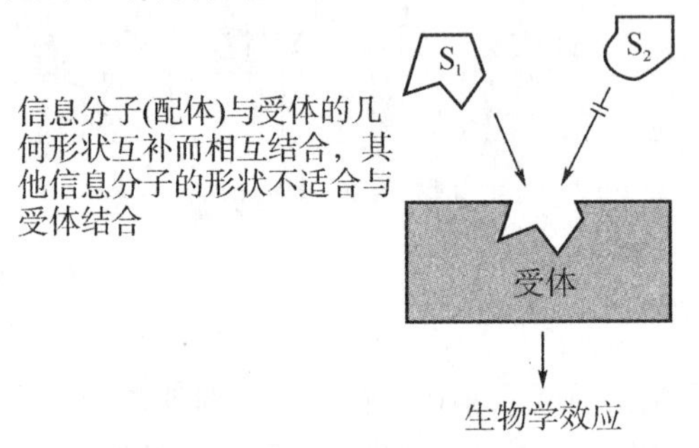

图 9－6　配体-受体的专一性结合

2. 高度亲和力　无论是膜受体还是胞内受体，它们与配体间的亲和力都很强。体内信号分子的浓度非常低，但受体通过与配体的高亲和力仍能结合低浓度的信号分子，引发随后的级联反应，从而产生显著的生物学效应。

3. 可饱和性　胞内受体和膜受体的数目都是有限的，当配体浓度升高至一定程度，可使受体与配体结合达到饱和。此时再如何提高配体浓度，也不能产生更强的生物学效应。

4. 可逆性　受体与配体以非共价键结合，是一种可逆反应。信号分子的类似物也可与受体结合，因此，信号分子的类似物可能发挥信息传递作用，也可能阻碍信号分子与受体的结合而抑制信号分子的信息传递。临床上的一些药物便是据此原理设计的。

5. 特定的作用模式　受体在细胞内的分布、数量、种类均有组织特异性，并出现特定的作用模式，受体与配体结合后能引起某种特定的生理效应。

三、膜受体的结构与功能

常见的膜受体有 G 蛋白偶联受体、催化型受体和酶偶联型受体、离子通道型受体。它们的结构和功能特点见表 9－3。

表 9－3　三类膜受体的结构和功能特点

特性	G 蛋白偶联受体	催化型受体和酶偶联型受体	离子通道型受体
配体	神经递质、激素、外源刺激	生长因子、细胞因子	神经递质
结构	单体	具有或不具有催化活性的单体	寡聚体形成的孔道
跨膜区段数目	7 个	1 个	4 个
功能	激活 G 蛋白	激活蛋白激酶	离子通道
细胞应答	去极化与超极化，调节蛋白质功能和表达水平	调节蛋白质的功能和表达水平，调节细胞分化和增殖	去极化与超极化

(一) 离子通道型受体

配体依赖性离子通道又称离子通道型受体，这种受体与离子通道连接在一起，或受体本身就是离子通道，它们主要受神经递质等信息物质调节。当神经递质与这类受体结合后，可使离子通道打开或关闭，从而改变膜的通透性(图 9-7)。

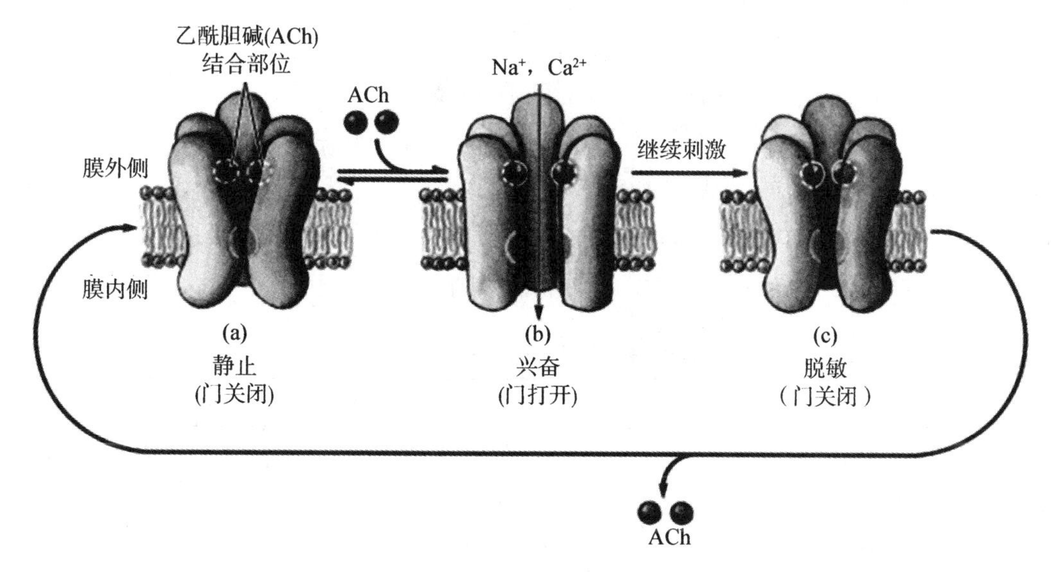

图 9-7 乙酰胆碱的去极化作用

(二) G 蛋白偶联受体

G 蛋白偶联受体(G-protein coupled receptor, GPCR)为单肽链，N-端位于胞外表面，C-端位于胞膜内侧，其肽链反复跨膜 7 次，因此又称七跨膜受体或蛇形受体(图 9-8)。它是迄今发现的最大的受体超家族，目前证实的该家族成员已超过 1 000 种。不同的细胞外信号分子与相应受体结合后，通过 G 蛋白传递信号，但传入细胞内的信号并不一样。这是因为不同的 G 蛋白与不同的下游分子组成不同的信号转导通路。

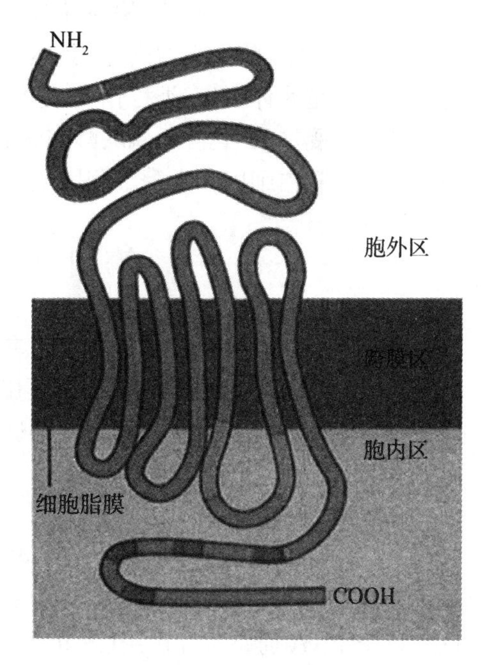

图 9-8 G 蛋白偶联受体结构

所谓 G 蛋白就是指一类能与 GDP 或 GTP 相结合，位于细胞膜胞液侧的调节蛋白，由 3 个亚基 α、β、γ 构成。α 亚基既有 GTP 水解酶活性，又有调节效应蛋白的功能；β 和 γ 亚基都具有调节 α 亚基的功能。G 蛋白有两种构象，非活化型构象是 αβγ 三聚体与 GDP 结合的构象；活化型构象是结合 GTP 的 α 亚基与 βγ 亚基的解聚构象，两种构象在一定的条件下可以互变(图 9-9)。G 蛋白种类很多，不同 G 蛋白中含有不同类型的 α 亚基，最常见的有 α_s(激动型)、α_i(抑制型)等

(表 9-4)。不同的 G 蛋白能特异地将受体和与之相适应的效应酶偶联起来,发挥信息传递作用。

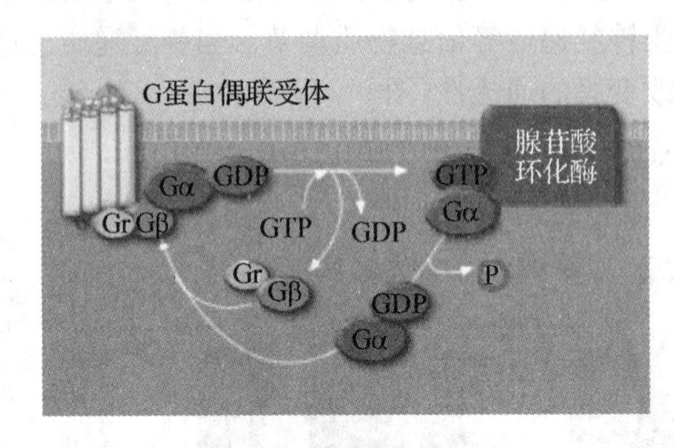

图 9-9　G 蛋白活化型和非活化型的互变

表 9-4　常见 α 亚基种类及效应

Gα 种类	效应	产生的第二信使	第二信使的靶分子
α_s	腺苷酸环化酶活化	cAMP 增多	PKA 活性增强
α_i	腺苷酸环化酶抑制	cAMP 减少	PKA 活性减弱
α_q	磷脂酶 C 活化	Ca^{2+}、IP_3、DAG 增多	PKC 活化
α_t	环鸟苷酸-磷酸二酯酶活化	cGMP 减少	Na^+ 通道关闭

(三) 催化型受体和酶偶联型受体

该类受体具有 1 个跨膜的 α-螺旋区段,因此又称单次跨膜 α-螺旋受体。这类受体有两种类型:一类是具有酶活性的受体(受体酶),受体结合域在膜外侧,酶催化域在膜内侧,因此受体酶又称催化型受体;另一类称作受体-偶联酶,其中受体没有催化活性,但受体的膜内侧偶联一个酶分子。受体酶与受体-偶联酶与细胞的增殖、分化、分裂及癌变有关。能与这类受体结合的配体主要有白细胞介素等细胞因子、生长因子和胰岛素等。

第四节　主要信号转导通路

不同信号转导分子的特定组合及有序的相互作用,构成不同的信号转导通路。因此,对信号转导的了解,关键是各种信号转导通路中信号转导分子的基本组成、相互作用及引起的细胞应答。下面介绍几条主要的信号转导通路。

一、G 蛋白偶联受体介导的信号通路

(一) cAMP-PKA 通路

某些细胞间化学信号分子与特异的 G 蛋白偶联受体结合后,激活 G 蛋白(含 α_s 亚基),通过 cAMP-PKA 通路发挥作用(图 9-12),如胰高血糖素、肾上腺素等。

1. cAMP 的生成　G 蛋白偶联受体接收配体的信号,进而活化与之偶联的 G 蛋白,转化为 $G_s\alpha$,$G_s\alpha$ 移动到腺苷酸环化酶并使之活化,继而催化 ATP 生成 cAMP(图 9-11)。

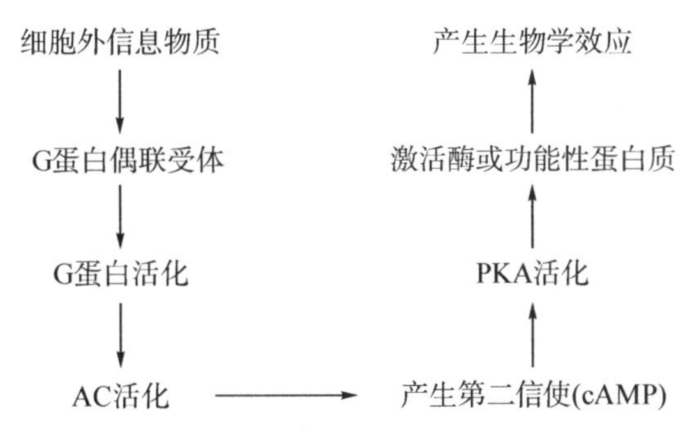

图 9-10 cAMP-蛋白激酶 A 途径

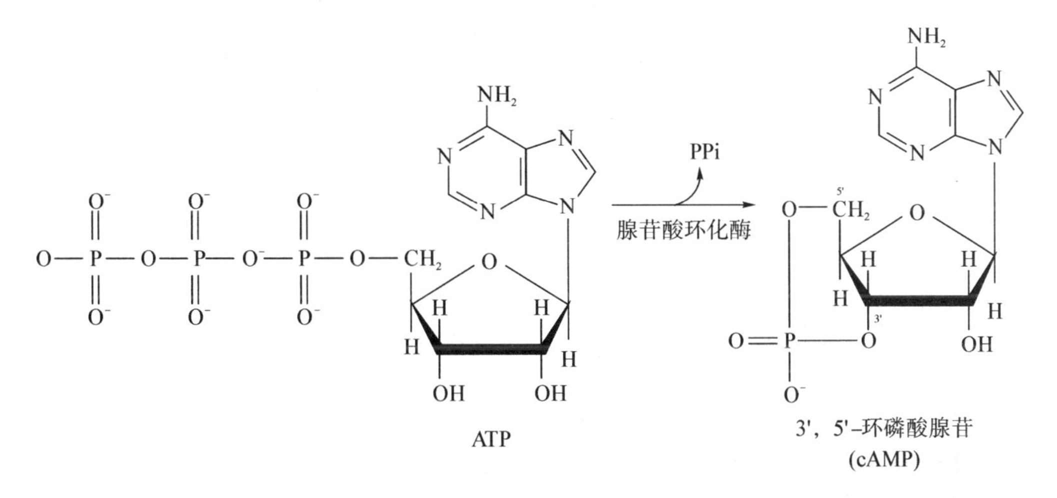

图 9-11 cAMP 的生成

2. cAMP 激活蛋白激酶 A(PKA) cAMP 对细胞的调节作用是通过激活依赖 cAMP 的蛋白激酶(cAMP-蛋白激酶,简称 PKA)系统来实现的。PKA 是由 4 个亚基(C_2R_2)组成的别构酶,其中 C 为催化亚基,R 为调节亚基。每个调节亚基上有 2 个 cAMP 结合位点,催化亚基具有催化底物蛋白质某些特定丝/苏氨酸残基磷酸化的功能。调节亚基与催化亚基相结合时,PKA 呈无活性状态。当 4 分子 cAMP 与 2 个调节亚基结合后,调节亚基脱落,游离的催化亚基具有蛋白激酶活性(图 9-12)。

3. PKA 的作用 PKA 被 cAMP 激活后,能在 ATP 存在的情况下使许多蛋白质上特定的丝氨酸残基和苏氨酸残基磷酸化,从而调节细胞的物质代谢和基因表达。

(二) Ca^{2+}-IP_3/DAG-PKC

促甲状腺素释放激素、去甲肾上腺素、抗利尿素与受体结合后,通过特定的 G 蛋白(含 α_q 亚基)激活磷脂酰肌醇特异性磷脂酶 C(PI-PLC)。PLC 水解膜组分——磷脂酰肌醇 4,5-二磷酸(phosphatidylinositol 4,5-biphosphate,PIP_2)而生成 1,4,5-三磷酸肌醇[inositol(1,4,5) triphosphate,IP_3]和二酰甘油(diacylglycerol,DAG/DG)。

IP_3 进入胞质内,将信息转导至细胞内。与内质网膜上 IP_3 受体结合后,受体变构,钙通道开放,内质网中的 Ca^{2+} 被动员而释放入胞质内,使胞质内 Ca^{2+} 浓度升高,Ca^{2+} 与细胞质内的蛋白激酶 C(protein kinase C,PKC)结合并聚集至质膜。质膜上的 DAG、磷脂酰丝氨酸与

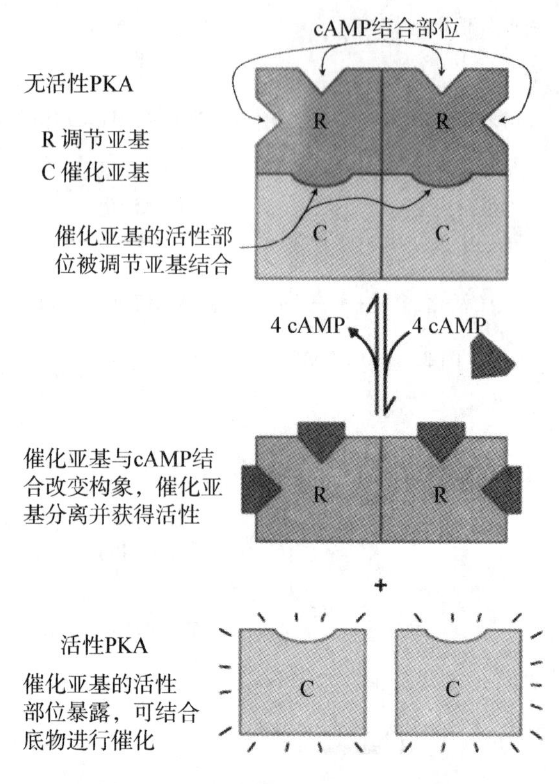

图 9-12　蛋白激酶 A(PKA)的激活

Ca^{2+}共同作用于PKC的调节结构域,使PKC变构而暴露出活性中心(图 9-13)。PKC通过对靶蛋白的磷酸化反应而改变功能蛋白的活性和性质,从而调节和控制相应的生物学效应。

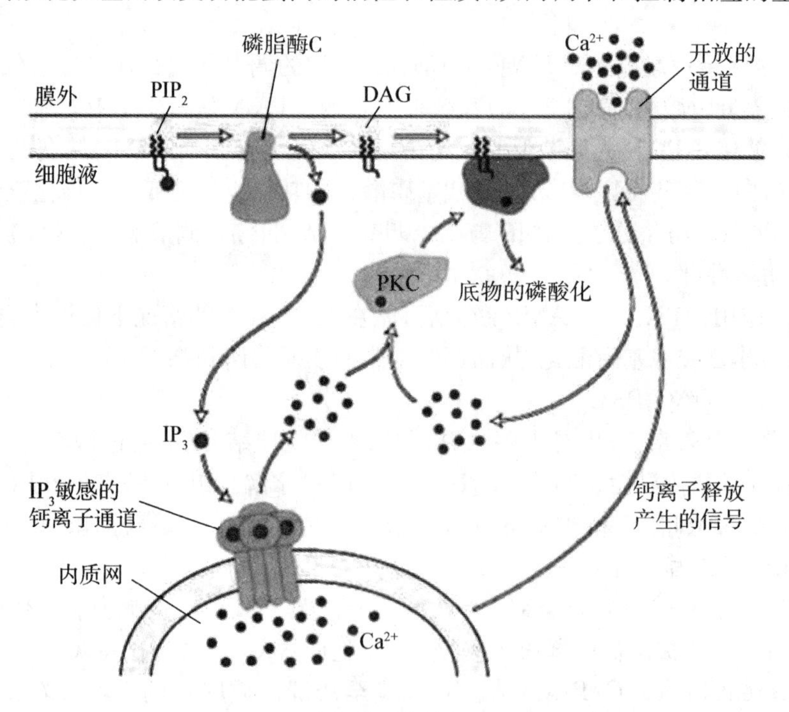

图 9-13　Ca^{2+}-磷脂依赖性蛋白激酶途径

二、离子通道型受体介导的信号转导通路

细胞膜内外离子浓度呈不对称分布，主要表现为胞外高 Na^{+}、高 Ca^{2+}、低 K^{+}，而胞内正好相反。当细胞膜电位改变或神经递质与配体门控性离子通道结合后，可使电压门控性离子通道或配体门控性离子通道打开，产生离子的跨膜流动，导致细胞膜电位改变或激活胞内信号分子，前者是神经细胞电信号传递的主要方式，后者的典型代表是 Ca^{2+} 信号转导过程。

Ca^{2+} 是一种重要的第二信使分子，参与体内多种生理和生化功能。细胞内 Ca^{2+} 浓度比细胞外液中的低很多，且主要储存于内质网和线粒体。当细胞受外信号刺激时，质膜和内质网上的钙泵和 Ca^{2+} 通道开启，使胞内 Ca^{2+} 信号产生；当外刺激信号消失时，依靠质膜和内质网上钙泵和质膜上的 Na^{+}-Ca^{2+} 交换体，使胞内 Ca^{2+} 排出胞外和转移到内质网，使胞内 Ca^{2+} 信号消失。胞质中 Ca^{2+} 浓度升高后，通过结合钙调蛋白传递信号。

钙调蛋白(calmodulin，CaM)是一种特异的 Ca^{2+} 结合蛋白，几乎在所有的真核细胞中都存在，钙调蛋白介导多种由 Ca^{2+} 调节的生物过程。CaM 是一条多肽链组成的单体蛋白，有 4 个高亲和力钙结合部位(图 9－14)。当胞浆的 $Ca^{2+} \geqslant 10^{-2}$ mmol/L 时，Ca^{2+} 与 CaM 结合，其构象发生改变而激活 Ca^{2+}-CaM 激酶。

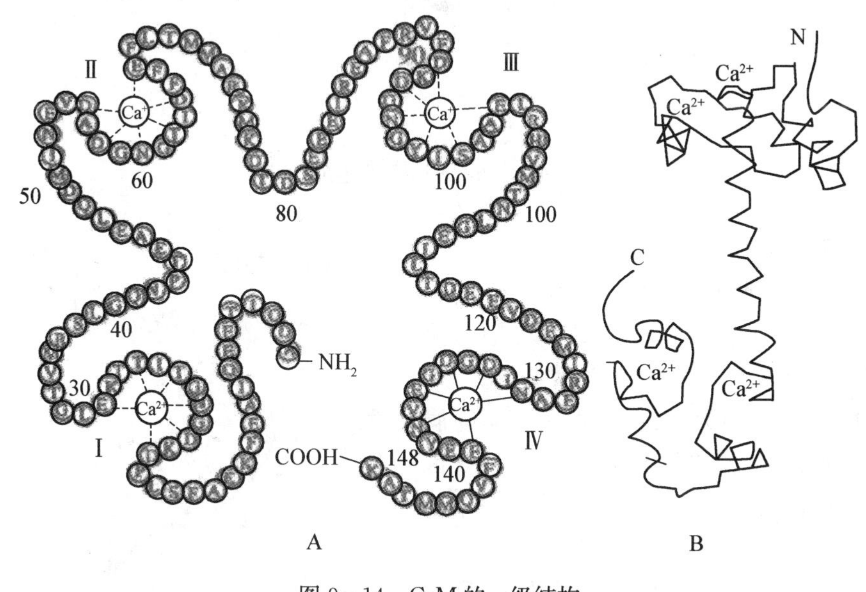

图 9－14　CaM 的一级结构

A：一级结构；B：α 碳链骨架

Ca^{2+}-CaM 激酶的底物谱非常广，可以磷酸化许多蛋白质的丝氨酸和(或)苏氨酸残基，使之激活或失活，在细胞的信息传递中起非常重要的作用。

三、催化型受体和酶偶联型受体介导的信号转导通路

(一) cGMP 蛋白激酶途径

cGMP 是细胞中重要的第二信使分子，由鸟苷酸环化酶催化生成(图 9－15)。cGMP 激活蛋白激酶 G(PKG)，可引起蛋白质丝氨酸或苏氨酸残基的磷酸化，产生相应的生物学效应。

1998 年，美国药理学家 R. F. Furchgott、L. J. Ignrro 和 F. Murad 因发现“NO 作为信号传递分子”而获奖。他们的研究首次表明气体分子可以穿过细胞膜而发挥信使作用，提出了生物信号传递的新理论。

硝酸甘油是临床常用的血管扩张剂，其作用机制是硝酸甘油能自发地产生 NO，NO 可激活平滑肌细胞中的鸟苷酸环化酶（胞内受体），使 cGMP 生成增加，通过激活蛋白激酶 G，导致血管平滑肌舒张实现降压效果。另外，Viagra（万艾可，俗名伟哥）通过抑制 cGMP 分解酶的作用而提高 cGMP 的浓度，促使阴茎血管舒张而勃起。

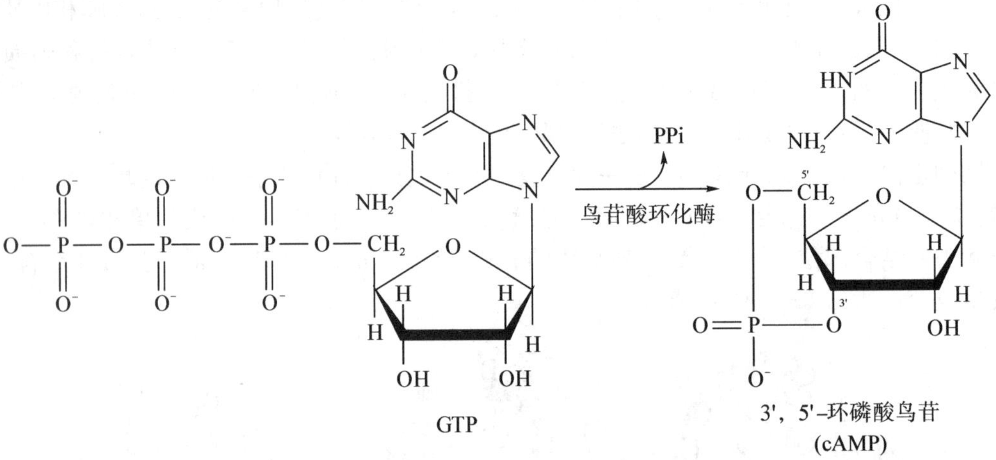

GTP

PPi

乌苷酸环化酶

3'，5'-环磷酸鸟苷

(cAMP)

图 9－15　cGMP 的生成

（二）酪氨酸蛋白激酶途径

酪氨酸蛋白激酶（tyrosine-protein kinase，TPK）在细胞的生长、增殖、分化等过程中起重要的调节作用，并与肿瘤的发生有密切的关系。细胞中的 TPK 包括两大类：一类位于细胞质膜上称为受体型 TPK，如胰岛素受体、表皮生长因子受体及某些原癌基因（erb-B、kit、fms 等）编码的受体，它们均属于催化型受体；另一类位于胞浆中，称为非受体型 TPK，如底物酶 JAK 和某些原癌基因（src、yes、ber-abl 等）编码的蛋白，但它们常与非催化型受体偶联而发挥作用。

四、胞内受体介导的信号转导通路

目前已知通过胞内受体调节的激素有糖皮质激素、盐皮质激素、雄激素、孕激素、雌激素、甲状腺素（T3 及 T4）和 1，25$(OH)_2$-D_3 等，上述激素除甲状腺素外均为类固醇化合物。胞内受体又可分为核内受体和胞浆内受体，如雄激素、孕

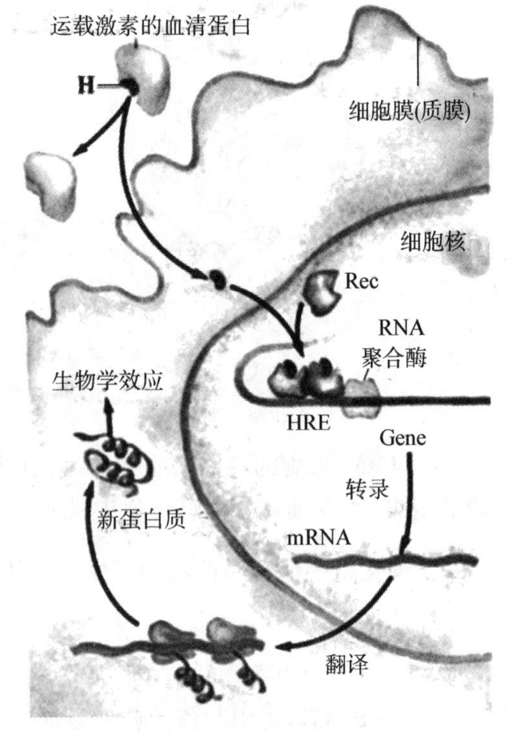

图 9－16　胞内受体的信息传导

激素、雌激素和甲状腺素受体位于细胞核内，而糖皮质激素的受体位于胞浆中。

图 9 - 16 显示类固醇激素穿越细胞膜和核膜与核内受体结合后，可使受体构象发生改变，暴露出 DNA 结合区。在核内，激素-受体复合物作为转录因子与 DNA 特异基因的激素反应元件(HRE)结合，从而使特异基因易于(或难于)转录。

第五节　信号转导异常与疾病

正常的细胞信号转导是人体正常代谢和功能的基础。信号转导机制研究在医学发展中的意义主要体现在两个方面，一是对发病机制的深入认识，二是为新的诊断和治疗技术提供靶位。目前，人们对信号转导机制及信号转导异常与疾病的认识还相对有限，该领域研究的不断深入将为新的诊断和治疗技术提供更多的依据。

细胞信号转导异常主要表现在两个方面，一是信号不能正常传递，二是信号通路异常地处于持续激活或高度激活的状态，从而导致细胞功能的异常。引起细胞信号转导异常的原因是多种多样的，基因突变、细菌毒素、自身抗体和应激等均可导致细胞信号转导的异常。细胞信号转导异常可以局限于单一通路，也可经多条信号转导通路，造成信号转导网络失衡。

细胞信号转导异常在疾病中的作用亦表现为多样性，既可以作为疾病的直接原因，引起特定疾病的发生，如家族性高胆固醇血症，它是一种典型的受体异常性疾病，该病由于低密度脂蛋白(LDL)受体缺陷，致使胆固醇不能被肝组织摄取，进而发生高胆固醇血症；亦可参与疾病的某个环节，导致特异性症状或体征的产生，如霍乱毒素进入细胞，激活腺苷酸环化酶启动 cAMP-PKA 通路，使大量水分进入肠腔，造成严重腹泻。疾病时的细胞信号转导异常可涉及受体、胞内信号转导分子等多个环节。在某些疾病，可因细胞信号转导系统的某个环节原发性损伤引起疾病的发生；而细胞信号转导系统的改变也可继发于某种疾病的病理过程，其功能紊乱又促进了疾病的进一步发展。

复习思考题

1. 名词解释：变构调节，化学修饰调节，受体，G 蛋白，第二信使，钙调蛋白。
2. 短期饥饿体内糖、脂和蛋白质有何变化？
3. 糖、脂、蛋白质在机体内是否可以相互转变？简要说明理由。
4. 细胞膜有哪些类型受体？其结构的特点分别是什么？
5. 简述 G 蛋白偶联型受体介导的信号通路。
6. 简述 cAMP 蛋白激酶信号转导途径。

(徐文平)

第十章　DNA 的生物合成

【案例】

患儿，女性，1岁8个月，经常被其父母抱到户外晒太阳，以防得佝偻病，结果面部、肩部、前臂伸侧出现多数黑褐色斑点。家族史：患儿家族其他人无相同疾病。体检：患儿体温、呼吸、一般情况尚可，发育与同龄儿童相仿，未发现明显的耳、眼及神经系统症状。皮肤干燥。面、肩、前臂皮肤日光暴露部分可见深浅不一的黑褐色斑片及色素脱失斑，伴毛细血管扩张，无萎缩性瘢痕。下唇可见少数米粒大小黑斑。临床初步诊断：着色性干皮病(XP)。

问题：着色性干皮病的发病机制是什么？如何治疗该疾病？

现代生物学已充分证明，DNA 是生物遗传的主要物质基础。遗传信息以密码的形式编码在 DNA 分子上，表现为特定的核苷酸排列顺序，并通过 DNA 复制(replication)由亲代传递给子代。在后代的生长发育过程中，遗传信息自 DNA 转录(transcription)给 RNA，然后翻译(translation)成特异的蛋白质以执行各种生命功能，使后代表现出与亲代相似的遗传性状。

1958 年，Crick 将这种生物体内遗传信息传递的规律，称为分子遗传学的中心法则。1964 年 Temin 在研究 RNA 病毒复制规律时，提出“逆向转录”学说，即在 RNA 指导 DNA 的合成。后来，从致癌的 RNA 病毒中又发现了逆转录酶，证实了在某些情况下，RNA 也可以是遗传信息的携带者，RNA 也可以进行自我复制。1971 年 Crick 修改后的分子遗传学的中心法则见图 10-1。

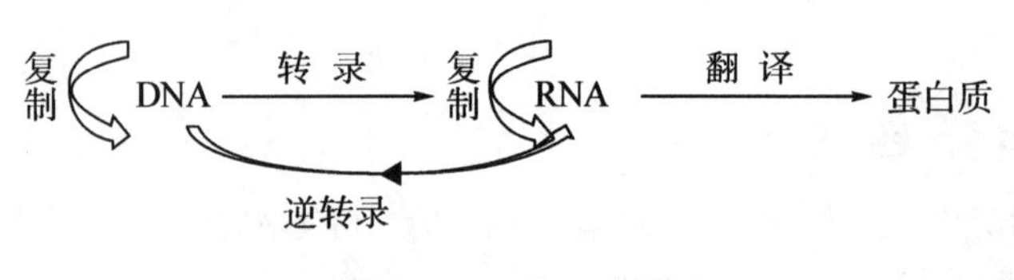

图 10-1　中心法则

第一节　DNA 复制的基本机制

一、半保留复制

DNA 由两条碱基互补的脱氧多核苷酸链组成，一条链上的核苷酸顺序决定了另一条链上的核苷酸排列顺序。由此可见，DNA 分子的每一条链都含有合成它的互补链所必需的全部遗传信息。Watson 和 Crick 在提出 DNA 双螺旋结构模型时即推测，在复制过程中，两条脱氧多核苷酸链间的氢键断裂并使双链解旋和分开，以每条单链为模板合成新的互补链，这样新形成的两个 DNA 分子与原来的 DNA 分子的碱基序列完全相同。每个子代 DNA 的一条链来自亲代 DNA，另一条链则是新合成的。这种复制方式称为半保留复制(semi-conservative replication)(图 10－2)。1958 年 Meselson 和 Stahl 的实验在大肠杆菌中完全证实了 DNA 半保留复制的设想，见附录。

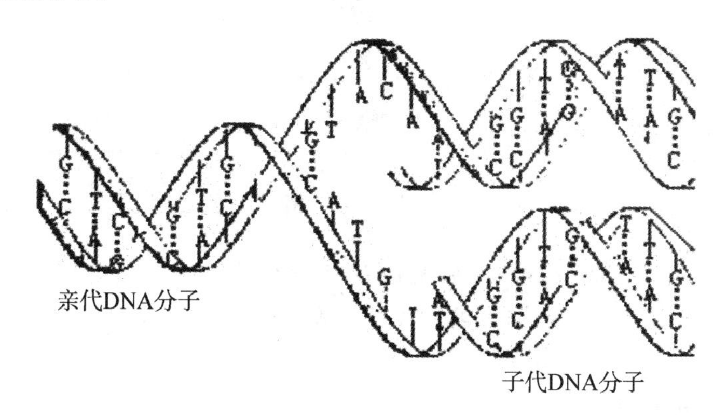

图 10－2　半保留复制模型

DNA 的半保留复制机制可以说明 DNA 在代谢上的稳定性，这和它作为遗传物质的功能相符合。但是这种稳定性是相对的，DNA 在代谢上并不是完全惰性的物质，这在后面的章节和许多临床疾病的发生中可体现出来。

二、半不连续复制

DNA 复制从 DNA 分子上特定复制起点(ori)产生两个移动方向相反的复制叉，进行双向复制直到终点，每一个这样的 DNA 复制单位称为复制子(replicon)。原核生物只有一个复制子，而真核生物有多个复制子。

DNA 双螺旋的两条链是反向平行的，因此在复制起点处 DNA 双链解开成单链时，一条是 5′→3′方向，另一条是 3′→5′方向，但生物细胞内所有 DNA 聚合酶都只能催化新生链 5′→3′方向延伸。因此，以 DNA 复制叉移动的方向为基准，一条模板链是 3′→5′方向，指导新生 DNA 链沿 5′→3′方向连续进行，这条新链称为领头链(leading strand)。另一条模板链的方向为 5′→3′，与复制叉前进的方向相反，因此是分段不连续合成的，这条新链称为随从链(lagging strand)，合成的片段即为冈崎片段。这种前导链的连续复制和随从链的不连续复制在生物是普遍存在的，称为半不连续复制(semi-discontinuous replication)。

第二节　参与 DNA 复制的有关物质

DNA 复制过程极为复杂，至少有 20 种以上的酶和蛋白因子协同参与复制过程。

一、解螺旋酶

解螺旋酶(Helicase)利用 ATP 分解供能，沿 DNA 链向前运动促使 DNA 双链间氢键打开(图 10－3)。

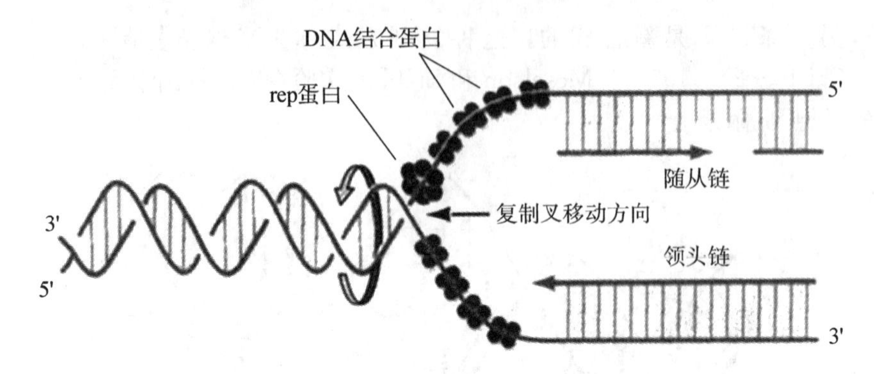

图 10－3　解螺旋酶和 SSBP 的作用模式
（rep 蛋白- DNA 解螺旋酶）

二、单链 DNA 结合蛋白

单链 DNA 结合蛋白(single strand DNA binding protein,SSBP)与单链 DNA 模板结合，在复制中维持模板处于单链状态并保护单链的完整，防止其重新配对或被核酸酶降解。

三、DNA 拓扑异构酶

DNA 在细胞内以超螺旋状态存在，在 DNA 复制中，这种紧密缠绕的结构必须预先在解螺旋酶作用前解开。DNA 拓扑异构酶(DNA Topisomerase)通过切断、旋转和再连接作用，不仅能在复制中松弛超螺旋，从而防止解链中的扭结现象，还在 DNA 合成末期，引入超螺旋，重形成染色质。

四、引物酶

引物酶(Primase)是复制起始时催化 RNA 引物合成的酶，该酶不同于转录中的 RNA 聚合酶。引物酶以复制起始点的 DNA 序列为模板，NTP 为原料，催化合成 $5'\rightarrow3'$RNA 短片段，即引物(长约十余至数十核苷酸)。DNA 聚合酶不能催化两个游离的 dNTP 聚合，只能在与 DNA 模板链互补的 RNA 引物 3'-OH 端后逐一聚合新的互补核苷酸。

五、DNA 聚合酶

原核细胞与真核细胞的 DNA 聚合酶(DNA Polymerase)虽种类不同，但具有共同的催化作用：以脱氧三磷酸核苷(dNTP)为前体催化合成 DNA；需要模板和引物的存在；不能起始合成新的 DNA 链；催化 dNTP 加到延长中的 DNA 链的 3'-OH 末端；催化 DNA 合成的方向是 $5'\rightarrow3'$。

（一）原核生物 DNA 聚合酶

原核生物 DNA 聚合酶有三种，按发现顺序分别简称为 polⅠ、polⅡ和 polⅢ(表 10－1)。

表 10－1　大肠杆菌三种 DNA 聚合酶的特性

功能	polⅠ	polⅡ	polⅢ
聚合作用 $5'\rightarrow3'$	＋	＋	＋
外切酶活性 $3'\rightarrow5'$	＋	＋	＋

续表 10-1

功能	pol Ⅰ	pol Ⅱ	pol Ⅲ
外切酶活性 5′→3′	+	−	+
相对分子质量	109KD	120KD	>250KD
每个细胞中的分子数	400	17～100	10～20
结构基因	polA	polB	polC

1. DNA 聚合酶Ⅰ(DNA polⅠ)　1958 年由 A. Kornberg 在 E. coli 中首先发现。DNA polⅠ是由一条多肽链构成的多功能酶,分别具有 DNA 聚合酶、3′→5′外切酶及 5′→3′外切酶活性。除了主要的聚合功能外,在错误的核苷酸进入结合位点,可被 3′→5′外切酶活性位点所识别并切除(图 10-4),这被称为复制过程的校对作用,有了校对作用,复制过程错配的几率降低至 5×10^{-7}。另外,DNA polⅠ的 5′→3′外切核酸酶活性既水解 DNA 新链合成中的 5′端引物,又能在 DNA 分子的损伤修复中发挥作用。Klenow 片段是 DNA polⅠ受木瓜蛋白酶的有限水解后生成的大片段,仅具有 DNA 聚合酶和 3′→5′核酸外切酶活性,Klenow 片段是实验室合成 DNA,进行分子生物学研究中常用的工具酶。

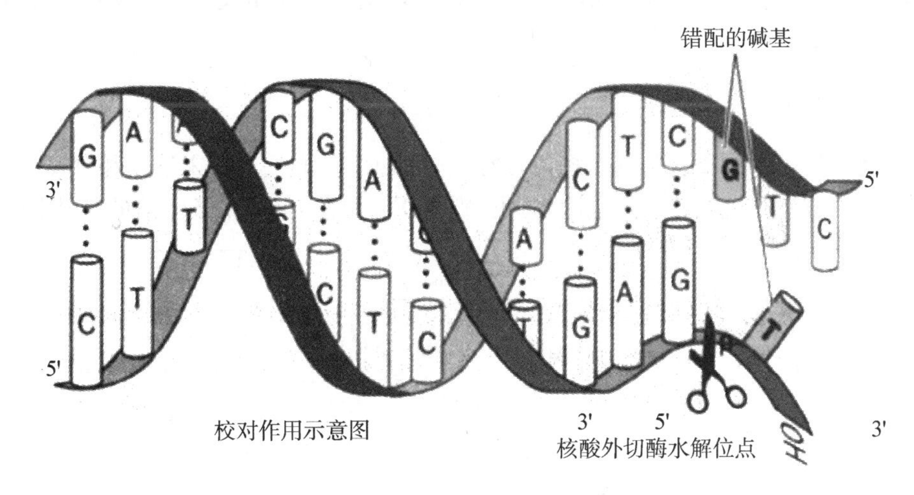

图 10-4　大肠杆菌 DNA 聚合酶的校正作用

2. DNA 聚合酶Ⅱ(DNA polⅡ)　DNA polⅡ不是复制的主要聚合酶,因为此酶缺陷的大肠杆菌突变株的 DNA 复制都正常。可能在 DNA 的损伤修复中该酶起到一定的作用。

3. 聚合酶Ⅲ(DNA pol Ⅲ)　DNA pol Ⅲ是由多个亚基组成的蛋白质,虽然在细胞中数量少,但其催化脱氧核苷酸掺入 DNA 链的速率高,被认为是大肠杆菌细胞内真正复制新合成 DNA 的复制酶。DNA pol Ⅲ的基本性能和聚合酶Ⅰ相同,但是两者在聚合速度、持续合成能力上均有很大不同,也证实了聚合酶全酶Ⅲ才是复制中合成新链的主要酶。DNA pol Ⅲ是一由多种亚基组成,分子量庞大的蛋白质。按功能分为 4 部分:①核心酶($\alpha,\varepsilon,\theta$),$\alpha$ 亚基最大,具有聚合酶活性,ε 有 3′→5′外切核酸酶活性;②β 亚基二聚体,具有使酶与模板 DNA 结合的"滑动钳"作用;③其余亚基统称为 γ 复合物($\gamma,\delta,\delta',\chi,\psi,\tau$),有促进全酶组装至模板上及增强核心酶活性的作用。DNA pol Ⅲ复杂的亚基结构使其具有更高的忠实性、协同性和持续性。

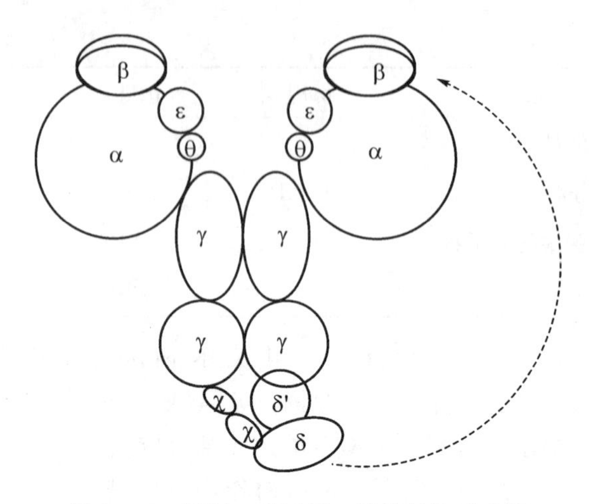

图 10-5　DNA pol Ⅲ异二聚体结构示意图

(二) 真核生物的 DNA 聚合酶(DNA ligase)

真核生物中有几种 DNA 聚合酶,现认为 pol α 参与 DNA 链合成的引发,而 pol δ 则主要催化 DNA 链的延长,同时兼有外切酶的即时校读作用。pol γ 是线粒体 DNA 合成的聚合酶。pol ε 和 β 主要在 DNA 修复过程中起作用。

六、DNA 连接酶

DNA 连接酶可封闭 DNA 链上缺口,通过连接 DNA 链 3′-OH 末端和相邻 DNA 链 5′-P 末端,使二者生成磷酸二酯键,从而把两段相邻的 DNA 链连接成一条完整的链(图 10-6)。

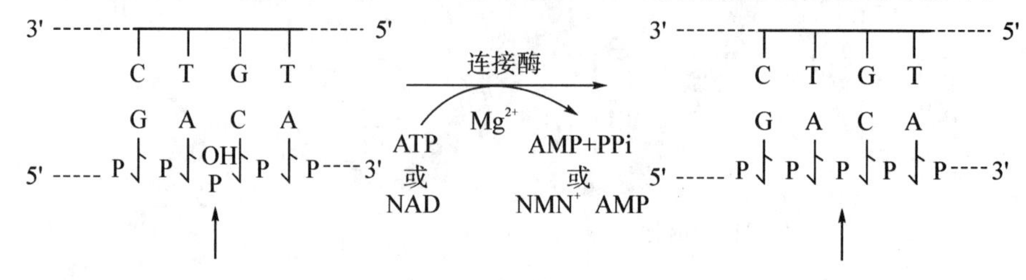

图 10-6　DNA 连接酶的作用

第三节　DNA 复制的过程

DNA 复制过程可以分为复制的起始、DNA 链的延伸和 DNA 复制的终止三个阶段。

一、DNA 复制的起始

复制的起始阶段包括 DNA 复制起点双链解开,RNA 引物的合成。DNA 复制开始时,DNA 解螺旋酶首先在复制起点处将双链 DNA 解开,同时还有拓扑异构酶和单链 DNA 结合蛋白质协同作用。由 DNA B 蛋白、DNA C 蛋白、单链 DNA 结合蛋白、引物酶等组装成引发体。引发体可以在单链 DNA 上移动,在 DNA B 亚基的作用下识别 DNA 复制起点位置。首先在模板链上由引物酶催化合成一段 RNA 引物。

以 RNA 引物来引发 DNA 复制可能与减少 DNA 复制起始处的突变有关。DNA 复制开始处的几个核苷酸最容易出现差错，用 RNA 引物即使出现差错最后也要被 DNA 聚合酶Ⅰ切除，提高了 DNA 复制的准确性。RNA 引物形成后，由 DNA 聚合酶Ⅲ催化将第一个脱氧核苷酸按碱基互补原则加在 RNA 引物 3′-OH 端而进入 DNA 链的延伸阶段。

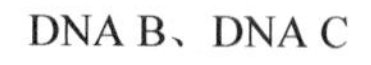

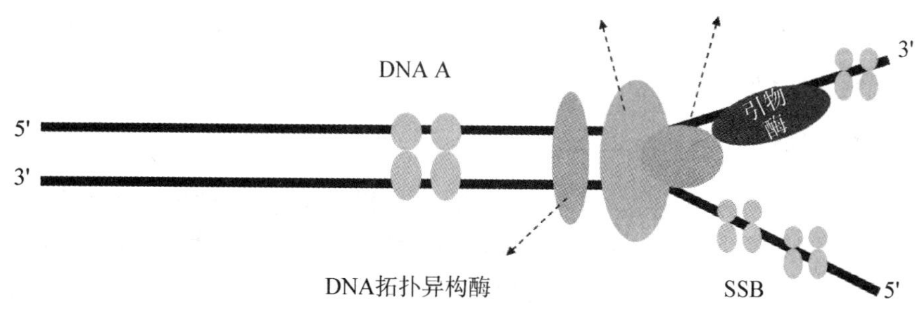

图 10－7　DNA 复制的起始

二、DNA 链的延伸

在复制叉附近，DNA 聚合酶Ⅲ全酶、引发体和螺旋构成的类似核糖体大小的复合体，称为 DNA 复制体(replisome)。复制体在 DNA 领头链模板和随从链模板上移动时便合成了连续的 DNA 领头链和由许多冈崎片段组成的随从链。在 DNA 合成延伸过程中主要是 DNA 聚合酶Ⅲ的作用。由于随从链的合成方向和复制叉延伸方向相反，为了使随从链能与领头链被同一个 DNA 聚合酶Ⅲ不对称二聚体所合成，随从链的模板将 180°回折绕成一个突环，如图 10－8 所示。

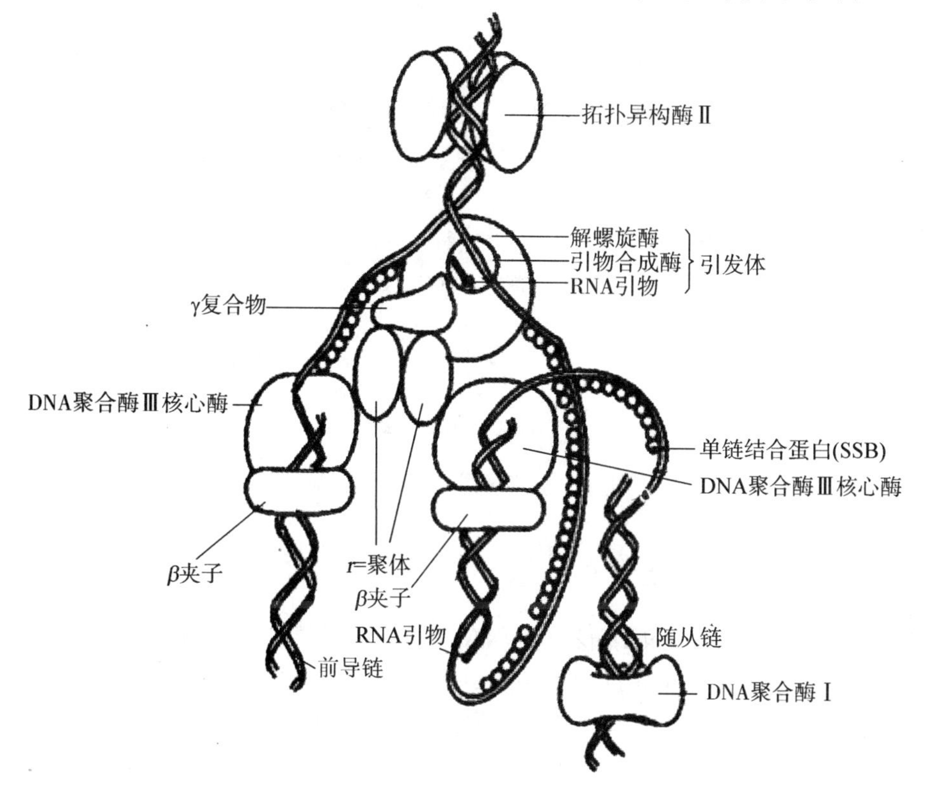

图 10－8　DNA 复制的延伸

三、DNA 复制的终止

原核生物是环状 DNA，从起始点开始双向复制，在终止点上汇合，复制进入终止阶段，水解引物、填补空缺以及连接 DNA 片段。以上主要由 DNA pol Ⅰ和连接酶催化完成。即 pol Ⅰ 5′→3′外切酶水解 RNA 引物，由此造成的空缺由 pol Ⅰ的聚合酶从前部 DNA 片段提供的 3′-OH 端催化 DNA 延伸，直至补满缺口。最后由连接酶催化 DNA 两断端的 3′-OH 与 5′-P 之间以磷酸二酯键相连，完成 DNA 的复制过程。

四、真核生物 DNA 的复制终止

真核生物是线性 DNA，新生链 5′末端的 RNA 引物被切除后，留下的空隙是无法像原核生物一样所填充，真核生物通过形成端粒结构来解决这个问题。端粒是真核生物线性染色体末端的特殊结构，它有许多成串的短重复序列组成。复制使端粒 5′末端缩短，而端粒酶(telomerase)可外加重复单位到 5′末端上，维持端粒的长度。

端粒酶是一种含有 RNA 链的逆转录酶，它以所含 RNA 为模板来合成 DNA 端粒结构。端粒酶结合到端粒的 3′末端，RNA 模板的 5′末端识别 DNA 的 3′末端碱基并相互配对，以 RNA 链为模板使 DNA 链延伸，合成一个重复单位后酶再向前移动一个单位。一定长度后端粒的 3′末端又可回折作为引物，合成其互补链，这种填补延伸方式被称作爬行式复制(图 10－9)。

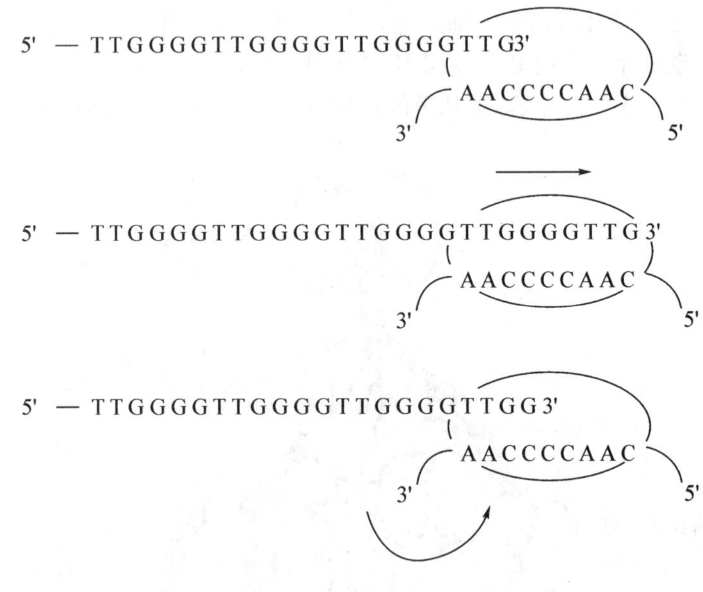

图 10－9　四膜虫的爬行式复制

五、逆转录和其他复制方式

逆转录病毒的基因组是 RNA 而不是 DNA，其复制方式是逆转录(reverse transcription)。1970 年 Temin 等在致癌 RNA 病毒中发现了一种特殊的 DNA 聚合酶，该酶以 RNA 为模板合成 DNA。这一过程与转录的方向相反，故称为逆转录，催化此过程的 DNA 聚合酶叫做逆转录酶(reverse transcriptase)。逆转录酶不仅普遍存在于 RNA 病毒中，哺乳动物的胚胎细胞和正在分裂的淋巴细胞中也有逆转录酶。

逆转录的过程是以 dNTP 为底物，以 RNA 为模板，tRNA（主要是色氨酸 tRNA）为引物，在 tRNA3′-OH 末端上，按 5′→3′方向，合成一条与 RNA 模板互补的 DNA 单链，这条 DNA 单链叫做互补 DNA（complementary DNA，cDNA），它与 RNA 模板形成 RNA-DNA 杂交体。随后又在逆转录酶的作用下，水解掉 RNA 链，再以 cDNA 为模板合成第二条 DNA 链。至此，完成由 RNA 指导的 DNA 合成过程。

其他复制方式：环状 DNA 可以采取典型的 DNA 复制方式进行复制，即从复制起点开始，双向同时进行，形成 θ 样中间物，故又称“θ”型复制，最后两个复制方向相遇而终止复制。但有些环状 DNA 采用另外一种方式，即滚环复制。真核细胞内线粒体 DNA 的复制方式是 D-环复制。

第四节　DNA 损伤与修复

DNA 在复制过程中可能产生错配；DNA 重组、病毒基因的整合也会改变 DNA 局部的结构；某些物理化学因子，如紫外线、电离辐射和化学诱变剂等，都能作用于 DNA，造成其结构的破坏，这些 DNA 结构的改变都称为 DNA 的损伤。DNA 的损伤可引起生物突变（mutation），更多的导致生物功能的丧失，甚至生物体的死亡。在一定条件下，绝大多数的损伤都得到修复，修复机制是生物体在长期进化过程中获得的一种保护功能。

一、DNA 损伤的类型

DNA 损伤有以下几种类型：

1. 点突变（point mutation）　指 DNA 上单一碱基的变异。嘌呤替代嘌呤（A 与 G 之间的相互替代）、嘧啶替代嘧啶（C 与 T 之间的替代）称为转换（transition）；嘌呤变嘧啶或嘧啶变嘌呤则称为颠换（transvertion）。

2. 缺失（deletion）　指 DNA 链上一个或一段核苷酸的缺失。

3. 插入（insertion）　指一个或一段核苷酸插入到 DNA 链中。在为蛋白质编码的序列中如缺失或插入的核苷酸数不是 3 的整倍数，则发生读码框移动（reading frame shift），使其后所译读的氨基酸序列全部混乱，称为移码突变（frame-shift mutaion）。

4. 倒位或转位（transposition）　指 DNA 链重组使其中一段核苷酸链方向倒置或从一处迁移到另一处。

5. 双链断裂　对单倍体细胞而言，一个双链断裂就是致死性事件。

突变或诱变对生物可能产生 4 种后果：①致死性；②丧失某些功能；③改变基因型而不改变表现型；④发生了有利于物种生存的结果，使生物进化。

二、DNA 损伤的原因

（一）DNA 分子的自发性损伤

1. DNA 复制中的错误　以 DNA 为模板按碱基配对进行 DNA 复制是一个严格而精确的事件，但也不是完全不发生错误的。即使在强大的复制保真机制下每复制 10^{10} 个核苷酸大概会有一个碱基的错误。

2. DNA 的自发性化学变化　生物体内 DNA 分子可以由于各种原因发生变化，至少有以下类型：碱基的异构互变，碱基的脱氨基作用，脱嘌呤与脱嘧啶，碱基修饰与链断裂以及 DNA 的甲基化等。

由此可见，如果细胞不具备高效率的修复系统，生物的突变率将大大提高。

（二）物理因素引起的 DNA 损伤

1. 紫外线引起的 DNA 损伤　DNA 分子损伤最早从研究紫外线的效应开始。当 DNA 受到紫外线照射时，主要是使同一条 DNA 链上相邻的嘧啶以共价键连成二聚体，相邻的两个 T、或两个 C、或 C 与 T 间都可以环丁基环连成二聚体，最易形成的是 TT 二聚体（图 10－10）。

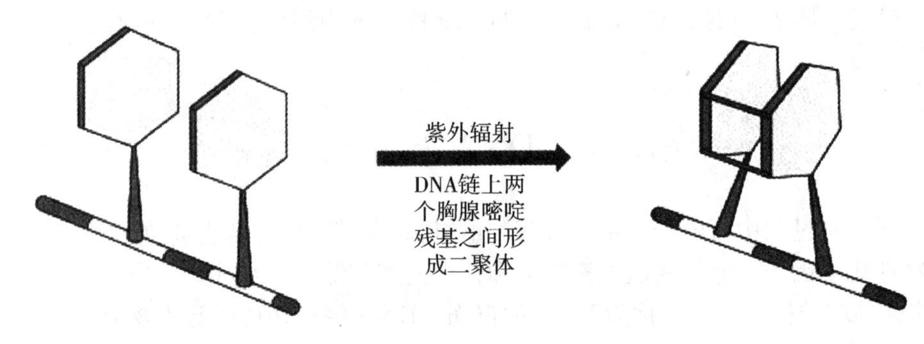

图 10－10　紫外线引起的 DNA 损伤

人皮肤因受紫外线照射而形成二聚体的频率可达每小时 5×10^{4}/细胞，但只局限在皮肤中。但微生物受紫外线照射后，就会影响其生存。紫外线照射还能引起 DNA 链断裂等损伤。

2. 电离辐射引起的 DNA 损伤　电离辐射损伤 DNA 有直接和间接的效应，直接效应是 DNA 直接吸收射线能量而遭损伤，间接效应是指 DNA 周围其他分子（主要是水分子）吸收射线能量产生自由基进而损伤 DNA。电离辐射可导致 DNA 分子的多种变化：碱基变化、DNA 链断裂、交联等。

（三）化学因素引起的 DNA 损伤

化学因素对 DNA 损伤的认识最早来自对化学武器杀伤力的研究，以后对癌症化疗、化学致癌作用的研究使人们更重视突变剂或致癌剂对 DNA 的作用。

1. 烷化剂对 DNA 的损伤　烷化剂是一类亲电子的化合物，很容易与生物体中大分子的亲核位点起反应。烷化剂的作用可使 DNA 发生各种类型的损伤：碱基烷基化、碱基脱落、断链、交联等。

2. 碱基类似物、修饰剂对 DNA 的损伤　人工可以合成一些碱基类似物用作促突变剂或抗癌药物，如 5-溴尿嘧啶（5-BU）、5-氟尿嘧啶（5-FU）、2-氨基腺嘌呤（2-AP）等。由于其结构与正常的碱基相似，进入细胞能替代正常的碱基掺入到 DNA 链中而干扰 DNA 复制合成，例如 5-BU 结构与胸腺嘧啶十分相近，在酮式结构时与 A 配对，却又更容易成为烯醇式结构与 G 配对，在 DNA 复制时导致 A—T 转换为 G—C。

还有一些人工合成或环境中存在的化学物质能专一修饰 DNA 链上的碱基或通过影响 DNA 复制而改变碱基序列，例如亚硝酸盐能使 C 脱氨变成 U，经过复制就可使 DNA 上的 G—C 变成 A—T 对；羟胺能使 T 变成 C，结果是 A—T 改成 C—G 对；黄曲霉素 B 也能专一攻击 DNA 上的碱基导致序列的变化，这些都是诱发突变的化学物质或致癌剂。

三、DNA 修复

DNA 修复(DNA repairing)是细胞对 DNA 受损伤后的一种反应,这种反应可能使 DNA 结构恢复原样,但有时并非能完全消除 DNA 的损伤,只是使细胞能够耐受这些 DNA 的损伤而能继续生存。也许这未能完全修复而存留下来的损伤会在适合的条件下显示出来(如细胞的癌变等),但如果细胞不具备这修复功能,就无法对付经常发生的 DNA 损伤事件。对不同的 DNA 损伤,细胞可以有不同的修复反应。

(一) 光修复

这是最早发现的 DNA 修复方式。修复由细菌中的 DNA 光解酶(photolyase)完成,此酶能特异性识别紫外线造成的核酸链上相邻嘧啶共价结合的二聚体,并与其结合,这步反应不需要光,结合后受 300～600 nm 波长的光照射,酶被激活,将二聚体分解为两个正常的嘧啶单体,然后酶从 DNA 链上释放,DNA 恢复正常结构。后来发现类似的修复酶广泛存在于动植物中。

(二) 切除修复

切除修复(excision repair)是修复 DNA 损伤最为普遍及重要的方式,对多种 DNA 损伤包括碱基脱落形成的无碱基位点、嘧啶二聚体、碱基烷基化、单链断裂等都能起修复作用。这种修复方式普遍存在于各种生物细胞中,也是人体细胞主要的 DNA 修复机制。修复过程需要多种酶的一系列作用:①首先由核酸酶识别 DNA 的损伤位点,在损伤部位的 5′侧切开磷酸二酯键。不同的 DNA 损伤需要不同的特殊核酸内切酶来识别和切割。②由 5′-3′核酸外切酶将有损伤的 DNA 片段切除。③在 DNA 聚合酶的催化下,以完整的互补链为模板,按 5′-3′方向填补已切除的空隙。④由 DNA 连接酶将新合成的 DNA 片段与原来的 DNA 断链连接起来(图 10－11)。

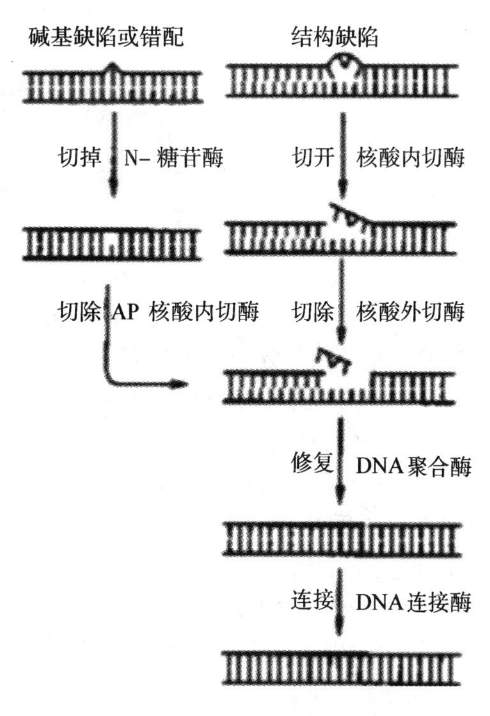

图 10－11　DNA 损伤的切除修复

(三) 重组修复

当 DNA 复制速度快于修复速度时,可采用重组修复来稀释损伤。首先受损伤的 DNA 链复制时,产生的子代 DNA 在损伤的对应部位出现缺口。这时完整的另一条母链 DNA 与有缺口的子链 DNA 进行重组交换,将母链 DNA 上相应的片段填补子链缺口处,而母链 DNA 出现缺口。最后以另一条子链 DNA 为模板,经 DNA 聚合酶催化合成一新 DNA 片段填补母链 DNA 的缺口,最后由 DNA 连接酶连接,完成修补(图 10－12)。

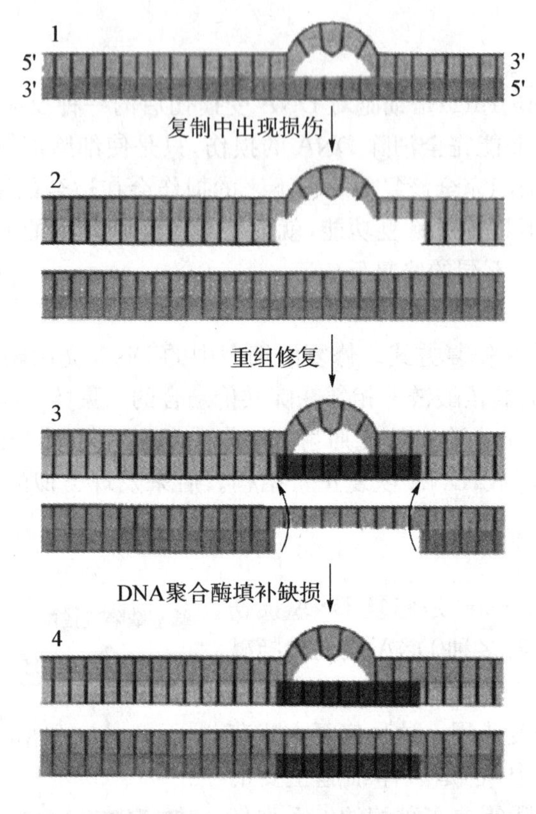

图 10-12 DNA 重组修复

重组修复不能完全去除损伤，损伤的 DNA 段落仍然保留在亲代 DNA 链上，只是重组修复后合成的 DNA 分子是不带有损伤的，经多次复制后，损伤就被“冲淡”了，在子代细胞中只有一个细胞是带有损伤 DNA 的，并且在合适的时间也可以被修复。

（四）SOS 修复

“SOS”是国际上通用的紧急呼救信号。SOS 修复是指 DNA 受到严重损伤、细胞处于危急状态时所诱导的一种 DNA 修复方式，修复结果只是能维持基因组的完整性，提高细胞的生存率，但留下的错误较多，故又称为错误倾向修复，使细胞有较高的突变率。这种修复方式主要是诱导产生一类识别碱基能力差的聚合酶，催化空缺部位 DNA 的合成，这时补上去的核苷酸几乎是随机的，虽然终于保持了 DNA 双链的完整性，使细胞得以生存，但这种修复带给细胞很高的突变率。

人类遗传性疾病已发现 4 000 多种，其中不少与 DNA 修复缺陷有关，这些 DNA 修复缺陷的细胞表现出对辐射和致癌剂的敏感性增加。例如着色性干皮病就是第一个发现的 DNA 修复缺陷性遗传病，患者皮肤和眼睛对太阳光特别是紫外线十分敏感，身体暴露部位的皮肤干燥脱屑、色素沉着，容易发生溃疡，皮肤癌发病率高，常伴有神经系统障碍、智力低下等，病人的细胞对嘧啶二聚体和烷基化的清除能力降低。

复习思考题

1. 名词解释：半保留复制，半不连续复制，冈崎片段，领头链，点突变，逆转录。
2. 试述参与 DNA 半保留复制的酶和蛋白的作用。
3. 简述 DNA 复制的过程。
4. 简述引起 DNA 损伤的因素。
5. 试述 DNA 损伤修复的种类及作用机制。

（刘向华）

【附一】Meselson 和 Stahl 证实半保留复制的实验

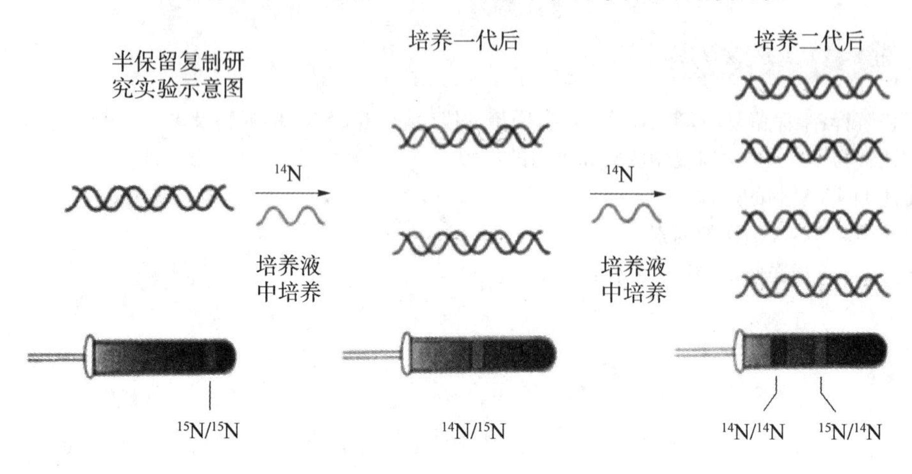

【附二】SOS 修复机制

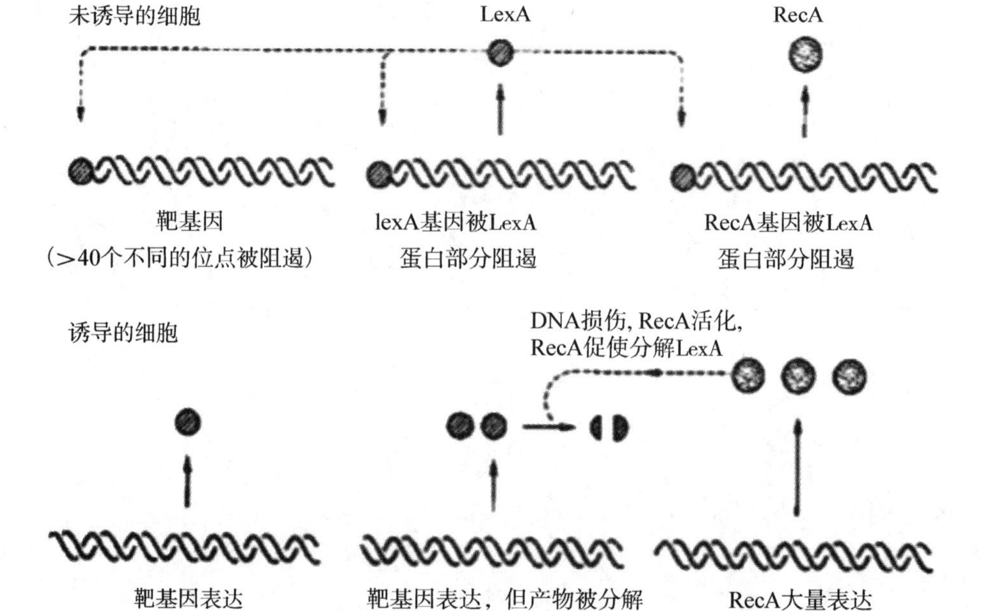

第十一章　RNA 的生物合成

【案例】

利福平如何抗结核？

在人类疾病史上，结核病曾经一度是无法治愈的绝症，近百年来，有两亿多人死于结核病。随着医学的发展，各种抗结核药物不断涌现，人们已不再谈结核色变。1965年，利福平的出现使抗结核治疗跨入了一个新纪元，曾有科学家称“抗结核治疗已进入了利福平时代”。作为常用的抗结核药物，利福平是如何发挥其作用的？

提示：利福平与结核菌的 RNA 聚合酶结合后，干扰 RNA 及蛋白质的合成，从而达到灭菌的目的。

生物体以 DNA 为模板合成 RNA 的过程称为转录(transcription)，即将 DNA 的碱基序列转换为 RNA。蛋白质的氨基酸序列储存在 DNA 分子上作为原始模板，DNA 转录生成的 mRNA 为蛋白质合成的直接模板。通过转录，遗传信息从染色体的原始储存状态 DNA 转送到胞质 mRNA，从功能上衔接 DNA 和蛋白质这两种生物大分子。在生物界，RNA 的合成有两种方式：一种是 DNA 指导的 RNA 合成，即本章要介绍的转录，这是 RNA 生物合成的主要方式；另一种是 RNA 指导的 RNA 合成，也称 RNA 的复制，常见于病毒。

第一节　DNA 指导下 RNA 的合成

RNA 链的转录起始于 DNA 模板的一个特定位点，并在另一位点处终止。此转录区域称为转录单位。一个转录单位可以是一个基因，也可以是多个基因。基因是遗传物质的最小功能单位，相当于 DNA 的一个片段。基因的转录是一种有选择性的过程，随着细胞的不同生长发育阶段和细胞内外条件的改变将转录不同的基因。转录的起始是由 DNA 的启动子(promoter)区控制的；而控制终止的部位则称为终止子(terminator)。转录是通过 DNA 指导的 RNA 聚合酶(DNA dependent RNA polymerase)来实现的，现在已从原核生物和真核生物中分离到了这种聚合酶。通过提纯的酶在体外对某些 DNA 进行选择性的转录，基本上搞清楚了转录的机制。

转录和复制都是酶促的核苷酸聚合过程，有许多相似之处：都以 DNA 为模板；都需要依赖 DNA 的聚合酶；聚合过程都是核苷酸之间生成磷酸二酯键；都从 5′至 3′方向延伸成新链多聚核苷酸；都遵从碱基配对规律。但相似之中又有区别(表 11－1)。

表 11-1　复制和转录的区别

	复制	转录
模板	两股链均复制	模板链转录(不对称转录)
原料	dNTP	NTP
酶	DNA 聚合酶	RNA 聚合酶
产物	子代双链 DNA(半保留复制)	mRNA,tRNA,rRNA 等
配对	A—T,G—C	A—U,T—A,G—C
引物	需要	不需要

一、依赖 DNA 的 RNA 聚合酶

1960 年至 1961 年,由微生物和动物细胞中分别分离得到了 DNA 指导的 RNA 聚合酶,为了解转录过程提供了基础。真核细胞和原核细胞内都存在有 RNA 聚合酶,迄今发现的 RNA 聚合酶都需要以四种核苷三磷酸作为底物,并需要适当的 DNA 作为模板,Mg^{2+} 或 Mn^{2+} 能促进聚合反应。RNA 链的合成方向也是 5′→3′,反应可逆,但焦磷酸的分解可推动反应趋向于聚合。RNA 聚合酶无需引物,能直接在模板上合成 RNA 链。它催化的反应为:

$$NTP + (NMP)_n \xrightarrow{Mg^{2+}\text{或}Mn^{2+}, RNA\text{-}pol} (NMP)_{n+1} + PPi$$

DNA 模板链通过类似于指导 DNA 半保留复制所使用的碱基配对来决定哪一种碱基将被加到延长的 RNA 分子上。需注意的是 DNA 模板链上的腺嘌呤在合成 RNA 时互补配对的不是胸腺嘧啶,而是尿嘧啶。

更直接说明产物 RNA 链与模板 DNA 之间具有互补关系的证据来自于分子杂交的试验。将合成的 RNA 用放射性磷加以标记,然后与作为模板的 DNA 一起加热,使 DNA 的两条链分开,再缓慢冷却,这时 RNA 链即与 DNA 链形成杂交体。这表明,RNA 是在模板 DNA 分子上,通过碱基配对的机制合成的。

RNA 聚合酶广泛存在于原核生物与真核生物中,原核生物和真核生物的 RNA 聚合酶是不同的。其中大肠杆菌的 RNA 聚合酶是人们最了解的 RNA 聚合酶,其他原核生物的 RNA 聚合酶也十分类似,哺乳动物的 RNA 聚合酶则有很大的区别。

(一) 原核生物的 RNA 聚合酶

已从大肠杆菌和其他细菌中高度提纯了 DNA 指导的 RNA 聚合酶。大肠杆菌 RNA 聚合酶由五个亚基组成,即 $\alpha_2\beta\beta'\sigma$,还含有两个 Zn 原子,它们与 β′亚基相连接。没有 σ 亚基的酶($\alpha_2\beta\beta'$)称为核心酶(core enzyme)。核心酶只能使已开始合成的 RNA 链延长,不具备起始合成 RNA 的能力,因此必须加入 σ 亚基才表现出全部聚合酶的活性。也就是说,在开始合成 RNA 链时,必须有 σ 亚基参与作用,故称 σ 亚基为起始亚基。此外,有时还可以看到与 RNA 聚合酶相结合的一个很小的蛋白质,称为 ω 亚基,其功能尚不清楚。后来,人们还发现 *E. coli*RNA 聚合酶的另一个重要的亚基 NusA,起转录终止作用。各亚基的大小和功能见表

11－2。

表 11－2　大肠杆菌 RNA 聚合酶各亚基的性质和功能

亚单位	相对分子质量/kDa	亚单位数目	功能
α	40	2	决定哪些基因被转录
β	155	1	与转录全过程有关
β′	160	1	结合 DNA 模板
σ	32～92	1	辨认起始点
ω	9	1	未知

细菌的 mRNA、rRNA、tRNA 是由同一种 RNA 聚合酶所转录，每一个大肠杆菌细胞约含有 7 000 个酶分子。σ 亚基的功能在于 RNA 聚合酶能识别 DNA 的启动子，σ 因子能够改变 RNA 聚合酶与 DNA 之间的亲和力，极大地减少了酶与 DNA 一般序列的结合常数和停留时间，同时又大大增加了酶与 DNA 启动子的结合常数和停留时间。这就使得全酶能够迅速找到启动子并与之结合。全酶与不同启动子序列间的结合能力不一样，这就说明了为什么不同基因具有不同的转录效率。不同的 σ 因子识别不同的启动子，从而表达不同的基因。RNA 聚合酶的转录速度在 37 ℃约为 50 个核苷酸/秒，与多肽链的合成速度（15 个氨基酸/秒）大致相当，但远比 DNA 的复制速度（800 bp/s）要慢。

在大肠杆菌细胞内，某些药物如抗结核菌药物利福平（rifampicin）和链霉溶菌素（streptolydigin）能有效地抑制 RNA 聚合酶。前者抑制 RNA 合成的起始，后者抑制 RNA 链的延伸。实验也表明，两者均作用于 β 亚基，能与 β 亚基结合，阻止 RNA 合成。

（二）真核生物的 RNA 聚合酶

真核生物的基因组比原核生物更大、更复杂；它们的 RNA 聚合酶也更为复杂。真核生物的 RNA 聚合酶有很多种，通常由 8～14 个亚基组成，并含有 Zn^{2+}。利用 α-鹅膏蕈碱（α-amanitine）的抑制作用可将它们分为三类：RNA 聚合酶 A（或Ⅰ）对 α-鹅膏蕈碱不敏感，位于核仁中，负责转录编码 rRNA 的基因；RNA 聚合酶 B（或Ⅱ）对低浓度的 α-鹅膏蕈碱（10^{-9}～10^{-8} mol/L）敏感，位于核质中，负责核内不均一 RNA 的合成，而 hnRNA 是 mRNA 的前体；RNA 聚合酶 C（或Ⅲ）对高浓度的 α-鹅膏蕈碱（10^{-5}～10^{-4} mol/L）敏感，位于核质中，负责合成 tRNA 和许多小的核内 RNAs（如 4SRNA 和 5SRNA 的合成）。α-鹅膏蕈碱对真核生物有较大毒性，但对细菌的 RNA 聚合酶只有微弱的抑制作用。真核生物 RNA 聚合酶的种类和性质列于表 11－3。

表 11－3　真核生物 RNA 聚合酶的种类和性质

酶的种类	分布	合成的 RNA 类型	对 α-鹅膏蕈碱的敏感性
RNA 聚合酶Ⅰ	核仁	rRNA 前体	不敏感
RNA 聚合酶Ⅱ	核质	hnRNA	高度敏感
RNA 聚合酶Ⅲ	核质	tRNA，5SrRNA，snRNA	中度敏感

除了上述细胞核 RNA 聚合酶外，还分离到线粒体 RNA 聚合酶和叶绿体 RNA 聚合酶，它们分别转录线粒体和叶绿体的基因组 DNA。线粒体和叶绿体的 RNA 聚合酶不同于细胞核 RNA 聚合酶，它们的结构简单，能催化所有种类 RNA 的生物合成，并被原核生物 RNA 聚合酶的抑制剂利福平等抑制。与 DNA 聚合酶相比，RNA 聚合酶缺少 3′→5′外切酶的作用，故 RNA 合成时，每 10^4～10^5 核苷酸中会出现一个错误的核苷酸，比 DNA 复制出现的错误率要高。

二、转录模板

在体外，RNA 聚合酶能使 DNA 的两条链同时进行转录；但许多实验证明，在体内，DNA 的两条链中仅有一条链可用于转录；或者某些区域以这条链转录，另一些区域则以另一条链转录；我们把这种转录方式称为不对称转录。其中能够作为模板的链称为模板链（template strand）；对应的链为编码链（coding strand）。编码链与转录合成的 RNA 的序列相同，只是以尿嘧啶取代胸腺嘧啶（图 11－1）。

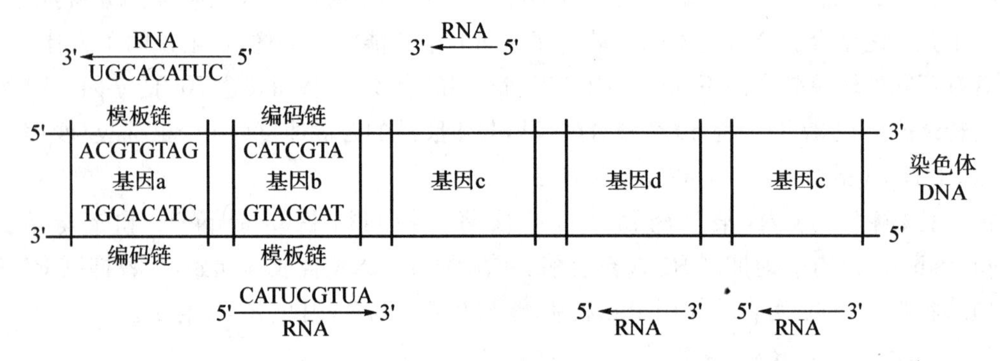

图 11－1 细菌染色体上几个基因转录的方向及所用模板

模板 DNA 分子中与转录有关的结构大致如下：

（一）启动子和转录因子

启动子（promoter）是转录开始时 RNA 聚合酶识别、结合和开始转录的一段 DNA 序列。真核 RNA 聚合酶在进行转录时常需要一些辅助因子（蛋白质）参与作用，称之为转录因子。

习惯上把 DNA 的序列按其转录 RNA 的模板链来书写，由左到右相当于 5′向 3′方向。人为规定转录单位的起点（startpoint）核苷酸为＋1，从转录的近端（proximal）向远端（distal）计数，转录起点的左侧为上游序列（upstream sequence），用负的数码来表示，起点前一个核苷酸为－1；起点后为下游序列（downstream sequence），即转录区，用正值表示，从实验可知原核生物 RNA 聚合酶的作用区域为－50～＋20。

原核生物启动子序列按功能的不同可分为 3 个部位。

1. 起始部位（start site） 是 DNA 分子上开始转录的作用位点，该位点有与转录生成 RNA 链的第一个核苷酸互补的碱基，该碱基的序号为＋1。

2. 结合部位（binding site） 是 DNA 分子上与 RNA 聚合酶的核心酶结合的部位，其长度约为 7 bp，中心部位在－10 bp 处，碱基序列具有高度保守性，富含 TATAAT 序列，故称之为 TATA 盒(TATA box),该序列由 D. Pribnow 首次发现,所以又称为 Pribnow 盒(Pribnow box)。该段序列富含 AT 碱基,维持双链结合的氢键相对较弱,导致该处双链 DNA 易发生解链,有利于 RNA 聚合酶的结合。

3. 识别部位(recognition site) 该序列富含 TTGACA 碱基,其中心位于－35 bp 处,是 RNA 聚合酶 σ 亚基识别的部位(图 11－2)。

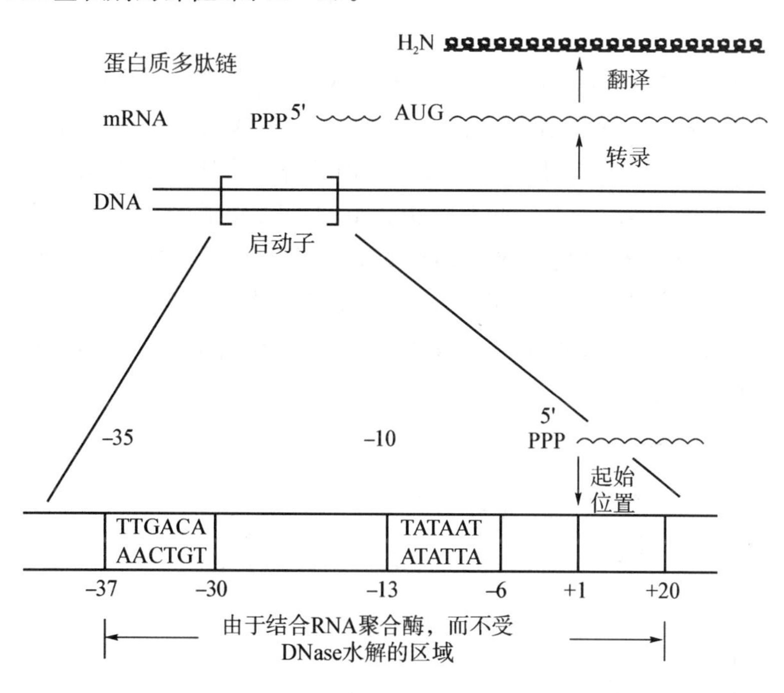

图 11－2 原核生物启动子的结构

真核生物的启动子有其特殊性。真核生物的三类 RNA 分别由 RNA 聚合酶Ⅰ、Ⅱ和Ⅲ所转录,每一种都有自己的启动子类型,各有其特点。编码蛋白质基因的启动子(RNA 聚合酶Ⅱ的启动子),通常可以找到三个保守区域。中心在－25 至－30 左右的 7 bp 序列,称为 TATA 框或 Hogness 框或 Goldberg-Hogness 框。此共有序列中基本上全为 A—T 碱基对,仅少数含有一个 G—C 对。离体转录实验表明,TATA 框为 DNA 双链开始解开并决定转录的起点位置。失去 TATA 框,转录在多个位点开始。在－75 位置左右存在 9 bp 的共有序列 GGTCAATCT,称为 CAAT 框,其主要作用可能与 RNA 聚合酶的结合有关。在更上游处有时还有另一共有序列 GGGCGG,称 GC 框。某些转录因子(如 sp Ⅰ因子)可结合其上。CAAT 框和 GC 框均为上游因子,它们对转录的起始频率有较大影响。

真核生物的启动子极为复杂,由转录因子而不是 RNA 聚合酶所识别,多种转录因子和 RNA 聚合酶在起点上形成前起始复合物而促进转录。

需说明的是:尽管真核生物启动子差异很大,转录过程中第一个合成的核苷酸往往是 G 或 A。且转录的起始点往往不是翻译的起始点。转录产物序列分析表明,其 5′端 1～3 位往往不是 AUG 起始密码子,AUG 密码子多在转录起始点稍后才出现。

（二）终止子和终止因子

在模板 DNA 分子上转录的 RNA 即将结束时，会出现带有终止信号的 DNA 序列，称为终止子(terminate)。协助 RNA 聚合酶识别终止信号的辅助因子多为蛋白质，称为终止因子(termination factors)。有些终止子的作用可被特异的因子阻止，使酶得以越过终止子继续转录，称为通读(readthrough)。这类引起抗终止作用的蛋白质称为抗终止因子(antitermination factors)。

大肠杆菌 E. coli 中存在两类终止子：一类为不依赖于 ρ 的终止子，又称简单的终止子，该终止子在终止点之前有一个回文结构，其产生的 RNA 可形成由茎环构成的发夹结构，回文对称区通常有一段富含 G—C 的序列。此外，在终点前还有一系列 U 核苷酸(约有 6 个)。多聚 U 序列可能提供信号使 RNA 聚合酶脱离模板。由 rU-dA 组成的 RNA-DNA 杂交分子具有特别弱的碱基配对结构，当聚合酶暂停时，RNA-DNA 杂交分子即在 rU-dA 弱键结合的末端区解开。另一类终止子为依赖于 ρ 因子的终止子，即该类终止子必须在 ρ 因子存在时才发生终止作用。依赖于 ρ 因子的终止子的回文结构不含富有的 G—C 区，回文结构之后也无 polyU。两者结构见图 11－3。

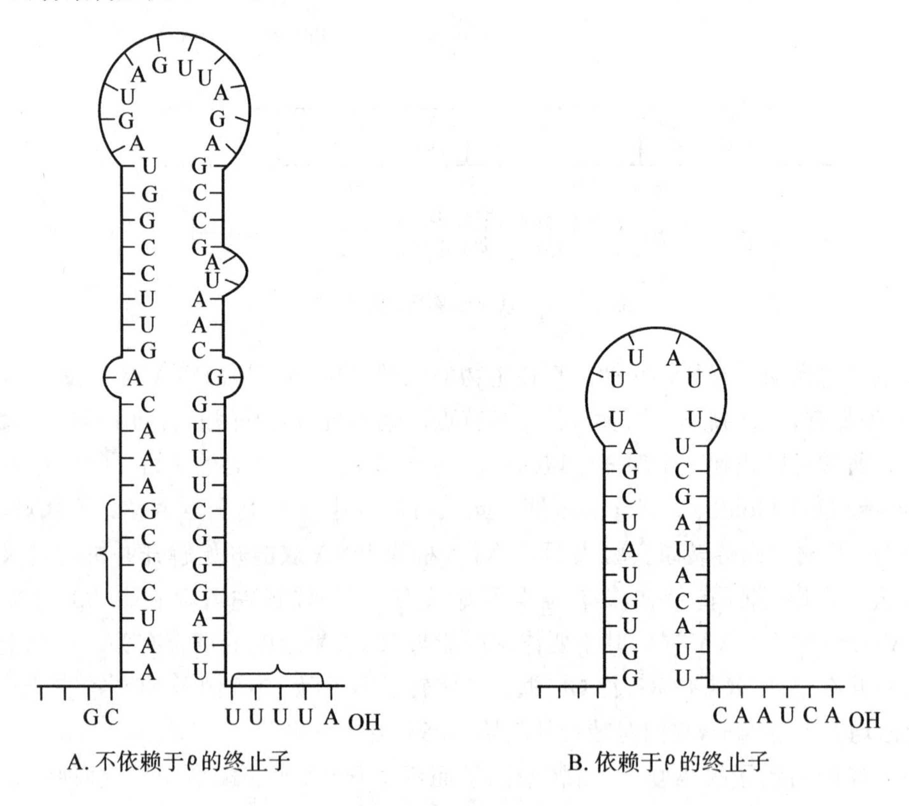

图 11－3　大肠杆菌两类终止子的回文结构

ρ 因子是 rho 基因的产物，广泛存在于原核及真核细胞中，它是由 6 个亚基所组成的蛋白质，常称为“终止蛋白质”，只有在多聚体状态下才能发挥作用。ρ 因子结合在新产生的 RNA 链上，借助水解底物获得的能量推动其沿着 RNA 链移动，但移动速度比 RNA 聚合酶慢，当

RNA 聚合酶遇到终止子时便发生暂停，使 ρ 因子得以赶上酶。ρ 因子与酶相互作用，导致 RNA 释放，并使 RNA 聚合酶与该因子一起从 DNA 上脱落下来。最近发现 ρ 因子具有 RNA-DNA 解螺旋酶(helicase)活力，进一步说明了该因子具有终止转录的作用。

三、转录过程

由 RNA 聚合酶催化的转录过程可以分为识别与起始、延长和终止三个步骤(图 11-4)。

(一) 转录的识别与起始

RNA 聚合酶与 DNA 双链的启动部位相结合时，DNA 双螺旋在局部区域发生构象改变而变得比较松散，尤其在 TATA 盒处的 DNA 两股链可暂时局部解开，一般为 17 个碱基对，RNA 聚合酶挤入其中，不需任何引物，即可开始按其中合适的一条链(即模板链)合成 RNA 链。

在原核生物中，当 RNA 聚合酶的 σ 亚基发现其识别位点时，全酶就与启动子的 -35 区序列结合形成一个封闭的启动子复合物。由于全酶分子较大，其另一端可在到 -10 区的序列，在某种作用下，整个酶分子向 -10 序列转移并与之牢固结合，在此处发生局部 DNA 的解链形成全酶和启动子的开放性复合物。在开放性启动子复合物中起始位点和延长位点被相应的核苷酸充满，在 RNA 聚合酶 β 亚基催化下形成 RNA 的第一个磷酸二酯键。在新合成的 RNA 链的 5′末端通常为带有三个磷酸基团的鸟苷或腺苷(pppG 或 pppA)，也就是说，参与合成的第一个底物通常是 GTP 或 ATP，以 GTP 常见。5′末端的 pppG 这一末端结构一旦生成，不仅在转录的延伸中始终保持不变，即使在转录完成、新生的 RNA 链脱落之后仍保持原样，但在真核细胞 mRNA 中 5′末端则需要进行加工修饰。

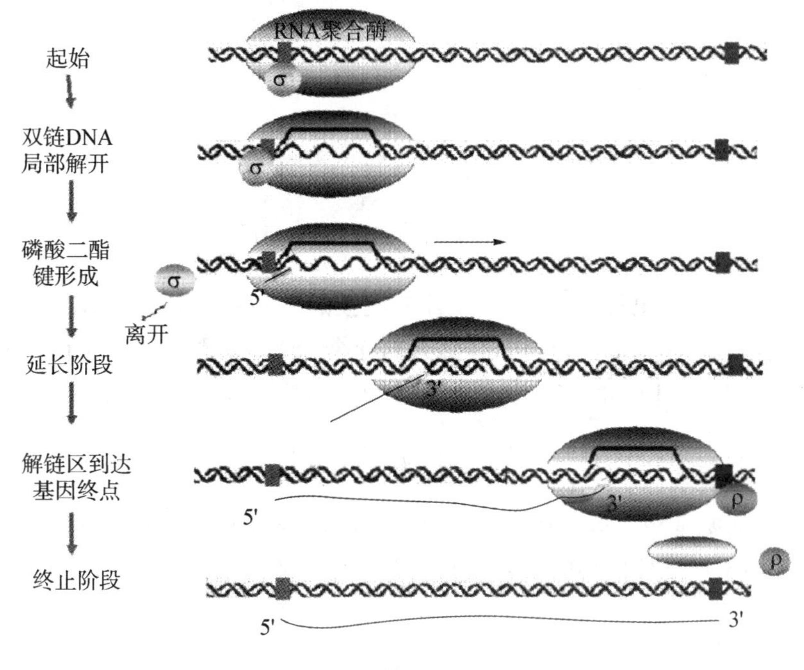

图 11-4 转录的主要过程

转录作用一旦起始后，RNA 聚合酶、DNA 模板以及第一个聚合生成的四磷酸二核苷酸（即 $pppGpN_{OH}$），三者可形成一个复合体，此时 σ 因子从全酶上解离下来，剩下的核心酶和刚刚合成的四磷酸二核苷酸仍然结合在 DNA 模板上，并可沿 DNA 链向下游滑动，而脱落的 σ 因子与另一个核心酶结合成全酶反复利用。如果 σ 因子不脱落，核心酶则不能向前移动，与第三个、第四个核苷酸等将无法继续聚合，那么转录的延伸作用将无法正常进行。

真核生物转录起始十分复杂，通常由转录因子与 RNA 聚合酶Ⅱ形成转录起始前的复合物，共同参与转录起始的过程。真核生物的 TATA 盒的位置不像原核生物上游－35 区和－10 区那么典型。某些真核生物或某些基因也可以没有 TATA 盒。不同物种、不同细胞或不同的基因，可以有不同的上游 DNA 序列，即顺式作用元件，一个典型的真核生物基因上游序列（图 11－5）。

能直接或间接辨认、结合转录上游区段 DNA 的蛋白质，在真核生物中有很多种类，统称为反式作用因子（trans-acting factor）。因子和因子之间又需相互辨认、结合，以准确地控制基因是否转录、何时转录。其中转录因子是直接或间接与 RNA 聚合酶结合的反式作用因子。相对应于 RNA 聚合酶Ⅰ、Ⅱ、Ⅲ的转录因子，分别称为 TFⅠ、TFⅡ、TFⅢ。研究的较深入的，已知种类较多的是 TFⅡ。

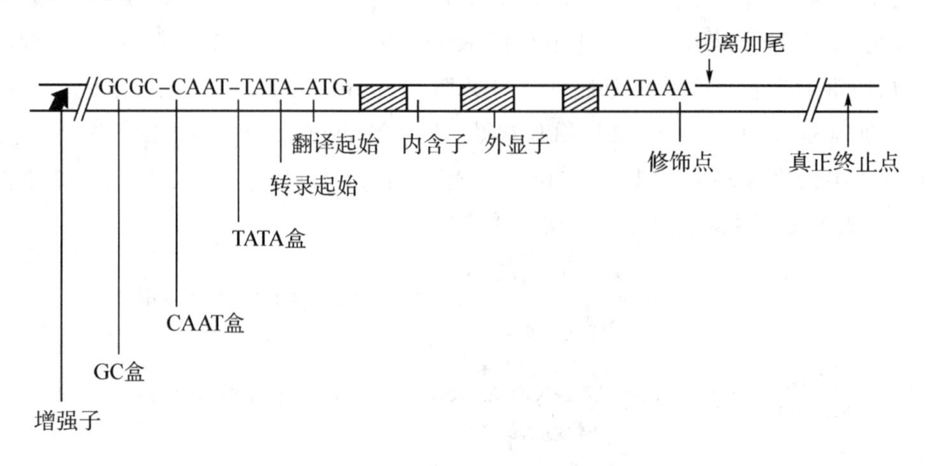

图 11－5　真核生物 RNApol Ⅱ转录的基因

真核生物转录的起始也形成 RNA-pol-开链模板的复合物（PIC），但在开链前，必须先靠 TF 之间相互结合，然后 RNA 聚合酶Ⅱ才加入这个复合物中，再形成转录前的起始复合物。以 TFⅡ-D 首先结合 TATA 盒为核心，逐步形成 PIC 的次序如下，并见图 11－6。

$$\text{TATA} \xrightarrow{\text{TFⅡ D}} \xrightarrow{\text{TFⅡ A}} \xrightarrow{\text{TFⅡ B}} \xrightarrow{\text{RNA-pol Ⅱ/TFⅡ D}} \xrightarrow{\text{TFⅡ E}} \text{PIC}$$

大多数 TFⅡ的氨基酸序列分析表明，它们与原核生物的 σ 因子有不同程度的一致性序列。原核生物 σ 因子和真核生物的众多 TFⅡ，在进化上的亲缘关系，是一个值得深入研究的问题。

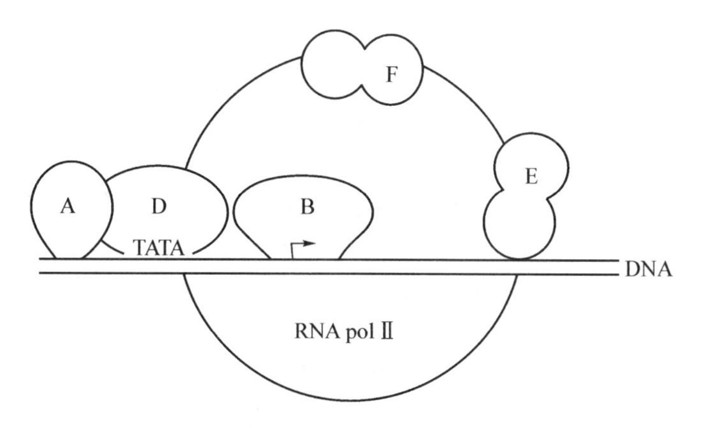

图 11-6 转录前起始复合物(真核生物)

(二) 转录延伸

转录延伸的化学反应,在原核生物和真核生物之间没有太多的区别,只是催化的 RNA 聚合酶是不相同的。

原核生物中,当 RNA 链的转录过程开始后,即第一个磷酸二酯键生成后,σ 因子就从上述复合体中脱落下来,再与另一核心酶结合而被重复使用。与此同时,由于 σ 因子的离去而使复合体中核心酶的构象发生改变,与 DNA 模板的结合变得疏松,而且 RNA 聚合酶离开起始部位后与 DNA 的结合变成非特异性,这些都有利于 RNA 聚合酶沿着 DNA 链的 3′向 5′方向迅速向前移行,每移行一步都与一分子核糖核苷三磷酸生成一个新的磷酸二酯键,如此则使合成的 RNA 链按照 5′往 3′方向不断延伸和加长。一般每秒钟可合成 20~50 个磷酸二酯键,即 RNA 聚合酶每秒钟能使 RNA 链延伸或加长 20~50 个核苷酸。

转录延长的化学反应,可以写成:

$$(NMP)_n + NTP \longrightarrow (NMP)_{n+1} + PPi$$

通常把包括 RNA 聚合酶、DNA 链和新生 RNA 的区域叫做"转录泡"(transcription bubble),因其含有一段 DNA 双链局部解开的 DNA"泡"(图 11-7)。新合成的 RNA 与 DNA 的模板链形成 DNA/RNA 杂交的双螺旋,此 RNA-DNA 双螺旋的长度约为 12 bp。杂交双螺旋中的 RNA 3′末端仍保留的游离—OH 基,可以攻击进入的底物 NTP 中的 α-磷原子,生成新的磷酸二酯键。此过程中,转录空泡和 5′-pppG 结构依然保留,新合成的 RNA 链与模板链互补。由于 RNA 聚合酶分子大,覆盖着解开的 DNA 双链和 DNA∶RNA 杂化双链的一部分,此时,酶-DNA-RNA 形成的复合物称为转录复合物,有别于转录起始复合物。在转录延伸过程中形成的 DNA/RNA 杂交链,其结合力不如原来的 DNA/DNA 双链,趋于重新组合形成原来的 DNA 双螺旋,从而使新生的 RNA 链与其模板链脱离。转录延长示意图见图 11-7。

电子显微镜下通常观察到的转录现象为,在同一 DNA 模板上,从转录起始点到转录终止点之间排列着一系列长短不一的新生 RNA 链,即一系列由短小而逐渐加长、延伸的 RNA 链,它们在逐渐加长和不断延伸,说明同一基因的 DNA 模板链上可以有相当多的 RNA 聚合酶同时结合附着于其上,同步催化转录作用。如原核生物转录过程中的羽毛状现象,如图 11-8 所示。

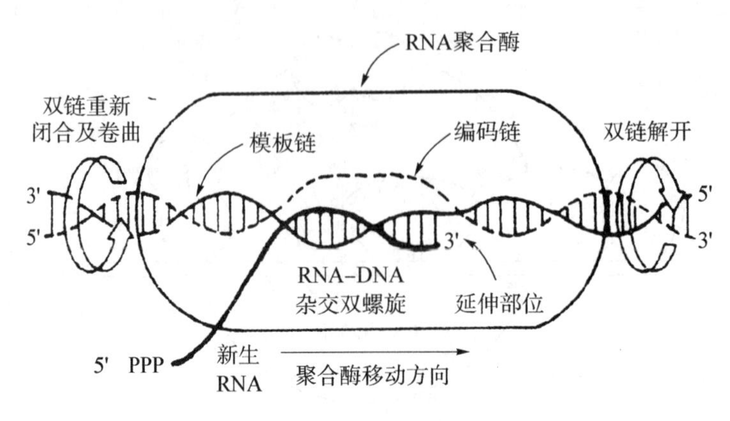

图 11－7　转录空泡及转录延长示意图

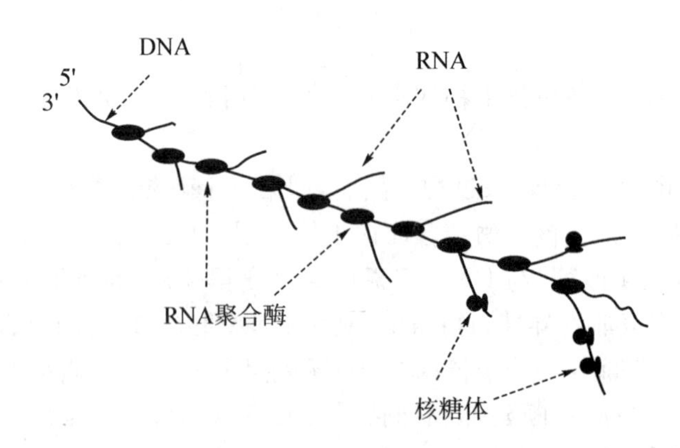

图 11－8　原核生物转录过程中的羽毛状现象

（三）转录终止

当 RNA 聚合酶在 DNA 模板上停顿下来不再前进，转录产物 RNA 链从转录复合物上脱落下来，就是转录终止。任何基因中的 DNA 模板链，除在其 3′端有启动信号外，5′端还有终止信号。终止信号的功能是使 RNA 聚合酶在模板的特定部位停止作用，终止 RNA 的合成。

1. 原核生物的转录终止　根据是否需要蛋白质因子的参与，原核生物 RNA 转录终止可分为依赖 ρ 因子与非依赖 ρ 因子两大类。

(1) 依赖 ρ 因子的转录终止：ρ 因子能结合 RNA，又以对 polyC 的结合力最强。但 ρ 因子对 polydC/dG 组成的 DNA 结合能力就低得多。在依赖 ρ 终止的转录中，发现产物 RNA 3′端含有较丰富的 C，或有规律地出现 C 碱基。推测，转录终止信号存在于 RNA 而非 DNA 模板中。后来还发现 ρ 因子有 ATP 酶活性和解螺旋酶的活性。一般认为，ρ 因子终止转录的机制是与 RNA 转录产物结合后，ρ 因子和 RNA 聚合酶构象都可能发生变化，从而使 RNA 聚合酶停止作用，ρ 因子解螺旋酶的活性使 DNA：RNA 杂化双链拆离，转录产物从转录复合物中释放。ρ 因子参与的 RNA 合成终止模式见图 11－9。

(2) 非依赖 ρ 因子的终止：该类终止信号也存在于转录生成的 RNA 链的序列中，不需要 ρ 因子的参与。其终止区域富含 GC 碱基重复序列，使新生成 RNA 链形成发夹样结构，从而阻止 RNA 聚合酶的滑动，RNA 链的延伸便终止（图 11－10）。由于紧随发夹结构的 U 与模板上 A 之间氢键很弱，从而使 RNA 聚合酶-模板-RNA 三元复合物容易解体，实现转录的终止。

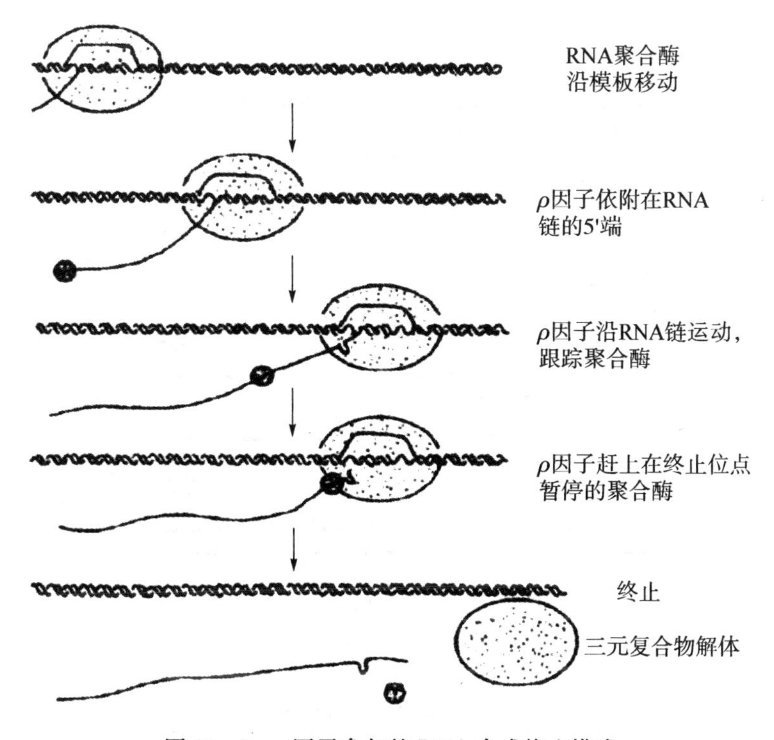

图 11-9 ρ 因子参与的 RNA 合成终止模式

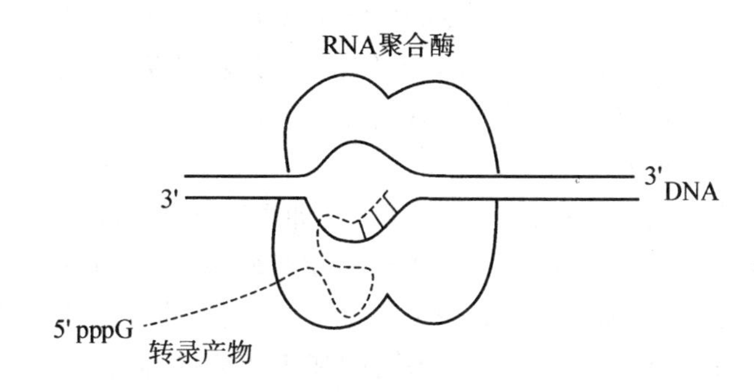

图 11-10 原核生物非依赖 rho 因子的转录终止模式

2. 真核生物的转录终止 真核生物的转录终止是和加尾修饰同步进行的。真核生物 mRNA 的 3′端带有多聚腺苷酸尾巴的结构，是转录后才加进去的。转录并不是在加 polyA 的位置上终止，而是超出数百个乃至上千个核苷酸后才停顿。现已发现在编码链读码框架的 3′端常有一组共同序列 AATAAA，在下游还有相当多的 GT 序列，这些序列称为转录终止的修饰点(图 11-11)。

转录越过修饰点后，mRNA 在修饰点处被切断，随即加入 polyA 尾及 5′帽子结构。余下的 RNA 虽继续转录，但很快被 RNA 酶降解。故认为，5′帽子结构能保护 RNA 免受 RNA 酶降解，因为修饰点以后的转录产物无帽子结构。

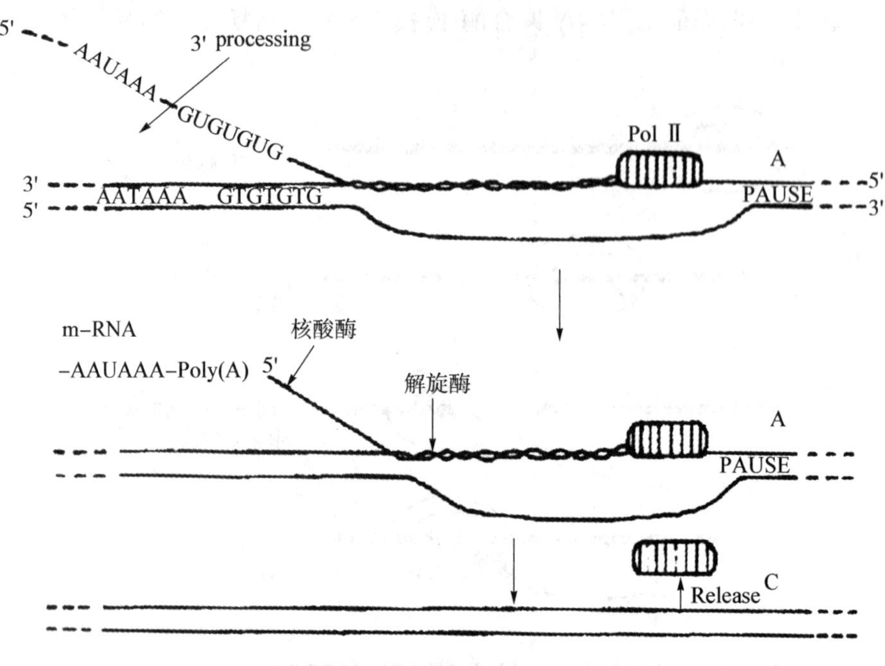

图 11－11 真核生物的转录终止及加尾修饰

第二节 RNA 的转录后加工

细胞内,由 RNA 聚合酶合成的原初转录产物(primary transcript)往往需要经过一系列的变化,包括链的裂解、5′端与 3′端的切除及特殊结构的形成,碱基修饰和糖苷键的改变以及拼接(splicing)等过程,才能转变为成熟的 RNA 分子。该过程为 RNA 的成熟,或称为转录后加工(post-transcriptional processing)。

原核生物的 mRNA 一般不需要加工,一经转录即可直接指导翻译,有时甚至在转录终止前,其 5′端就与核蛋白体结合,开始蛋白质的合成,出现转录、翻译同时进行的局面,当然也有一些例外,少数多顺反子 mRNA 须经过核酸内切酶切成较小的单位,然后再进行翻译。此外,稳定的 RNA(tRNA 和 rRNA)都要经过一系列的加工才能成为有活性的分子。真核生物由于存在细胞核结构,转录与翻译在时间和空间上被分隔开来,其 mRNA 前体的加工极为复杂。而且真核生物的大多数基因都被内含子(intron)分隔成断裂基因(interrupted gene),在转录后需通过拼接使编码区成为连续序列。真核生物中还能通过不同的加工方式,表达出不同的信息。因此,真核生物中 RNA 的加工尤为重要。

一、mRNA 的加工修饰

原核生物中转录生成的 mRNA 为多顺反子,即几个结构基因,利用共同的启动子和共同终止信号经转录生成一条 mRNA,所以此 mRNA 分子编码几种不同的蛋白质。例如乳糖操纵子上的 Z、Y 及 A 基因,转录生成的 mRNA 可翻译生成三种酶,即半乳糖苷酶,透过酶和乙酰基转移酶。原核生物中没有核模,所以转录与翻译是连续进行的,往往转录还未完成,翻译已经开始了，因此原核生物中转录生成的 mRNA 没有特殊的转录后加工修饰过程。

真核生物转录生成的 mRNA 为单顺反子，即一个 mRNA 分子只为一种蛋白质分子编码。mRNA 的最初转录产物是分子量极大的前体，称为核内不均一 RNA(hetero-nuclear RNA，hnRNA)。hnRNA 分子中大约只有 10%的部分转变成成熟的 mRNA，其余部分将在转录后的加工过程中被降解掉。真核生物 mRNA 的加工修饰主要包括：5′端形成特殊的帽子结构；3′端剪切，并加上多聚腺苷酸尾巴(polyA)；中间部分非编码序列的切除、拼接。

(一) 5′-端加帽子结构

成熟的真核生物 mRNA，其结构的 5′端都有一个 m^7Gppp 结构，该结构被称为甲基鸟苷的帽子(图 11-12)。鸟苷通过 5′焦磷酸键与初级转录物的 5′端相连。

真核生物 mRNA 5′-端帽子结构的重要性在于它是 mRNA 作为翻译起始的必要的结构，为核糖体对 mRNA 的识别提供了信号，这种帽子结构还可能增加 mRNA 的稳定性，保护 mRNA 免遭 5′核酸外切酶的攻击。

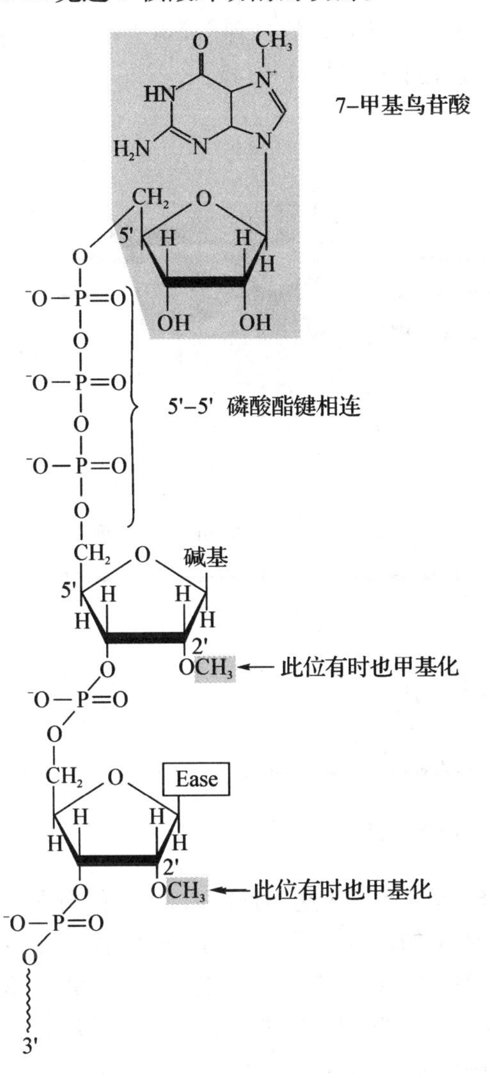

图 11-12　5′端帽子结构

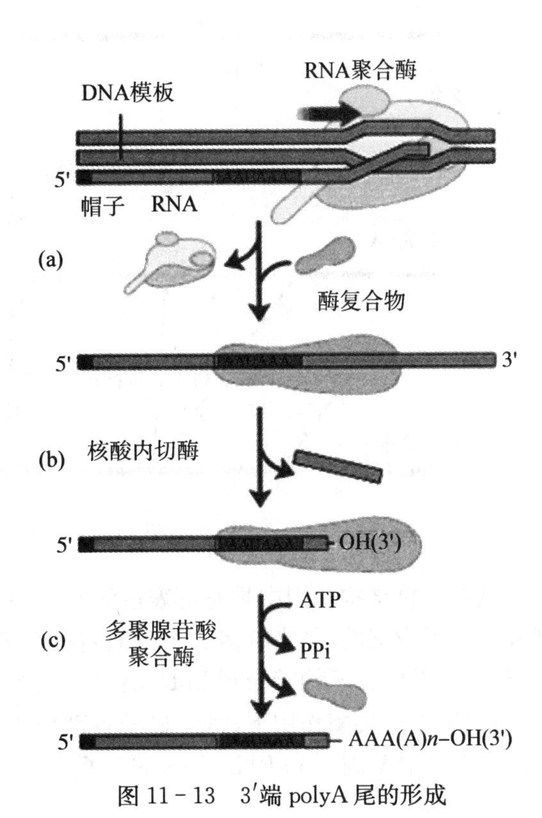

图 11-13　3′端 polyA 尾的形成

（二）3′-端加尾

真核生物成熟的 mRNA 3′端通常都有一个多聚腺苷酸尾巴（polyA），由 100～200 个腺苷酸残基组成。多聚（A）尾巴不是由 DNA 编码的，而是转录后在核内加上去的。受 polyA 聚合酶催化，该酶能识别 mRNA 的游离 3′-OH 端，并加上约 200 个 A 残基（图 11－13）。

通过研究发现，大多数真核基因的 3′端有一个 AATAA 序列，这个序列是 mRNA 3′端加 polyA 尾的信号。靠核酸酶在此信号下游 10～15 碱基处切断磷酸二酯键，在 polyA 聚合酶催化下，在 3′-OH 上逐一引入 100～200 个 A 碱基。关于 polyA 尾巴的功能问题尽管经过极其广泛的探索，但还不完全清楚。有人推测 polyA 可能与 mRNA 从细胞核转送到细胞质有关。

（三）mRNA 中段序列的剪接

原核生物的结构基因是连续编码序列，而真核生物基因往往是断裂基因，即编码一个蛋白质分子的核苷酸序列被多个插入片段所隔开，一个真核生物结构基因中内含子的数量，往往与这个基因的大小有关，例如胰岛素是一个很小的蛋白质，它结构基因只有两个内含子，而有些很大的蛋白质，它的结构基因中可以有几十个内含子。经过复杂的过程后，切去内含子，将有编码意义的核苷酸片段（Extron 外元，也叫外显子）连接起来（图 11－14）。

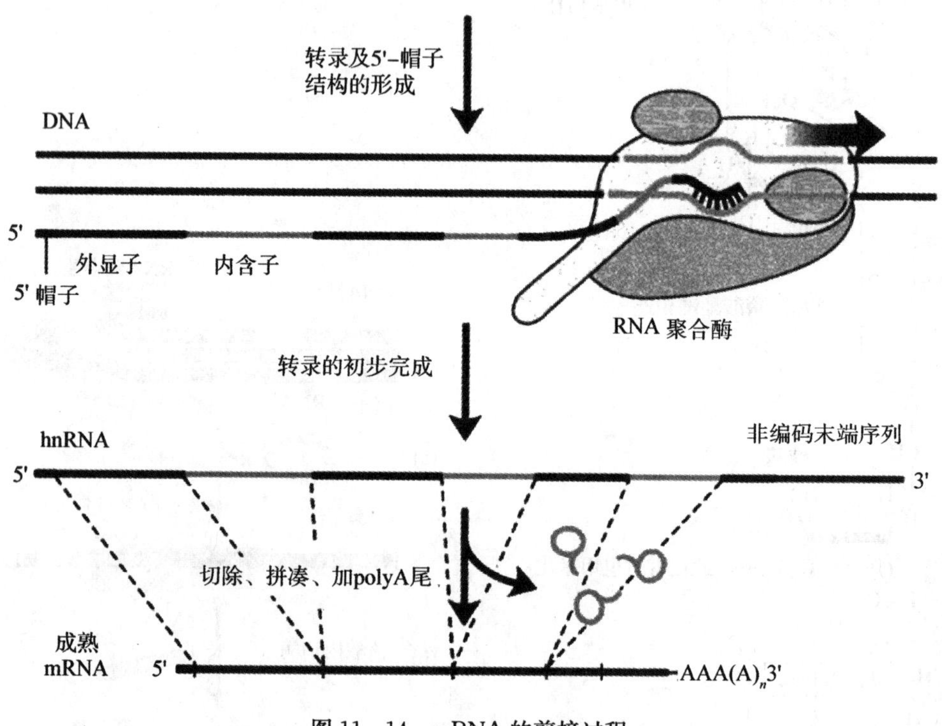

图 11－14　mRNA 的剪接过程

真核生物结构基因中具有可表达活性的外显子，也含有无表达活性的内含子，但内含子序列并不是无意义的，越来越多的实验证明有许多基因中的内含子参与基因表达调控。在转录时，外显子及内含子均转录到 hnRNA 中。在细胞核中 hnRNA 进行剪接作用，首先剪切掉内含子；然后在连接酶作用下，将外显子各部分连接起来，而变为成熟的 mRNA，这就是剪接作用。也有少数基因的 hnRNA 不需进行剪接作用，例如 α-干扰素基因。

二、tRNA 转录后的加工修饰

原核生物和真核生物刚转录生成的 tRNA 前体一般都无生物活性。tRNA 前体的加工包括(图 11-15):①由高度专一的酶在 tRNA 两端切断(cutting);②再从 3′端逐个切去附加的顺序,进行修剪(trimming);③在 tRNA 3′端加上胞苷酸-胞苷酸-腺苷酸(即形成 3′CCA-OH 末端);④核苷酸的修饰和异构化。

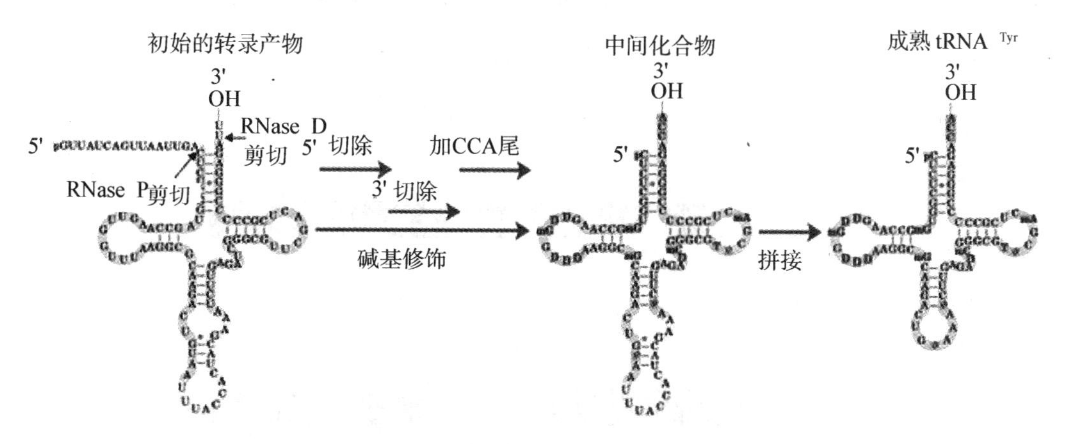

图 11-15 tRNA 的加工修饰过程

成熟的 tRNA 分子中有很多稀有碱基(图 11-16),它们是由 tRNA 前体上某些特定部位上的碱基通过甲基化酶、硫醇酶、假尿嘧啶核苷化酶等的作用进行修饰所形成的特殊碱基,如氨基酸臂上 5′的 4-硫尿苷(S^4U),D 臂上的 2 甲基鸟苷(m^2G),TψC 臂上的假尿苷(ψ)以及反密码子环上的 2 异戊腺苷(2ipA)等。此外,有些尿嘧啶还需还原为双氢尿嘧啶,某些腺苷酸需脱氨基成为次黄嘌呤核苷酸(I)。

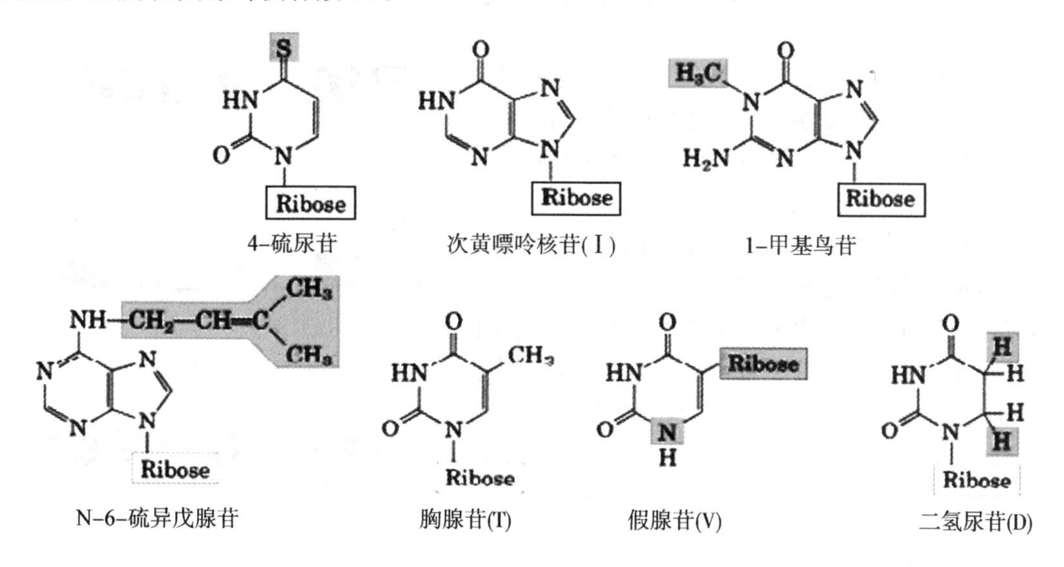

图 11-16 tRNA 分子中所含的稀有碱基

三、rRNA 转录后加工

原核生物 rRNA 转录后加工，包括以下几方面：①rRNA 前体被大肠杆菌 RNaseⅢ、RNaseE 等剪切成一定链长的 rRNA 分子；②rRNA 在修饰酶催化下进行碱基修饰；③rRNA 与蛋白质结合形成核糖体的大、小亚基(图 11－17)。

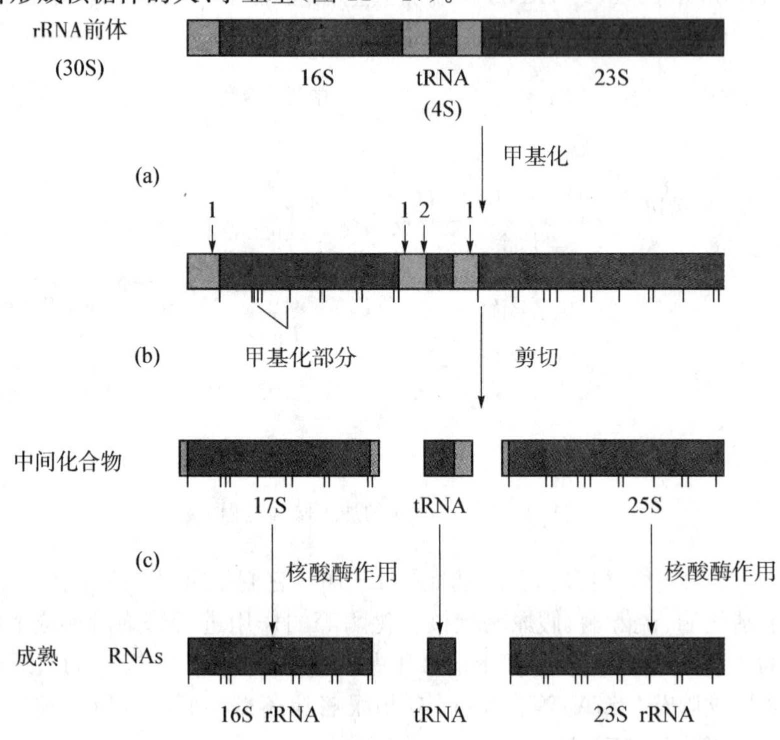

图 11－17 原核细胞 rRNA 的形成过程

真核生物 rRNA 基因拷贝数很多，呈串联排列，重复达成千上万次。哺乳动物中由 RNA 聚合酶Ⅰ转录产生的是 45SrRNA 前体，真核生物 5sRNA 前体独立于其他三种 rRNA 的基因转录。45SrRNA 在 RNaseⅢ和其他核酸内切酶的作用下，生成 18S、5.8S 和 28SrRNA，经过适当加工后，28SrRNA、5.8SrRNA、5SrRNA 以及有关蛋白一起组成核蛋白体大亚基，18SrRNA 与有关蛋白组成小亚基(图 11－18)。有关 rRNA 前体加工所知甚少，有待于进一步研究。

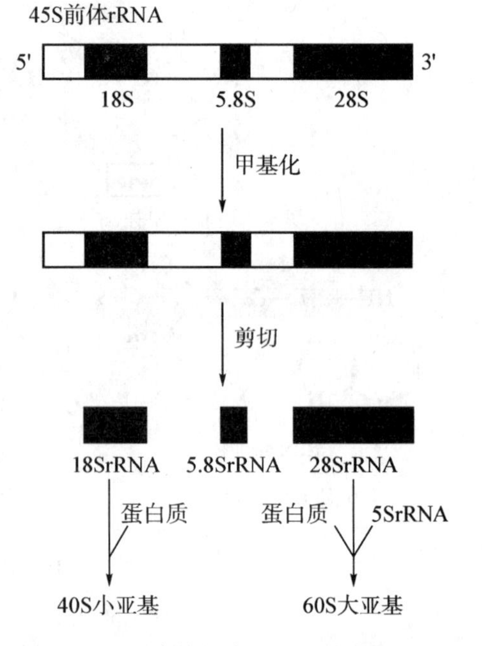

图 11－18 真核细胞 rRNA 的形成过程

复习思考题

1. 请写出转录与复制的主要区别。
2. 原核生物的 RNA 聚合酶由哪几种亚基组成？每种亚基的功能如何？
3. 什么是模板链和编码链？
4. 什么是内含子和外显子？
5. 试述真核生物 mRNA 前体加工的主要过程。

（陈园园）

第十二章 蛋白质的生物合成

【案例】

将蓖麻籽当“神药”?

2012年11月,某小学的1名小学生将捡来的蓖麻籽当“神药”分给同学吃掉,导致多名小学生出现中毒症状。据医生介绍:蓖麻籽有毒成分为蓖麻毒素及蓖麻碱,蓖麻毒素的毒性是氰化钾的上千倍,且无特效解毒药物,小儿服生蓖麻籽3至5颗即可致死。蓖麻籽外观漂亮饱满,易被儿童当瓜子或花生仁误食,因而蓖麻种植区的家长应对儿童做好防范性教育措施。

那么,这种“神药”中的蓖麻毒素导致人类中毒的机制是什么呢?与真核蛋白质的生物合成有无关联呢?

提示:蓖麻毒素可抑制真核蛋白质的合成。

蛋白质(protein)是生命活动的主要承担者,参与生命活动的所有过程。生物体内的蛋白质是以mRNA为模板而合成的,其本质是将mRNA中来自DNA的遗传信息转换成蛋白质分子的氨基酸排列序列,故又称翻译(translation)。在翻译过程中,在多种生物大分子的参与下,由tRNA携带相应的氨基酸,并识别mRNA中的三联体密码子,在核糖体(也称核蛋白体)上以肽键形式结合,生成具有特定氨基酸序列的多肽链。新生成的多肽链不一定具有生物学活性,需经过加工和修饰才能形成活性蛋白质。

第一节 蛋白质生物合成体系

参与细胞内蛋白质生物合成的物质除氨基酸原料外,还需有mRNA、tRNA、rRNA、核糖体、酶及多种蛋白质因子。另外,还需要ATP和GTP提供能量。

一、合成原料

自然界中,可编码蛋白质的氨基酸共有20种,它们是蛋白质生物合成的直接原料。某些蛋白质分子中也含有羟脯氨酸、羟赖氨酸、γ-羧基谷氨酸等特殊氨基酸,但这些特殊氨基酸是在肽链合成后的加工、修饰中形成的。

二、mRNA是蛋白质生物合成的直接模板

mRNA的发现,回答了生物体如何将位于基因组中的遗传信息转变成蛋白质中的氨基酸排列顺序这一科学问题。以DNA为模板按碱基互补规律合成mRNA,这些mRNA就携带了DNA分子中的遗传信息。以mRNA编码区(开放阅读框)中核苷酸序列作为遗传密码(genetic codes),指导蛋白质中的氨基酸按一定的顺序排列,形成形形色色的蛋白质。

在 mRNA 分子中，按 5′→3′方向，从 AUG 开始每三个连续的核苷酸组成一个密码子，故称为三联体密码子(codon)，四种碱基共组成 64 种密码子，其中有 61 个可编码 20 种氨基酸原料(表 12-1)。另外 3 个虽不编码任何氨基酸，却可为肽链的合成提供终止信号，称为终止密码子(terminator codon)。每种氨基酸至少有一种密码子，最多的有 6 种密码子。

表 12-1 遗传密码表

第一个核苷酸(5′)	第二个核苷酸				第三个核苷酸(3′)
	U	C	A	G	
U	苯丙氨酸	丝氨酸	酪氨酸	半胱氨酸	U
	苯丙氨酸	丝氨酸	酪氨酸	半胱氨酸	C
	亮氨酸	丝氨酸	终止密码	终止密码	A
	亮氨酸	丝氨酸	终止密码	色氨酸	G
C	亮氨酸	脯氨酸	组氨酸	精氨酸	U
	亮氨酸	脯氨酸	组氨酸	精氨酸	C
	亮氨酸	脯氨酸	谷氨酰胺	精氨酸	A
	亮氨酸	脯氨酸	谷氨酰胺	精氨酸	G
A	异亮氨酸	苏氨酸	天冬酰胺	丝氨酸	U
	异亮氨酸	苏氨酸	天冬酰胺	丝氨酸	C
	异亮氨酸	苏氨酸	赖氨酸	精氨酸	A
	蛋氨酸	苏氨酸	赖氨酸	精氨酸	G
G	缬氨酸	丙氨酸	天冬氨酸	甘氨酸	U
	缬氨酸	丙氨酸	天冬氨酸	甘氨酸	C
	缬氨酸	丙氨酸	谷氨酸	甘氨酸	A
	缬氨酸	丙氨酸	谷氨酸	甘氨酸	G

遗传密码子具有以下几个基本特点：

(一) 方向性

组成密码子的各碱基在 mRNA 中的排列具有方向性，也即启动信号到终止信号的排列是有一定方向性的。启动信号总是位于 mRNA 的 5′-端，终止信号总是在 3′-端。翻译时，mRNA 的阅读方向只能从 5′-端的 AUG 开始，按 5′→3′方向逐一阅读，直至 3′-端的终止密码子。密码子的方向性决定了肽链合成方向只能是从 N 端→C 端。

(二) 连续性

mRNA 的密码子之间无间隔核苷酸。从起始密码子开始，密码子被连续阅读，直至终止密码子。因此，在相应基因的 DNA 链上，如因突变插入或缺失一个或两个碱基，都会引起 mRNA 的阅读框的移位(frame shift)，使其编码的蛋白质发生突变，这种现象称为移码突变(frameshift mutation)。

(三) 简并性

在 64 种密码子中，只有蛋氨酸和色氨酸仅有一个密码子，其他氨基酸具有多个密码子，如

UUU 和 UUC 都是苯丙氨酸的密码子，UCU、UCC、UCA、UCG、AGU 和 AGC 都是丝氨酸的密码子，这种现象称为密码子的简并性(degeneracy)。为同一种氨基酸编码的各种密码子，称为简并性密码子或同义密码子。通常情况下，简并密码子前两位碱基都是相同的，仅第三位碱基有差异。说明密码子的特异性主要由前两位决定，第三位碱基的突变往往也能翻译出正常的蛋白质，这有利于维持物种的稳定。

（四）摆动性

密码子的翻译通过与 tRNA 中的反密码子配对而实现，但这种配对有时并不严格按照碱基互补配对规律进行，出现摆动。此时密码子的第 1 位和第 2 位的碱基(5′→3′)与反密码子的第 3 位和第 2 位的碱基(5′→3′)之间仍严格遵守碱基互补配对规律，而密码子的第 3 位碱基(5′→3′)和反密码子的第 1 位碱基(5′→3′)之间存在碱基配对摆动现象(表 12-2)。如当反密码子第 1 位碱基为次黄嘌呤核苷(inosine，I)时，则可分别与密码子第 3 位的 A、C 或 U 配对，这是最常见的摆动现象(图 12-1)；再如，当反密码子的第 1 位碱基为 G 时，可分别与密码子第 3 位的 C 或 U 配对。因此，密码子的摆动性可使一种 tRNA 识别 mRNA 分子中的多种简并密码子。

表 12-2　反密码子与密码子碱基配对时的摆动现象

反密码子第一个碱基	A	C	G	U	I
密码子第三个碱基	U	G	C、U	A、G	A、C、U

```
             3 2 1      3 2 1      3 2 1
反密码子 (3') G-C-I      G-C-I      G-C-I (5')
             ≡ ≡ ≡      ≡ ≡ ≡      ≡ ≡ ≡
密码子   (5') C-G-A      C-G-U      C-G-C (3')
             1 2 3      1 2 3      1 2 3
```

图 12-1　反密码子与密码子配对的摆动现象

（五）通用性

从细菌到人类遗传密码可以通用，这一点不仅为地球上的生物来自同一起源的进化学说提供有力依据，也使我们有可能利用细菌等生物制造人类蛋白质。然而，遗传密码的这种通用性仍有个别例外，如在哺乳动物的线粒体中，UAG 代表色氨酸而不代表终止密码子，AGA 与 AGG 代表终止密码子，CUA 和 AUA 分别代表苏氨酸和蛋氨酸而不代表亮氨酸。

三、tRNA 是氨基酸的运载工具

体内的 20 种氨基酸都各有其特定的 tRNA 转运至核糖体，而且一种氨基酸常有数种 tRNA。不同 tRNA 的命名采用右上标的不同氨基酸三字母代号表示，如 $tRNA^{met}$ 表示它是专门携带蛋氨酸的 tRNA。另外，$tRNA^{met}$ 识别 mRNA 非起始部位的 AUG，而 $tRNA_i^{met}$ 在蛋白质合成的起始中起重要作用，它识别 mRNA 起始部位 AUG。此种 tRNA 在真核生物携带蛋氨酸，在原核生物携带经过甲酰化的蛋氨酸。

在 ATP 和酶的存在下，特定的氨基酸可与特定的 tRNA 分子中氨基酸臂的-CCA 末端结合。每个 tRNA 分子都有 1 个反密码子(anticodon)，反密码子根据碱基配对的原则，识别 mRNA 上对应的密码子，反密码子与 mRNA 上的密码子相对应时，才能以氢键与之结合(图

12-2),因而可以按照 mRNA 的密码子顺序依次加入氨基酸残基。

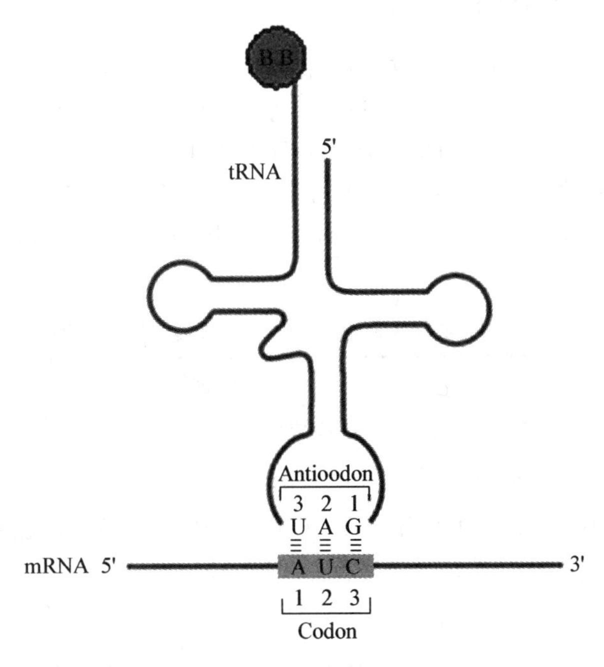

图 12-2 反密码子识别密码子

四、核糖体是肽链合成的工厂

核糖体由大、小两个亚基所组成,这两个亚基分别由不同的 rRNA 与多种蛋白质分子共同构成。原核生物的核糖体为 70S,由 30S 小亚基与 50S 大亚基组成;真核生物的核糖体为 80S,由 40S 小亚基与 60S 大亚基组成。小亚基头部可结合 mRNA 模板。

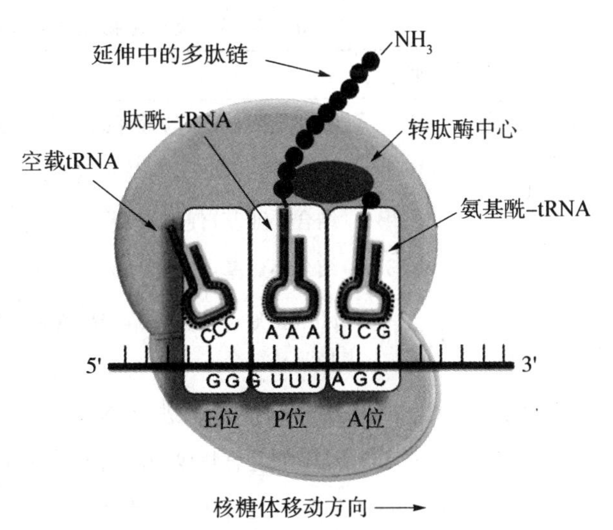

图 12-3 原核生物核糖体的功能部位

原核生物核糖体上有 3 个功能部位,分别称为 A 位、P 位和 E 位(图 12-3)。A 位是结合新进入的氨基酰 tRNA 的位置,称为氨基酰(Aminoacyl site)或受位;P 位是肽酰-tRNA 的结合位置,称为肽酰位(peptidyl site);E 位是排出位或出口位(exit site),可由此释放卸载了氨基酸的 tRNA。P 位和 A 位的连接处具有转肽酶活性,催化肽键的形成。真核生物的核糖体上没有 E 位,空载的 tRNA 直接从 P 位脱落。

五、其他酶类和蛋白质因子

蛋白质的生物合成需要由 ATP 或 GTP 提供能量，另外还需要 Mg^{2+}、氨基酰-tRNA 合成酶、多种其他蛋白质因子(表 12－3 和表 12－4)等。蛋白质因子主要包括：起始因子(initiation factor，IF)，原核生物和真核生物的起始因子分别用 IF 和 eIF 表示；延长因子(elongation factor，EF)，原核生物和真核生物的延长因子分别用 EF 和 eEF 表示；释放因子(release factor，RF)或终止因子(termination factor)，原核生物和真核生物的释放因子分别用 RF 和 eRF 表示。

表 12－3　原核生物肽链合成中所需要的蛋白质因子

	种类	生物学功能
起始因子	IF-1	占据核糖体 A 位，防止 A 位结合其他 tRNA
	IF-2	促进 fMet-$tRNA^{fMet}$ 与小亚基结合
	IF-3	促进大、小亚基分离；提高 P 位对结合 fMet-$tRNA^{fMet}$ 的敏感性
延长因子	EF-Tu	促进氨基酰-tRNA 进入 A 位，结合并分解 GTP
	EF-Ts	EF-Tu 的调节亚基
	EF-G	有转位酶活性，促进 mRNA-肽酰-tRNA 由 A 位移至 P 位；促进 tRNA 卸载与释放
释放因子	RF-1	特异识别 UAA、UAG，诱导转肽酶转变为酯酶
	RF-2	特异识别 UAA、UGA，诱导转肽酶转变为酯酶
	RF-3	具有 GTP 酶活性，介导 RF-1 及 RF-2 与核糖体的相互作用

表 12－4　真核生物肽链合成中所需要的蛋白质因子

	种类	生物学功能
起始因子	eIF-1	多功能因子，参与翻译的多个步骤
	eIF-2	促进 Met-$tRNAi^{Met}$ 与小亚基结合
	eIF-2B	结合小亚基，促进大、小亚基分离
	eIF-3	结合小亚基，促进大、小亚基分离；介导 eIF-4F 复合物-mRNA 与小亚基结合
	eIF-4A	eIF-4F 复合物成分；有 RNA 解螺旋酶活性，解除 mRNA 5′-端的发夹结构，使其与小亚基结合
	eIF-4B	结合 mRNA，促进 mRNA 扫描定位起始 AUG
	eIF-4E	eIF-4F 复合物成分，识别结合 mRNA 的 5′帽结构
	eIF-4G	eIF-4F 复合物成分，结合 eIF-4E、eIF-3 和 PAB
	eIF-5	促进各种起始因子从小亚基解离
	eIF-6	促进大、小亚基分离
延长因子	eIF1-α	促进氨基酰-tRNA 进入 A 位，结合分解 GTP，相当于 EF-Tu
	eIF1-βγ	调节亚基，相当于 EF-Ts

续表 12 4

	种类	生物学功能
	eIF-2	有转位酶活性，促进 mRNA-肽酰-tRNA 由 A 位移至 P 位，促进 tRNA 卸载与释放，相当于 EF-G
释放因子	eRF	识别所有终止密码子，具有原核生物各类 RF 的功能

第二节　蛋白质生物合成过程

真核生物的蛋白质合成过程与原核生物相比，更为复杂。无论是原核生物还是真核生物的蛋白质生物合成过程，总体上可分为五个阶段：氨基酸的活化、肽链合成的起始、肽链延长(elongation)、肽链终止(termination)、蛋白质合成后的加工修饰。

一、氨基酸的活化与转运

参与肽链生成的氨基酸必须先活化，形成各种氨基酰-tRNA，才能在核糖体上以 mRNA 为模板缩合成肽链。氨基酸的活化由特异性的氨基酰-tRNA 合成酶催化，此过程是一个耗能的过程，需要 ATP 供能。氨基酸的活化可分为两步：

①氨基酸＋ATP＋E→氨基酰-AMP-E＋PPi

②氨基酰-AMP-E＋tRNA→氨基酰-tRNA＋AMP＋E

总反应式为：

$$\text{氨基酸}+\text{tRNA}+\text{ATP}\xrightarrow{\text{氨基酰-tRNA 合成酶}}\text{氨基酰-tRNA}+\text{AMP}+\text{PPi}$$

氨基酰 tRNA 合成酶存在于胞液中，对 tRNA 和氨基酸两者都具有专一性。另外，还具有校对活性(proofreading activity)，能将错误结合的氨基酸水解释放(包括联接错误的氨基酰-AMP-E 和氨基酰-tRNA)，再换上与密码子相对应的氨基酸。氨基酸与 tRNA 结合反应的误差小于 10^{-4}。

原核细胞中起始氨基酸活化后，甲酰化形成甲酰蛋氨酰-tRNA，甲酰基由 N_{10}-甲酰四氢叶酸提供，真核细胞没有此过程。已经结合了不同氨基酸的 tRNA，即氨基酰-tRNA，用前缀氨基酸三字符代号表示，如 Tyr-$tRNA^{Tyr}$代表 $tRNA^{Tyr}$的氨基酸臂已经结合了酪氨酸。

二、肽链合成的起始

(一) 原核生物翻译起始复合物形成

在蛋白质生物合成的起始阶段，核糖体的大、小亚基，mRNA 与甲酰蛋氨酰-$tRNA_i^{fmet}$(fMet-$tRNA_i^{fmet}$)共同构成 70S 起始复合体。这一过程需要 3 种 IF、GTP 以及 Mg^{2+} 的参与。主要过程如图 12－4 所示。

1．核糖体大小亚基分离　完整核糖体在 IF1 和 IF3 的帮助下，50S 大亚基和 30S 小亚基解离，为结合 fMet-$tRNA^{fMet}$做准备。IF1 和 IF3 可稳定大、小亚基处于解离状态。

2．30S 小亚基结合于 mRNA 起始密码子 AUG 附近　小亚基准确识别并结合于开放阅读框的起始密码子 AUG 附近，从而正确地翻译出编码蛋白。保证二者准确结合机制在于：

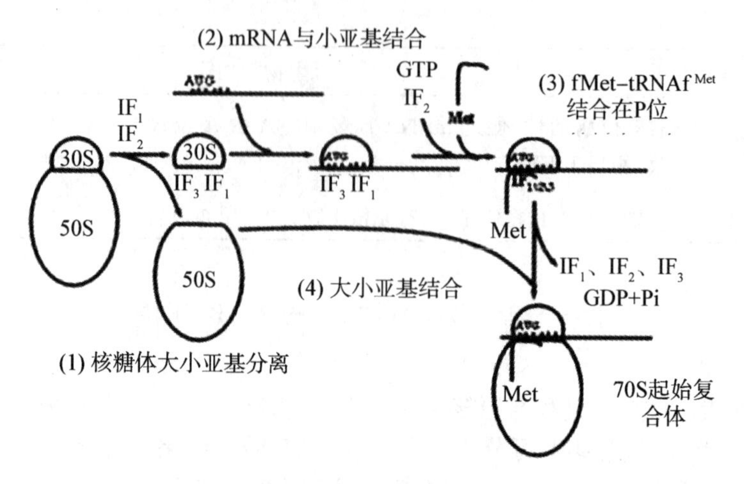

图 12-4　原核生物翻译起始复合物的形成过程

mRNA 起始 AUG 上游 8～13 核苷酸处，存在一段由 4～9 个核苷酸组成的一致序列—AGGAGG—，可与 16S rRNA 中的碱基互补而精确识别，这段序列被称为核糖体结合位点(ribosomal binding site，RBS)，又称 Shine-Dalgarno 序列，简称 S-D 序列(图 12-5)；此外，RBS 下游还有一段短核苷酸序列，可被小亚基蛋白 rbs-1 识别并结合。

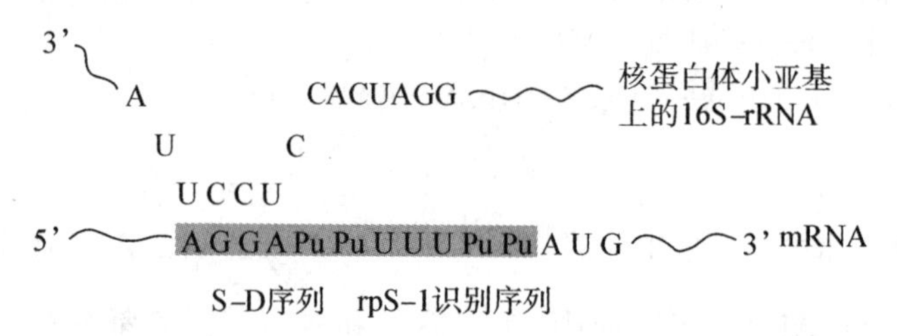

图 12-5　原核生物的 mRNA 通过 S-D 序列与小亚基精确结合

3. fMet-tRNA^{fMet}结合在核糖体 P 位　fMet-tRNA^{fMet}在 GTP-IF2 的协助下，识别并结合对应于小亚基 P 位的 mRNA 的 AUG 处。此时，A 位被 IF-1 占据，阻止任何氨基酰-tRNA 结合 A 位。

4. 核糖体大、小亚基结合成 70S 起始复合物　GTP-IF2 复合物中的 GTP 被水解，释放的自由能促进 3 种 IF 释放。大亚基与结合了 mRNA 和 fMet-tRNA^{fMet}的小亚基结合，形成 70S 起始复合物。70S 起始复合体由大、小亚基，mRNA 与 fMet-tRNA$_i^{met}$ 共同构成。其中 fMet-tRNA$_i^{fmet}$ 的反密码子 CAU 与 mRNA 中的起动密码子 AUG 互补结合。70S 起始复合物的形成，表明蛋白质生物合成的起始阶段准备完成。

(二) 真核细胞蛋白质合成的起始

真核细胞蛋白质合成起始复合物的形成中需要更多的起始因子参与，起始过程也更复杂，mRNA 的 5′-帽子结构和 3′-ploy A 尾巴参与蛋白质合成的正确起始。另外，起始 tRNA 先于 mRNA 结合到小亚基上，这与原核生物不同(图 12-6)。

1. 核糖体大、小亚基分离　eIF-2B 和 eIF-3 与核糖体大、小亚基结合，在 eIF-6 的协助下，促进 80S 核糖体解离成 40S 小亚基和 60S 大亚基。

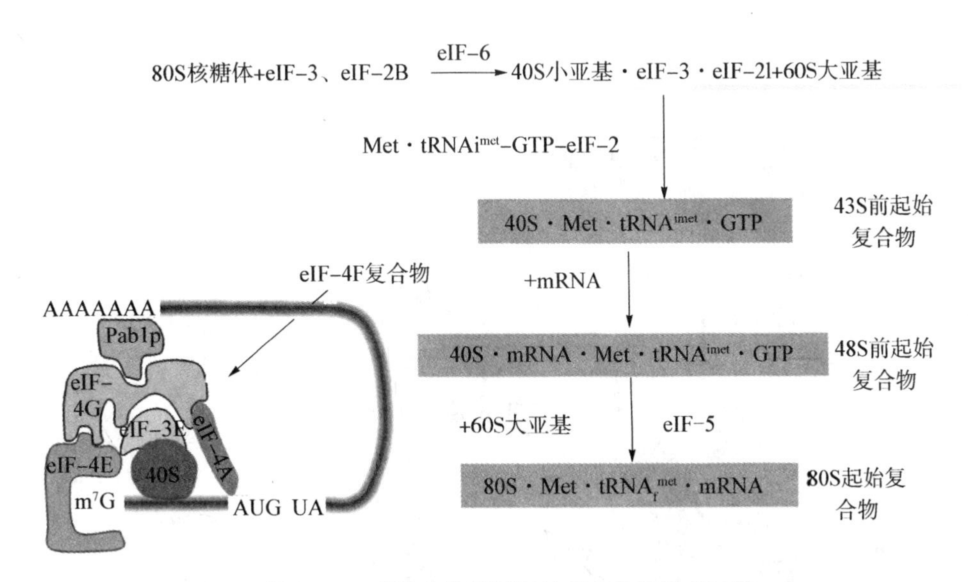

图 12-6 真核生物翻译起始复合物的形成过程

2. Met-tRNA$_i^{Met}$ 结合于小亚基 P 位　在 eIF-2B 作用下，eIF-2 与 GTP 结合，再与 Met-tRNA$_i^{Met}$ 共同结合于小亚基。其中 GTP 水解释放的能量，可促使 Met-tRNA$_i^{Met}$ 结合于小亚基 P 位，形成 43S 前起始复合物。

3. mRNA 与核糖体小亚基结合　Met-tRNA$_i^{Met}$-小亚基沿 mRNA 的 5′→3′扫描定位，同时 Met-tRNA$_i^{Met}$ 的反密码子与 AUG 配对结合，形成 48S 前起始复合物，此过程需要 eIF-4F 复合物协助。该复合物中的成分可结合 mRNA 中的 5′-帽子结构及 3′-ployA 尾巴，帮助 Met-tRNA$_i^{Met}$ 识别起始密码子。此外，核糖体中的 rRNA 和蛋白质也参与了对起始密码子周围序列的识别。如，真核生物的起始密码子附近常有一段共有序列 CCRCCAUGG(R 为 A 或 G)，称为 Kozak 共有序列(Kozak consensus sequence)，可为 18S rRNA 提供识别和结合位点。

4. 核糖体大亚基结合　48S 前起始复合物形成以后，eIF-2 上结合的 GTP 即在 eIF-5 的作用下水解，导致起始因子离开 48S前起始复合物。60S 大亚基结合到 48S 前起始复合物上，形成 80S 起始复合物的最后组装。

三、肽链延长

起始复合物形成以后，核糖体沿 mRNA 的 5′向 3′端移动，按着密码子顺序，从 N-端向 C-端依次延长肽链。每增加一个氨基酸都需要经过进位(或称注册)、成肽和转位三个步骤，称为核糖体循环(ribosomal cycle)。肽链的延长需要延长因子(elongation factors，EF)、GTP、Mg^{2+} 与 K^{+} 的参与。这里主要介绍原核生物的延长过程，其具体步骤如下：

(一) 进位

又称注册(registration)。指氨基酰-tRNA 按照 mRNA 模板的指令(密码子)进入并结合到核糖体 A 位的过程(图 12-7)。此步骤需要延长因子 EF-T 的协助。EF-T 含有 Tu 和 Ts 两个亚基。EF-T 与 GTP 结合释放 EF-Ts，形成 EF-Tu-GTP。EF-Tu-GTP 与氨基酰-tRNA 结合并输送到 A 位。EF-Ts 可以促进 EF-Tu 的再利用。

(二) 成肽

在 70S 起始复合物形成过程中，核糖核蛋白体的 P 位上已结合了 fMet-tRNA$_i^{met}$，进位后，

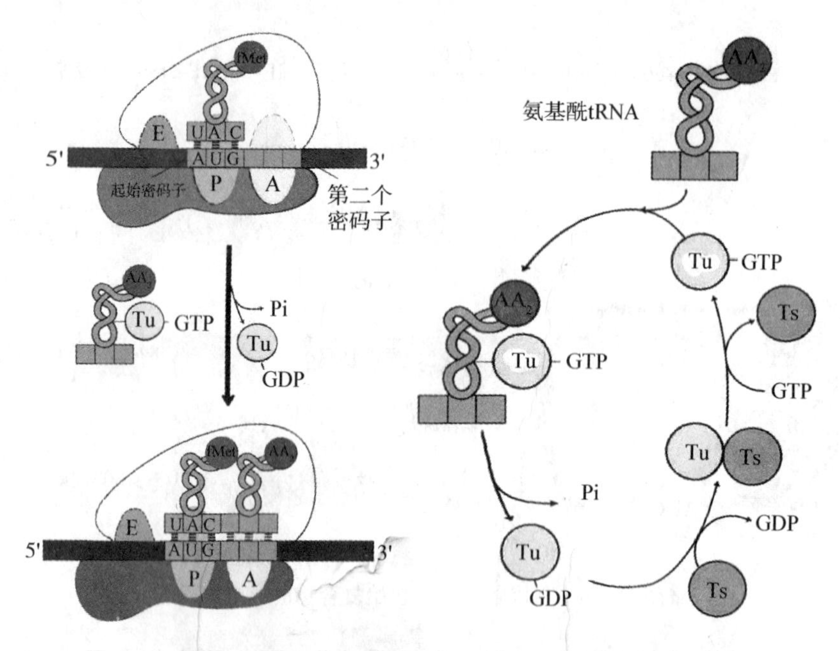

图 12-7 延长因子 EF-T 催化氨基酰-tRNA 的进位

P 位和 A 位上各结合了一个氨基酰-tRNA，在核糖体 50S 亚基上的转肽酶作用下，P 位上的氨基酸提供 α-COOH，与 A 位上的氨基酸的 α-NH_2 形成肽键，使 P 位上的氨基酸连接到 A 位氨基酸的氨基上，形成肽键。成肽后，在 A 位上形成了一个二肽酰-tRNA(图 12-8)。此步骤需要 Mg^{2+} 与 K^+ 的参与。

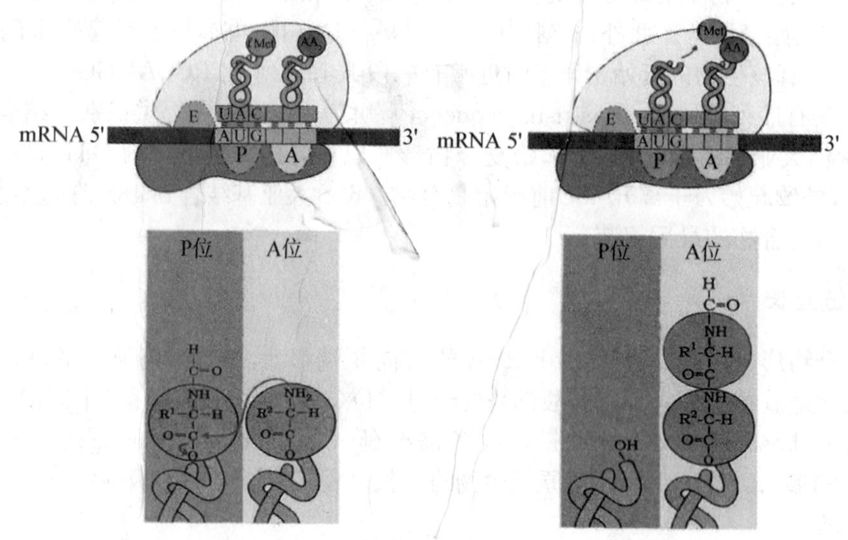

图 12-8 成肽反应

（三）转位

转肽作用发生后，P 位空载的 tRNA 脱落，进入 E 位。EF-G 有转位酶(translocase)活性，可结合并水解 1 分子 GTP，促进核糖体向 mRNA 的 3′侧移动至下一个密码子，使得原来结合二肽酰-tRNA 的 A 位转变成了 P 位，而 A 位空出，可以接受下一个新的氨基酰-tRNA 进入，

移位过程还需要 Mg^{2+} 的参与(图 12-9)。

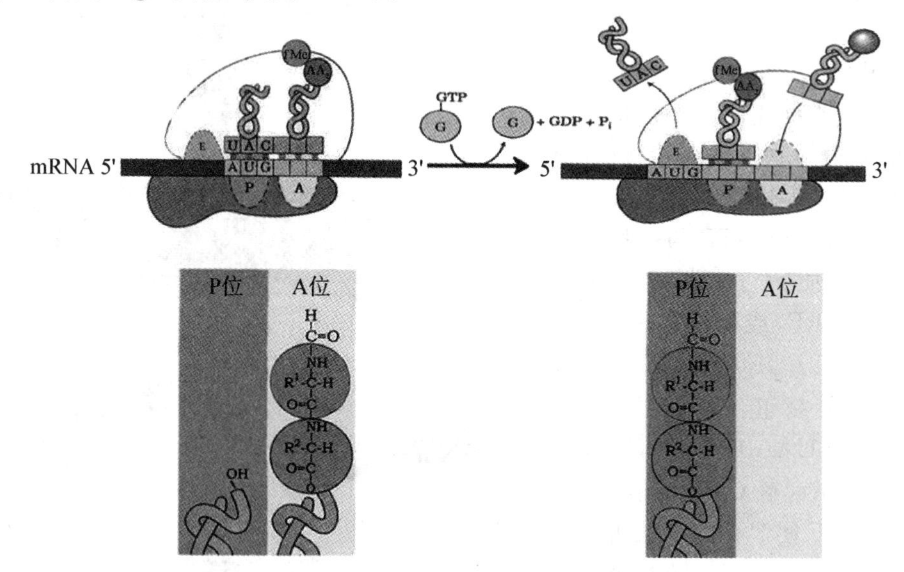

图 12-9 肽链延长中的移位

肽链上每增加一个氨基酸残基,即重复上述进位、成肽和移位的步骤,直至遇到终止密码子。

真核生物肽链的延长过程与原核生物基本类似,只是反应体系和延长因子不同(图 12-10)。另外,真核生物核糖体没有 E 位,空载的 tRNA 直接从 P 位脱落。

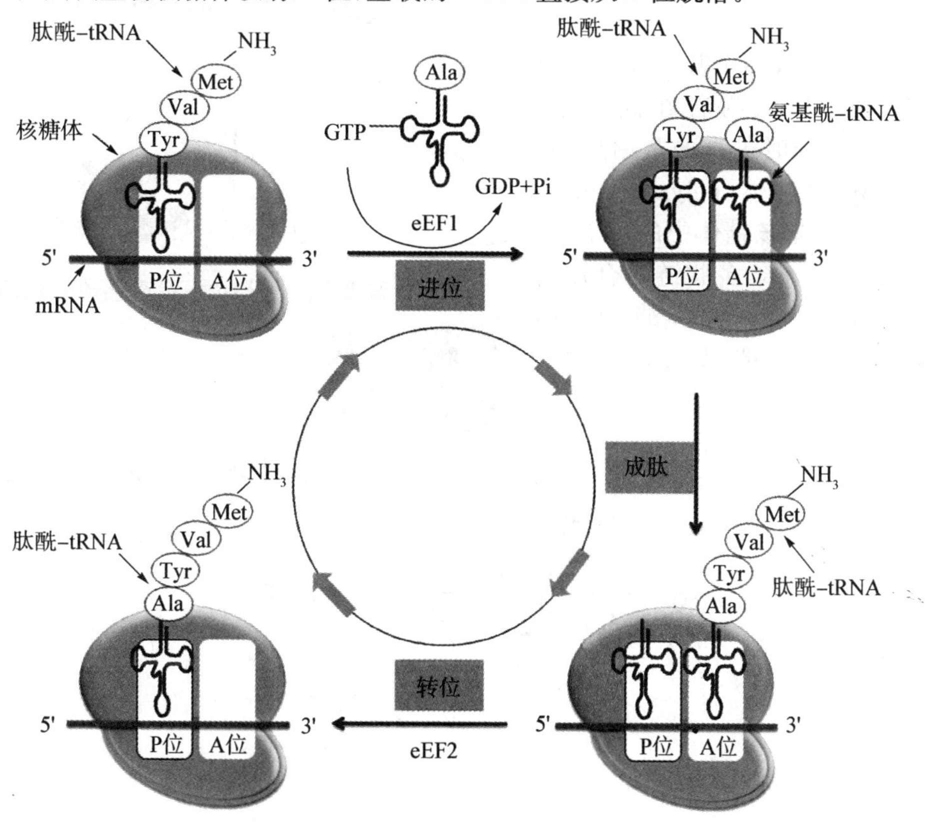

图 12-10 真核生物肽链延长过程

四、肽链合成的终止

核糖体循环过程中，当A位上出现终止信号，即进入终止阶段。终止阶段包括已合成完毕的肽链被水解释放，以及核糖体与tRNA从mRNA上脱落的过程。这一阶段需要GTP与一种起终止作用的蛋白质因子，即释放因子(release factor，RF，或称终止因子)的参与(图12-11)。原核生物有3种RF。RF1识别终止信号UAA或UAG，RF2识别UAA或UGA，RF3可与GTP结合，并水解GTP供能，协助RF1与RF2。RF使P位的转肽酶不起转肽作用，而起水解作用。转肽酶水解P位上tRNA与多肽链之间的酯键，使多肽链脱落，RF、核糖体及tRNA亦渐次脱离。从mRNA上脱落的核糖体，分解为大小两亚基，重新进入核糖体循环。

蛋白质合成时，多个甚至几十个、几百个核糖体串联附着在同一个mRNA分子上，同时进行的蛋白质合成，称之为多聚核糖体(polyribosome)(图12-12)。多聚核糖体中的每个核糖体都独立完成一条多肽链的合成。多核糖体可以在一条mRNA链上同时合成多条相同的多肽链，大大提高了翻译的效率。

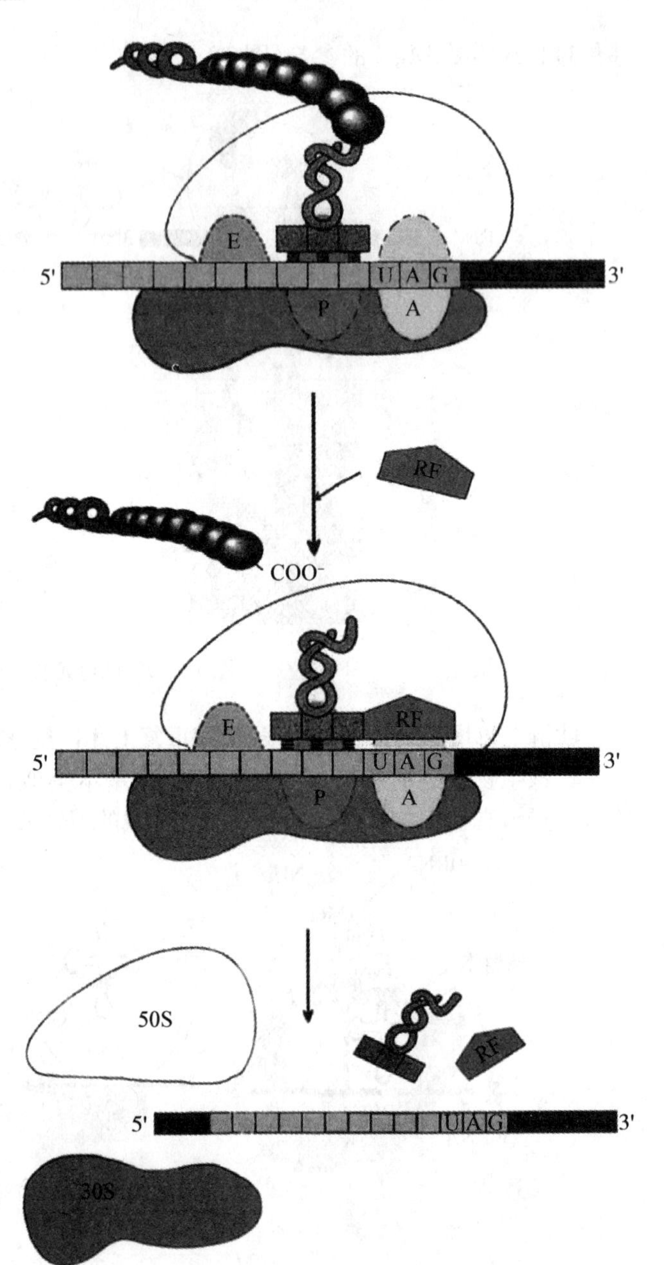

图12-11　原核生物肽链合成的终止过程

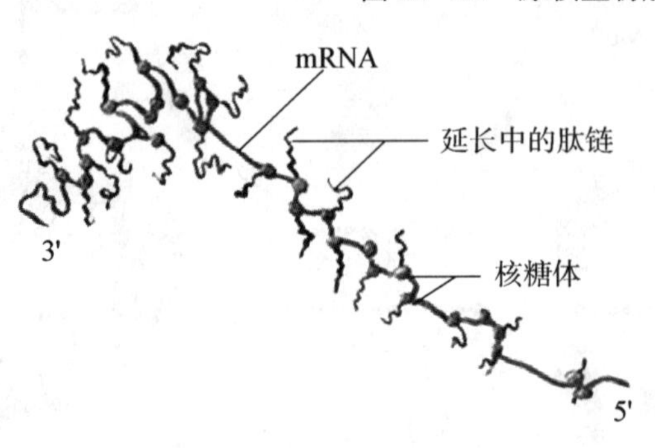

图12-12　多聚核糖体

第三节　蛋白质的翻译后加工

肽链合成的结束，并不一定意味着具有正常生理功能的蛋白质分子已经生成。已知很多蛋白质在肽链合成后还需经过一定的加工或修饰，由几条肽链构成的蛋白质和带有辅基的蛋白质，其各个亚单位必须互相聚合才能成为完整的蛋白质分子。有些蛋白质在翻译完成后还要经过多种共价修饰才能称为有活性的成熟蛋白质，这个过程叫做翻译后加工（post-translational processing）。

一、翻译后的加工修饰

对于大多数蛋白质来说多肽链翻译后还要进行不同方式的加工修饰才具有生理功能。

（一）氨基端和羧基端的修饰

在原核生物中几乎所有蛋白质都是从 N-甲酰蛋氨酸开始，真核生物从蛋氨酸开始。当肽链合成到一定长度时，在酶的作用下，N-甲酰蛋氨酸残基即从肽链上水解脱落。在真核生物中，N-末端的蛋氨酸或一些氨基酸残基常由氨肽酶催化而水解去除。因此，成熟的蛋白质分子中 N-端通常没有甲酰基或蛋氨酸。某些蛋白质分子的 N-端要进行乙酰化修饰，在 C-端也要进行修饰。

（二）共价修饰

许多的蛋白质可以进行不同的类型化学基团的共价修饰，修饰后可以表现为激活状态，也可以表现为失活状态。常见的共价修饰有以下几种：

1. 形成二硫键　二硫键由两个半胱氨酸残基形成，可在链内和链间形成，对维持蛋白质空间结构起重要作用，是许多酶和蛋白质的活性所必需。如核糖核酸酶合成后，肽链中 8 个半胱氨酸残基构成了 4 对二硫键，对酶活性是必需的。

2. 磷酸化　磷酸化修饰多发生在丝氨酸和苏氨酸残基的羟基上，偶尔也发生在酪氨酸残基的羟基上，磷酸化后的蛋白质其生理活性发生改变。如促进糖原分解的磷酸化酶 b 经磷酸化以后，转变为有活性的磷酸化酶 a。而有活性的糖原合成酶 a 经磷酸化以后变成无活性的糖原合成酶 b，共同调节糖原的合成与分解。磷酸化的过程受细胞内蛋白激酶的催化。

3. 羟基化　胶原蛋白前 α 链上的脯氨酸和赖氨酸残基在内质网中受羟化酶、分子氧和维生素 C 作用产生羟脯氨酸和羟赖氨酸，如果此过程受障碍，胶原纤维不能进行交联，极大地降低了它的张力强度。

4. 糖基化　质膜蛋白质和许多分泌性蛋白质都具有糖链，这些寡糖链结合在丝氨酸或苏氨酸的羟基上，例如红细胞膜上的 A、B、O 血型决定簇。也可以与天门冬酰胺连接。这些寡糖链糖基化反应在内质网或高尔基氏体中完成。

其他的化学修饰方式还有硒化、乙酰化、甲基化等。

（三）蛋白质前体中不必要肽段的切除

无活性的酶原转变为有活性的酶，常需要去掉一部分肽链，以暴露出酶的活性中心。其他蛋白质也存在类似过程，只是转变的场所不同，即酶原激活多是在细胞外进行，而其他蛋白质前体中不必要肽段的切除要在细胞内进行。

分泌型蛋白质如清蛋白、免疫球蛋白与催乳素等，在合成时都带有一段称为“信号肽

(signal peptide)"的肽段。信号肽段由 15～30 个氨基酸残基构成。信号肽在肽链合成结束前已被切除。有些蛋白质前体在合成结束后尚需切除其他肽段。

（四）多蛋白的加工

真核生物 mRNA 的翻译产物为单一多肽链，有时这一肽链经加工，可产生一个以上功能不同的蛋白质或多肽，此类原始肽链称作多蛋白(polyprotein)。如垂体促肾上腺皮质激素、β/γ-促脂素、β-内啡肽、α/β-促黑色细胞素均是从一条由 265 个氨基酸残基组成的称为阿片促黑皮质激素原的多蛋白裂解而来。

二、亚基聚合形成功能性蛋白质复合物

许多蛋白质由两个以上多肽链构成，这些多肽链通过非共价键聚合成多聚体才能表现生物活性。例如成人血红蛋白由 2 条 α 链、2 条 β 链及 4 分子血红素组成。α 链在多核糖体合成后自行释放，并与尚未从多聚核糖体上释放的 β 链相连，然后一并从多聚核糖体上脱下来，变成 αβ 二聚体。此二聚体再与线粒体内生成的两个血红素结合，最后形成一个由 4 条肽链和 4 个血红素构成的有功能的血红蛋白分子。蛋白质的各个亚单位相互聚合时所需要的信息，蕴藏在肽链的氨基酸序列之中，而且这种聚合过程往往又有一定顺序，前一步骤常可促进后一聚合步骤的进行。

第四节　蛋白质合成与医学

一、分子病

分子病这一概念于 1949 年提出，是指由于基因的突变引起的蛋白质分子结构的改变而导致的疾病，如镰刀型红细胞贫血、地中海贫血症等。DNA 分子发生突变，合成的蛋白质将出现异常，蛋白质的功能也随之发生变异，而且还可以随着个体繁殖遗传。

二、蛋白质生物合成的阻断剂

蛋白质生物合成的阻断剂很多，其作用部位也各有不同，或作用于翻译过程，直接影响蛋白质生物合成(如多数抗生素)，或作用于转录过程，对蛋白质的生物合成间接产生影响，也有作用于复制过程的(如多数抗肿瘤药物)。各种阻断剂的作用对象亦有所不同，如链霉素、氯霉素等阻断剂主要作用于细菌，故可用作抗菌药物。环己酰亚胺(又名放线菌酮)作用于哺乳类动物，故对人体是一种毒物。多种细菌毒素与植物毒素也是通过抑制人体蛋白质合成而致病。

（一）抗生素类阻断剂

许多抗生素都是以直接抑制细菌蛋白质合成而起到预防和治疗细菌感染的目的，它们可作用于蛋白质合成的各个环节，包括抑制起始因子、延长因子及核糖核蛋白体的作用等(表 12－5)。作用于真核细胞蛋白质合成的抗生素可作为抗肿瘤药物。

表 12－5　不同抗生素抑制蛋白质生物合成的原理与应用

抗生素	作用点	作用原理	应用
四环素族(金霉素、新霉素、土霉素)	原核核蛋白体小亚基	抑制氨基酰-tRNA 与小亚基结合	抗菌药
链霉素、卡那霉素、新霉素	原核核蛋白体小亚基	改变构象引起读码错误、抑制起始	抗菌药
氯霉素、林可霉素	原核核蛋白体大亚基	抑制转肽酶、阻断延长	抗菌药
红霉素	原核核蛋白体大亚基	抑制转肽酶、妨碍转位	抗菌药
梭链孢酸	原核核蛋白体大亚基	与 EFG-GTP 结合,抑制肽链延长	抗菌药
放线菌酮	真核核蛋白体大亚基	抑制转肽酶、阻断延长	医学研究
嘌呤霉素	真核、原核核蛋白体	氨基酰-tRNA 类似物,进位后引起未成熟肽链脱落	抗肿瘤药

(二) 某些蛋白质毒素抑制真核蛋白质的合成

某些毒素可经不同机制干扰真核生物蛋白质的生物合成而呈现毒性,常见者有细菌毒素与植物毒蛋白,前者如白喉毒素、后者如蓖麻毒素。

1. 白喉毒素(diphtheria toxin)　由白喉杆菌所产生的白喉毒素是真核细胞蛋白质合成抑制剂。白喉毒素由基因组内溶源性噬菌体 β 基因编码,该毒素进入人体细胞内,可共价修饰 eEF-2,使其发生 ADP 糖基化,生成 eEF-2 腺苷二磷酸核糖衍生物,从而使 eEF-2 失活。微量的白喉毒素就能有效地抑制细胞蛋白质合成,导致细胞死亡。

2. 蓖麻毒素(ricin)　蓖麻毒素是蓖麻籽中所含有的植物糖蛋白,由 A、B 两条多肽链组成,两条链之间通过二硫键连接。A 链是一种蛋白酶,可作用于真核生物核蛋白体大亚基的 28S rRNA,催化其中特异腺苷酸发生脱嘌呤基反应,使 28S rRNA 降解,使核蛋白体大亚基失活;B 链对 A 链发挥毒性具有重要的促进作用,且 B 链上的半乳糖结合位点也是毒素发挥毒性作用的活性部位。蓖麻毒蛋白对所有哺乳动物真核细胞都有毒害作用,平均一分子毒素就足以杀死一个细胞。

(三) 干扰素抑制病毒蛋白质的合成

干扰素(interferon)是真核细胞被病毒感染后,由细胞合成并分泌的一种小分子蛋白质,可抑制病毒蛋白质的合成。一方面,干扰素能诱导被感染细胞内一种特异的蛋白激酶活化。活化后的蛋白激酶使 eIF-2 磷酸化而失活,从而抑制病毒蛋白质的合成。另一方面,干扰素和病毒的 dsRNA 共同激活特殊的 2′-5′寡聚腺苷酸(2′-5′A)合成酶,催化 ATP 聚合,生成核苷酸间以 2′-5′磷酸二酯键相连的 2′-5′A 多聚物。2′-5′A 多聚物可进一步活化核酸酶 RNase L,从而降解病毒的 mRNA,阻断病毒蛋白质的合成。干扰素具有很强的抗病毒作用,在医学上有重大的实用价值,利用基因工程技术生产的人类干扰素,已广泛应用于科学研究和临床治疗。

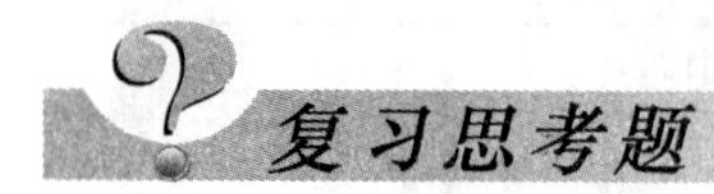

复习思考题

1. 名词解释:密码子(codon),反密码子(anticodon),移码突变(frameshift mutant),简并密码(degenerate code),多聚核糖体,核糖体循环(polyribosome)。

2. 遗传密码?有哪些基本特性?

3. 简述 tRNA 在蛋白质的生物合成中是如何起作用的。

4. mRNA 遗传密码排列顺序翻译成多肽链的氨基酸排列顺序,保证准确翻译的关键是什么?

5. 抑制机体蛋白质的药物可以治疗肿瘤吗?有什么优缺点?

(张义全)

第十三章　基因表达的调控

【案例】

为什么甲胎蛋白高了?

70岁的老王在今年常规体检中发现血中甲胎蛋白(AFP)水平显著高于正常,并伴随氨基转移酶高于正常。鉴于老王20年前患过肝炎,医生建议他进一步进行肝脏检查,排除肝癌的可能。

提示:甲胎蛋白是一种糖蛋白,正常情况下,甲胎蛋白主要来自胚胎,胎儿出生后约两周甲胎蛋白从血液中消失,因此正常成年人血清中甲胎蛋白的含量很低。

自从中心法则被揭示以来,科学家们一直致力于遗传信息传递调控机制的研究。1961年,F. Jacob 和 J. Monod 提出了著名的操纵子学说,开创了基因表达调控研究的新纪元。基因表达调控的研究使人们了解了多细胞生物是如何从一个受精卵发展为多组织、多器官的个体,以及为什么同一个体中不同的组织细胞虽拥有相同的 DNA 信息,却可以合成各自专一的蛋白质产物,从而具有完全不同的生物学功能。只有了解基因表达调控才能真正了解中心法则。

第一节　基因表达调控的现象和概念

一、基因表达调控是生命的必需

基因表达是指基因经过转录、翻译,产生有生物活性的蛋白质的过程。rRNA 或 tRNA 的基因经转录和转录后加工产生成熟的 rRNA 或 tRNA,也是 rRNA 或 tRNA 的基因表达。

基因组(genome)是指含有一个生物体生存、发育、活动和繁殖所需要的全部遗传信息的整套核酸。但生物基因组的遗传信息并不是同时全部都表达出来的,即使极简单的生物其基因组所含的全部基因也不是以同样的强度同时表达的。大肠杆菌基因组含有约 4 000 个基因,一般情况下只有 5%～10%在高水平转录状态,其他基因有的处于较低水平的表达,有的暂时不表达。哺乳类基因组更复杂,人的基因组约含有 10 万个基因,但在一个组织细胞中通常只有一部分基因表达,多数基因处在沉静状态,典型的哺乳类细胞中开放转录的基因在 1 万个上下,即使蛋白质合成量比较多、基因开放比例较高的肝细胞,也只有不超过 20%的基因处于表达状态。

生物个体的各种组织细胞一般都有相同的染色体数目,经典的遗传学认为只有生殖细胞能繁衍后代,随着科学的发展,能将植物的一些体细胞(如叶细胞)培育成为完整的植株,成年山羊的乳腺细胞在适当的条件下也能分化发育成山羊个体(克隆羊),表明这些体细胞也像生殖细胞一样含有个体发育、生存和繁殖的全部遗传信息。但这些遗传信息的表达是受到严格调控的，通常各组织细胞只合成其自身结构和功能所需要的蛋白质。不同组织细胞中不仅表达的基因数量不同，而且基因表达的强度和种类也各不相同，这就是基因表达的组织特异性(tissue specificity)。例如肝细胞中编码鸟氨酸循环酶类的基因表达水平高于其他组织细胞，合成的某些酶(如精氨酸酶)为肝脏所特有；胰岛β细胞合成胰岛素；甲状腺滤泡旁细胞(C细胞)专一分泌降血钙素等。细胞特定的基因表达状态，就决定了这个组织细胞特有的形态和功能。如果基因表达调控发生变化，细胞的形态与功能也会随之改变，正常组织细胞转化为癌瘤细胞的过程，就有基因表达方面的改变；人肝细胞在胚胎时期合成甲胎蛋白(alfa fetal protein，AFP)，成年后就很少合成AFP了，但当肝细胞转化成肝癌细胞时编码AFP的基因又会开放，合成AFP的量会大幅度提高，成为肝癌早期诊断的一个重要指标。

细胞分化发育的不同时期基因表达也不相同，这是基因表达的阶段特异性(stagespecificity)。一个受精卵含有发育成一个成熟个体的全部遗传信息，在个体发育分化的各个阶段，各种基因有序地表达，一般在胚胎时期基因开放的数量最多，随着分化发展，细胞中某些基因关闭，某些基因开放，胚胎发育不同阶段、不同部位的细胞中开放的基因及其开放的程度不一样，合成蛋白质的种类和数量都不相同，显示出基因表达调控在空间和时间上极高的有序性，从而逐步生成形态与功能各不相同、极为协调、巧妙有序的组织脏器。即使是同一个细胞，处在不同的细胞周期状态，其基因的表达和蛋白质合成的情况也不尽相同，这种细胞生长过程中基因表达调控的变化，正是细胞生长繁殖的基础。

综上所述，可以看出生物的基因表达不是杂乱无章的，而是受着严密、精确调控的，把生物体内基因表达的开启、关闭和表达强度的直接调节称基因表达调控。不仅生命的遗传信息是生物生存所必需的，遗传信息的表达调控也是生命本质所在。

二、基因表达适应环境的变化

生物只有适应环境才能生存。当周围的营养、温度、湿度、酸度等条件变化时，生物体要改变自身基因表达状况，以调整体内执行相应功能蛋白质的种类和数量，从而改变自身的代谢、活动等以适应环境。生物体内的基因调控各不相同，大致可把基因表达分成两类：

(一) 组成性表达(constitutive expression)

指不大受环境变动而变化的一类基因表达。其中某些基因表达产物是细胞或生物体整个生命过程中都持续需要而必不可少的，这类基因可称为看家基因(housekeeping gene)，这些基因中不少是在生物个体其他组织细胞、甚至在同一物种的细胞中都是持续表达的，可以看成是细胞基本的基因表达。组成性基因表达也不是一成不变的，其表达强弱也是受一定机制调控的。

(二) 适应性表达(adaptive expression)

指环境的变化容易使其表达水平变动的一类基因表达。应环境条件变化基因表达水平增高的现象称为诱导(induction)，这类基因被称为可诱导的基因(inducible gene)；相反，随环境条件变化而基因表达水平降低的现象称为阻遏(repression)，相应的基因被称为可阻遏的基因(repressible gene)。

改变基因表达的情况以适应环境，在原核生物、单细胞生物中尤其显得突出和重要，因为细胞的生存环境经常会有剧烈的变化。例如：周围有充足的葡萄糖，细菌就可以利用葡萄糖作能源和碳源，不必更多去合成利用其他糖类的酶类，当外界没有葡萄糖时，细菌就要适应环境中存在的其他糖类(如乳糖、半乳糖、阿拉伯糖等),开放能利用这些糖的酶类基因,以满足生长的需要。即使是内环境保持稳定的高等哺乳类,也经常要变动基因的表达来适应环境,例如与适宜温度下生活相比较,在冷或热环境下适应生活的动物,其肝脏合成的蛋白质图谱就有明显的不同;长期摄取不同的食物,体内合成代谢酶类的情况也会有所不同。所以,基因表达调控是生物适应环境生存的必需。

第二节　原核基因的表达调控

原核生物是单细胞生物,没有完整的核膜和核结构,无充足的能源贮备,故而生命过程与环境条件密切相关。细菌能随环境的变化,迅速改变某些基因表达的状态,人们就是从研究原核基因的表达调控开始,打开认识基因表达调控分子机制的窗口的。

一、操纵子

大肠杆菌可以利用葡萄糖、乳糖、麦芽糖、阿拉伯糖等作为碳源而生长繁殖。当培养基中有葡萄糖和乳糖时,细菌优先使用葡萄糖,当葡萄糖耗尽,细菌停止生长,经过短时间的适应,就能利用乳糖,细菌继续呈指数式繁殖增长(图 13-1)。

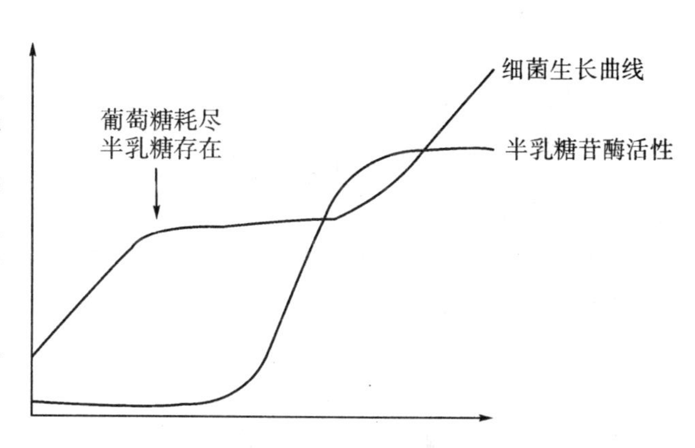

图 13-1　大肠杆菌二阶段生长现象

大肠杆菌利用乳糖需要催化乳糖分解的 β-半乳糖苷酶(图 13-2),在环境中没有乳糖或其他 β-半乳糖苷时,大肠杆菌合成 β-半乳糖苷酶量极少,加入乳糖 2～3 min 后,细菌大量合成 β-半乳糖苷酶,其量可提高千倍以上,在以乳糖作为唯一碳源时,菌体内的 β-半乳糖苷酶量可占到细菌总蛋白量的 3%。在上述二阶段生长细菌利用乳糖再次繁殖前,也能测出细菌中 β-半乳糖苷酶活性显著增高的过程,这是典型的诱导表达。

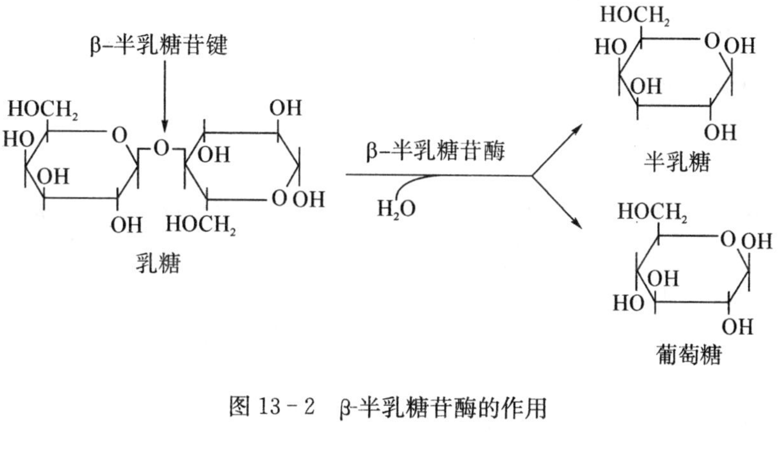

图 13-2　β-半乳糖苷酶的作用

针对大肠杆菌利用乳糖的适应现象，Jacob 等提出乳糖操纵子(lac operon)学说(图 13-3)，图中 z、y 和 a 是大肠杆菌编码利用乳糖所需酶类的基因，p 是转录 z、y、a 的启动子，调控基因 i 编码调控蛋白 R，R 能与操纵序列 o 结合而阻碍从 p 开始的基因转录，乳糖能改变 R 结构使其不能与 o 结合，因而乳糖浓度增高时基因开放，转录合成 z、y、a，大肠杆菌就能利用乳糖，这个模型是人们在科学实验的基础上第一次开始认识基因表达调控的分子机制。可见，操纵子是转录的功能单位，由操纵基因和受操纵基因调控的一组结构基因组成，受调节基因表达产物的调控。

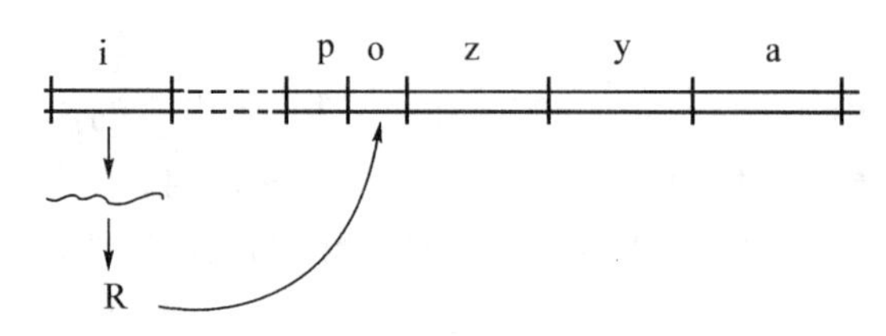

图 13-3　Jacob 和 Monod 提出的乳糖操纵子模型

二、操纵子的基本组成

乳糖操纵子模型被以后的许多研究实验所证实，并且发现其他原核生物基因调控也有类似的操纵子结构，操纵子(operon)是原核基因表达调控的一种重要的组织形式，大肠杆菌的基因多数以操纵子的形式组成基因表达调控的单元。操纵子最基本的组成元件有结构基因群、启动子、操纵序列、终止子。

(一) 结构基因群

操纵子中被调控的编码蛋白质的基因称为结构基因。一个操纵子中含有两个或两个以上的结构基因，每个结构基因是一个完整的开放读码框(open reading frame，ORF)，5′-端有翻译起始码，3′-端有翻译终止码。各结构基因头尾衔接、串联排列，组成结构基因群。至少在第一个结构基因 5′-端侧具有核糖体结合位点，因而当这段含多个结构基因的 DNA 被转录成多顺反子 mRNA，就能被核糖体所识别结合、并起始翻译。核糖体沿 mRNA 移动，在合成完第一个编码的多肽后，核糖体可以不脱离 mRNA 而继续翻译合成下一个基因编码的多肽，直至合成完这条多顺反子 mRNA 所编码的全部多肽。

乳糖操纵子含有 z、y 和 a 三个结构基因。z 基因编码含 1 170 个氨基酸的多肽，以四聚体形式组成有活性的 β-半乳糖苷酶，催化乳糖的分解；y 基因编码 260 个氨基酸组成的半乳糖透过酶，促使环境中的乳糖进入细菌；a 基因编码含 275 氨基酸的转乙酰基酶，以二聚体的活性形式催化半乳糖的乙酰化。z 基因 5′-端具有大肠杆菌核糖体识别结合位点的特征 SD 序列。

(二) 启动子

启动子(promoter，P)是指能被 RNA 聚合酶识别、结合并启动基因转录的一段 DNA 序列。操纵子至少有一个启动子，一般在第一个结构基因 5′-端上游，控制整个结构基因群的转录。不同的启动子序列有所不同，但比较原核生物的启动子的序列，发现它们一般长 40～60 bp，含 A—T 碱基对较多。启动子一般可分为识别(R，recognition)、结合(B，binding)和起始(I，initiation)三个位点(图 13-4)。转录起始第一个碱基(标记位置为+1)最常见的是 A；在-10 bp 附近有 TATAAT 一组共有序列，称为 Pribnow 盒；在-35 bp 处又有 TTGACA 一组共有序列。

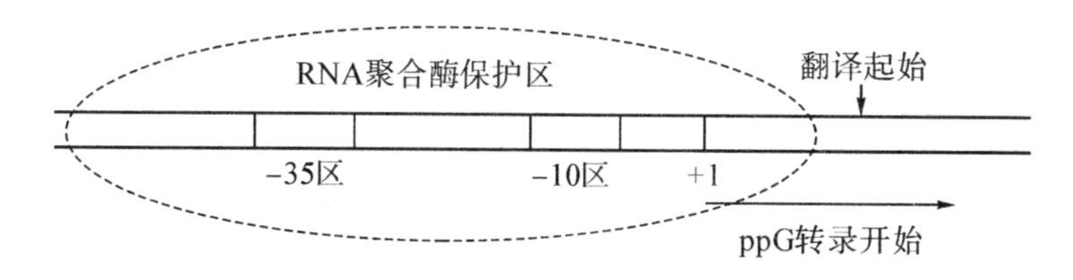

图 13-4 原核生物基因转录起始区

不同的启动子序列与 RNA 聚合酶的亲和力不同,启动转录的频率高低亦不同,即不同的启动子启动基因转录的强弱不同,例如:PL、PR、T7 属强启动子,而 P lac 则是较弱的启动。

表 13-1 不同的启动子序列

启动子名称	-35 区	-10 区	+1
P trp	……TTGACA……	N17……TTAACT…	N7……A……
P tyr-tRNA	……TTTACA……	N16……TATGAT…	N7…G……
P lac	……TTGACA……	N17……TATGTT…	N7…A……
P recA	……CTGATG……	N17……TATAAT…	N7…A……
P ara	……TTGACA……	N17……TACTGT…	N7…A……
λPR	……TTGACA……	N17……GATAAT…	N6…A……
λPL	……TTGACA……	N17……GATACT…	N6…A……
T7 A2	……TTGACA……	N17……TACGAT…	N6…A……
fd Ⅷ	……TTGACA……	N17……TATAAT…	N6…G……

(三) 操纵序列

操纵序列(operator gene,o)是指能被调节蛋白特异性结合的一段 DNA 序列,常与启动子邻近或与启动子序列重叠,当调节蛋白与操纵序列结合时,影响其下游基因转录。

以乳糖操纵子为例(图 13-5),其操纵序列(o)位于启动子(p)与结构基因之间,部分序列与启动子序列重叠。分析该操纵序列,可见这段双链 DNA 具有回文样的对称性一级结构,能形成十字形的茎环构造。不少操纵序列都具有类似的对称性序列,可能与特定蛋白质的结合相关。

阻遏蛋白与操纵序列结合,影响 RNA 聚合酶与启动子的结合,阻碍了结构基因的转录。同一操纵序列与不同构象的蛋白质结合,可以起阻遏或激活基因表达的作用,阿拉伯糖操纵子中的序列就是典型的例子。

(四) 终止子

终止子(terminator,T)是给予 RNA 聚合酶转录终止信号的 DNA 序列。在一个操纵子中至少在结构基因群最后一个基因的后面有一个终止子。

不同的终止子的作用有强弱之分,有的终止子几乎能完全停止转录,有的只是部分终止转录,一部分 RNA 聚合酶能越过终止序列继续沿 DNA 移动并转录。如果结构基因群中间有这种弱终止子的存在,则前后转录产物的量会有所不同,这是终止子调节结构基因群中不同基因

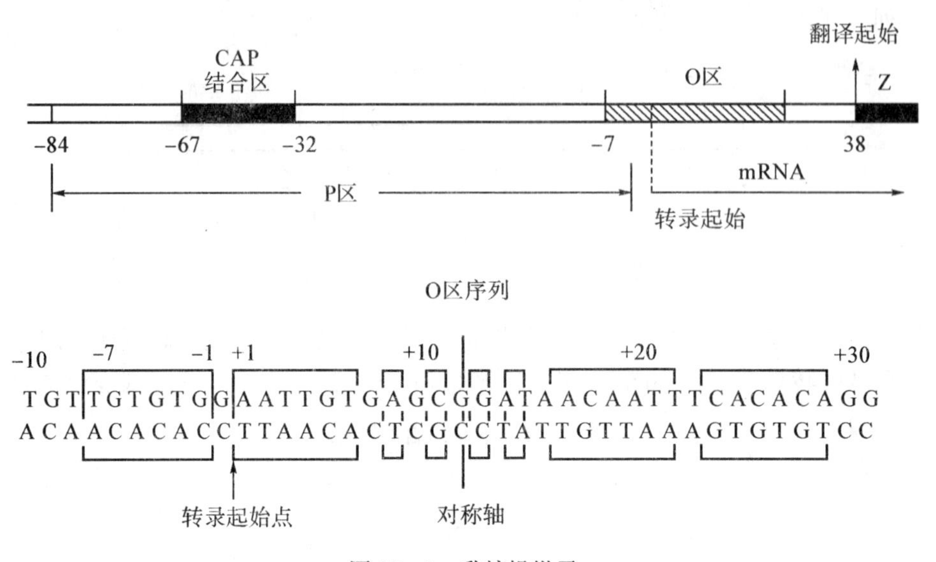

图 13－5　乳糖操纵子

表达产物比例的一种方式。有的蛋白因子能作用于终止序列，减弱或取消终止子的作用，称为抗终止作用，这种蛋白因子就称为抗终止因子。

每一个操纵子都含有以上 4 种结构元件。其中启动子、操纵子位于紧邻结构基因群的上游，终止子在结构基因群之后，它们都在结构基因的附近，只能对同一条 DNA 链上的基因表达起调控作用，在遗传学上称为顺式作用，启动子、操纵子和终止子被称为顺式作用元件(cis-acting element)。

（五）调节基因

调节基因编码能与操纵序列结合的调节蛋白。与操纵序列结合后能减弱或阻止其调控基因转录的调控蛋白称为阻遏蛋白，其介导的调控方式称为负性调控；与操纵序列结合后能增强或启动调控基因转录的调控蛋白称为激活蛋白，所介导的调控方式称为正性调控。

某些特定的物质能与调控蛋白结合，使调控蛋白的空间构象发生变化，从而改变其对基因转录的影响，这些特定物质称为效应物，其中凡能诱导基因转录的分子称为诱导剂，能导致阻遏发生的分子称为阻遏剂或辅助阻遏剂。

在乳糖操纵子中，调控基因 lac I 编码产生由 347 个氨基酸组成的调控蛋白 R，在环境没有乳糖存在的情况下，R 形成四聚体，能特异地与操纵序列结合，阻止利用乳糖的酶类基因转录，所以 R 是乳糖操纵子的阻遏蛋白；当环境中有足够的乳糖时，乳糖转变为别乳糖与 R 结合，使 R 的空间构象变化，失去与操纵序列的结合能力，从而解除了阻遏蛋白的作用。在这过程中别乳糖就是诱导剂，与 R 结合起到去阻遏作用(derepression)，诱导了结构基因转录开放。

许多调控蛋白都是变构蛋白，通过与效应物的结合改变空间构象而改变活性，调节基因的转录表达。

调节基因可以在操纵子附近，也可以远离操纵子，它能对同一条 DNA 链上的结构基因的表达起调控作用，也能对不在同一条 DNA 链上的结构基因起作用，调节基因通过合成调节蛋白发挥作用，被称为反式作用，调控基因就属于反式作用元件(trans-acting element)，其编码产生的调节蛋白称为反式调控因子。由此也可看到，基因表达调控机制的关键在于蛋白质与核酸的相互作用。

三、乳糖操纵子的表达调控

乳糖操纵子的结构及其基因表达调控可综合于图 13－6。

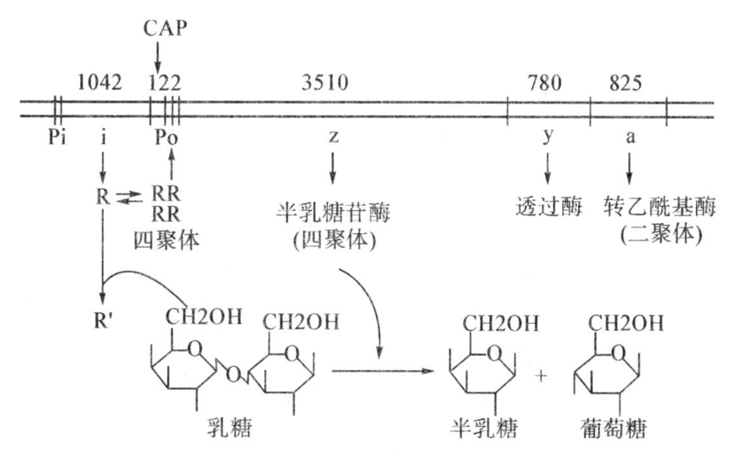

图 13－6　乳糖操纵子的结构及调控示意图

（一）阻遏蛋白的负性调控

大肠杆菌在没有乳糖存在时，乳糖操纵子处于阻遏状态。i 基因低水平、组成性地表达产生阻遏蛋白 R，R 以四聚体形式与操纵序列 o 结合，阻碍了 RNA 聚合酶与启动子的结合，阻止了基因的转录起动。R 的阻遏作用不是绝对的，R 与 o 偶尔解离，使细胞中还有极低水平的 β-半乳糖苷酶及透过酶的生成。

当乳糖存在时，乳糖受 β-半乳糖苷酶的催化转变为别乳糖，与 R 结合并使之构象发生变化，失去与 o 的亲和力，结构基因转录，β-半乳糖苷酶在细胞内的含量可增加 1 000 倍。这就是乳糖对乳糖操纵子的诱导作用。

（二）CAP 的正性调控

细菌中的 cAMP 含量与葡萄糖的分解代谢有关，当细菌利用葡萄糖分解供给能量时，cAMP 生成少而分解多，含量较低；无葡萄糖供应时，cAMP 含量升高，特异地与 cAMP 受体蛋白（CRP）结合，CRP 发生构象改变而被活化（图 13－7），活化的 CRP 称为 CAP（CRP cAMP activated protein），以二聚体的方式与特定的 DNA 序列结合，增强了 RNA 聚合酶的转录活性，使转录提高 50 倍。

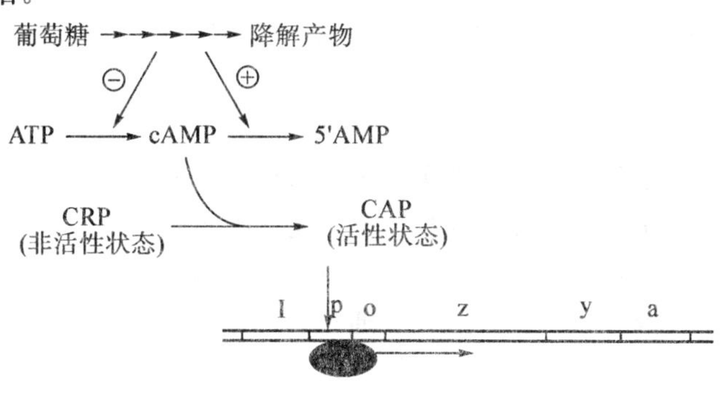

图 13－7　CAP 的正性调控

乳糖的去阻遏作用还不能使细胞很好地利用乳糖，有 CAP 来加强转录活性，细菌才能合成足够的酶利用乳糖。编码 CRP 的基因也是一个调节基因，它并不在 1ac 操纵子的附近。

综上所述，乳糖操纵子属于可诱导操纵子，这类操纵子通常是关闭的，受效应物作用后诱导转录。

四、色氨酸操纵子的表达调控

细菌通常需要自己经过许多步骤合成色氨酸，一旦外界提供色氨酸，细菌就会充分利用外界的色氨酸，减少或停止自身的合成，这是由色氨酸操纵子(trp operon)调控。

(一) 色氨酸操纵子

合成色氨酸所需要酶类的基因 E、D、C、B、A 等头尾相接串联排列组成结构基因群(图 13－8)，受其上游的启动子 P 和操纵序列 o 的调控。调控基因 trpR 的位置远离 P-o-结构基因群，并以组成性方式低水平表达调控蛋白 R。R 没有与 o 结合的活性，当环境提供足够的色氨酸时，色氨酸与 R 结合而使其构象发生变化，活化后的 R 与 o 特异性结合，阻遏结构基因的转录，这是一种负性调控的、可阻遏的操纵子，通常是开放的，当效应物(色氨酸为阻遏剂)发挥作用时，转录被阻遏。

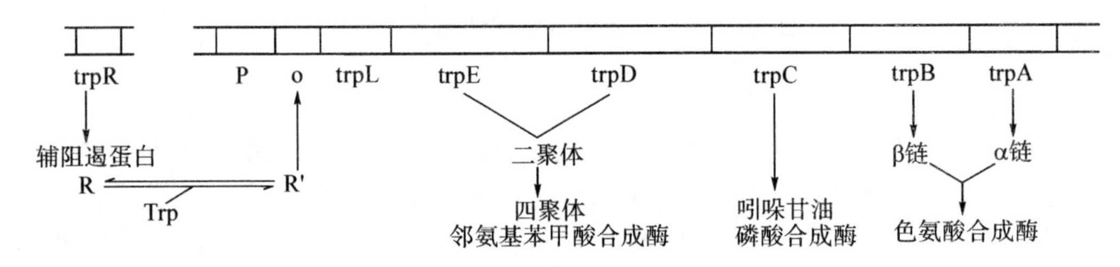

图 13－8　色氨酸操纵子

(二) 衰减子及其作用

当色氨酸达到一定浓度，却还不能足以活化 R 使其阻遏转录时，产生色氨酸合成酶类的量已经明显降低，产生的酶量与色氨酸浓度还呈负相关。这种调控现象与色氨酸操纵子的特殊结构有关。

在色氨酸操纵子中，结构基因 trpE 之前有 162 bp 的一段先导序列(leadingsequence，L)，当色氨酸达一定浓度时，RNA 聚合酶的转录在这里终止。先导序列起到随色氨酸浓度升高降低转录的作用，这段序列被称为衰减子(attenuator)。在 trp 操纵子中，阻遏蛋白对结构基因转录的负调控起粗调作用，而衰减子起细调作用。细菌其他氨基酸合成系统的许多操纵子(如组氨酸、苏氨酸、亮氨酸、异亮氨酸、苯丙氨酸等操纵子)中也有类似的衰减子存在。

五、严谨反应

当细菌从营养丰富的环境中转移到营养缺乏的环境中后，由于缺乏氨基酸，代谢水平下降，生长速度减慢，特别是 rRNA 和 tRNA 合成速度下降 10～20 倍，细菌对营养缺乏条件所产生的这一系列反应称严谨反应(stringent response)，反应的触发器是核蛋白体中受位的空载 tRNA。由于受位被空载 tRNA 占据，无法通过转肽反应形成肽键，出现了空载反应，不断消耗 GTP。于是，在由 rel A 基因编码的严谨因子催化下，ATP 与 GDP 反应生成鸟苷-5′-二磷酸-3′-二磷酸：ATP＋GDP→AMP＋pppGpp，pppGpp 可水解生成 ppGpp。二者均可抑制编码 rRNA、tRNA 的操纵子控制的结构基因的转录起始，并延缓其转录过程的延长阶段，但确切机制尚不清。严谨反应已在大肠杆菌中证实。当环境营养条件改善后，ppGpp 即被降解，严谨反应解除。

第三节　真核基因表达调控

一、真核基因组的复杂性

与原核生物比较，真核生物的基因组更为复杂。

真核基因组比原核基因组大得多，大肠杆菌基因组约 4×10^6 bp，哺乳类基因组在 10^9 bp 数量级，比细菌大千倍；大肠杆菌约有 4 000 个基因，人类约有 10 万个基因。

真核生物主要的遗传物质与组蛋白等构成染色质，被包裹在核膜内，核外还有遗传物质（如线粒体 DNA 等），增加了基因表达调控的层次和复杂性。

原核生物的基因组基本上是单倍体，而真核基因组是二倍体。

细菌多数基因按功能相关成串排列，共同开启或关闭，转录出多顺反子的 mRNA；真核生物一个结构基因转录成一条 mRNA，为单顺反子，基本上没有操纵子的结构，真核细胞的许多活性蛋白是由相同和不同的多肽构成的，这就涉及多个基因协调表达的问题，真核生物基因协调表达要比原核生物复杂得多。

原核基因组的大部分序列都为编码基因，而核酸杂交等实验表明：哺乳类基因组中仅约 10%的序列为蛋白质、rRNA、tRNA 等编码，其余的序列功能至今不清。

原核生物的基因为蛋白质编码的序列绝大多数是连续的，而真核生物为蛋白质编码的基因绝大多数是不连续的，即有外显子（exon）和内含子（intron），转录后经剪接去除内含子，才能翻译出完整的蛋白质，增加了基因表达调控的环节。

原核基因组中除 rRNA、tRNA 基因有多个拷贝外，重复序列不多。哺乳动物基因组中则存在大量重复序列，分为三种类型：

（一）高度重复序列

这类序列一般较短，长 10～300 bp，在哺乳类基因组中重复 10^6 次左右，占基因组 DNA 序列总量的 10%～60%，人的基因组中这类序列约占 20%，功能不明了。

（二）中度重复序列

这类序列多数长 100～500 bp，重复 10^1～10^5 次，占基因组 10%～40%。

（三）单拷贝序列

这类序列基本上不重复，占哺乳类基因组的 50%～80%，在人基因组中约占 65%。绝大多数真核生物为蛋白质编码的基因在单倍体基因组中都不重复。

综上所述，真核基因组比原核基因组复杂，至今人类对真核基因组的认识还很有限。人类基因组的研究计划实施已绘出人全部基因的染色体定位图，测序后，基因的功能及其相互关系，特别是基因表达调控的规律，还需要经历长期艰巨的研究过程。

二、真核基因表达调控的特点

尽管我们现在对真核基因表达调控知道还不多，但与原核生物比较它具有一些明显的特点。

(一) 真核基因表达调控的环节更多

基因表达是基因经过转录、翻译，产生有生物活性的蛋白质的整个过程。同原核生物一样，转录依然是真核生物基因表达调控的主要环节。但真核基因转录发生在细胞核，翻译在胞浆，调控增加了更多的环节和复杂性，转录后的调控占有更多的分量。

真核细胞在分化过程中会发生基因重排。例如编码完整抗体蛋白的基因是在淋巴细胞分化发育过程中，由原来分开的几百个不同的可变区基因经选择、组合、变化，与恒定区基因一起构成稳定的、为特定的完整抗体蛋白编码的可表达的基因。它是利用几百个抗体基因的片段，组合变化而产生能编码达 10^8 种不同抗体的基因。

此外，真核细胞中还会发生基因扩增，即基因组中的特定段落在某些情况下会复制产生许多拷贝。最早发现的是蛙的成熟卵细胞在受精后的发育过程中其 rRNA 基因可扩增 2 000 倍，以后发现其他动物的卵细胞也有同样的情况，这很显然适合了受精后迅速发育分裂要合成大量蛋白质，需要有大量核糖体。基因的扩增无疑能够大幅度提高基因表达产物的量，但这种调控机制至今还不清楚。

(二) 真核基因的转录与染色质的结构变化相关

1. 染色质结构影响基因转录　细胞分裂时，染色体的大部分到间期时松开分散在核内，称为常染色质，松散的染色质中基因可以转录。染色体中的某些区段到分裂期后不像其他部分解旋松开，仍保持紧凑折叠的结构，在间期核中可以看到其浓集的斑块，称为异染色质，未见有基因表达；在常染色质中表达的基因移到异染色质内则停止表达；哺乳类雌体细胞两条 X 染色体，到间期一条变成异染色质者，这条 X 染色体上的基因就全部失活。可见紧密的染色质结构阻止基因表达。

2. 组蛋白的作用　组蛋白与 DNA 的结合阻止基因转录，去除组蛋白基因转录开放。组蛋白是碱性蛋白质，带正电荷，可与 DNA 链上带负电荷的磷酸基相结合，从而遮蔽了 DNA 分子，妨碍了转录，可能扮演了非特异性阻遏蛋白的作用；染色质中的非组蛋白成分具有组织细胞特异性，可能消除组蛋白的阻遏，起到特异性的去阻遏促转录作用。

发现核小体后，观察核小体结构与基因转录的关系，发现在活跃转录的染色质区段，富含赖氨酸的 H_1 组蛋白水平降低，$H_2A \cdot H_2B$ 二聚体不稳定性增加，组蛋白乙酰化和泛素化(ubiquitination)，以及 H3 组蛋白巯基化，这些都是核小体不稳定或解体的因素或指征。转录活跃的区域也常缺乏核小体的结构，这些都表明核小体结构影响基因转录。

3. 转录活跃区域对核酸酶作用敏感度增加　转录活跃的染色质区域更易被 DNase Ⅰ降解，高敏感区域多在调控蛋白结合位点的附近，分析该区域核小体的结构发生变化，可能有利于调控蛋白结合而促进转录。

4. DNA 拓扑结构变化　天然双链 DNA 的构象大多是负性超螺旋。当基因活跃转录时，RNA 聚合酶转录方向前方 DNA 的构象是正性超螺旋，其后面的 DNA 为负性超螺旋。正性超螺旋会拆散核小体，有利于 RNA 聚合酶向前移动转录；而负性超螺旋则有利于核小体的再形成。

5. DNA 碱基修饰　真核 DNA 中的胞嘧啶约有 5%被甲基化，而活跃转录的 DNA 段落中胞嘧啶甲基化程度较低。这种甲基化常发生在某些基因 5′-端的 CpG 序列中，这段序列的甲基化使其后的基因不能转录，甲基化可能阻碍转录因子与 DNA 特定部位的结合从而影响转录。如果用基因打靶除去主要的 DNA 甲基化酶，小鼠的胚胎就不能正常发育，可见 DNA 的甲基化对基因表达调控具重要意义。

由此可见，染色质中的基因转录前先要有一个被激活的过程，但目前对激活机制还缺乏认识。

(三) 真核基因表达以正性调控为主

真核 RNA 聚合酶对启动子的亲和力很低，基本上不依靠自身来起始转录，需要依赖多种激活蛋白的协同作用。真核基因表达调控中虽也发现有负性调控元件，但并不普遍，真核基因转录表达的调控蛋白有起阻遏作用和激活作用或兼而有之，但以激活蛋白的作用为主。

三、真核基因转录水平的调控

真核细胞的三种 RNA 聚合酶中，只有 RNA 聚合酶Ⅱ能转录生成 mRNA。

(一) 顺式作用元件(cis-acting elements)

真核基因的顺式调控元件是基因周围能与特异转录因子结合而影响转录的 DNA 序列。其中正性调控作用的顺式作用元件有启动子、增强子(enhancer)，负性调控作用的元件有沉寂子(silencer)。

1. 启动子　与原核启动子的含义相同，是指 RNA 聚合酶结合并启动转录的 DNA 序列。真核启动子间不像原核那样有明显共同一致的序列，而且单靠 RNA 聚合酶难以结合 DNA 而起动转录，需要多种蛋白质因子的相互协调作用，不同蛋白因子又能与不同 DNA 序列相互作用，不同基因转录起始及其调控所需的蛋白因子也不完全相同，因而不同启动子序列也不相同，要比原核更复杂、序列也更长。真核启动子一般包括转录起始点及其上游 100～200 bp 序列，包含具有独立功能的 DNA 序列元件，每个元件长 7～30 bp。最常见的哺乳类 RNA 聚合酶Ⅱ启动子中的元件序列见表 13-2。

表 13-2　哺乳类 RNA 聚合酶Ⅱ启动子中常见的元件

元件名称	共同序列	结合的蛋白因子名称	结合的蛋白因子相对分子质量	结合 DNA 长度(蛋白因子)
TATAbox	TATAAAA	TBP	30,000	～10 bp
GC box	GGGCGG	SP-1	105,000	～20 bp
CAA box	GGCCAATCT	CTF/NF1	60,000	～22 bp
Octamer	ATTTGCAT	Oct-1	76,000	～10 bp
		Oct-2	53,000	～20 bp
KB	GGGACTTTCC	NFkB	44,000	～10 bp
ATF	GTGACGT	AFT	?	20 bp

启动子中的元件可以分为两种：

(1) 核心启动子元件：指 RNA 聚合酶起始转录所必需的最小的 DNA 序列，包括转录起始点及其上游－25/－30 bp 处的 TATA 盒。核心元件单独起作用时只能确定转录起始位点，产生基础水平的转录。

(2) 上游启动子元件：包括通常位于－70 bp 附近的 CAAT 盒和 GC 盒以及距转录起始

点更远的上游元件。这些元件与相应的蛋白因子结合能提高或改变转录效率。不同基因具有不同的上游启动子元件，其位置也不相同，这使得不同的基因表达分别有不同的调控。

2. 增强子　是一种能够提高转录效率的顺式调控元件，最早是在SV40病毒中发现的长约200 bp的一段DNA，可使旁侧的基因转录提高100倍，其后在多种真核生物，甚至在原核生物中都发现了增强子。增强子通常占100～200 bp长度，也和启动子一样由若干元件构成，基本核心元件常为8～12 bp，可以单拷贝或多拷贝串联形式存在。

增强子的作用有以下特点：

(1) 增强子能提高同一条DNA链上基因转录效率，可以远距离作用，通常可距离1～4 kb，个别情况下离开所调控的基因30 kb仍能发挥作用，而且在基因的上游或下游都能起作用。

(2) 增强子的作用与其序列的方向无关，将增强子方向倒置依然能起作用。而启动子倒置就不能发挥作用。

(3) 增强子要有启动子才能发挥作用，对启动子没有严格的专一性，同一增强子可以影响不同类型启动子的转录。

(4) 增强子的作用机制虽然还不明确，但与其他顺式调控元件一样，必须与特定的蛋白质因结合后才能发挥增强转录的作用。增强子一般具有组织或细胞特异性，许多增强子只在某些细胞或组织中表现活性，是由这些细胞或组织中具有的特异性蛋白质因子所决定的。

3. 沉寂子　最早在酵母中发现，以后在T淋巴细胞的T抗原受体基因的转录和重排中证实这种负调控顺式元件的存在。沉寂子的作用不受序列方向的影响，也能远距离发挥作用，并可对异源基因的表达起作用。目前对这种在基因转录降低或关闭中起作用的序列研究还不多。

(二) 反式作用因子(trans acting factors)

以反式作用影响转录的因子统称为转录因子(transcription factor，TF)，RNA聚合酶是一种反式作用于转录的蛋白因子，在真核细胞中通常不能单独发挥转录作用，而需要与其他转录因子共同协作。与RNA聚合酶Ⅰ、Ⅱ、Ⅲ相应的转录因子分别称为TFⅠ、TFⅡ、TFⅢ，对TFⅡ研究最多(表13-3)。

表13-3　RNA聚合酶Ⅱ的基本转录因子

	相对分子质量(kD)	功能
TBP	30	与TATA盒结合
TFⅡ-B	33	介导RNA聚合酶Ⅱ的结合
TFⅡ-F	30,74	解旋酶
TFⅡ-E	34,37	ATP酶
TFⅡ-H	62,89	解旋酶
TFⅡ-A	12,19,35	稳定TFⅡ-D的结合
TFⅡ-I	120	促进TFⅡ-D的结合

不同基因由不同的上游启动子元件组成，能与不同的转录因子结合，这些转录因子通过与转录复合体作用而影响转录效率。同一DNA序列可被不同的蛋白因子所识别，能直接结合

DNA 序列的蛋白因子是少数，但不同的蛋白因子间可以相互作用，因而多数转录因子是通过蛋白质-蛋白质间作用与 DNA 序列联系并影响转录效率的。转录因子之间或转录因子与 DNA 的结合都会引起构象变化，从而影响转录的效率。

与 DNA 结合的转录因子大多以二聚体形式起作用，与 DNA 结合的功能域常见有以下几种：

1. 螺旋-转角-螺旋(helix-turn-helix，HTH)及螺旋-环-螺旋(helix-loop-helix，HLH) 这类结构至少有两个 α 螺旋，由短肽段形成的转角或环连接，两个这样的结构以二聚体形式相连，两个 α 螺旋刚好分别嵌入 DNA 的深沟(图 13－9)。

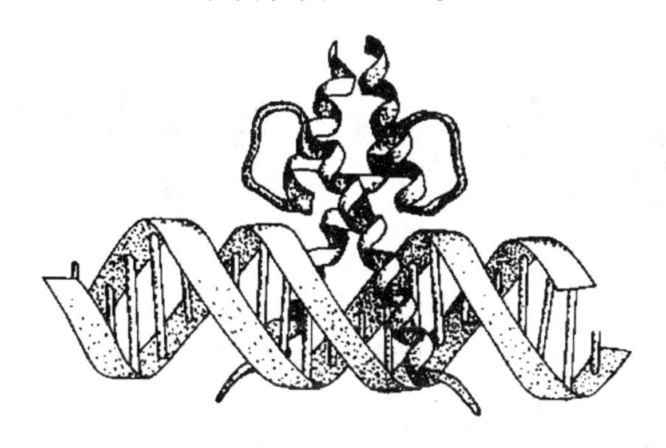

图 13－9 螺旋-环-螺旋结构

2. 锌指(zinc finger) 如图 13－10 所示，每个"指"状结构约含 23 个氨基酸残基，锌以 4 个配价键与 4 个半胱氨酸或 2 个半胱氨酸和 2 个组氨酸相结合。整个蛋白质分子可有多个这样的锌指重复单位，每一个单位可以其指部伸入 DNA 双螺旋的深沟，接触 5 个核苷酸。

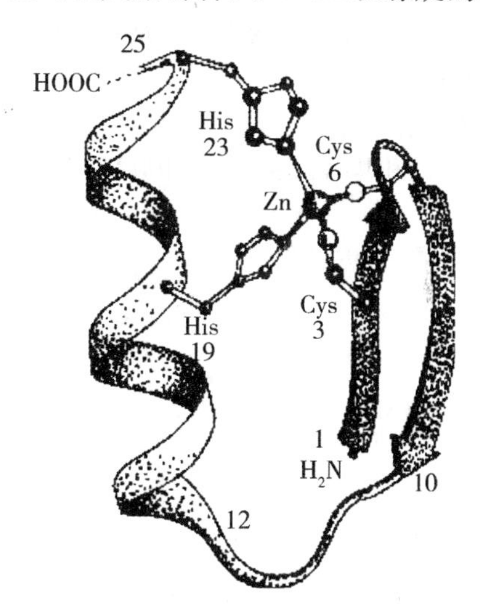

图 13－10 蛋白质的锌指结构

3. 碱性亮氨酸拉链(basic leucine zipper，bZIP) 该结构的特点是蛋白质分子的肽链上每隔 6 个氨基酸就有一个亮氨酸残基，结果就导致这些亮氨酸残基都在 α 螺旋的同一个方向出现[图 13－11(a)]。两个相同结构的两排亮氨酸残基就能以疏水键结合成二聚体，该二聚体的另一端的肽段富含碱性氨基酸残基，借其正电荷与 DNA 双螺旋链上带负电荷的磷酸基团结合[图 13－11(b)]。若不形成二聚体则对 DNA 的亲和结合力明显降低。在肝脏、小肠上皮、脂肪细胞和某些脑细胞中有称为 C/EBP 家族的一大类蛋白质能够与 CAAT 盒和病毒增强子结合，其特征就是能形成 bZIP 二聚体结构。

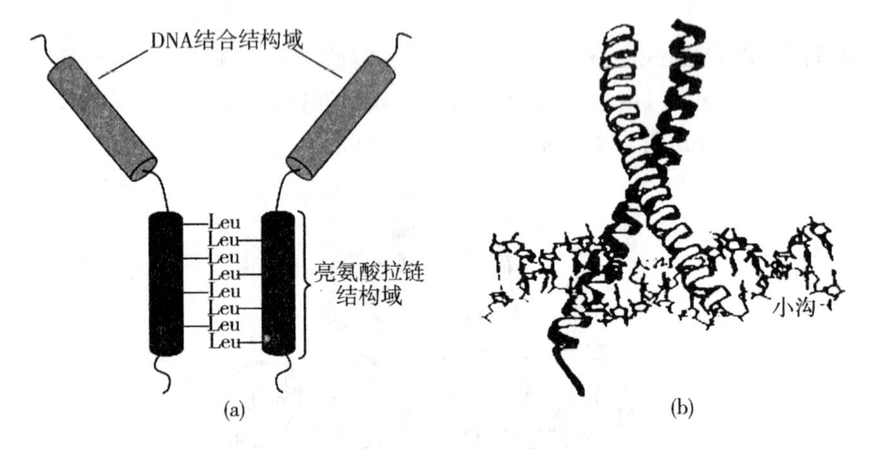

图 13－11　碱性亮氨酸拉链(bLZ)基序

从此可见，转录调控的实质在于蛋白质与 DNA、蛋白质与蛋白质之间的相互作用。但对生物大分子间的辨认、相互作用、结构上的变化及其在生命活动中的意义，还知之甚少。

复习思考题

1. 什么是基因表达？试述基因表达变化的特点及其调控对生物体的重要性。
2. 试述诱导表达、阻遏表达作用的基本原理。
3. 试述乳糖操纵子的正性调控与负性调控。
4. 比较真核和原核生物的基因表达和基因表达调控的相似和不同之处。

(陈园园)

第十四章　分子生物学常用技术及其应用

【案例】

逆转录病毒由于其能将自身遗传物质整合入宿主细胞染色体的特点，在基因治疗最初研究阶段备受关注，但在当今每年数千例登记的基因治疗临床方案中，很难找到其踪迹，最重要的一个事件是2003年，法国医生们利用一种能持续侵袭细胞的逆转录酶病毒作为载体，在治疗数例"气泡儿童"综合征患者时，患者半年后陆续被诊断出白血病。

思考：基因治疗的基本技术是什么？载体需要具有什么特征？逆转录病毒作为载体有什么优缺点？

以基因重组DNA为中心内容的分子生物学技术在20世纪80年代完成了初创阶段，进入了在全世界的普及阶段。跨入21世纪后，分子生物学技术手段日新月异，为医学研究领域、诊断、治疗领域提供新的思路和方法，生物技术正在深刻影响着对疾病的发生和发展机制的研究，对新的诊断、治疗和预防方法的建立以及新的健康理念的发展具有深远意义。

第一节　重组DNA和基因工程

现在人们常说的现代生物技术包括基因工程、蛋白质工程、细胞工程、酶工程和发酵工程等五大工程技术。其中基因工程技术是现代生物技术的核心技术。基因工程又称为DNA的重组技术(recombinant DNA technique)或分子克隆(molecular cloning)。

所谓克隆(clone)是指通过无性繁殖过程所产生的与亲代完全相同的子代群体。基因克隆是指把一个生物体中的基因片段通过无性繁殖转入另一个生物体内的过程，通过基因克隆可以得到一群完全相同的基因片段，也称之为DNA克隆。

基因重组(gene recombination)是将不同基因片段连接起来构成一个新的DNA分子的过程。基因重组技术就是将基因克隆和基因重组相结合的技术，是当今分子生物学的核心技术。

一个完整的DNA克隆过程应包括：①目的基因的获取；②基因载体的选择与构建；③目的基因与载体的拼接；④重组DNA分子导入受体细胞；⑤筛选并无性繁殖含重组分子的受体细胞(转化子)。

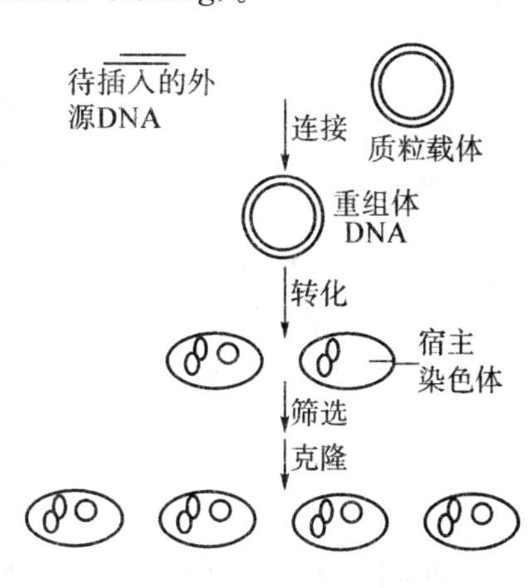

图14-1　DNA重组体的构建与克隆示意图

一、工具酶

在重组 DNA 技术中，常需要一些基本工具酶进行基因操作。现将某些常用的工具酶概括如下：

表 14－1　重组 DNA 技术中常用工具酶

酶	功能
限制性核酸内切酶	识别特异序列，切割 DNA
DNA 连接酶	催化 DNA 中相邻的 5′磷酸基和 3′羟基末端之间形成磷酸二酯键，使 DNA 切口封合或使两个 DNA 分子或片段连接
DNA 聚合酶Ⅰ	①合成双链 cDNA 的第二条链；②缺口平移制作高比活探针；③DNA 序列分析；④填补 3′末端
反转录酶	①合成 cDNA；②替代 DNA 聚合酶Ⅰ进行填补、标记或 DNA 序列分析
多聚核苷酸激酶	催化多聚核苷酸 5′羟基末端磷酸化或标记探针
末端转移酶	在 3′羟基末端进行同质多聚物加尾
碱性磷酸酶	切除末端磷酸基

在所有工具酶中，限制性核酸内切酶(restriction endonuclease)具有特别重要的意义。限制性核酸内切酶存在于细菌体内，与相伴存在的甲基化酶共同构成细菌的限制-修饰体系，限制外源 DNA，保护自身 DNA，对细菌遗传性状的稳定遗传具有重要意义。

目前发现的限制性内切酶有 1 800 种以上。根据酶的组成、所需因子及裂解 DNA 方式的不同，可将限制性内切酶分为三类。重组 DNA 技术中常用的限制性内切酶为Ⅱ类酶(如：EcoRⅠ、BamHⅠ等)。大部分Ⅱ类酶识别的 DNA 位点核苷酸序列呈二元旋转对称，通常称这种特殊的结构顺序为回文结构(palindrome)。例如：

```
5'-G▼AATTC-3'              5'-G    AATTC-3'
3'-CTTAA▲G-5'  ——————→     3'-CTTAA    G-5'
```

为 EcoRⅠ识别序列，其中黑三角所指便是 EcoRⅠ的切割位点。

所有的限制性内切酶切割 DNA 均产生含 5′-P 和 3′-OH 的末端。有些酶能在所识别序列对称轴两侧相对位点分别切开一条链，形成 5′-端突出的黏性末端(cohesive end)。如 EcoRⅠ。还有一些酶产生具有 3′-端突出的黏性末端。

而另有一些酶切割 DNA 后产生平头或钝性末端(blunt end)，如 HpaⅠ：

```
5'-GTT▼AAC-3'              5'-GTT   AAC-3'
3'-CAA▲TTG-5'  ——————→     3'-CAA   TTG-5'
```

有些限制性内切酶虽然识别序列不完全相同，但切割 DNA 后产生相同类型的黏性末端，称配伍末端(compatible end)，可进行相互连接；产生平端的酶切割 DNA 后，也可彼此连接。

二、目的基因

在DNA重组技术中把需要研究的对象称为目的基因(target gene),目的DNA有两种类型:cDNA和基因组DNA。获取目的基因是基因克隆的第一步,目前获取目的基因大致有如下几种途径或来源。

1. 聚合酶链反应(polymerase chain reaction,PCR) 这是目前最常用的获取目的DNA的方法。PCR是模拟体内DNA半保留复制机制建立起来在试管中完成的复制过程。PCR的基本工作原理是以拟扩增的DNA分子为模板,以一对分别与模板5′末端和3′末端相互补的寡核苷酸片段为引物,在*Taq* DNA聚合酶的作用下,按照半保留复制的机制沿着模板链延伸直至完成新的DNA合成,由于产物又可作为新一轮反应的模板,产物数目不断增加,最终达到DNA扩增的目的。组成PCR反应体系的基本成分包括:模板DNA、特异性引物、*Taq* DNA聚合酶、dNTP以及含有Mg^{2+}的缓冲液。

PCR的基本反应步骤包括:①变性——将反应系统加热至95℃,使模板DNA完全变性成为单链,同时引物自身和引物之间存在的局部双链也得以消除;②退火——将温度下降至适宜温度(一般较Tm低5℃)使引物与模板DNA退火结合;③延伸——将温度升至72℃,*Taq* DNA聚合酶以dNTP为底物催化DNA的合成反应。上述三个步骤称为一个循环,新合成的DNA分子继续作为下一轮合成的模板,经多次循环(25～30次)后PCR产物的积累可达2^n个片段。一般可以通过琼脂糖凝胶电泳分析PCR产物。

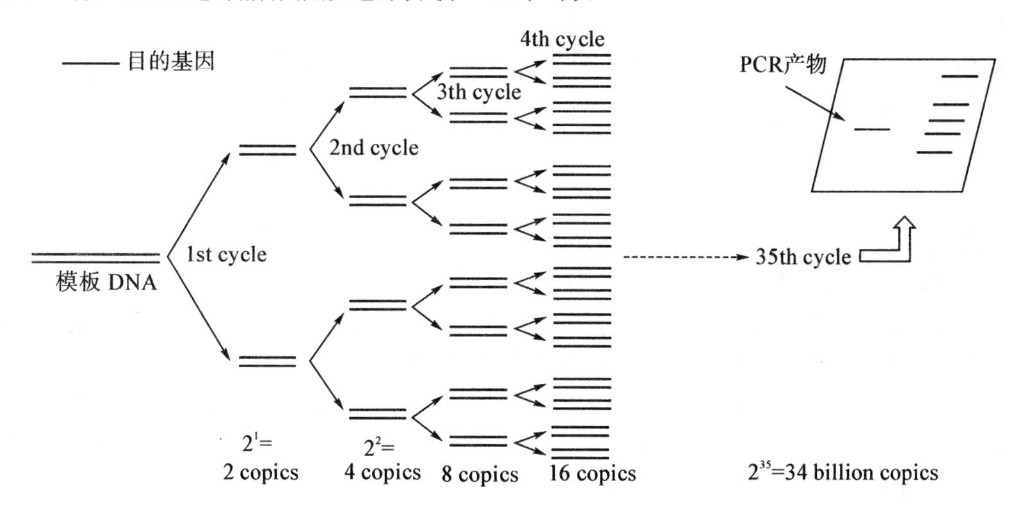

图14-2 PCR扩增和PCR产物的琼脂糖凝胶电泳

直接以mRNA为模板,先进行逆转录得到cDNA,再进行的PCR反应被称为逆转录-PCR(reverse-transcription RNA,RT-PCR),这是从组织和细胞中获得已知结构基因的主要方法(图14-3)。

利用PCR方法,也可以对只有部分基因结构已知的片段进行扩增。但是在具体应用时,一定

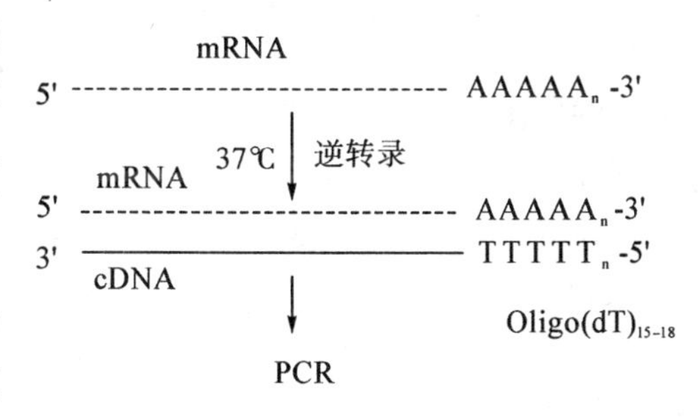

图14-3 RT-PCR的基本原理

要非常清楚获取基因的目的，有时需要以基因组 DNA 为模板，有时需要以 mRNA 为模板进行 RT-PCR。

2. 从基因组文库或 cDNA 文库中获取目的基因　构建文库并从中筛选基因是克隆完整基因的经典方法。

基因组文库(genomic DNA library)是指含有某种生物体全部基因片段的重组 DNA 克隆群体。构建基因组文库时，首先提纯原核或真核细胞染色体 DNA，采用物理方法(剪切或超声波)或限制性内切酶将染色体 DNA 切割成大小不等的许多片段，将它们与适当克隆载体拼接，继而转入受体菌中扩增。这样全部细菌所携带的各种染色体 DNA 片段理论上就涵盖了该生物基因组全部信息，即基因组文库。

如果以细胞总 mRNA 为模板，利用反转录酶合成与 mRNA 互补的 cDNA 单链，再复制成双链，与适当载体连接后转入受体菌，建立的就是 cDNA 文库。用适当方法在 cDNA 文库中就可以筛选分离到目的基因。当前发现的大多数蛋白质的编码基因几乎都是这样分离的。

建立基因文库后，通常用已知的一段基因序列合成短的寡核苷酸片段，制备探针，利用核酸分子杂交从文库中筛选获得目的基因。

3. 化学合成法　如果已知某种基因的核苷酸序列，一些分子量很小的多肽编码基因可以用人工合成的方法获得。特别是现在自动 DNA 合成仪普及，直接合成非常方便。对于自动合成无法达成的较大基因，也可以先分段合成 DNA 短片段，再用 PCR 技术将合成的 DNA 片段连接并扩增。利用该法合成的基因有人生长激素释放抑制因子、胰岛素原、脑啡肽及干扰素基因等。

化学合成法的优点主要是可以任意制造和修饰基因，在基因两端方便地设立各种接头以及选择各种宿主生物偏爱的密码子等。

三、基因工程载体

基因工程载体或称克隆载体(vector)，是指能够携带目的基因在宿主细胞内扩增或表达的 DNA 分子。克隆载体，通常由质粒、病毒或一段染色体 DNA 改造而成，质粒是染色体外自主复制的遗传物质，为共价闭环 DNA 分子。细菌与真菌的克隆载体常用质粒来构建，有特殊要求的才考虑用噬菌体。动、植物的基因载体更多是用病毒或染色体 DNA 构建。

作为克隆载体，一般应具备以下条件：①是一个独立的复制单位，能携带目的基因在宿主细胞内扩增或表达；②有多个限制性核酸酶的单一识别位点，以供外源基因选择插入，一般将几个单一酶切位点构建在载体的一个部位称作多克隆位点(multiple cloning site，MCS)；③有筛选标志，即载体 DNA 分子上具有能赋予宿主细胞一定特性的基因序列，如抗药基因，用于载体或重组载体的筛选；④表达型载体还应具备能使目的基因表达的完整转录单位。当然根据目的不同对载体还能有其他一些要求，比如载体本身基因组大小、安全性等等。

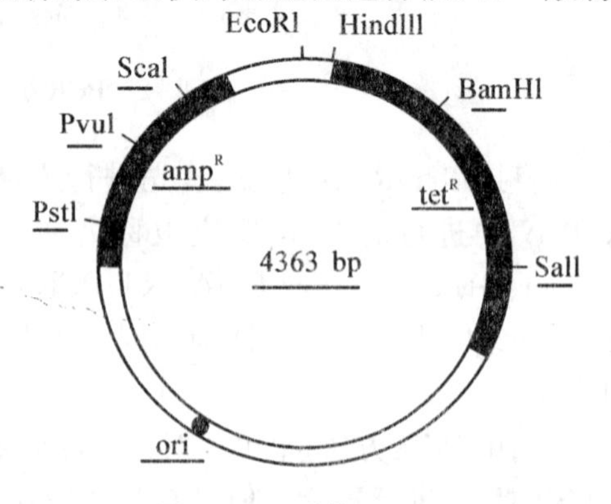

图 14－4　质粒 pBR322

质粒(plasmid)是存在于细菌染色体外的小型环状双链 DNA 分子，能在宿主细胞独立自主地进行复制，并在细胞分裂时保持恒定地传给子代细胞。质粒带有某些遗传信息，所以质粒在细菌内存在会赋予宿主细胞一些遗传性状，如对某些抗生素或重金属的抗性等。根据质粒赋予细菌的表型可识别质粒的存在，这是筛选转化子细菌的依据。质粒 pBR322 是最早被改造使用并且至今仍在广泛应用的克隆载体，现今许多新构建的载体，往往是由 pBR322 改造而来。

四、外源基因与载体的连接

即 DNA 的体外重组。这种 DNA 重组是靠 DNA 连接酶将外源 DNA 与载体共价连接的。

1. 黏性末端连接

(1) 同一限制酶切割位点连接：由同一限制性核酸内切酶切割的不同 DNA 片段具有完全相同的末端。那么，当这样的两个 DNA 片段一起退火时，黏性末端单链间进行碱基配对，然后在 DNA 连接酶催化作用下形成共价结合的重组 DNA 分子。

(2) 不同限制酶切割位点连接：由两种不同的限制性核酸内切酶切割的 DNA 片段，具有相同类型的黏性末端，即配对末端，也可以进行黏性不同末端连接。

2. 平端连接　目的 DNA 片段为平端，可以直接与带有平端载体相连，此为平末端连接，但连接效率比黏性末端连接差。有时为了不同的克隆目的，如将平端目的基因插入带有黏性末端的载体时，可将平端 DNA 分子做一些修饰，如同聚物加尾、加衔接物或人工接头、PCR 法引入酶切位点等，这样在获得相应的黏性末端后再连接。

五、重组 DNA 导入受体菌

外源 DNA(含目的 DNA)与载体在体外连接成重组 DNA 分子后，将其导入宿主细胞。随着宿主细胞的生长、增殖，重组 DNA 分子也复制、扩增。这一过程首先是选择合适的宿主细胞，不同的宿主细胞采用不同的导入方式。例如外源基因导入原核细胞，首先将大肠杆菌细胞置于预冷的 $CaCl_2$ 溶液，使之成感受态细胞(competent cell)，然后热击，即能高效导入重组分子，这个过程称作转化。λ-噬菌体的体外包装也是高效把重组分子注入原核细胞的方式。至于外源基因导入真核细胞，常常使用动物病毒或植物病毒作为转移基因的载体，这不仅能将外源基因导入培养的细胞，而且可以直接导入个体，通常效率比较高，这也是基因治疗所使用的载体。

六、重组体的筛选

重组体 DNA 分子被导入原核细胞，经适当涂布的培养板培养得到大量转化子菌落或转染噬菌斑。如何鉴定哪一菌落或噬菌斑所含重组 DNA 分子确实带有目的基因，这一过程即为筛选。筛选的依据或者是载体特征或者是目的基因的序列，或者是产物。一般可分为直接选择法或非直接选择法。

1. 直接选择法　直接法是针对载体携带某种或某些标志基因和目的基因而设计的筛选方法，其特点是直接测定基因表型。

(1) 抗药性标志选择：载体常携带氨苄青霉素抗性基因(amp^r)、氯霉素抗性基因(chl^r)、四环素抗性基因(tet^r)等。将转化细胞培养在含抗生素的选择培养基中，便可以检测出获得此种载体的转化子细胞，即含这种抗药基因的转化子细菌才能在含该抗菌药物的培养板上幸存并形成菌落。若将外源 DNA 插在抗性基因编码序列内，可通过插入失活进行选择(图 14-5)。

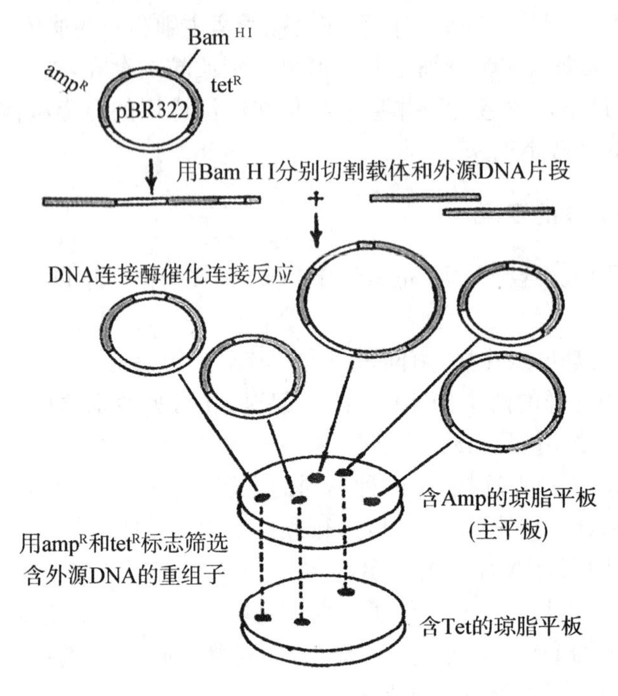

图 14－5　插入失活筛选转化菌落

(2) 标志补救:经典的β-半乳糖苷酶显色选择法。pUC 系列载体的 *lac* Z′区的多克隆位点插入外源 DNA 后就失去了编码 β-半乳糖苷酶 α-肽的活性,在导入相应的突变体大肠杆菌 ΔM15 宿主细胞(缺失 β-半乳糖苷酶 α-肽)后,不能互补生产有活性的 β-半乳糖苷酶,不能水解人工底物 X-gal,因此带有外源 DNA 的菌落呈白色,不带外源 DNA 的菌落呈蓝色,这种方法简称为蓝-白斑筛选。

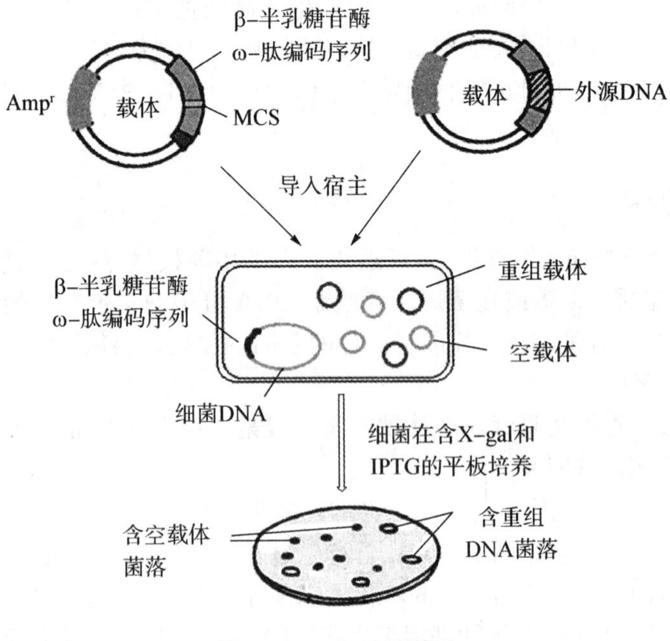

图 14－6　蓝-白斑筛选

(3) 核酸杂交法:核酸杂交又叫分子杂交(molecular hybridization),是鉴定和筛选重组体的一种方法。原理是:两条具有碱基互补序列的 DNA 分子变性后,在溶液中一起进行复性时,可以形成杂种双链 DNA 分子。杂交的双方是待测的核苷酸序列及探针。待测核酸序列可以是克隆的基因片段,也可以是未经克隆的基因组 DNA 或是细胞总 RNA。核酸杂交方法的两个特点是高度特异性及高度灵敏性。

在大量筛选重组的细菌细胞时,常用菌落杂交(colony hybridization)从大量菌落中寻找出为数极少的含有目的序列的细胞。首先要将转化的受体菌在合适的琼脂平板上制成单菌落,然后将菌落复制到硝酸纤维素滤膜上,保留主平板,将硝酸纤维素滤膜上的菌落进行原位溶菌、原位释放 DNA、原位进行 DNA 变性、中和洗涤后进行原位固定。然后同特异的探针进行杂交,通过放射自显影后,有杂交信号的即为重组体,对照主平板则可将重组体选择出来。

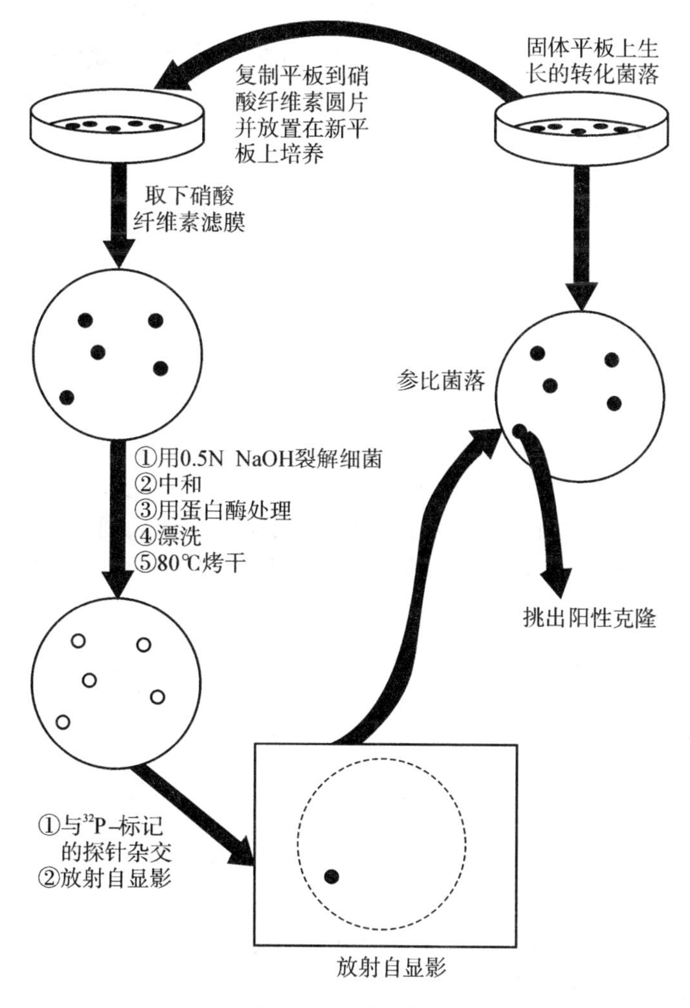

图 14-7 菌落杂交

Southern blot 也是常用的一种核酸分子杂交技术,在遗传诊断 DNA 图谱分析及 PCR 产物分析等方面有重要价值。Southern 印迹杂交基本方法是将 DNA 标本用限制性内切酶消化后,经琼脂糖凝胶电泳分离各酶解片段,然后经碱变性,Tris 缓冲液中和,高盐下通过毛细管作用将 DNA 从凝胶中转印至硝酸纤维素滤膜上，烘干固定后即可用于杂交。凝胶中 DNA 片段的相对位置在 DNA 片段转移到滤膜的过程中继续保持着。附着在滤膜上的 DNA 与 ^{32}P 标记的探针杂交，利用放射自显影术确定探针互补的每条 DNA 带的位置，从而可以确定在众多酶解产物中含某一特定序列的 DNA 片段的位置和大小。

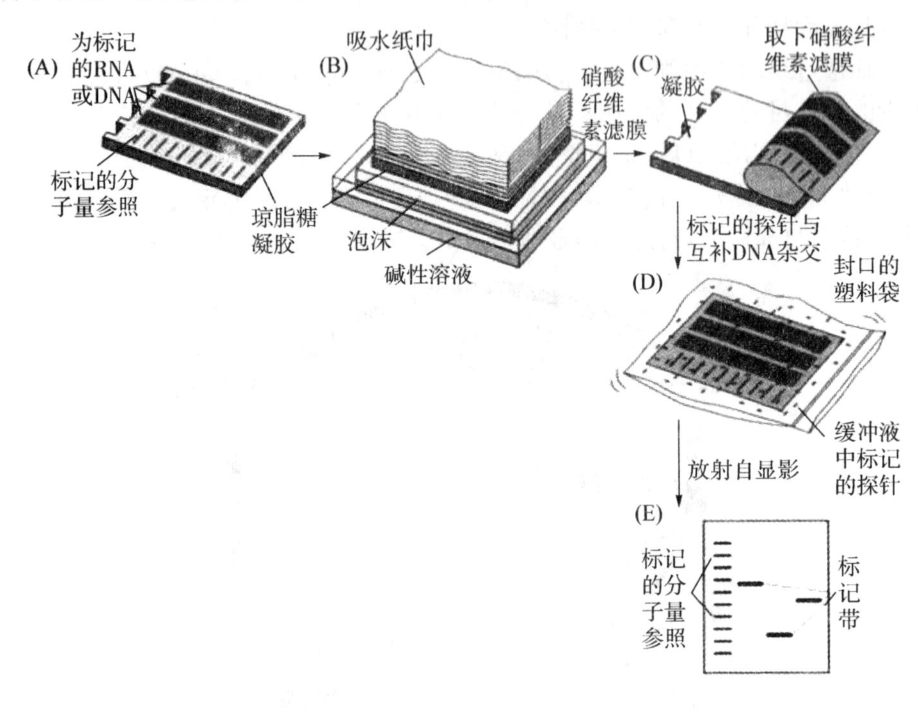

图 14－8　southern 印迹

2. 非直接选择法　一般只对克隆表达产物的检测和分离的筛选方法。常用的有：①免疫学方法，用放射性、显色酶或化学发光物质标记抗体，可以灵敏地检测到克隆表达产物。②检测产物的功能活性。如果产物是酶，可用酶促反应来检测。③检测产物的蛋白质结构和性质，如产物的相对分子量。此法特异性强、灵敏度高，适用于选择不为宿主菌提供任何标志的基因。

但无论哪类筛选方法，一定要重复核实，避免假阳性。

目前，DNA 重组技术已经取得的成果是多方面的。到 20 世纪末，DNA 重组技术最大的应用领域在医药方面，包括活性多肽、蛋白质和疫苗的生产，疾病发生机制、诊断和治疗，新基因的分离以及环境监测与净化。

许多活性多肽和蛋白质都具有治疗和预防疾病的作用，它们都是从相应的基因中产生的。但是由于在组织细胞内产量极微，所以采用常规方法很难获得足够数量供临床应用。基因工程则突破了这一局限性，能够大量生产这类多肽和蛋白质，迄今已成功地生产出治疗糖尿病和精神分裂症的胰岛素，对血癌和某些实体肿瘤有疗效的抗病毒剂——干扰素，治疗侏儒症的人体生长激素，治疗肢端肥大症和急性胰腺炎的生长激素释放抑制因子等 100 多种产品。

基因工程还可将有关抗原的 DNA 导入活的微生物，这种微生物在受免疫应激后的宿主体内生长可产生弱毒活疫苗，具有抗原刺激剂量大且持续时间长等优点。目前正在研制的基因工程疫苗就有数十种之多，在对付细菌方面有针对麻风杆菌、百日咳杆菌、淋球菌、脑膜炎双球菌等的疫苗;在对付病毒方面有针对甲型肝炎、乙型肝炎、巨细胞病毒、单纯疱疹、流感、人体免疫缺陷病毒等的疫苗。我国乙肝病毒携带者和乙肝患者多达一二亿,这一情况更促使了我国科学家自行成功研制出乙肝疫苗,取得了巨大的社会效益和经济效益。

抗体是人体免疫系统防病抗病的主要武器之一,20 世纪 70 年代创立的单克隆抗体技术在防病抗病方面虽然发挥了重要作用,但由于人源性单抗很难获得,使得单抗在临床上的应用受到限制。为解决此问题,近年来科学家采用 DNA 重组技术已获得了人源性抗体,这种抗体既可保证它与抗原结合的专一性和亲合力,又能保证正常功能的发挥。抗 HER-2 人源化单抗治疗乳腺癌已经有商品化销售,另外,还有更多的这样的抗体在进入临床试验阶段。

抗生素在治疗疾病上起到了重要作用,随着抗生素数量的增加,用传统方法发现新抗生素的几率越来越低。为了获取更多的新型抗生素,采用 DNA 重组技术已成为重要手段之一。目前人们已获得数十种基因工程“杂合”的抗生素,为临床应用开辟了新的治疗途径。

值得指出的是,以上所述基因工程多肽、蛋白质、疫苗、抗生素等防治药物不仅在有效控制疾病,而且在避免毒副作用方面也往往优于以传统方法生产的同类药品,因而更受人们青睐。

人类疾病都直接或间接与基因相关,在基因水平上对疾病进行诊断和治疗,则既可达到病因诊断的准确性和原始性,又可使诊断和治疗工作达到特异性强、灵敏度高、简便快速的目的。根据基因水平进行诊断和治疗在专业上称为基因诊断和基因治疗。目前基因诊断作为第四代临床诊断技术已被广泛应用于对遗传病、肿瘤、心脑血管疾病、病毒细菌寄生虫病和职业病等的诊断;而基因治疗的目标则是通过 DNA 重组技术创建具有特定功能的基因重组体,以补偿失去功能的基因的作用,或是增加某种功能以利对异常细胞进行矫正或消灭。

在理论上,基因治疗是治本治愈而无任何毒副作用的疗法。不过,尽管至今国际上已有 2 000 多个基因治疗方案正处于临床试验阶段,共有 7 个基因治疗产品已经在美国、欧盟、中国等国家上市。但基因治疗在理论和技术上的一些难题仍使这种治疗方法离大规模应用还有一段很长的距离。不论是确定基因病因还是实施基因诊断、基因治疗、研究疾病发生机制,关键的先决条件是要了解特定疾病的相关基因。随着“人类基因组计划”的临近完成,科学家们对人体全部基因将会获得全面的了解,这就为运用基因重组技术造福于人类健康事业创造了条件。

第二节　基因功能的研究技术

人类基因组计划完成后,研究基因功能已成为生命科学领域的重大课题,通过基因功能的研究可以为人体的发生、发育、发展及人类疾病的诊断治疗和新药开发提供重要依据。

一、转基因技术

转基因技术(transgenic technology)是指用人工分离和修饰过的外源基因导入细胞或生物体的基因组中,从而使细胞或生物体的遗传性状发生改变的技术。转基因技术可以制备稳定转染的细胞或能将外源基因遗传给后代的生物,如:转基因动物、转基因植物、转基因细菌等。

(一) 转基因动物

转基因过程主要包括:①转基因载体的构建;②将转基因载体导入受精卵细胞或胚胎干细

胞；③将转基因受精卵或胚胎干细胞植入假孕小鼠子宫中；④对转基因动物进行鉴定(图 14－9)。

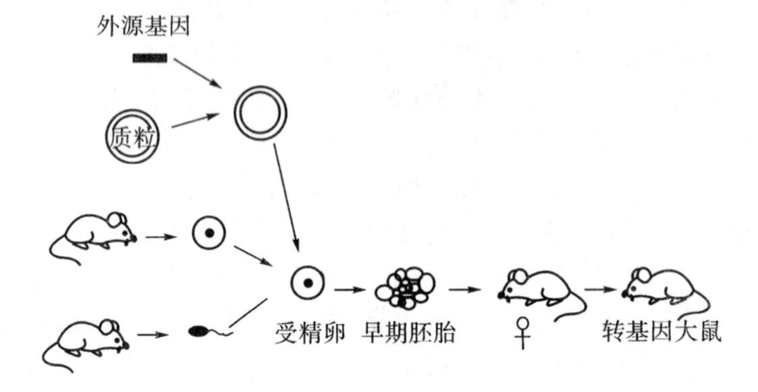

图 14－9　转基因动物的基本流程

显微注射是将外源基因导入受精卵或着床前胚胎干细胞的方法，作为转基因的外源基因至少应包括两部分：调控元件和结构基因序列，有时为了检测方便也常引入报告基因，例如绿色荧光蛋白(GFP)，这样通过观察绿色荧光就能判断外源基因产物在转基因动物各组织的分布和活性情况。

转基因动物在医药、农业很多生物学领域都有广泛应用，例如：①通过转基因动物研究特定基因在组织中特异表达或表达的时相；②在活体内研究或发现基因的新功能；③建立研究外源基因表达、调控的动物模型；④遗传病的研究；⑤基因工程产品的制备等等。

(二) 稳定转染细胞(stable transfect cell)

稳定转染细胞是一种最常用的细胞水平的转基因模型，插入到细胞染色体中的外源基因可以在细胞中稳定表达。这类转基因细胞的过程基本就是上文的 DNA 重组技术的过程，差别在于需要构建转染哺乳动物细胞的真核重组表达质粒。这类细胞现今主要应用于基因功能研究的细胞模型。

二、基因敲除技术

基因敲除(gene knock out)是指对一个结构已知但功能未知的基因，从分子水平上设计实验，将该基因去除，或用其他顺序相近基因取代，然后从整体观察实验动物，推测相应基因的功能。这与早期生理学研究中常用的切除部分—观察整体—推测功能的三部曲思想相似。基因敲除除可中止某一基因的表达外，还包括引入新基因及引入定点突变。既可以是用突变基因或其他基因敲除相应的正常基因，也可以用正常基因敲除相应的突变基因。通过基因敲除技术可以建立人类疾病的转基因动物模型，为医学研究提供材料；可以改造动物基因型，鉴定新基因和(或)其新功能，研究发育生物学；可以通过去除多余基因或修饰改造原有异常基因以达到治疗遗传病的目的；可以改造生物、培育新的生物品种，等等。细菌的基因工程技术是 21 世纪分子生物学史上的一个重大突破，而基因敲除技术则可能是遗传工程中的另一重大飞跃。这项新技术在基础理论研究及实际应用中都将有着广阔的应用前景。

三、基因沉默技术

基因沉默(gene silencing)是指生物体中特定基因由于种种原因不表达。基因沉默现象首先在转基因植物中发现，接着和线虫、真菌、昆虫、原生动物中陆续发现。一方面，基因沉默是遗传修饰生物实用化和商品化的巨大障碍；另一方面，基因沉默是植物抗病毒的一个本能反应，为用抗病毒基因植物工程育种提供了具有较大潜在实用价值的策略。总的看来，基因沉默发生在两种水平上：一种是由于DNA甲基化、异染色质化以及位置效应等引起的转录水平上的基因沉默；另一种是转录后基因沉默（post-transcriptional gene silen-cing，PTGS），即在基因转录后的水平上通过对靶标RNA进行特异性降解而使基因失活。

PTGS在多种生物中有共性。转基因植物的共抑制现象（转基因与同源的内源基因一起失活）、转基因植物的病毒抗性和非转基因植物对病毒正常自然侵染的抗性、真菌的quelling现象（真菌中的共抑制）、各种动物的RNA干扰（RNA interference，RNAi）以及转座因子的转座失活等这些表面看来完全不相关的现象中都存在着非常相似的基因沉默机制，即PTGS。这种基因沉默可能是生物体本能的反应，因为无论是转基因、转座因子还是病毒，对植物而言都是诱发突变的外来侵入的核酸，植物为保护自己，在长期的生物进化中，形成了基因沉默这种限制外源核酸入侵的防卫保护机制。

对基因沉默进行深入研究，可帮助人们进一步揭示生物体基因遗传表达调控的本质，在基因克服基因沉默现象，从而使外源基因能更好地按照人们的需要进行有效表达；利用基因沉默在基因治疗中有效抑制有害基因的表达，达到治疗疾病的目的，所以研究基因沉默具有极其重要的理论和实践意义。

常用的基因沉默方法有：

1. 反义核酸　反义核酸是指与异常表达或过度表达的目的基因或目的基因mRNA互补，并以碱基配对的方式与目的基因序列结合的核酸，包括反义寡脱氧核糖核苷酸（ODN）和反义RNA（antisense RNA）等。反义技术（antisense technique）是指利用反义核酸导入细胞内抑制或封闭基因表达的技术。利用反义技术可以了解特定基因的功能，同样也可以利用反义技术抑制封闭某些有害或致病基因的表达。

2. 核酶　核酶是具有自我剪切和催化功能的核酸分子，其特异性序列通过碱基配对识别并结合靶RNA，催化裂解靶RNA，抑制基因表达，特别是抑制某些有害基因表达。核酶具有序列特异性，不编码蛋白亦无免疫原性，又可重复利用等优点。此外还可以通过体外转录的方式获得核酶RNA分子的表达。核酶的发现及其研究不仅具有理论上的指导意义，而且也具有极大的实用价值。但同时存在许多需要解决的问题，如核酶如何导入细胞与表达，核酶引入细胞后的稳定性，核酶结构的设计，底物的选择以及如何提高核酶的活力及调控等。

3. 基因敲除　见前文。

4. RNA干扰　1995年Guo在研究秀丽新小杆线虫（*C. elegans*）的par1基因功能时，将par1基因的反义RNA表达载体导入到秀丽新小杆线虫中，引起par1基因的表达抑制，同时发现导入par1基因的有义链基因进行表达时，也产生了par1基因的表达抑制，这表明反义和正义RNA的表达都有类似的抑制效应。1998年，Fire等证实Guo等发现的正义RNA抑制同源基因表达的现象是由于体外转录制备的RNA中污染了微量dsRNA而引发，且发现dsRNA产生至少10倍于反义RNA的抑制靶基因表达的效果。因这种抑制主要作用于转录之后，所以又称RNAi为转录后基因沉默（PTGS）。相比其他基因沉默方法，RNA干扰具有抑制效率高、制备途径广、设计容易、实验费用少的优点，因而被越来越多地用作基因沉默的手段。

复习思考题

1. 名词解释：DNA 重组技术，限制性核酸内切酶，PCR，核酸分子杂交。
2. 简述 DNA 重组基本的技术原理及操作步骤。
3. 获得目的基因有哪些方法？
4. 简述 PCR 的原理和反应过程。

（王　倩）

第十五章　维　生　素

【案例】

某成年男性，皮肤科就医，眼睑、侧额叶皮肤出现簇状红色丘疹一周，现皮疹沿三叉神经延伸，基底炎症明显，伴有一侧头部皮肤发麻、神经痛。诊断为疱疹病毒感染，口服抗病毒药利巴韦林外，另需服用甲钴胺素和维生素 B_1 片剂。

提示：维生素 B_1 具有营养神经和抗多发性神经炎的功能。

维生素（vitamin）是参与生物生长发育和代谢所必需的一类低分子量有机物。这类物质由于体内不能合成或合成很少，所以虽然需求量很少，每日仅以 mg 或 μg 计算，但必须由食物供给。维生素在体内的作用不同于糖、脂、蛋白质，它既不能作为能源、碳源，又不是生物体构建分子，但却是代谢过程中所必需的。已知绝大多数维生素是某些酶的辅酶（或辅基）的组成成分，在物质代谢过程中具有很重要的作用。长期缺乏某种维生素会引起机体物质代谢障碍，并出现相应的维生素缺乏症（avitaminosis）。

维生素种类很多，根据其溶解性可分为两大类，即脂溶性维生素（lipid-soluble vitamin）和水溶性维生素（water-soluble vitamin）。

第一节　脂溶性维生素

脂溶性维生素包括维生素 A、维生素 D、维生素 E、维生素 K 四种，不溶于水而溶于脂肪及有机溶剂（如苯、乙醚及氯仿等）。在食物中它们常与脂类共同存在，在肠道中与脂类一同吸收，吸收后在血液中与脂蛋白或特殊的结合蛋白特异性结合而运输。因此，当脂类吸收不良时，脂溶性维生素的吸收也减少，甚至会引起维生素缺乏病。吸收后的脂溶性维生素排泄效率低，故摄入过多时，可在体内特别是在肝脏内蓄积而引起中毒症状。

一、维生素 A

（一）化学本质、性质及来源

维生素 A 又称抗干眼病维生素。其天然产物有维生素 A_1 和维生素 A_2 两种，在临床上常用的多为 A_1，即视黄醇（retinol），A_2 为 3-脱氢视黄醇（图 15－1）。视黄醇在体内可被氧化成视黄醛（retinal）和视黄酸（retinoic acid），是维生素 A 在动物体内的活性形式。

天然维生素 A 只存在于动物体内。动物的肝脏、鱼肝油、奶类及蛋类等是维生素 A 的最好来源。植物中不存在维生素 A，但广泛存在多种胡萝卜素，其中 β-胡萝卜素（β-carotene）最重要，能在体内转变成维生素 A，故又称为维生素 A 原（provitamin）。红色、橙色、深绿色植物性食物中含有丰富的 β-胡萝卜素，如胡萝卜、枸杞子、苋菜、菠菜等。β-胡萝卜素是我国人民膳食中维生素 A 的主要来源。

维生素 A_1

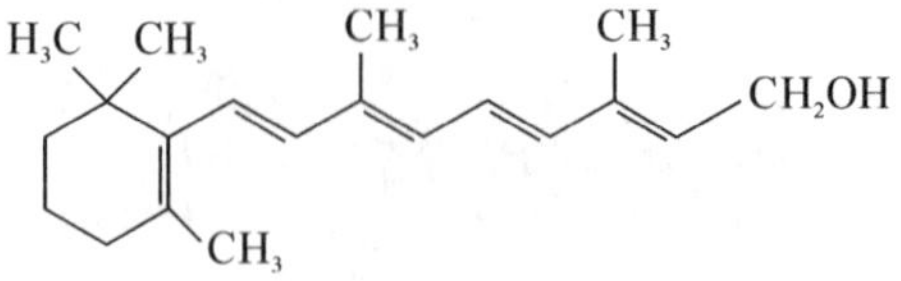

维生素 A_2

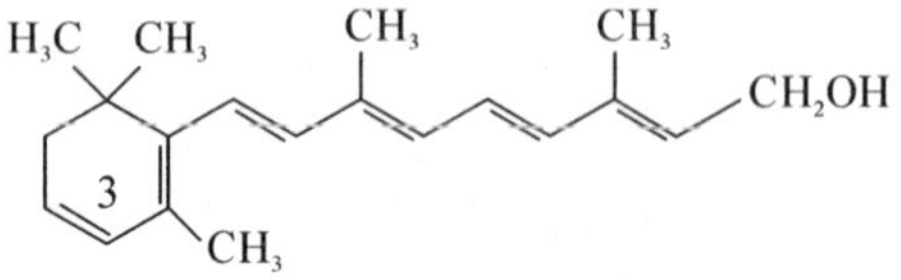

图 15－1　维生素 A_1 和维生素 A_2 的结构

（二）生理功能及缺乏症

1. 构成视觉细胞内感光物质　视黄醛在人视网膜杆状细胞中以 11-顺视黄醛的形式与视蛋白结合成视紫红质，眼睛对弱光的感光性取决于视紫红质的浓度。维生素 A 缺乏时，人暗视觉适应期延长，甚至造成暗视觉障碍，即夜盲症，中医称为雀目。经常在暗光下工作的人，杆状细胞中的视黄醛消耗较多，需适当补充。

2. 维持上皮组织结构的完整性　维生素 A 参与糖蛋白的合成，而糖蛋白对维持上皮细胞、黏液细胞的正常结构和功能甚为重要。维生素 A 缺乏可引起上皮组织干枯、增生和角质化。如皮肤粗糙、毛囊角质化；角膜和结膜表皮细胞退变，可出现泪液分泌减少，泪腺萎缩，失去抵抗细菌入侵，进而发展成干眼症。

3. 促进生长发育　维生素 A 缺乏的儿童，生长停滞，发育不良。可能与视黄酸参与类固醇激素的合成有关。

4. 防癌作用　实验表明，膳食中的维生素 A 摄入量与癌症的发生呈负相关，机制尚未完全阐明。维生素 A 的抗癌作用可能与它抑制癌基因的表达及其使癌变细胞丧失正常黏附能力有关。胡萝卜素也是一种脂溶性抗氧化因子，对心血管疾病和肿瘤有预防作用，也能用于减轻肿瘤病人化疗后的毒副作用。

（三）维生素 A 中毒

维生素 A 进入机体后排泄效率不高，长期过量摄入可在肝内蓄积，引起中毒。主要症状为厌食、头发稀疏、皮肤干燥、头痛、腹泻等。及时停止食用，症状可很快消失。孕妇摄入过多易发生胎儿畸形。目前维生素 A 中毒多见于服用过多鱼肝油的 1～2 岁的婴幼儿。

二、维生素 D

（一）化学本质、性质及来源

维生素 D 又称抗佝偻病维生素。作为类固醇衍生物，在自然界主要有来自植物的维生素 D_2 和来自动物的 D_3 两种，它们分别由麦角固醇和 7-脱氢胆固醇经紫外线照射后转变生成。故将麦角固醇和 7-脱氢胆固醇统称为维生素 D 原（图 15－2）。维生素 D_3 主要存在于肝、乳及蛋黄中，鱼肝油中的含量最丰富。一般人只要充分接受阳光照射，就完全可以满足生理需要，因此维生素 D 也被称之为激素。

维生素 D_3 不具有生物活性，必须经过肝脏和肾脏羟化为 1，25-$(OH)_2$-D_3，即成为活性维生素 D_3 后，才能发挥其生化作用。所以严重肝、肾病的儿童易得顽固性佝偻病。

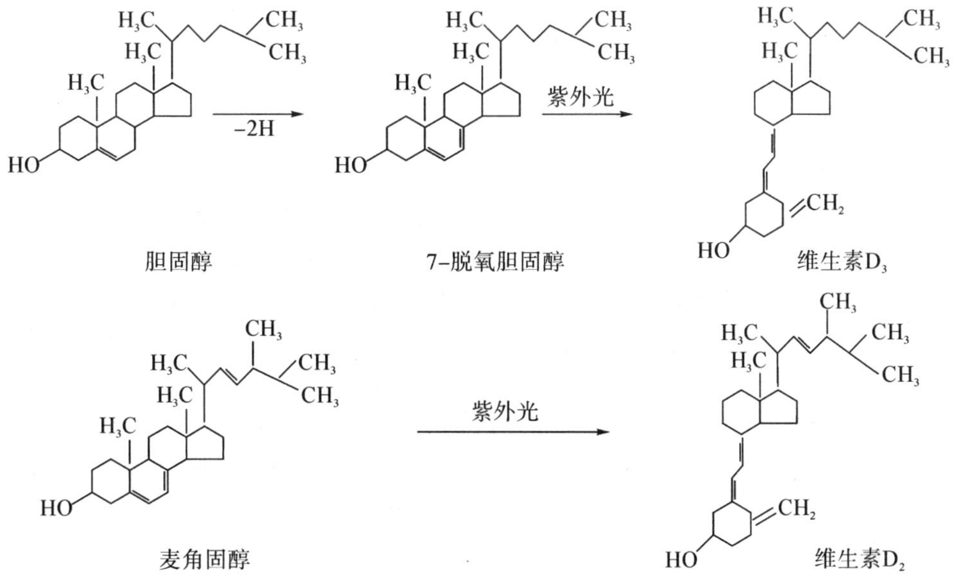

图 15－2 维生素 D 原及维生素 D 的结构与转变

（二）生理功能及缺乏症

1，25-$(OH)_2$-D_3 的靶细胞是小肠黏膜、骨骼及肾小管。主要作用是促进钙及磷的吸收，有利于新骨的生成和钙化。当人体缺乏维生素 D 时，儿童发生佝偻病，成人、特别是孕妇和乳母更易发生骨软化症。

（三）维生素 D 过多症

长期过量服用维生素 D，可引起维生素 D 过多症，表现为食欲下降、恶心、呕吐；严重的骨化过度血钙过高，钙化转移，引起肾脏钙化、肾结石等不良后果。

三、维生素 E

（一）化学本质、性质及来源

维生素 E 又称生育酚（tocopherol）。天然存在的维生素 E 分为生育酚及生育三烯酚两类，每类又根据甲基的数目和位置不同而分为 α、β、γ、δ 四种。自然界以 α-生育酚型活性最大且分布最广（图 15－3）。

维生素 E 为微带黏性的黄色油状物，在无氧条件下对热稳定，但对氧十分敏感，极易被氧化，故可保护其他易被氧化的物质，并常用作抗氧化剂添加到食品中。维生素 E 广泛存在于植物油中，棉籽油、大豆油中含量丰富，麦胚油含量最多，豆类及蔬菜中也含有。

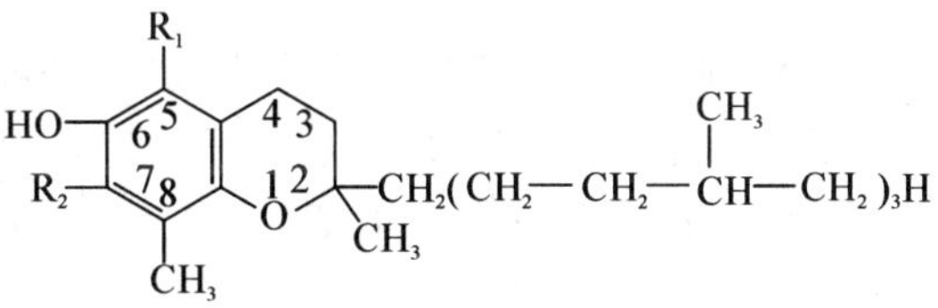

图 15－3 α-生育酚

（二）生理功能及缺乏症

1. 抗氧化作用　维生素E是体内最重要的抗氧化剂之一，它可以结合自由基，从而避免脂质过氧化物的产生，保护生物膜的结构与功能。

老年人体表、心脏、肝脏，尤其在脑细胞中脂褐素的堆积，可引起智力、记忆力下降，甚至发生帕金森症。脂褐素的生成是自由基作用于细胞器中多价不饱和类脂的结果，维生素E作为强抗氧化剂，可减少组织内脂褐素的产生及沉着，故认为维生素E有抗衰老及防止动脉粥样硬化的作用。

2. 维生素E俗称生育酚，动物缺乏维生素E时其生殖器官发育受损甚至不育，但人类尚未发现因维生素E缺乏所致的不育症，但临床上仍常用于治疗先兆流产及习惯性流产。

3. 促进血红素代谢　新生儿缺乏维生素E时可引起贫血，这可能与血红蛋白合成减少及红细胞寿命缩短有关。维生素E能提高血红素合成过程中的关键酶δ-氨基-γ-酮戊二酸(ALA)合成酶及ALA脱水酶的活性，促进血红素合成。所以孕妇及哺乳期的妇女及新生儿应注意补充维生素E。此外，维生素E还能抑制血小板凝集，维持肌肉与周围血管正常功能，防止肌肉萎缩。

维生素E在食物中分布广，正常成人每日对维生素E的需要量仅为8～12 mg，故维生素E一般不易缺乏。在某些脂肪吸收障碍等疾病时可引起缺乏，如无β-脂蛋白血症，慢性胰腺炎或胃肠切除综合征等。主要表现为红细胞数量减少，寿命缩短，体外实验可见红细胞脆性增加等贫血症，偶可引起神经障碍。有研究表明，患脂蛋白缺乏症的少年儿童发生的神经变质症状是典型的维生素E缺乏症，输入大量的维生素E对此症有显著疗效。

四、维生素K

（一）化学本质、性质及来源

维生素K又称凝血维生素(coagulation vitamin)，是2-甲基-1,4-萘醌衍生物。自然界常见的有维生素K_1和维生素K_2。维生素K_1在绿色蔬菜如菠菜、白菜中含量丰富，动物肝中含量也很多；维生素K_2则是人体肠道中细菌的代谢产物。维生素K_1、维生素K_2为脂溶性，临床上应用的为人工合成的维生素K_3、维生素K_4则为水溶性，可以口服及注射。

（二）生理功能及缺乏症

维生素K可加速血液凝结，机制在于维持体内凝血酶原（凝血因子Ⅱ）及凝血因子Ⅶ、Ⅸ和Ⅹ的正常水平。一方面，维生素K是凝血酶原活化过程所需γ-羧化酶的辅酶；另一方面，维生素K对凝血因子Ⅶ、Ⅸ和Ⅹ的生物合成也很重要。因此，当维生素K缺乏时，血中这几种凝血因子均减少，凝血时间延长，严重时则发生皮下、肌肉及胃肠道出血。所以孕妇在产前可补充维生素K以防产后与新生儿出血；外科手术病人术前也需要通过凝血时间测定以确定是否需要补充维生素K。

因维生素K分布广泛，且体内肠道中的细菌也能合成，成人一般情况不会出现维生素K缺乏，但如长期服用抗生素及肠道抑菌药，胆道梗阻、肠道疾患等均可引起维生素K缺乏。另外，由于维生素K不能通过胎盘，新生儿又缺乏肠道细菌，也是产前补充维生素K预防新生儿出血的原因。

第二节　水溶性维生素

水溶性维生素包括 B 族维生素和维生素 C。水溶性维生素都能溶解于水，基本上在机体内既不能合成也不能储存，故必须经常从膳食中摄取。

B 族维生素包括 8 种：维生素 B_1、维生素 B_2、维生素 PP、维生素 B_6、维生素 B_{12}、泛酸、生物素、叶酸等，在体内均作为辅酶或辅基的组成成分，参与物质代谢和造血过程中的许多生化反应。维生素 C 无辅酶的功能，主要作为供氢体参与体内一些氧化还原和羟化反应。

一、维生素 B_1

(一) 化学本质、性质及来源

维生素 B_1 又称抗神经炎或脚气病维生素。因分子结构由含硫的噻唑环及含氨基的嘧啶环组成，故又名硫胺素(thiamine)。维生素 B_1 大多以盐酸硫胺素形式存在，为白色结晶，易被氧化产生脱氢硫胺素，后者在有紫外光照射时呈蓝色荧光。这一性质可作为维生素 B_1 定性和定量的依据。在体内则以焦磷酸硫胺素(thiamine pyrophosphate，TPP)的形式发挥生理功能(图 15－4)，临床用的维生素 B_1 是人工合成的硫胺素盐酸盐。

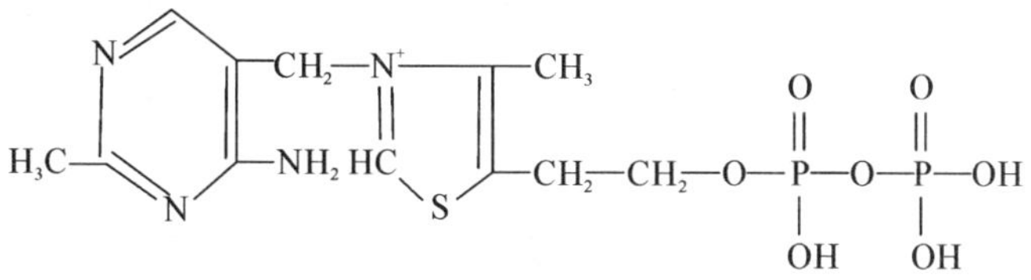

图 15－4　焦磷酸硫胺素(TPP)

维生素 B_1 主要存在于种子外皮及胚芽中，米糠、麦麸中含量最为丰富，加工过于精细的谷物可造成其大量丢失。维生素 B_1 极易溶于水，淘米时不宜多洗。此外，维生素 B_1 在碱性溶液中加热极易分解破坏，因而在烹饪食物时不宜加碱。

(二) 生理功能及缺乏症

维生素 B_1 易被小肠吸收，入血后主要在肝及脑组织中经硫胺素焦磷酸激酶作用生成 TPP。

1. TPP 是 α-酮酸氧化脱羧酶的辅酶　正常情况机体所需能量主要靠糖代谢所产生的丙酮酸氧化供给。TPP 作为 α-酮酸脱羧酶的辅酶，催化糖代谢中丙酮酸及 α-酮戊二酸氧化脱羧反应。当维生素 B_1 缺乏时，影响丙酮酸氧化脱羧，导致糖的氧化供能受阻，影响神经细胞膜髓鞘磷脂合成，并且丙酮酸及乳酸等在组织中堆积，毒害细胞，出现手足麻木、四肢无力等多发性周围神经炎的症状。严重者引起心力衰竭和下肢水肿，临床上称为脚气病(beriberi)。

2. TPP 也是转酮醇酶的辅酶　转酮醇酶是磷酸戊糖途径中非氧化阶段的关键酶，该途径主要产生磷酸核糖和 NADPH。维生素 B_1 缺乏时，磷酸戊糖代谢障碍，使核酸合成及神经髓鞘中磷酸戊糖代谢受到影响。

3. 维生素 B_1 在神经传导中起一定作用　体内乙酸辅酶 A 主要来自于丙酮酸的氧化脱羧反应，乙酸辅酶 A 是神经递质乙酰胆碱的合成原料。维生素 B_1 缺乏时，影响丙酮酸氧化脱羧，从而影响乙酰胆碱的合成；另一方面，乙酰胆碱由胆碱酯酶催化水解，维生素 B_1 可抑制胆碱酯酶的活性，缺乏维生素 B_1 时，乙酰胆碱生成障碍、分解加速，导致神经兴奋传导功能受影响。主要表现为胃肠蠕动缓慢，消化液分泌减少、食欲缺乏、消化不良等，中枢神经活动易兴奋或健忘和疲劳，这也是“脚气病”症状之一。

正常成人，每日维生素 B_1 的需要量为 1.0～1.5 mg。测定红细胞中的转酮醇酶的活性，尿或血中硫胺素的浓度可判定维生素 B_1 是否缺乏。维生素 B_1 缺乏主要发生在高糖饮食及食用高度精细加工的米、面时。

二、维生素 B_2

（一）化学本质、性质及来源

维生素 B_2 又名核黄素（riboflavin），是核醇与 6-7-二甲基异咯嗪的缩合物，它的异咯嗪环上的 N_1 和 N_{10} 与活泼的双键连接，此 2 个氮原子可反复接受或释放氢，因而具有可逆的氧化还原性（图 15－5）。维生素 B_2 水溶液呈黄绿色荧光，可作为定性定量分析的依据。

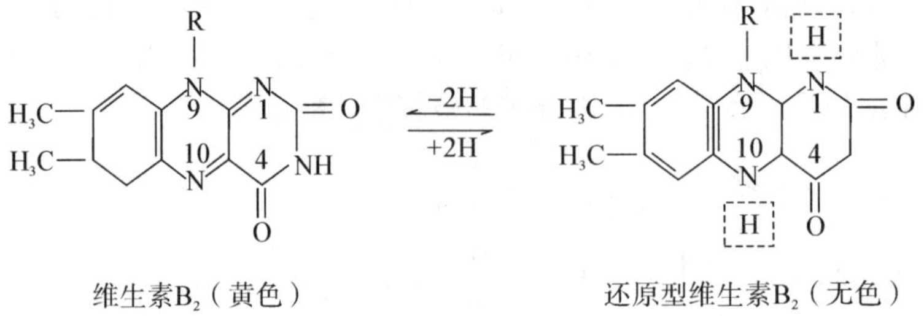

维生素 B_2（黄色） $\underset{+2H}{\overset{-2H}{\rightleftharpoons}}$ 还原型维生素 B_2（无色）

图 15－5　维生素 B_2 的氧化还原（R 基为核醇）

维生素 B_2 的分布甚广，小麦、绿叶蔬菜、黄豆及动物的肝、肾、心脏中含量较多，酵母中含量也丰富。

（二）生理功能及缺乏症

食物中的维生素 B_2 在小肠黏膜中的黄素激酶的作用下，可转变成黄素单核苷酸（flavin mononucleotide，FMN），在体细胞内还可在焦磷酸化酶的催化下进一步生成黄素腺嘌呤二核苷酸（flavin adenine dinucleotide，FAD）（图 15－6）。FMN 及 FAD 是体内氧化还原酶（黄素蛋白）的辅酶，在物质代谢和呼吸链中可做递氢体。

成人每日维生素 B_2 需要量为 1.2～1.5 mg，常用红细胞中的谷胱甘肽还原酶活性来检查体内维生素 B_2 的含量。维生素 B_2 缺乏时，主要表现为口角炎、舌炎、阴囊炎及角膜血管增生和巩膜充血等。但发生这类症状的机制尚不清楚。

三、维生素 PP

（一）化学本质、性质及来源

维生素 PP 又名抗癞皮病因子（pellagra preventing factor），包括尼克酸（nicotinic acid，又称烟酸）及尼克酰胺（nicotinamide，又称烟酰胺），均为吡啶衍生物，在体内可相互转化，但大多以尼克酰胺的形式存在。

在维生素中最稳定的是维生素 PP，不易被酸、碱及加热破坏。广泛存在于动植物组织中，

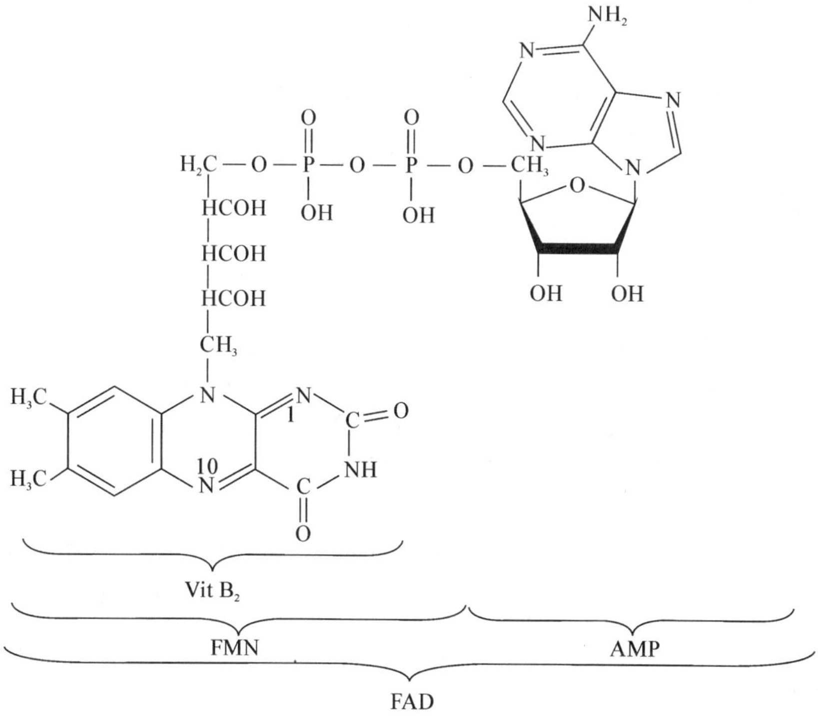

图 15－6 黄素腺嘌呤二核苷酸(FAD)

肉类、肝、小麦、米糠、花生及酵母中含量丰富，也是唯一氨基酸-色氨酸代谢过程可生成的维生素。

在体内尼克酰胺生成两种辅酶：尼克酰胺腺嘌呤二核苷酸（nicotinamide adenine dinucleotide，NAD^+，又称辅酶Ⅰ）和尼克酰胺腺嘌呤二核苷酸磷酸（nicotinamide adenine dinucleotide phosophate，$NADP^+$，又称辅酶Ⅱ），它们也是维生素 PP 在体内的活性形式(图 15－7)。

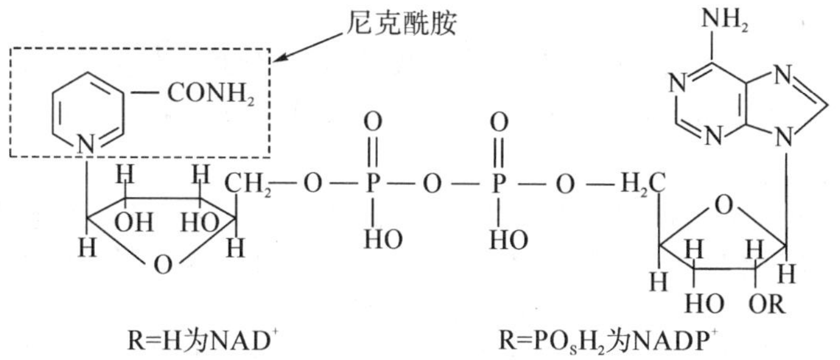

R=H为NAD^+　　R=PO_3H_2为$NADP^+$

图 15－7 NAD^+和$NADP^+$的结构

（二）生化作用及缺乏症

NAD^+和$NADP^+$在体内是多种不需氧脱氢酶的辅酶，分子中的尼克酰胺具有可逆的加氢及脱氢的特性，在生物氧化过程中起着递氢体的作用。

尼克酸还可用作降胆固醇的药物，能抑制脂肪组织中的脂肪分解，从而抑制脂肪的动员，可使肝中 VLDL 的合成下降，从而起到降胆固醇的作用。

人类维生素 PP 缺乏症称为癞皮症(pellagra)，其特征是暴露于阳光的部位产生对称性皮炎、腹泻及痴呆等。经济极贫困，肉食缺乏又以玉米为主食的地区易患维生素 PP 缺乏病，因为玉米蛋白中色氨酸相对含量极低。若将各种杂粮合理搭配，可防止此病的发生。抗结核药物异烟肼(雷米封)的结构与维生素 PP 十分相似，二者有拮抗作用，长期服用可能引起维生素 PP 缺乏，故在应用该药同时，需补充维生素 PP。

四、维生素 B_6

(一) 化学本质、性质及来源

维生素 B_6 是吡啶衍生物，包括吡哆醇(pyridoxine)、吡哆醛(pyridoxal)及吡哆胺(pyridoxamine)，吡哆醛和吡哆胺在体内可以相互转变。维生素 B_6 在体内以磷酸酯的形式存在。在肝内吡哆醛激酶催化下生成磷酸吡哆醛和磷酸吡哆胺，两者可相互转变，是维生素 B_6 的活性形式(图 15－8)。

一般食物中富含维生素 B_6，如谷物、麦胚芽、蛋黄、肉类、白菜及豆类等含量丰富。

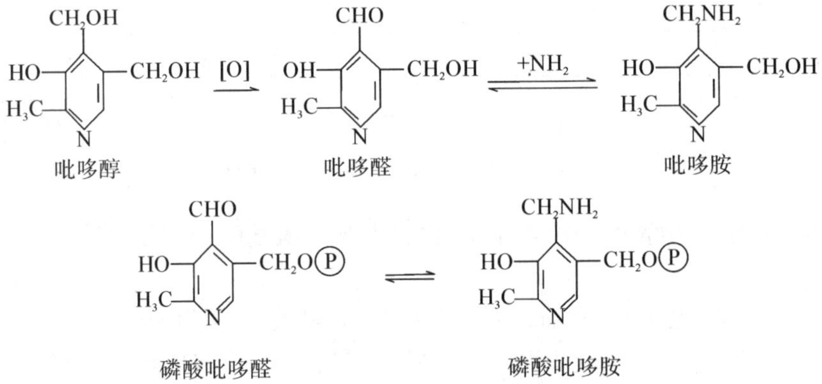

吡哆醇 —[O]→ 吡哆醛 ⇌(+NH₂) 吡哆胺

磷酸吡哆醛 ⇌ 磷酸吡哆胺

图 15－8 三种维生素 B_6 的转变及其磷酸酯

(二) 生化作用及缺乏症

磷酸吡哆醛是氨基酸代谢中的氨基转移酶及脱羧酶的辅酶，与氨基酸代谢密切相关。

1. 氨基酸氨基转移酶的辅酶 在转氨基作用中，作为氨基转移酶的辅酶，起传递氨基的作用(详见氨基酸代谢)。

2. 氨基酸脱羧酶的辅酶 磷酸吡哆醛是谷氨酸脱羧酶的辅酶(详见氨基酸代谢)。

3. ALA 合成酶的辅酶 δ-氨基 γ-酮戊酸(ALA)是血红素合成的限速酶。所以，维生素 B_6 缺乏时有可能造成低血色素、小细胞性贫血和血清铁增高。

动物缺乏维生素 B_6 亦可发生与癞皮病类似的皮肤炎，人类尚未发现单纯的维生素 B_6 缺乏症。异烟肼能与磷酸吡哆醛结合，使其失去辅酶的作用，所以在服用异烟肼时，应补充维生素 B_6。

五、泛酸

(一) 化学本质、性质及来源

泛酸(pantothenic acid)又称遍多酸，由 β-丙氨酸与羟基丁酸结合而构成，因其广泛存在于动植物组织故名泛酸或遍多酸。泛酸在肠内被吸收进入人体后，经磷酸化并获得巯基乙胺而生成 4-磷酸泛酰巯基乙胺。4-磷酸泛酰巯基乙胺是辅酶 A（coenzyme A，CoASH 或 CoA）及酰基载体蛋白（acyl carrier protein，ACP）的组成部分，因此，CoA 及 ACP 为泛酸在体内的活性形式（图 15－9）。

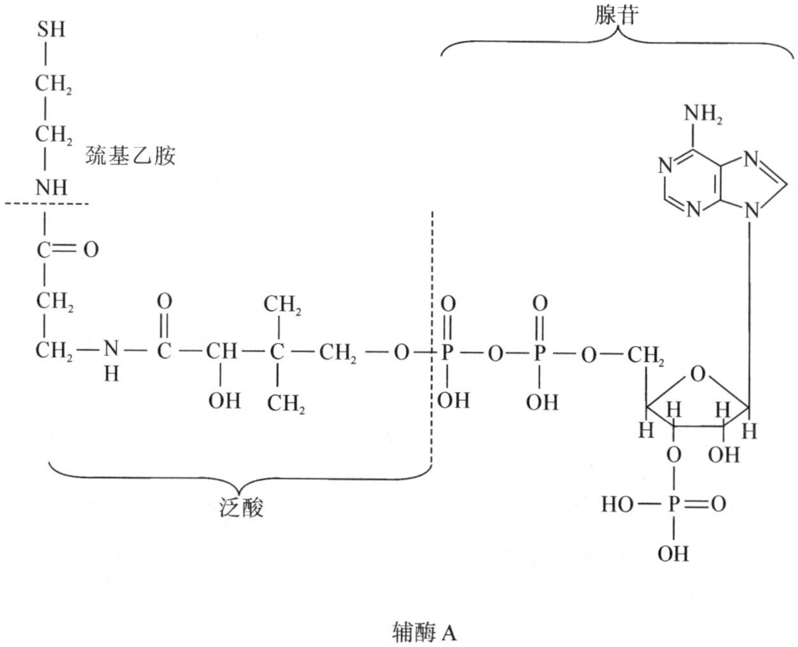

辅酶 A

图 15－9　泛酸及辅酶 A(CoA)的结构

泛酸来源广泛，尤以动物组织、谷物及豆类中含量丰富，肠内细菌亦能部分合成供人体利用。

（二）生化作用及缺乏症

在体内 CoA 及 ACP 构成酰基转移酶的辅酶，活性基团均为巯基，起着转运酰基的作用。在体内 COA 及 ACP 广泛参与糖、脂类、蛋白质代谢及肝的生物转化作用。例如，糖的有氧氧化的中间产物丙酮酸，必须脱羧形成乙酰 CoA 才能进入三羧酸循环彻底氧化供能。脂肪酸必须转化成脂酰 CoA 才能进行 β-氧化。ACP 则参与脂肪酸的合成代谢。此外，CoA 还参与乙酰胆碱、胆固醇等重要物质的合成。

由于泛酸普遍存在食物中，且肠道细菌又能合成，故很少见泛酸缺乏症。但在治疗其他维生素 B 缺乏病时，若同时给予适量泛酸，可提高疗效。

六、生物素

（一）化学本质、性质及来源

生物素（biotin）具有噻吩环和尿素相结合的一个双环化合物，并带有戊酸侧链。自然界存在的生物素至少有两种：α-生物素，存在于蛋黄中；β-生物素，存在于肝中，两者仅有侧链差异。

在组织内，生物素戊酸侧链的羧基与酶蛋白分子中的赖氨酸残基上的 ε-氨基通过酰胺键结合，形成羧基生物素-酶复合物，又称生物胞素（biocytin），是生物素的活性形式（图 15－10）。

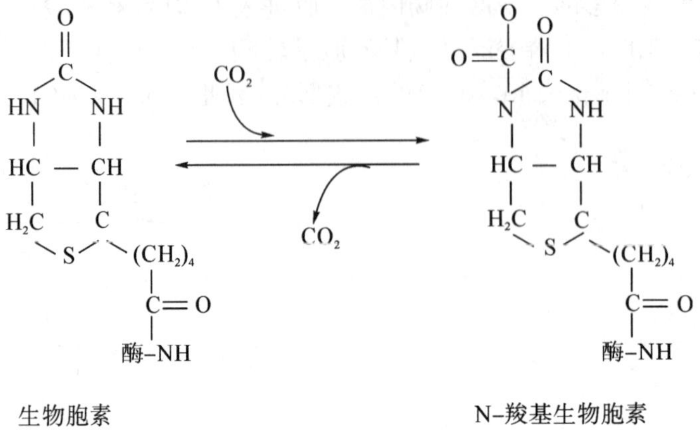

CO_2

CO_2

生物胞素　　　　N-羧基生物胞素

图 15－10　生物胞素及 N-羧基生物胞素的结构

肝、肾、蛋黄、牛乳、酵母、蔬菜及谷类中均含有丰富的生物素，肠道细菌也能合成。

（二）生化作用及缺乏症

生物素是体内多种羧化酶的辅酶，如丙酮酸羧化酶、乙酰 CoA 羧化酶等，参与 CO_2 的羧化过程。生物胞素的功能部位是尿素环上的一个 N 原子，可与羧基(COO^-)结合形成 N-羧基生物胞素（一个活性的中间化合物），然后将活化的羧基转移给酶的底物(图 15－10)。

生物素来源极广泛，肠道细菌也能合成，很少出现缺乏症。大量食用生鸡蛋清可引起生物素缺乏。新鲜鸡蛋中有一种抗生物素蛋白(avidin)，能与生物素结合使其失去活性并不被吸收，蛋清加热后这种蛋白便被破坏，也就不再妨碍生物素的吸收。长期使用抗生素可抑制肠道细菌生长，也可能造成生物素的缺乏，主要症状是疲乏、恶心、呕吐、食欲缺乏、皮炎及脱屑等。

七、叶酸

（一）化学本质、性质及来源

叶酸(folic acid)因其在绿叶中含量十分丰富而得名。由谷氨酸、对氨基苯甲酸和 2-氨基-4-羟基-6-甲基蝶呤啶组成。

在体内，叶酸经二氢叶酸还原酶（辅酶为 NADPH）催化，通过两步反应，可被还原成为具有生理活性的 5,6,7,8-四氢叶酸(tetrahydrofolic acid，THFA 或 FH_4)（见氨基酸代谢）。

叶酸在植物绿叶中含量丰富，在动物组织中以肝脏含叶酸最丰富，人类肠道细菌也能合成。

（二）生化作用及缺乏症

叶酸在体内以四氢叶酸形式出现，参与一碳单位的转运。当叶酸缺乏时，一碳单位的转移发生障碍，骨髓幼红细胞 DNA 合成减少，细胞分裂速度降低，细胞体积变大，造成巨幼红细胞贫血(megaloblastic macrocytic anemia)，即恶性贫血。

抗癌药物甲氨蝶呤的化学结构与叶酸相似，可抑制二氢叶酸还原酶的活性，使四氢叶酸合成减少，进而抑制体内胸腺嘧啶核苷酸的合成，因此有抗癌作用。磺胺类药物结构与对氨基苯甲酸相似，可竞争性抑制细菌体内叶酸的合成，从而起到抑菌的作用。

动物细胞不能合成对氨基苯甲酸，所以动物所需的叶酸需从食物中供给。水果、蔬菜中叶酸含量丰富，肠道细菌也能合成，所以一般不发生缺乏症。孕妇及哺乳期因细胞快速分裂而致代谢较旺盛，应适量补充叶酸。口服避孕药或抗惊厥药物将干扰叶酸的吸收及代谢，如长期服用上述药物时应考虑补充叶酸。

八、维生素 B_{12}

(一) 化学本质、性质及来源

维生素 B_{12} 又称钴胺素(coholamine)，由钴啉环和核糖核苷酸两部分组成，在钴啉环中含有金属钴离子(cobalt ion)，是目前所知的唯一含金属元素的维生素。维生素 B_{12} 在体内因钴离子结合的基团不同，可有多种形式存在，如氰钴胺素、羟钴胺素、甲钴胺素和 5′-脱氧腺苷钴胺素(图 15－11)。其中，羟钴胺素性质稳定，是药用维生素 B_{12} 的常见形式。甲钴胺素和 5′-脱氧腺苷钴胺素是维生素 B_{12} 的活性型，具有辅酶功能，也是血液中存在维生素 B_{12} 的主要形式。

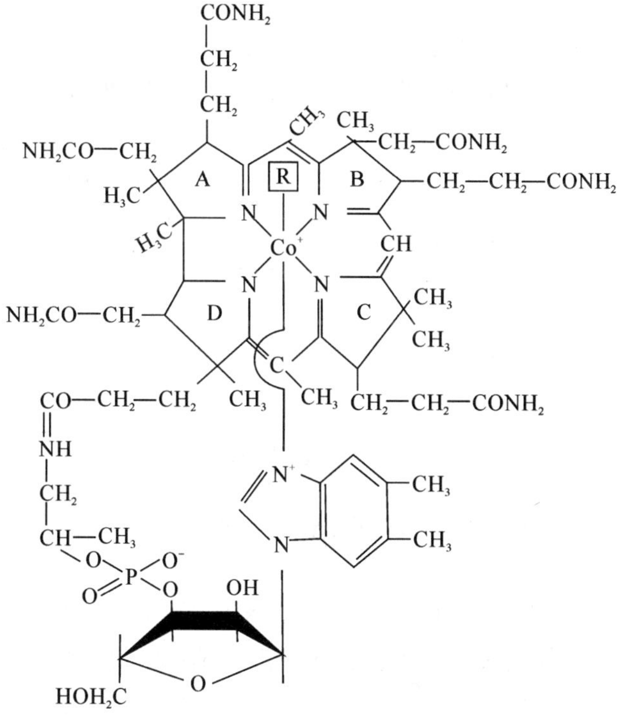

R: –CN　氰钴胺素;
R: –OH　羟钴胺素;
R: $-CH_3$　甲钴胺素;
R: 5'–脱氧腺苷　5'–脱氧腺苷钴胺素

图 15－11　钴胺素的结构

维生素 B_{12} 是动物性食物中分布较广的一种维生素，肝、肾、瘦肉及鱼类中含量较高，人肠道中的细菌也能合成维生素 B_{12}。

(二) 生化作用及缺乏症

食物中的维生素 B_{12} 必须与胃黏膜细胞分泌的一种高度特异的糖蛋白——内因子(intrinsic factor，IF)结合后，才能在回肠被吸收。肝内还有一种转钴胺素 I(TCI)，B_{12} 与 TCI 结合后而储存于肝内。

维生素 B_{12} 是甲硫氨酸循环中甲基转移酶的辅酶，起转移甲基的作用，与四氢叶酸的作用常常是相互联系的。维生素 B_{12} 缺乏时，$N_5—CH_3—FH_4$ 上的甲基不能转移。既不利于蛋氨酸的生成，也影响四氢叶酸的再生。组织中的游离的四氢叶酸含量减少，影响其他一碳单位的转运，从而影响嘌呤、嘧啶的合成，最终导致核酸合成障碍，影响细胞分裂，结果产生巨幼红细胞性贫血。而同型半胱氨酸的堆积也可造成同型半胱氨酸尿症。

维生素 B_{12} 缺乏也可导致脂肪酸合成异常而造成进行性脱髓鞘，出现神经疾患。维生素 B_{12} 广泛存在于动物食品中，很难发生缺乏症，仅见于全胃切除（内源因子缺乏）、严重吸收障碍疾患的病人及长期素食者。

九、硫辛酸

（一）化学本质、性质及来源

α-硫辛酸(lipoic acid)是一个含硫的八碳酸，6、8 位碳由二硫键相连，故学名 6,8-二硫辛酸。α-硫辛酸可被还原为二氢硫辛酸，既通过氧化型、还原型之间相互转变可以递氢（图 15－12）。

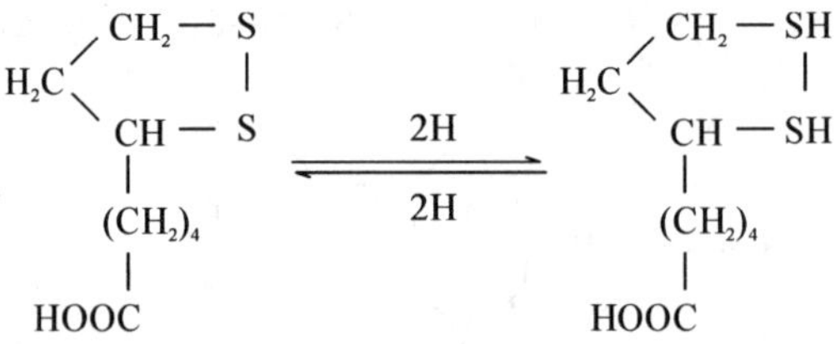

$CH_2—S$ / H_2C / $CH—S$ / $(CH_2)_4$ / HOOC ⇌(2H / 2H) $CH_2—SH$ / H_2C / $CH—SH$ / $(CH_2)_4$ / HOOC

6,8-二硫辛酸　　　　二氢硫辛酸

图 15－12　硫辛酸的氧化还原

α-硫辛酸在食物中常和维生素 B_1 同时存在，人体也能合成。

（二）生化作用及缺乏症

α-硫辛酸为硫辛酸乙酰转移酶的辅酶，起递氢和转移酰基的作用。在体内与焦磷酸硫胺素(TPP)协同参与 α-酮酸氧化脱羧过程。如丙酮酸、α-酮戊二酸的氧化脱羧反应（详见糖代谢）。

α-硫辛酸有抗脂肪肝和降低血胆固醇的作用。由于它容易进行氧化还原反应，故可保护巯基酶免受重金属离子的毒害。目前，尚未发现人类有硫辛酸的缺乏症。

十、维生素 C

（一）化学本质、性质及来源

维生素 C 又称 L-抗坏血酸(ascorbic acid)，是一种含有六个碳原子的酸性多羟化合物，其立体结构与 L-糖相似。分子中 C_2 及 C_3 位上的两个相邻的烯醇式羟基极易分解释放 H^+，因而呈酸性。维生素 C 有很强的还原性，C_2 及 C_3 位羟基上的氢原子可以全部脱去而生成氧化型维生素 C（又称脱氢抗坏血酸 dehydroascorbic acid），且反应可逆，因此维生素 C 在体内抗氧化过程中起重要作用。脱氢维生素 C 还可经水解而形成灭活性的二酮古洛糖酸（图 15－13）。

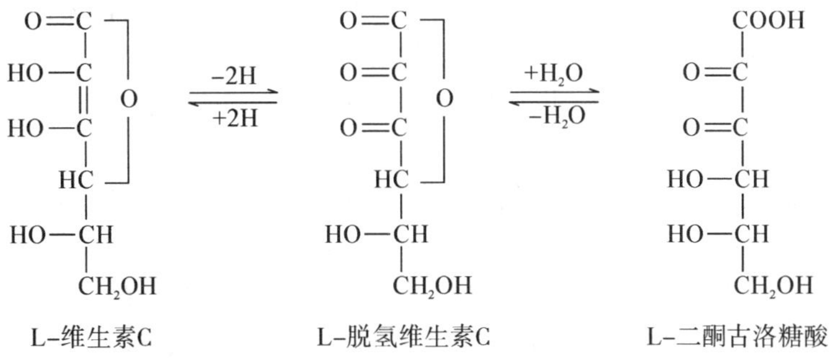

L-维生素C ⇌（−2H / +2H）L-脱氢维生素C ⇌（$+H_2O$ / $-H_2O$）L-二酮古洛糖酸

图 15-13 维生素 C 的氧化还原及二酮古洛糖酸的生成

人体不能合成维生素 C，必须从食物中摄取。维生素 C 广泛存在于新鲜蔬菜及水果中，尤以番茄、橘子、山楂、鲜枣、猕猴桃及青椒等含量最丰富。植物中含有的抗坏血酸氧化酶，能将维生素 C 氧化为无生物活性的二酮古洛糖酸，所以水果、蔬菜储存过久，维生素 C 可遭到破坏而使其营养价值降低。干的植物种子中不含维生素 C，但一经发芽便可合成，所以豆芽等也是维生素 C 的极好来源。

（二）生化作用及缺乏症

1. 参与体内的氧化还原反应　维生素 C 在体内作为重要的还原剂，在物质代谢中发挥重要作用。

(1) 保护巯基：维生素 C 能使体内含巯基的酶分子中的—SH 维持在还原状态，以保持酶的活性。无论是功能基团为—SH 的谷胱甘肽（GSH），还是活性中心含巯基的巯基酶，维生素 C 作为体内的重要还原剂都能维持这些酶或蛋白的活性巯基处于还原状态（图 15-14）。

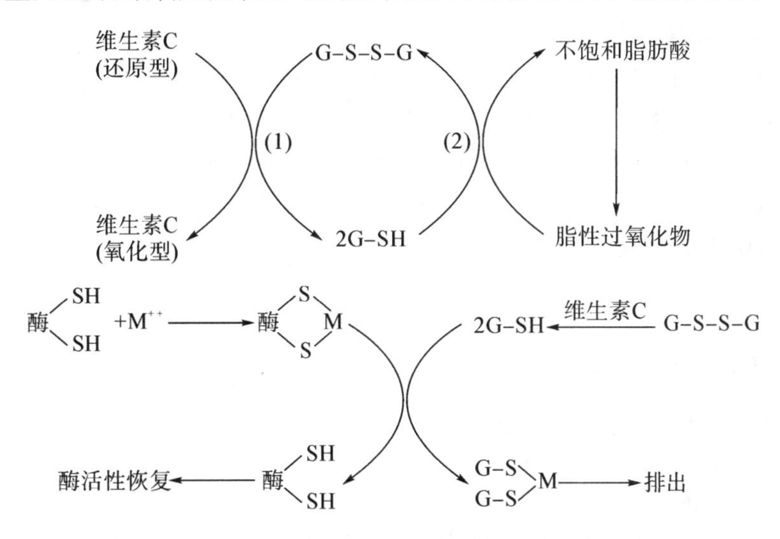

图 15-14 维生素 C 与谷胱甘肽的抗氧化及解毒功能

此外，维生素 C 可促进抗体（IgG 和 IgM）的合成。免疫球蛋白肽链中的二硫键是通过半胱氨酸残基的巯基（—SH）氧化而生成。体内高浓度的维生素 C 可以把胱氨酸还原成半胱氨酸，有利于抗体的合成。

(2) 造血作用：维生素 C 能使难以吸收的 Fe^{3+} 还原成易于吸收的 Fe^{2+}，并使血浆运铁蛋

白中 Fe^{3+} 还原成 Fe^{2+}，从而便于铁的吸收、储存及动用。维生素 C 还能使红细胞中的高铁血红蛋白(MHb)还原为血红蛋白(Hb)，恢复其对氧的运输能力。而叶酸在体内经叶酸还原酶作用生成具有生理活性的四氢叶酸时也需要维生素 C 供氢。因此，维生素 C 是治疗贫血的重要辅助药物。

2. 参与体内的羟化反应　许多物质的羟化反应是生物氧化的一种方式，维生素 C 作为辅助因子参与体内多种羟化反应。

(1) 胶原蛋白的合成：胶原蛋白是一种糖蛋白，含有大量羟脯氨酸和羟赖氨酸，是由脯氨酸(Pro)和赖氨酸(Lys)残基经羟化酶催化生成。维生素 C 作为脯氨酸羟化酶及赖氨酸羟化酶的辅助因子，可使无活性的羟化酶激活成为有活性的羟化酶。胶原蛋白是细胞间质的重要成分，体内的结缔组织、骨及毛细血管的构成也离不开胶原。维生素 C 缺乏时，胶原蛋白合成障碍，细胞间隙增大，影响结缔组织的坚韧性，毛细管的通透性增加，易破裂出血，创口溃疡不易愈合，骨和牙齿易折断和脱落，这是坏血病(scurvy)的典型症状。

(2) 类固醇的羟化：正常情况下，40％的胆固醇可在肝脏内转变为胆酸后排出，其转变过程是先将胆固醇转变成 7-α 羟胆固醇，而后侧链断裂生成胆酸。维生素 C 是催化该羟化反应的 7α-羟化酶的辅酶，可促进胆固醇的代谢。维生素 C 还能抑制胆固醇合成的关键酶——HMG 辅酶 A 还原酶的活性。因此，临床上用大量维生素 C 来降低血浆胆固醇。

(3) 芳香族氨基酸：苯丙氨酸羟化为酪氨酸，酪氨酸转变为尿黑酸及儿茶酚胺的反应中，有许多羟化步骤均需维生素 C 的参加(详见氨基酸代谢)。色氨酸转变为 5-羟色胺(5-HT)时也需要维生素 C。儿茶酚胺和 5-羟色胺都是重要的神经递质，在调节神经活动方面有重要作用。

另外，维生素 C 还参与肝内生物转化过程中羟化反应。如促进药物或毒物在内质网上的羟化过程，增强肝脏解毒的作用。

维生素 C 缺乏时可患坏血病，主要是为胶原蛋白合成障碍所致，可出现皮下出血、创口不易愈合及牙齿松动等症状。体内可储存维生素 C，因此坏血病常在维生素 C 缺乏后 3～4 个月才出现。我国建议成人每日的需要量为 60 mg，但吸烟可造成血中维生素 C 含量的降低，因此吸烟者需要的量为每日 100 mg。但长期过量摄入维生素 C，也会因本身代谢转变生成过多的草酸而诱发在肾脏等处形成草酸盐结石。

复习思考题

1. 常见水溶性维生素和脂溶性维生素各有哪几种？
2. 维生素 D 的活性形式是什么？为什么多晒太阳可预防佝偻病？
3. 叶酸由哪些化合物缩合而成，活化形式是什么？试述其生化作用及缺乏症。
4. 为什么缺乏硫胺素时会引起神经系统和消化系统的机能障碍？
5. 维生素 B_6 在临床上的常见用途是什么？其作用机制是什么？

(张一鸣)

第十六章　血液的生物化学

【案例】

“吸血鬼”真的存在吗？

公元1788年，大英帝国的乔治三世突然患上了一种怪病，出现腹痛、棕色小便、口出秽语、行事疯狂而不能自制的情况，当时谁也诊断不出乔治王究竟患了什么病。后来发现病情严重的患者惧怕阳光，皮肤会起水泡，会感到疼痛和灼热，只能在黑暗中生活；面容苍白，严重贫血，必须接受输血。早期医学界对此病一无所知时，患者常常被认为是昼伏夜出的“吸血鬼”。那么“吸血鬼”真的存在吗？如何解释这种情况？

提示：卟啉症的主要病因是血红素代谢异常。

血液(blood)由液态的血浆和混悬在其中的血细胞组成，血细胞又分为红细胞、白细胞和血小板，是血液的有形成分。离体的血液在不加抗凝剂的情况下静置，凝固后析出的淡黄色透明液体称为血清(serum)；离体血液加入适量抗凝剂后经过离心，所得到的淡黄色上清液为血浆(plasma)。凝血过程中，血浆中的可溶性纤维蛋白质原转变成不溶性纤维蛋白，故血清中无纤维蛋白原，这也是血清与血浆的主要区别。

血液循环全身，联系着体内各组织器官，同时又通过呼吸、消化、排泄等系统，保持着个体与外界环境的联系。因此，血液在沟通内外环境、维持内环境的相对稳定、物质的运输、免疫、凝血及抗凝血等方面都起着重要作用。

正常人体血液总量约占体重的8%，其中全血含水81%～86%，其余为可溶性固体和少量氧、二氧化碳等气体。其中可溶性固体成分主要是蛋白质、非蛋白含氮化合物、不含氮的有机物及无机盐等。

血液中的非蛋白含氮物质中所含氮量的总称为非蛋白氮(non protein nitrogen，NPN)，主要有尿素、尿酸、肌酸、肌酐、氨基酸及其衍生物等。它们主要是蛋白质和核酸代谢的最终产物，经血液由肾脏排出体外，因此NPN在血液中的含量变化，可反映机体蛋白质、核酸的代谢情况及肾脏的排泄功能等。另外，当体内蛋白质分解增加(如高热、糖尿病等)、消化道大出血以及严重失水时，血中NPN浓度也将升高。

血液尿素氮的含量约占NPN总量的一半(1/3～1/2)，临床上也常测定尿素氮以了解肾功能。但尿素氮受饮食中蛋白含量影响较大，而血中肌酐含量受食物影响较小(肌酐是肌酸代谢终产物)，故临床检测肌酐含量较尿素氮更能正确反映肾脏的排泄功能。

第一节　血浆蛋白质

一、血浆蛋白质的分类

血浆蛋白质(plasma protein)是许多蛋白质的混合物，目前已知血浆蛋白质有 200 多种，是血浆中含量最多的固体成分。正常人血浆蛋白质总含量为 60～80 g/L。用盐析法可将血浆蛋白质分为清蛋白(albumin，A)、球蛋白(globulins，G)及纤维蛋白原几部分。血浆中清蛋白含量为 40～55 g/L，球蛋白含量为 20～30 g/L，二者比值(A∶G)为 1.5～2.5。电泳(electrophoresis)是最常用的分离蛋白质的方法。如果采用醋酸纤维素薄膜电泳，可将血浆蛋白质分成 5 个组分，按泳动快慢依次为清蛋白、α1-、α2-、β-及 γ-球蛋白(图 16－1)。若采用聚丙烯酰胺凝胶电泳，则可将血浆蛋白质分成数十条区带。

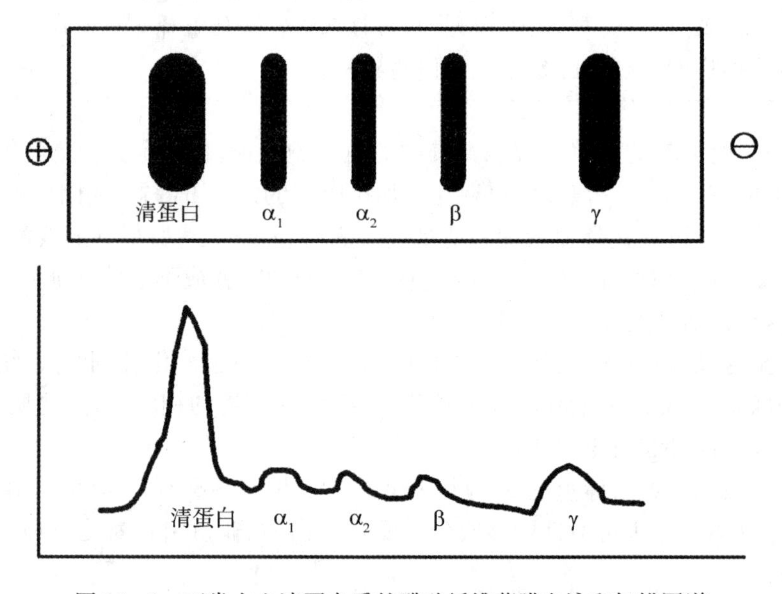

图 16－1　正常人血清蛋白质的醋酸纤维薄膜电泳和扫描图谱

血浆蛋白质大部分是在肝脏合成的，少数是由其他组织细胞合成，如 γ-球蛋白由浆细胞合成。测定血浆总蛋白及各组成成分的含量有助于对某些疾病的诊断。例如，患肝病时血浆清蛋白合成功能下降，清/球比(A∶G)下降；患肾病时由于清蛋白在炎症中随尿丢失而减少；感染性疾病时，一些急性时相蛋白如 C 反应蛋白在细菌感染性疾病中升高等等。

许多血浆蛋白质有多态性。所谓多态性指的是在人群中，某一蛋白质具有两种或两种以上的表型。如免疫球蛋白、铜蓝蛋白等均具有多态性。最典型的是 ABO 血型物质。该特性还和一些遗传疾病发生偶联，在临床诊断中有重要意义。

二、血浆蛋白质的功能

血浆蛋白质的功能很多，主要包括以下几个方面：

(一) 维持血浆胶体渗透压

血浆主要靠血浆蛋白质来维持胶体渗透压。尤其是清蛋白分子量小，血浆中浓度高，加之在生理 pH 条件下，其电负性高，能使水分子聚集其分子表面，因而清蛋白在维持血浆胶体渗透压上起主要作用。

（二）维持血浆正常 pH

正常血浆的 pH 为 7.40±0.05，而血浆蛋白质的等电点大部分在 4.0～7.3 之间。生理条件下，血浆蛋白多数以负离子的形式存在，血浆蛋白 Na^+ 盐可与相应蛋白形成缓冲体系，参与维持血浆正常的 pH。

（三）运输作用

血浆蛋白可作为载体蛋白与很多物质结合，包括一些不溶或难溶于水的物质，一些容易被细胞摄取或容易随尿液排出的物质，以便于它们在血液中的运输及代谢调节。其中清蛋白是结合能力最广泛的蛋白，如脂肪酸、胆红素、许多药物都是与清蛋白结合在血液中运输的，而且这种结合常表现竞争作用，如在新生儿溶血时应用磺胺类药物，由于药物与胆红素竞争与清蛋白结合，使得血胆红素增高，加重对脑组织的毒性。

（四）免疫作用

血浆中具有免疫作用的蛋白质是免疫球蛋白和补体。血浆中 γ 球蛋白几乎全是免疫球蛋白，一小部分免疫球蛋白出现在 β 和 α 球蛋白部分。免疫球蛋白分为 IgG、IgA、IgM、IgD 和 IgE 五大类。补体是一类血浆球蛋白，是以酶原形式存在的蛋白水解酶体系。

（五）营养作用

血浆蛋白质在体内分解代谢所产生的氨基酸，可参与组织蛋白质的合成，或转变成其他含氮化合物，为机体提供能量并维持体内氮的平衡。清蛋白由于含必需氨基酸多，具有更高的营养价值，肝脏每天将合成 15 g 左右的清蛋白补充到血液中。

（六）催化作用

血浆中的酶按其来源和功能可分为血浆功能性酶、外分泌酶和细胞酶三大类，测定这些酶在血浆中的活性有助于疾病诊断及估计预后。

（七）凝血、抗凝血和纤溶作用

血浆中存在众多凝血因子、抗凝血及纤溶物质，它们在血液中相互作用、相互制约，保持循环血流通畅。但当血管损伤、血液流出血管时，即发生血液凝固，以防止血液的大量流失。

第二节　红细胞代谢

一、血红素的合成及调节

血红蛋白（hemoglobin，Hb）是红细胞中最主要的蛋白质，含量占细胞蛋白总量的 90%以上。血红蛋白包括珠蛋白和血红素两部分。珠蛋白是由 2 条 α 链及 2 条非 α 链（β、γ、δ 链）组成的四聚体。珠蛋白的每条链都结合 1 分子血红素。血红素是血红蛋白的辅基，在幼红细胞及网织红细胞阶段，于细胞的线粒体及胞液中合成。

（一）血红素的合成过程

血红素属含铁的卟啉类化合物（porphyrins），由卟啉中四吡咯环上的氮原子与一个亚铁离子配位结合。合成血红素的原料为琥珀酰 CoA、甘氨酸和 Fe^{2+} 等。其合成过程包括：

1. δ-氨基-γ-酮戊酸的生成　在线粒体内，由琥珀酰 CoA 与甘氨酸缩合生成 δ-氨基-γ-酮戊酸(δ-aminolevulinic acid,ALA)(图 16-2)。反应由 ALA 合酶催化,其辅酶为磷酸吡哆醛。此酶是血红素合成过程的限速酶,其活性受血红素的反馈调节。

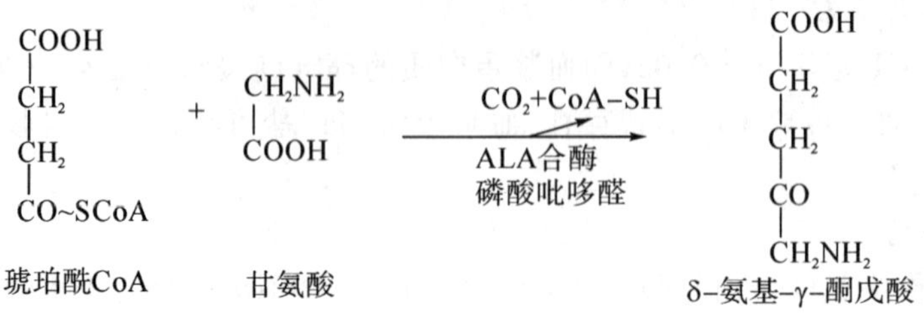

$$\underset{\text{琥珀酰CoA}}{\begin{array}{c}COOH\\|\\CH_2\\|\\CH_2\\|\\CO\sim SCoA\end{array}} + \underset{\text{甘氨酸}}{\begin{array}{c}CH_2NH_2\\|\\COOH\end{array}} \xrightarrow[\text{ALA合酶 磷酸吡哆醛}]{CO_2+CoA\text{-}SH} \underset{\delta\text{-氨基-}\gamma\text{-酮戊酸}}{\begin{array}{c}COOH\\|\\CH_2\\|\\CH_2\\|\\CO\\|\\CH_2NH_2\end{array}}$$

图 16-2　δ-氨基-γ-酮戊酸(ALA)的生成

2. 血红素的合成　ALA 生成后由线粒体进入胞液,在 ALA 脱水酶的作用下,2 分子 ALA 脱水缩合生成 1 分子卟胆原(PBG),4 分子卟胆原脱氨缩合生成 1 分子线状四吡咯,后者又经过环化等过程生成尿卟啉原Ⅲ及粪卟啉原Ⅲ。胞液中所生成的粪卟啉原Ⅲ进入线粒体,经过氧化、脱羧,生成原卟啉Ⅸ。通过亚铁螯合酶的催化,原卟啉Ⅸ与 Fe^{2+} 结合,生成血红素(图 16-3)。

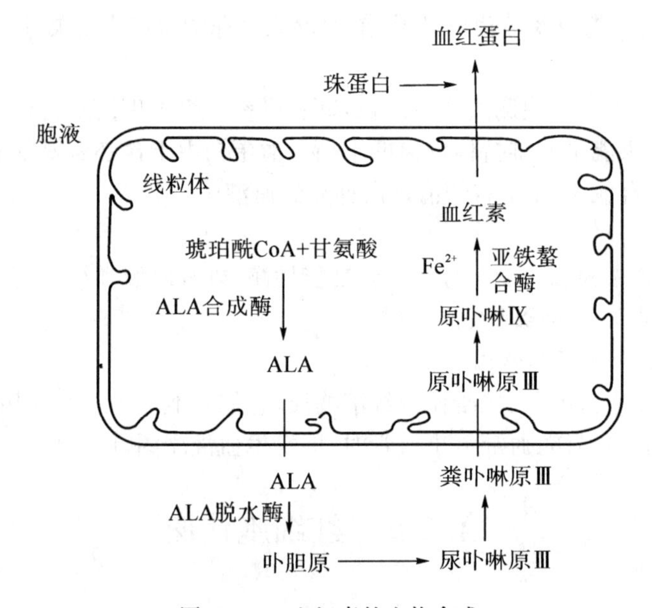

图 16-3　血红素的生物合成

(二) 血红素合成的调节

血红素的合成受多种因素的调节,主要通过 ALA 合酶来对合成过程进行调节。ALA 合酶是血红素合成的关键酶,受血红素的别构抑制调节并且血红素可以抑制其合成。如果珠蛋白的合成速度低于血红素的合成速度,则过多的血红素便被氧化成为高铁血红素,后者对 ALA 合酶具有强烈抑制作用。ALA 脱水酶和亚铁螯合酶对重金属的抑制均非常敏感,如铅可抑制这些酶的活性,铅中毒的重要体征是因血红素合成的抑制而贫血。

除此以外,血红素的合成还受肾脏产生的促红细胞生成素、某些类固醇激素及杀虫剂、致癌物和某些药物等的影响。

（三）卟啉症（porphyria）

卟啉症是血红素合成过程中酶的缺陷而引起的卟啉或其前体在体内的蓄积并在尿、粪中排泄增多而导致的一组疾病，也称紫质症。临床上表现为皮肤、腹部和神经三大症候群。蓄积的卟啉在紫外线照射下可产生带电不稳定氧，引起组织损伤。患者皮肤暴露于日光后，疼痛、破损，因此患者终日不能见光，需避光生活。

二、成熟红细胞的代谢特点

红细胞是血液中最主要的细胞。在发育成熟过程中经历了一系列形态及代谢的改变，最后才成为成熟红细胞。具体变化总结于表 16－1。

表 16－1　红细胞与其前体细胞的代谢比较

代谢能力	有核红细胞	网织红细胞	成熟红细胞
分裂增殖能力	＋	－	－
DNA 合成	＋*	－	－
RNA 合成	＋	－	－
蛋白质合成	＋	＋	－
脂类合成	＋	＋	－
血红素合成	＋	＋	－
三羧酸循环	＋	＋	－
有氧氧化	＋	＋	－
糖酵解	＋	＋	＋
磷酸戊糖途径	＋	＋	＋

注："＋"，"－"分别表示该途径有或无，* 晚幼红细胞为"－"

成熟红细胞除质膜和胞浆外，无其他细胞器，葡萄糖是成熟红细胞主要依赖的能量物质。成熟红细胞中还保留的代谢通路主要是葡萄糖的酵解通路和磷酸戊糖通路以及红细胞特有的2，3-二磷酸甘油酸（2，3-biphosphoglycerate，2，3-BPG）旁路。葡萄糖通过这些代谢过程的变化释出能量（ATP）、产生还原当量（NADH，NADPH）和一些重要的代谢物如 2，3-BPG 和磷酸戊糖等，这些对红细胞有效的行使功能，并在循环血液中维持红细胞大约 120 天的生命过程是极为重要的（表 16－2）。

表 16－2　红细胞中葡萄糖代谢两个主要通路的功能

酵解通路的功能 （葡萄糖⟶乳酸、丙酮酸）	磷酸戊糖通路的功能 （葡萄糖-6-磷酸⟶CO_2、戊糖等）
ADP⟶ATP （泵 K^+、Na^+ 和 Ca^{2+}）	
NAD^+⟶NADH （还原高铁血红蛋白）	$NADP^+$⟶NADPH （还原 GSSG 及蛋白质）
1，3-BPG⟶2，3-BPG （调节 Hb 对 O_2 的结合）	己糖⟶戊糖 （提供合成核苷酸的底物）

(一) 糖代谢

1. 糖酵解　红细胞每天从血浆摄取约 30 g 葡萄糖，其中 90%以上经过糖酵解通路而被利用。成熟红细胞没有线粒体氧化途径，糖酵解是其获得能量的基本过程。虽然高效率的运氧几乎不耗能，但红细胞需要 ATP 用于下述几个方面以维持红细胞的形态、结构和功能。

(1) 维持红细胞膜上钠泵(Na^+-K^+-ATPase)的正常运行，保持红细胞内高 K^+ 和低 Na^+ 的状态，从而保持红细胞双凹盘状外形。

(2) 维持红细胞膜上钙泵(Ca^{2+}-ATPase)的正常运行，将红细胞内的 Ca^{2+} 泵出，以维持红细胞内处于低钙状态。如果 Ca^{2+} 沉积在细胞膜上，红细胞膜会丧失柔韧应变的性质，易于溶血或被吞噬。

(3) 维持红细胞膜上与血浆脂蛋白中的脂质交换。ATP 缺乏时，脂质更新受阻，红细胞的可塑性下降，容易受到破坏。

(4) 成熟红细胞中谷胱甘肽、NAD^+ 等的生物合成，糖酵解葡萄糖活化都将消耗少量 ATP。

2. 2,3-二磷酸甘油酸旁路　红细胞糖酵解存在侧支循环— 2,3-二磷酸甘油酸旁路(图 16-4)。

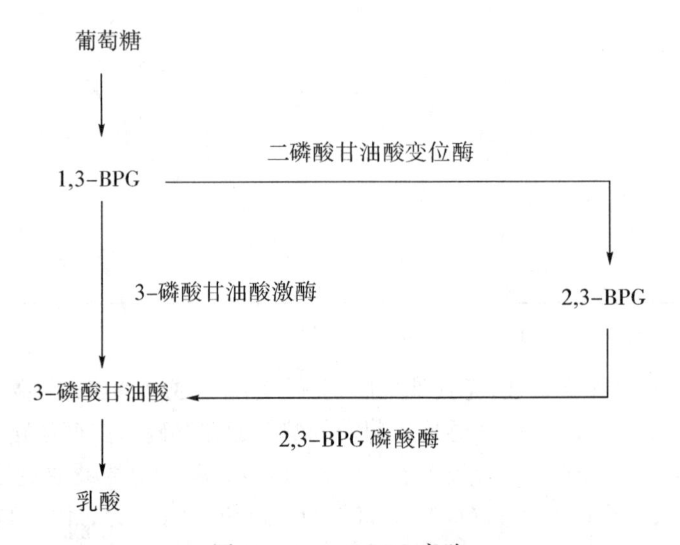

图 16-4　2,3-BPG 旁路

2,3-BPG 旁路仅占糖酵解的 15%～50%，但由于 2,3-BPG 磷酸酶的活性较低，2,3-BPG 的生成大于分解，所以造成红细胞内 2,3-BPG 含量的积聚。2,3-BPG 是调节血红蛋白携氧能力的重要因素。2,3-BPG 的负电基团与血红蛋白的 2 个 β 亚基的带正电基团之间可以形成盐键(图 16-5)，从而使得血红蛋白分子的 T 构象更为稳定，降低血红蛋白与 O_2 之间的亲和力，在细胞中释放 O_2。人体能通过改变红细胞内 2,3-BPG 的浓度来调

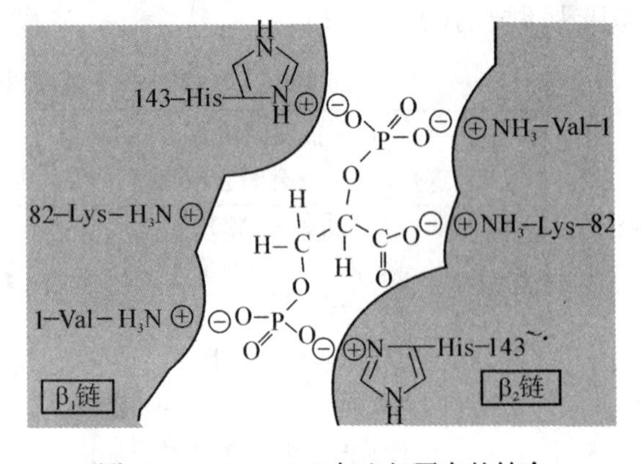

图 16-5　2,3-BPG 与血红蛋白的结合

节对组织的供氧。

3. 磷酸戊糖途径　红细胞中5%～10%的葡萄糖沿磷酸戊糖途径分解。磷酸戊糖途径的主要功能是产生NADPH。NADPH是红细胞内重要的还原物质，用于维持谷胱甘肽的还原和高铁血红蛋白的还原(图16－6)。

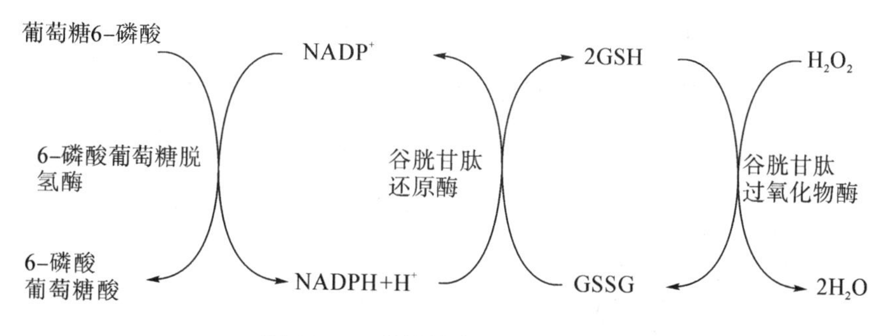

图16－6　谷胱甘肽的氧化和还原

有6-磷酸葡萄糖脱氢酶缺陷的病人，其红细胞中NADPH生成受阻，GSH减少，含巯基的膜蛋白和酶得不到保护，容易发生溶血。

(二) 脂代谢

成熟红细胞的脂类主要存在于细胞膜。虽然成熟红细胞不能进行脂肪酸的合成，但是膜脂的不断更新是红细胞生存的必要条件。红细胞可以通过不断地与血浆进行脂质交换来维持其正常的脂类组成、结构和功能。

(三) 铁的代谢

1. 铁的生理功能　铁是人体必需的微量元素之一，是人体血红蛋白的重要组成成分，也是肌红蛋白、细胞色素、过氧化物酶和过氧化氢酶的组成成分。其作用主要是合成血红素。成年正常男性体内含铁总量为3～4 g，女子稍低。其中血红蛋白铁为60%～70%。

2. 铁的来源　人体铁的来源主要有两部分：一是食物中的铁；二是红细胞被破坏所释放出来的血红蛋白铁。人体正常情况下，吸收的铁和丢失的铁大致相当，约为1 mg，大部分的铁可以储存并反复利用。反复出血者会出现缺铁症状。成年男子和绝经期妇女每天生理需铁量为0.5～1.0 mg，主要用于补充因胃肠道黏膜脱落(失铁约0.6 mg/天)，皮肤落屑(失铁约0.2 mg/天)以及泌尿道(失铁约0.1 mg/天)所丢失的铁，妇女月经期、妊娠、哺乳以及儿童少年生长发育，均需要更多的铁。胃肠道铁的吸收率一般在10%以下，通常每天膳食中含铁10～15 mg，即可满足人体的需要。

3. 铁的吸收　吸收铁的部位主要在十二指肠和空肠上端。胃肠道内铁存在的状态对于铁的吸收很有影响，只有在溶解状态下的铁才容易被吸收。影响铁吸收的主要因素有以下几个方面：

(1) 酸性的条件有利于铁的吸收。胃液中的盐酸可以促进铁的游离、溶解，将Fe^{3+}还原为Fe^{2+}，Fe^{2+}的溶解度大，易于吸收。当胃酸缺乏时，容易引起缺铁性贫血。柠檬酸、氨基酸、胆汁酸等可与铁结合成可溶性螯合物，也有利于铁的吸收。

(2) 血红蛋白等分解代谢所释放的血红素可以被肠道直接吸收，铁离子可以从肠道黏膜细胞中释放出来。

(3) 植物性食品中植酸、草酸、鞣酸、磷酸等能使铁离子形成不溶性沉淀，不利于铁的吸收。

4. 铁的运输及储存　由肠道所吸收入血的 Fe^{2+} 被氧化为 Fe^{3+} 而运输。游离的铁是有毒性的，在血液中运输的 Fe^{3+} 与运铁蛋白(transferrin)结合，这是铁在体内的运输形式。血浆运铁蛋白将 90%以上的铁运至骨髓，用于血红蛋白的合成。其余小部分用于合成铁蛋白，储存于肝、脾、骨髓等组织中。正常人体内含铁化合物的分布参见表 16 - 3。

表 16 - 3　人体内铁的分布及含量(以 70 kg 体重计算)

含铁化合物	功能	含化合物总量(g)	每克含铁化合物中铁的含量(mg)	含铁总量(mg)	占全身总铁量的百分比(%)
血红蛋白	运输 O_2				
外周血液		650.0	3.4	2 210	67.58
骨髓		25.0	3.4	85	2.59
肌红蛋白	储存 O_2	40.0	3.4	136	4.15
细胞色素	参与生物氧化	0.8	4.2	3	0.09
过氧化氢酶	分解 H_2O_2	5.0	0.9	4	0.12
运铁蛋白	转运铁	10.3	0.5	5	0.15
含铁血黄素	储存铁	1.2	330	390	11.92
含铁总量				3 270	

复习思考题

1. 名词解释：非蛋白氮、2,3-BPG。
2. 简述血浆蛋白质的功能。
3. 血红素合成过程中最主要的调节步骤及其影响因素是什么？
4. 简述红细胞的糖代谢特点。
5. 简述红细胞糖代谢过程所产生的代谢产物 ATP、2,3-BPG、NADH 和 NADPH 的主要生理功能。

(张　锐)

第十七章 肝的生物化学

【案例】

新生儿遭遇核黄疸

2015年，阿芳在安溪一家医院产下一子，出院后在家坐月子。期间，家人严禁她出门，房门、窗户一律关起来，生怕大人孩子着凉，为免影响母子二人休息，窗帘也被拉了起来。过了一个多星期，家人才发现孩子的脸和身子都很黄。家人商议后认为许多孩子出生后都发黄，以为过段时间就可以消退，也没太在意。阿芳坐完月子，见孩子仍是黄得吓人，还开始抽筋，坚持送孩子到医院医治。医生检查后，发现孩子脑部已有不可逆的损伤，出现了脑瘫的症状。为什么这个孩子全身发黄？导致脑部损伤的机制是什么？

提示：血中胆红素浓度过高会造成组织黄染，未结合胆红素具有神经细胞毒性。

正常人肝重为1～1.5 kg，占体重的2.5%，是人体内最大的实质性器官。已知肝脏的功能有1 500多种，几乎参与体内各类物质的代谢，是人体内物质代谢的枢纽，生命活动重要的器官之一。它不仅在糖、脂类、蛋白质三大物质的消化、吸收、排泄等方面都发挥着重要作用，而且还与非营养物质的生物转化、胆汁酸的代谢、胆色素的代谢密切相关，故肝脏被称为“物质代谢中枢”。

肝特有的形态结构和化学组成是其执行复杂生理功能的物质基础(图17－1)。①肝脏具有肝动脉和门静脉双重血液供应，肝动脉使肝细胞从中可获得充足的氧和代谢物，以保证肝内各种代谢反应的正常进行；又可从门静脉获得大量由消化道吸收而来的营养物，为肝执行多种生理功能提供丰富的物质保障。②肝脏具有肝静脉和胆道系统两条输出通道。通过肝静脉，其与体循环相连，可将肝内的代谢产物运输到其他组织利用，或排出体外；肝通过胆道系统与肠道沟通，实现将肝分泌的胆汁酸排入肠道，帮助脂类消化吸收，同时也排出一些

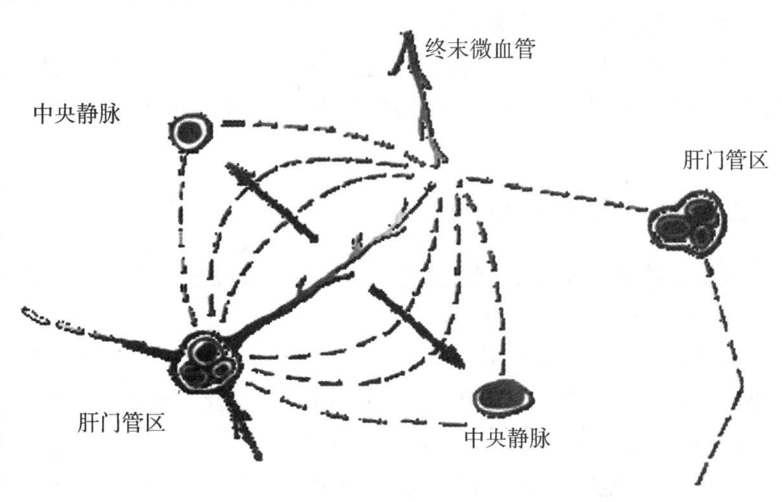

图17－1 肝的组织结构
(肝细胞分带示意图，箭头表示血流方向)

代谢产物或毒物。③肝细胞酶含量丰富，已知肝细胞内酶的种类有数百种，有些是肝细胞特有。④肝细胞有丰富的亚细胞结构，含有更多的线粒体、内质网、微粒体及溶酶体等，为肝进行活跃的生物氧化、蛋白质合成、生物转化等代谢提供了结构和能量保证。

第一节　肝脏在物质代谢中的作用

一、肝脏在糖代谢中的作用

肝在糖代谢中的主要作用是通过调节肝糖原合成与分解、糖异生，维持血糖浓度在正常水平，确保全身各组织，尤其是大脑和红细胞的能量供应，是调节血糖浓度恒定的主要器官。

（一）肝糖原的合成、储存和分解

肝细胞膜含有葡萄糖转运蛋白 2(glucose transporter 2,GLUT2)，可使肝细胞内的葡萄糖浓度与血糖浓度保持平衡。饱食后血糖有升高趋势，肝脏合成糖原来储存能量。肝糖原约占肝重的 5%，可达 75～100 g；空腹时血糖浓度趋于降低，肝脏通过增强糖原分解，在其特有的葡萄糖-6-磷酸酶作用下将糖原分解成葡萄糖，用来补充血糖，使之维持在正常水平。

（二）肝脏的糖异生

某些非糖物质如甘油、乳酸、生糖氨基酸等可在肝脏转变成葡萄糖或糖原，此异生作用在饥饿及剧烈运动后尤为显著。

（三）维持血糖浓度的相对恒定

肝脏对全身糖代谢的影响最突出的是维持血糖浓度的相对恒定，为全身各组织特别是脑、红细胞等提供足够的葡萄糖。饱食后合成糖原存储，降低血糖；短期饥饿时肝糖原分解进入血液维持血糖、糖异生补充血糖；饥饿 12 小时左右肝糖原几乎耗尽，肝脏加强糖异生作用，维持血糖的正常水平。因此在慢性肝病等严重肝功能受损的病人，肝脏维持血糖恒定能力下降，表现为空腹低血糖，进食后出现一时性高血糖，并持续较长时间的糖代谢紊乱。

（四）旺盛的磷酸戊糖途径

因为肝脏有旺盛的合成代谢，包括脂肪酸、胆固醇、血浆蛋白质、核酸等的合成，因此需要磷酸戊糖途径提供丰富的 NADPH 和磷酸核糖。NADPH 同时还为肝的生物转化提供还原力。

二、肝脏在脂代谢中的作用

肝脏在脂类的消化、吸收、运输、合成及分解等过程中均起重要作用。

（一）促进脂类的消化吸收

肝脏转化胆固醇为胆汁酸，随胆汁分泌进入肠道，促进脂类的消化吸收。当肝脏受损时，分泌胆汁的能力下降，影响脂类的消化吸收，临床上可出现“脂肪泻”的症状。

（二）参与甘油三酯及脂肪酸的代谢

肝脏是合成脂肪酸和脂肪的主要场所。饱食后，葡萄糖进入肝脏，主要用于合成糖原，其中一部分葡萄糖也可以转变为甘油三酯并以极低密度脂蛋白(VLDL)的形式运送至脂肪组织储存。肝脏也是氧化分解脂肪酸的主要场所。饥饿时，脂库中脂肪动员，释放出脂肪酸进入肝内进行β-氧化，释放出较多能量，供肝脏自身所需。酮体是肝脏生成的特征性脂肪酸代谢副产

品，它作为肝脏分配全身能源的形式经血液运输到肝外组织（脑、心肌、骨骼肌等）氧化利用。

（三）合成胆固醇和磷脂

肝脏是合成胆固醇最旺盛的器官，其合成的胆固醇含量占全身合成总量的 80%以上，是血浆胆固醇的主要来源。此外，肝脏还合成并分泌卵磷脂胆固醇脂酰转移酶（LCAT），促使胆固醇酯化。当肝脏严重损伤时，不仅胆固醇合成减少，血浆胆固醇酯的降低往往出现更早和更明显。

肝脏还是合成磷脂的重要器官。肝内磷脂的合成与甘油三酯的合成及转运密切相关。磷脂在肝细胞内质网合成后，主要与其他脂类和载脂蛋白一起在肝内形成 VLDL、HDL，将脂类运输至全身各组织。磷脂合成障碍会导致甘油三酯在肝内堆积，形成脂肪肝（fatty liver）。

三、肝脏在蛋白质代谢中的作用

肝内蛋白质代谢非常活跃，肝蛋白质的半寿期为 10 天，而肌肉蛋白质半寿期为 180 天，可见肝内蛋白质的更新速度较快。肝脏在蛋白质代谢中的作用主要体现在以下几个方面：

（一）合成蛋白质

肝脏除了合成自身所需蛋白质外，还合成多种分泌蛋白。如血浆蛋白中，除了 γ-球蛋白外，清蛋白、凝血因子、纤维蛋白原以及多种载脂蛋白（Apo A、Apo B、Apo C、Apo E 等）都在肝内合成，其中以清蛋白的合成和分泌速度最快，仅需 20～30 min。血浆清蛋白分子量小，含量多，是维持血浆胶体渗透压的主要成分。严重肝功能损害患者常出现水肿，主要原因是清蛋白合成减少，血浆胶体渗透压降低所致。病人同时还会出现清蛋白与球蛋白比值（A/G）下降，甚至倒置，临床将其作为肝功能正常与否的判断指标之一。胚胎肝细胞还可合成一种与血浆清蛋白分子量相似的甲胎蛋白（α-fetoprotein，AFP），胎儿出生后其合成受到阻遏，因而正常人血浆中几乎没有这种蛋白质，原发性肝癌患者，血浆中可检测出这种蛋白质，故甲胎蛋白的检测对原发性肝癌的诊断有一定的意义。

（二）肝内氨基酸代谢相关酶类含量丰富，因此氨基酸的转氨基、脱氨基、脱羧基、个别氨基酸的代谢过程均在肝内进行

正常情况下，血液中分解氨基酸的酶类活性很低，但当肝细胞损伤或细胞膜通透性增强时，细胞内的某些酶进入血液，使血液中的酶活性升高。因此，通过测定血液中某些酶活性的变化可以用来帮助诊断肝脏病变。例如，临床上常以血清中丙氨酸氨基转移酶（GPT 或 ALT）活性的升高作为急性肝炎的诊断指标之一。另外，除支链氨基酸外，其余氨基酸尤其是芳香族氨基酸主要在肝中进行分解代谢。

（三）代谢氨和胺类化合物

肝脏是体内解除毒的主要器官，因为只有肝脏含有合成尿素的整套酶系。临床上肝功能严重受损时，肝脏合成尿素障碍，血氨浓度升高，是导致肝性脑病肝昏迷的主要原因。另外，肝脏也是胺类物质解毒的重要器官，肠道腐败作用产生的芳香胺类有毒物质吸收入血后主要在肝内进行生物转化。肝功能不全或门静脉侧支循环形成时，这些芳香胺类物质进入神经组织，通过 β-羟化生成假神经递质苯乙醇胺和 β-羟酪胺，抑制脑细胞功能，促进肝性脑病的发生。

四、肝脏在维生素代谢中的作用

肝脏在维生素的贮存、吸收、运输和转化等方面具有重要作用。

1. 肝脏是体内含维生素较多的器官，如维生素 A、维生素 D、维生素 K、维生素 B_2、维生素 PP、维生素 B_6、维生素 B_{12} 等主要贮存于肝脏，其中，肝脏中维生素 A 的含量占体内总量的 95%。因此，维生素 A 缺乏导致夜盲症时，动物肝脏有较好疗效。

2. 肝脏所分泌的胆汁酸盐可协助脂溶性维生素的吸收。因此肝胆系统疾患，可伴有维生素的吸收障碍。

3. 肝脏合成维生素 D 结合球蛋白以及视黄醇结合蛋白，通过血液循环运输维生素 D 和维生素 A。

4. 肝脏还直接参与将 β-胡萝卜素（维生素 A 原）转变为维生素 A_1；将维生素 D_3 转变为 25-羟维生素 D_3；将维生素 B_2 转变成 FMN、FAD；维生素 PP 转变成 NAD^+、$NADP^+$；泛酸合成辅酶 A；维生素 B_6 合成磷酸吡哆醛；维生素 B_1 合成 TPP 等多种维生素的转化。

五、肝脏在激素代谢中的作用

许多激素在发挥其调节作用后，主要在肝脏内被分解转化，从而降低或失去其活性，此过程称激素的灭活（inactivation of hormone）。如雌激素、醛固酮可在肝内与葡萄糖醛酸或硫酸等结合而灭活；抗利尿激素可在肝内水解灭活。如果肝功能受损害，肝对这些激素的灭活能力下降，使其体内水平升高，可出现男性乳房发育、肝掌、蜘蛛痣以及水钠潴留等症状。多种蛋白类及多肽类激素也主要在肝脏内灭活，因肝细胞膜上有与某些水溶性激素特异结合的受体，通过内吞作用进入细胞进行代谢转化。

肝损伤时可能出现的临床症状及相关的肝代谢障碍归纳如表 17-1。

表 17-1 肝代谢障碍所导致的临床症状

肝功能	临床表现	相关的肝代谢障碍
糖代谢	低血糖	肝糖原储存下降，糖异生减弱
脂类代谢	厌油腻及脂肪泻	分泌胆汁酸盐的能力下降或排出障碍
	脂肪肝	极低密度脂蛋白合成减少
蛋白质代谢	肝性脑病	尿素合成能力下降
	水肿或腹水	清蛋白合成减少
	凝血时间延长及出血倾向	凝血酶原、纤维蛋白原合成减少
维生素代谢	出血倾向	维生素 K 的吸收与代谢障碍
	夜盲症	维生素 A 的吸收、转运与代谢障碍
激素代谢	蜘蛛痣、肝掌	肝对雌激素的灭活功能降低

第二节 肝的生物转化作用

一、生物转化的概念

生物转化（biotransformation）是指机体将一些极性或水溶性较低、不容易排出体外的非营养物质进行各种代谢转变，从而增加其极性或水溶性，使其容易随胆汁或尿液排出体外的过程。能够进行生物转化的器官有肝、肾、肠、肺、皮肤及胎盘等，其中肝是生物转化的主要器官。在肝细胞微粒体、胞液、线粒体等亚细胞部位存在丰富的生物转化酶类，能够有效处理体内的非营养物质。

人体内的非营养物质根据来源不同可分为内源性和外源性两大类。内源性非营养物质包括体内物质代谢的产物或中间代谢物（如胺类、胆红素等）以及发挥生理作用后有待灭活的激素、神经递质等生理活性物质。外源性物质是指在日常生活或生产过程中不可避免接触到的异源物（xenobiotics），如药物、毒物、环境化学污染物、食品添加剂及从肠道吸收来的腐败产物吲哚、硫化氢等。这些非营养物质既不是构成组织细胞的原料，也不能氧化供能，往往水溶性差，难以排泄，需要先进行生物转化作用处理后增加其水溶性，机体才能将它们排出体外，同时生物转化也会改变其毒性或生理活性。

生物转化无疑对机体起着明显的保护作用，是生命体适应环境、赖以生存的有效措施。一般情况下非营养物质经生物转化作用后，其毒性大多会降低，甚至消失，因此曾将生物转化称为生理解毒（physiological detoxification）。但有些物质经生物转化后毒性反而增强，如甲醇转变为甲醛，有些药物如环磷酰胺、百浪多息、水合氯醛、硫唑嘌呤和大黄等需经生物转化才能成为有活性的药物，所以不能将生物转化作用一概称为“解毒作用”。

二、生物转化反应的主要类型

生物转化的反应多样、复杂，包含多种化学反应类型。肝内生物转化按其化学反应的性质分为两相反应。第一相反应包括氧化、还原、水解反应，第二相反应为结合反应，分别在细胞的不同部位进行。少数物质只经过第一相反应即可充分代谢或迅速排出体外，但多数非营养物或毒物经过第一相反应后，极性改变仍不大，必须与某些极性更强的物质（如葡萄糖醛酸、硫酸、氨基酸等）结合，增加其溶解度，才能排出体外。有些则不经过第一相反应，直接进行结合反应。

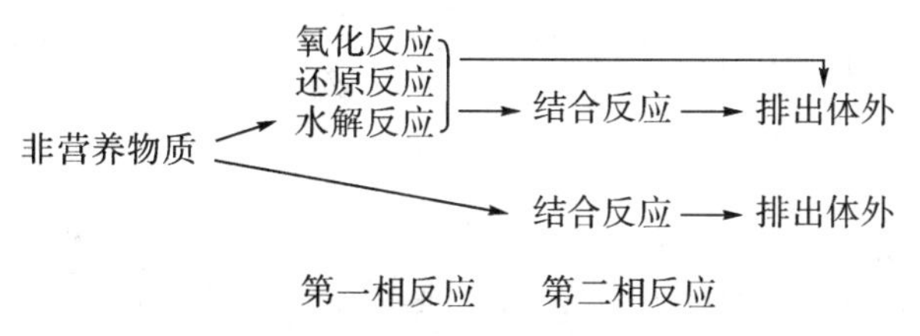

（一）第一相反应——氧化、还原、水解反应

1. 氧化反应（oxidation） 氧化反应是生物转化第一相反应中最主要的反应类型，肝细胞微粒体、胞液及线粒体中均含有参与反应的各种氧化酶或脱氢酶，催化不同类型的化合物进行氧化反应。大多数非营养物质如醇、醛、胺类及芳香烃类化合物通过氧化反应进行转化。

（1）加单氧酶系：加单氧酶系（monooxygenase）存在于肝细胞微粒体，又称为微粒体加单氧酶系，在生物转化的氧化反应中最重要。该酶是一种多酶复合体，反应需要细胞色素 P_{450}（cytochrome P_{450}，CYP450）和 NADPH 参与，其催化的酶促反应特点为能直接激活氧分子，使其中一个氧原子加到产物分子中，生成羟基类化合物，另一个氧原子被 NADPH 还原成水，故此酶又称为混合功能氧化酶（mixed function oxidase）或羟化酶。加单氧酶系可参与多种药物和毒物的生物转化，使其羟化后增强水溶性，利于排出体外。此外，加单氧酶系还参与了体内多种活性物质的羟化反应，如维生素 D_3 的羟化而转变为其生物活性形式 1,25-$(OH)_2D_3$、胆固醇转变成胆汁酸过程中的多步羟化反应等。其反应通式如下：

$$RH + O_2 \xrightarrow{NADPH+H^+ \quad NADP^+} ROH + H_2O$$

（2）单胺氧化酶系：单胺氧化酶系（monoamine oxidase，MAO）存在于肝细胞线粒体，是一种黄素酶类，可催化胺类物质氧化脱氨生成相应的醛，再进一步氧化为酸。肠道腐败作用产物组胺、酪胺、尸胺、腐胺等胺类物质和体内许多活性物质如 5-羟色胺、儿茶酚胺类等可以通过此反应转化排出，如酪胺经单胺氧化酶系转化成对羟基苯乙醛。其反应通式如下：

$$RCH_2NH_2 + O_2 + H_2O \longrightarrow RCHO + NH_3 + H_2O_2$$

（3）脱氢酶系：醇脱氢酶（alcohol dehydrogenase，ADH）和醛脱氢酶（aldehyde dehydrogenase，ALDH）分别存在于肝细胞的胞液和微粒体中，都以 NAD^+ 作为辅酶，分别催化醇或醛氧化成相应的醛或酸，最终可转变为 CO_2、H_2O。如人体内 90%～98%乙醇被直接运送至肝脏，通过醇脱氢酶氧化成乙醛，再经醛脱氢酶进一步氧化为乙酸。

$$\underset{\text{乙醇}}{CH_3CH_2OH} \xrightarrow{\text{醇脱氢酶}} \underset{\text{乙醛}}{CH_3CHO} \xrightarrow{\text{醛脱氢酶}} \underset{\text{乙酸}}{CH_3COOH} \longrightarrow CO_2 + H_2O$$

2. 还原反应（reduction）　肝细胞微粒体中存在的还原酶类，主要是硝基还原酶（nitroreductase）和偶氮还原酶类（azoreductase），其均属于黄素酶类，反应需要 NADPH 及还原型细胞色素 P_{450} 供氢，产物是胺类。

3. 水解反应（hydrolysis）　肝细胞胞液和微粒体中含有多种水解酶，如酯酶、酰胺酶和糖苷酶等，它们分别催化酯类、酰胺类、糖苷类化合物的水解，以降低或消除其生物活性，但一般还需要其他生物转化反应进一步转化后才能排出体外，例如异烟肼、乙酰水杨酸（阿司匹林）、普鲁卡因、利多卡因等药物的降解。

$$\underset{\text{异丙异烟肼}}{\text{N}(C_5H_4)\text{-CONHNHCH}(CH_3)_2} \xrightarrow{\text{酰胺酶}} \underset{\text{异烟酸}}{\text{N}(C_5H_4)\text{-COOH}} + \underset{\text{异丙肼}}{H_2NNHCH(CH_3)_2}$$

（二）第二相反应——结合反应

结合反应（conjugation reaction）可在肝细胞微粒体、胞液和线粒体内进行，是体内最重要、最普遍的生物转化方式。凡含有羟基、羧基或氨基的非营养物质，均可在肝内与葡萄糖醛酸、硫酸、谷胱甘肽、甘氨酸等发生结合反应，或进行酰基化、甲基化等反应，其中以与葡萄糖醛酸、硫酸和乙酰基结合反应最为重要，尤其以葡萄糖醛酸的结合反应最为重要和普遍。

1. 葡萄糖醛酸结合反应　参与结合反应的葡萄糖醛酸由糖醛酸循环代谢途径产生，葡萄糖醛酸的活性供体为尿苷二磷酸葡萄糖醛酸（UDP-glucuronic acid，UDPGA）。在肝细胞微粒体 UDP-葡萄糖醛酸转移酶（UDP-glucuronyl transferase，UGT）催化下，葡萄糖醛酸基被转移到醇、酚、胺、羧酸类化合物的羟基、氨基及羧基上形成相应的葡萄糖醛酸苷，其通常反应式如下：

$$\text{X-OH} + \text{UDPGA} \xrightarrow{\text{葡萄糖醛酸转移酶}} \text{XO-葡萄糖醛酸苷} + \text{UDP}$$

胆红素、类固醇激素、氯霉素、吗啡及苯巴比妥类药物等均可通过葡糖醛酸结合反应进行生物转化,进而排出体外。

O_2N—C—C—CH_2OH (H NHCO—$CHCl_2$; OH H) —葡萄糖醛酸转移酶(UDPGA → UDP)→ COOH、O、H、OH、H、OH、H、OH、H —O—CH_2—C—CH— (NHCO—$CHCl_2$; H OH) —NO_2

氯霉素

2. 硫酸结合反应　肝细胞胞液中存在硫酸转移酶(sulfotransferase,SULT),能催化将活性硫酸供体 3′-磷酸腺苷 5′-磷酰硫酸(PAPS)中的硫酸基转移至类固醇、醇、酚或芳香胺等类非营养物质羟基上,生成硫酸酯的结合反应,使其水溶性增强,易于排出体外,如雌酮与硫酸结合而形成硫酸酯而灭活。

HO (O) —+PAPS→ HO_3SO (O) +PAP

雌酮　雌酮硫酸酯

3. 乙酰基结合反应　在肝细胞胞质乙酰基转移酶(acetyltransferase)的催化下,以乙酰 CoA 作为乙酰基供体,使得苯胺等芳香胺类化合物乙酰化,形成乙酰化衍生物,如磺胺类药物、抗结核药物异烟肼等可通过乙酰基结合反应失去活性。

C(=O)—NH—NH_2 (N) + H_3C—C(=O)~SCoA → C(=O)—NH—NH—C(=O)—CH_3 (N) + CoASH

异烟肼　乙酰CoA　乙酰异烟肼

三、生物转化的特点

(一) 连续性

大部分非营养物质需要连续经过几种化学反应才能达到转化的目的,如乙酰水杨酸往往先水解成水杨酸后再经结合反应才能排出体外。

(二) 多样性

同一种非营养物质可以通过不同反应过程进行转化。

(三) 解毒与致毒双重性

对于大部分营养物质来说,经过生物转化后其毒性将降低,甚至消失,但对于少数物质,经过生物转化后其毒性反而增强,或者由无毒转变成有毒或有害。因此,生物转化的结果具有“解毒”或“致毒”的双重性。许多致癌物质在体内存在多种转化方式,例如黄曲霉素 B_1 一方面可通过生物转化反应显示出致癌作用,另一方面也可以通过生物转化作用发生解毒。

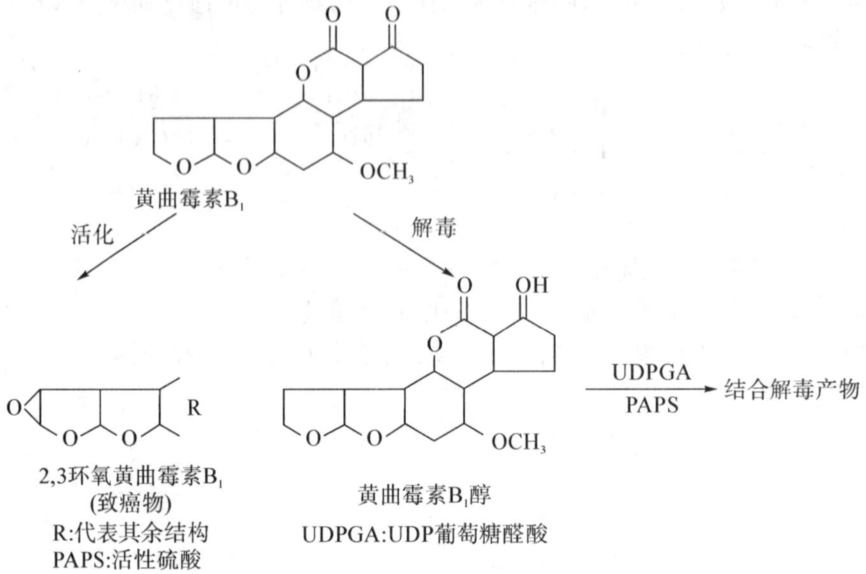

黄曲霉素B_1

活化 解毒

2,3环氧黄曲霉素B_1
(致癌物)
R:代表其余结构
PAPS:活性硫酸

黄曲霉素B_1醇
UDPGA:UDP葡萄糖醛酸

UDPGA / PAPS → 结合解毒产物

四、影响生物转化作用的因素

肝的生物转化作用受到多种因素的影响和调节，主要为年龄、性别、营养状况、疾病、药物、食物等因素。

（一）年龄对生物转化作用的影响

新生儿肝生物转化酶系发育不完善，对药物或毒物转化能力较差，所以容易发生药物和毒物中毒。老年人对血浆药物清除率减慢，药物在体内的半衰期延长，容易发生药物作用蓄积。临床上许多药物使用时都要求儿童和老人慎用或禁用，对新生儿及老年人的用药量较青壮年少。

（二）性别对生物转化作用的影响

对于有些非营养物质在体内的生物转化存在明显的性别差别。如女性体内醇脱氢酶活性常高于男性，女性对乙醇的代谢处理能力比男性强。

（三）营养状况对生物转化作用的影响

蛋白质的摄入可以增加肝重量和生物转化整体酶活，提高肝生物转化的效率。饥饿数天（7 天），肝脏谷胱甘肽 S-转移酶（GST）的作用受到明显影响，其参与的生物转化反应降低。

（四）疾病对生物转化作用的影响

肝脏作为生物转化的主要器官，其实质损伤将严重影响生物转化酶类的合成及活性，如严重肝病时微粒体加单氧酶系活性可降低 50%，因此对肝病患者用药要特别慎重。

（五）药物诱导作用对生物转化的影响

某些药物能够诱导相关生物转化酶类的合成，加速自身进行转化，与此同时也对其他药物的生物转化产生影响。如长期服用苯巴比妥可诱导肝微粒体加单氧酶系的合成，使机体对苯巴比妥类催眠药的转化能力增强，从而产生耐药性。另外，在临床治疗过程中还可以利用药物的诱导作用增强对某些药物的代谢，达到解毒的目的，如服用地高辛时用少量苯巴比妥以减少地高辛的中毒。由于多种物质在体内生物转化常由同一酶系催化，当同时服用多种药物时可出现竞争，使各种药物生物转化作用相互抑制，所以同时服用多种药物时应注意。

（六）食物对生物转化作用的影响

食物中常含有能诱导或抑制生物转化酶系活性的非营养物质。如烧烤食物、萝卜等含有微粒体加单氧酶系诱导物；食物中黄酮类可抑制加单氧酶系活性。

第三节　胆汁与胆汁酸的代谢

一、胆汁

胆汁(bile)是由肝细胞分泌的黄色液体。正常成人每天分泌胆汁为300～700 ml。肝细胞初分泌的胆汁称为肝胆汁(hepatic bile)，经胆道系统进入胆囊后进行浓缩并掺入黏液成为胆囊胆汁(gallbladder bile)，颜色加深为暗褐色或棕绿色，再经胆总管排至十二指肠，参与食物中脂类物质的消化和吸收。胆汁的固体成分主要是胆汁酸盐，约占固体成分的50%，此外还有胆固醇、磷脂、胆色素等代谢产物和药物、毒物、重金属盐等排泄物。胆汁具有双重功能，一方面胆汁作为消化液可以促进脂类的消化和吸收；另一方面胆汁作为排泄液，将某些代谢产物和药物、毒物、重金属盐等排泄物排出体外。

二、胆汁酸的代谢

（一）胆汁酸分类

胆汁酸(bile acid)是胆汁中存在的一类24碳胆烷酸的羟基化合物，是肝细胞以胆固醇作为原料合成，也是体内胆固醇降解的主要途径，正常人每天合成的胆固醇约有40%(0.4～0.6 g)在肝内转变为胆汁酸。胆汁酸在胆汁中常以钠盐或钾盐的形式存在，称胆汁酸盐(bile salt)。

胆汁酸按其来源不同可分为初级胆汁酸和次级胆汁酸两大类。初级胆汁酸由胆固醇转化而来，包括胆酸和鹅脱氧胆酸。初级胆汁酸进一步在肠道细菌作用下，第7位α羟基脱氧生成次级胆汁酸，包括脱氧胆酸和石胆酸两类。胆汁酸按结构分为游离胆汁酸(free bile acid)和结合胆汁酸(conjugated bile acid)两大类。结合胆汁酸指与结合剂甘氨酸或牛磺酸结合。胆汁中的胆汁酸几乎都以结合型存在。几种胆汁酸结构如图17-2所示。

（二）胆汁酸代谢及肠肝循环

1. 初级胆汁酸的生成　肝细胞以胆固醇作为原料合成初级胆汁酸，胆固醇首先进行羟化反应，在肝微粒体7α-羟化酶(cholesterol 7α-hydroxylase)的催化下生成7-α羟胆固醇，随后再经加氢、异构、还原、侧链氧化、断裂等多步酶促反应生成初级游离型胆汁酸，即胆酸和鹅脱氧胆酸。7α-羟化酶属加单氧酶，是胆汁酸合成途径中的关键酶，受终产物胆汁酸的负反馈调节。口服考来烯胺(消胆胺)能促进胆汁酸排泄，减少胆汁酸的重吸收，从而减弱7α-羟化酶的抑制作用，促进胆固醇生成胆汁酸，可以降低血清胆固醇。甲状腺激素能够增加7α-羟化酶的表达，促进胆汁酸的合成，因此甲亢患者血清胆固醇含量降低。初级游离型胆汁酸生成后可与甘氨酸和牛磺酸结合生成相应的初级结合型胆汁酸(见附录)。

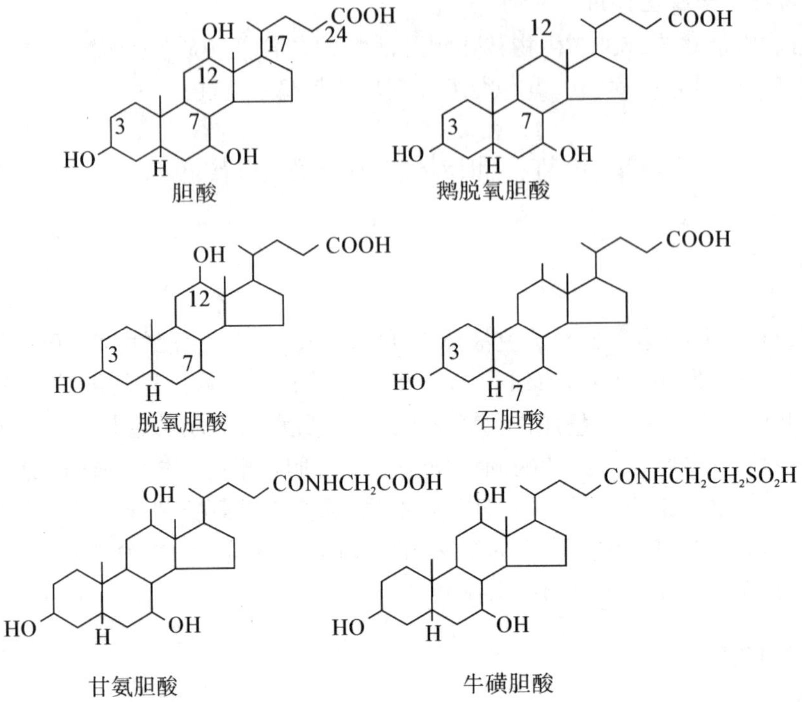

胆酸　　鹅脱氧胆酸

脱氧胆酸　　石胆酸

甘氨胆酸　　牛磺胆酸

图 17－2　几种主要胆汁酸的结构

2. 次级胆汁酸的生成和胆汁酸肠肝循环　由肝脏合成的初级胆汁酸随胆汁分泌进入肠道，在协助脂类物质消化吸收的同时，在小肠下段及大肠受细菌酶的作用，部分结合型胆汁酸水解脱去甘氨酸或牛磺酸，转变为游离型初级胆汁酸，进一步在肠道细菌酶的作用下，脱去 7 位 α-羟基，转变为次级胆汁酸，即胆酸转变为脱氧胆酸，鹅脱氧胆酸转变为石胆酸。

进入肠道的各种胆汁酸（包括初级和次级、游离型和结合型）大约有 95％以上被肠壁重吸收进入血液，其余约 5％溶解度较小的石胆酸直接随粪便排出体外。重吸收的胆汁酸经门静脉进入肝，在肝内游离型胆汁酸转变为结合胆汁酸，并与新合成的胆汁酸一起随胆汁排入十二指肠，胆汁酸在肝和肠的这一循环过程称为胆汁酸的肠肝循环（enterohepatic circulation of bile acid）（图 17－3）。

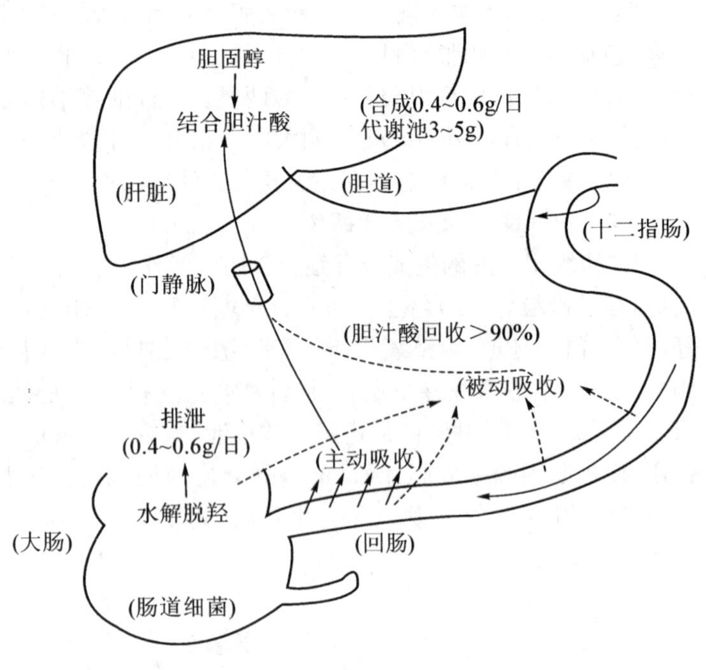

图 17－3　胆汁酸的肠肝循环

胆汁酸的肠肝循环具有重要的生理意义，能使得有限的胆汁酸反复利用，最大限度地发挥功能，促进脂类物质的消化和吸收。人体每天需要 16～32 g 胆汁酸来乳化脂类，而正常人体胆汁酸代谢池仅有 3～5 g，肝脏每天合成的胆汁酸只有 0.4～0.6 g，远不能满足人体的需求。每次进餐后，机体进行 6～12 次胆汁酸的肠肝循环，从肠道吸收的胆汁酸总量达 12～32 g，来弥补胆汁酸合成量的不足。若破坏胆汁酸的肠汁循环，如腹泻或回肠大部切除等，不仅会影响脂类物质的消化吸收，也会使胆汁中胆固醇含量相对增加，容易形成胆固醇结石。

三、胆汁酸的生理功能

（一）促进脂类的消化吸收

胆汁酸分子内既含有亲水性的羟基、羧基或磺酸基等，又含有疏水的环状烃核和甲基。在立体构型上两类性质不同的基因恰好位于胆汁酸盐分子的两侧（图 17－4），因此胆汁酸盐具有很强的界面活性，能降低油和水两相之间的表面张力，使脂类物质乳化，增强水解酶对脂肪的接触和分解，并能形成溶于水的微团被吸收。

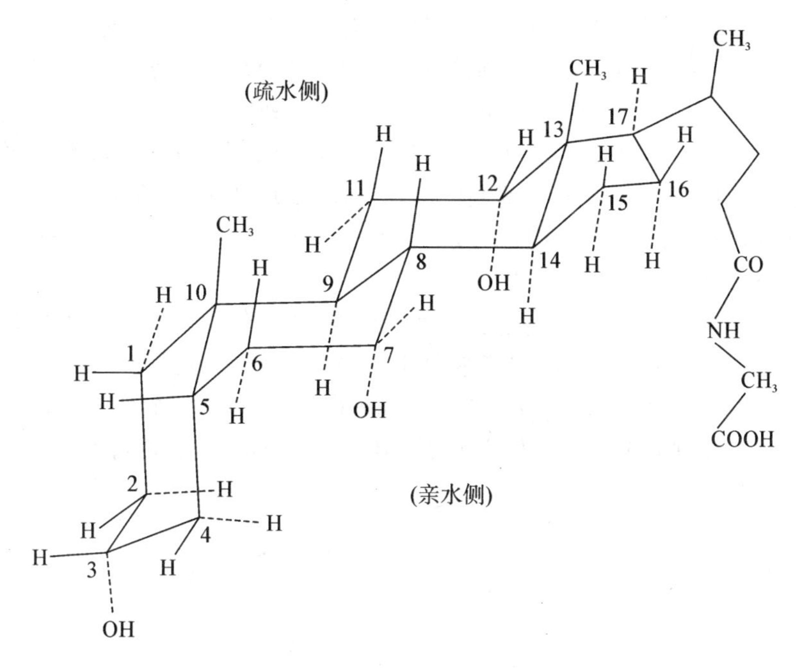

图 17－4　甘氨胆酸的立体构型

（二）防止胆固醇析出形成结石

人体约 99％的胆固醇随着胆汁经肠道排出体外，其中 1/3 以胆汁酸形式，2/3 直接以胆固醇形式排出。由于胆固醇难溶于水，在浓缩的胆囊胆汁中容易沉淀析出。胆汁中的胆汁酸盐与卵磷脂可以使胆固醇分散形成可溶性微团，使其不容易结晶沉淀而随着胆汁排出体外。如果肝合成胆汁酸能力降低、排入胆汁的胆固醇过多（高胆固醇血症）、消化道丢失过多的胆汁酸、胆汁酸的肠肝循环减少等，造成胆汁酸同卵磷脂与胆固醇比值降低，当比值小于 10∶1 时，容易引起胆固醇沉淀析出形成胆结石（gallstone）。

第四节 胆色素代谢与黄疸

胆色素是体内铁卟啉化合物分解代谢生成的产物，包括胆绿素（biliverdin）、胆红素（bilirubin）、胆素原（bilinogen）、胆素（bilin）等，正常情况下主要随胆汁排出体外。肝在胆色素代谢中起着重要作用，其中胆红素代谢处于胆色素代谢的中心，胆红素呈金黄色，是胆汁的主要色素。胆红素的生成、转运以及排泄异常与多种临床病理生理过程相关。

一、胆红素的生成与转运

（一）胆红素的生成

体内胆红素的主要来源有：①其中约 80%为衰老红细胞破坏释放的血红蛋白分解产生；②小部分来自造血过程中红细胞过早破坏的血红蛋白降解产生；③少量来自肌红蛋白、细胞色素类、过氧化氢酶及过氧化物酶等非血红蛋白铁卟啉化合物分解代谢产生。

正常成人体内红细胞寿命约为 120 天，每小时有$(1\sim2)\times10^8$个红细胞被破坏，衰老红细胞被肝、脾、骨髓中单核吞噬系统细胞识别并吞噬破坏，释放出血红蛋白。血红蛋白进一步分解为珠蛋白和血红素，其中珠蛋白分解为氨基酸被机体再利用；血红素在微粒体的血红素加氧酶（heme oxygenase，HO）催化下释放 CO 和 Fe^{3+}，形成胆绿素，Fe^{3+}可被细胞再利用。胆绿素在胞液胆绿素还原酶催化下被还原为胆红素，由 NADPH 供氢（见附录）。血红素加氧酶是胆红素生成的限速酶，催化的反应需要 O_2 和 NADPH，并且受到底物血红素的诱导，同时血红素又有活化分子氧的作用。

胆红素虽然结构中含有羟基、亚氨基、羧基等极性基团，但由于这些基团全部参与了分子内氢键形成，使胆红素分子成为一疏水亲脂的分子，极易透过细胞膜进入血液（图 17－5）。当其通过血脑屏障进入脑组织，能抑制大脑 RNA 和蛋白质的合成和糖代谢；与神经核团结合可产生核黄疸，干扰脑细胞的正常代谢及功能，故胆红素是人体的一种内源性毒物。

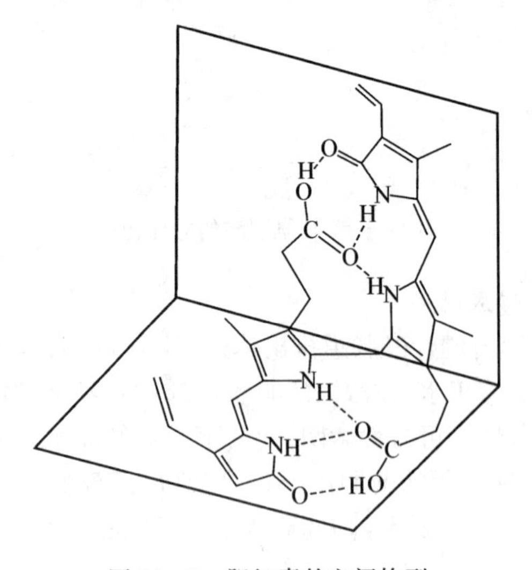

图 17－5 胆红素的空间构型

（二）胆红素的运输

胆红素具有亲脂性，在单核吞噬系统细胞生成后可进入血液，在血浆中与清蛋白(albumin)结合，以胆红素－清蛋白复合体形式存在并运输。胆红素与血浆清蛋白结合后，一方面使其水溶性大大增加，增加了血浆对胆红素的运输能力；另一方面限制了胆红素自由透过各种细胞膜，消除了其对组织细胞造成的毒性，因此正常人尿液中无胆红素。

血浆清蛋白结合胆红素的潜力很大，足以阻止胆红素进入组织细胞而产生毒性。但某些有机阴离子（如磺胺类、脂肪酸、水杨酸、胆汁酸等）与胆红素竞争性结合清蛋白，使胆红素游离。游离胆红素可进入脑组织细胞，造成胆红素脑病，或称核黄疸。新生儿由于血脑屏障不健全，过多的游离胆红素很容易进入脑组织，发生胆红素脑病，因此对新生儿必须慎用上述有机阴离子药物。

此时胆红素尚未经肝脏转化，所以在血液中与清蛋白结合运输的胆红素仍称为未结合胆红素（unconjugated bilirubin）或游离胆红素或血胆红素。这种胆红素不能直接与重氮试剂反应，只有在加入乙醇或尿素等破坏分子内氢键后才能与重氮试剂反应，生成紫红色偶氮化合物，故未结合胆红素又称为间接胆红素（indirect bilirubin）。

二、胆红素在肝细胞内的转化

（一）肝细胞对胆红素的摄取

胆红素以胆红素-清蛋白复合物形式随血液运输到肝，与清蛋白分离后，迅速被肝细胞摄取。胆红素进入肝细胞后，与胞质中的配体蛋白，即 Y 蛋白或 Z 蛋白结合，其中以 Y 蛋白为主，运送至肝内质网继续代谢。Y 蛋白是一种诱导蛋白，苯巴比妥可诱导其合成。新生儿出生 7 周后 Y 蛋白水平才接近成人水平，所以新生儿容易发生生理性黄疸，临床可用苯巴比妥诱导 Y 蛋白的合成来进行治疗。

（二）肝细胞对胆红素的转化作用

胆红素-Y 蛋白或胆红素-Z 蛋白在内质网 UDP-葡萄糖醛酸基转移酶（UDP-glucuronyl transferase，UGT）的催化下，由 UDP-葡萄糖醛酸提供葡萄糖醛酸基，胆红素侧链上丙酸基的羧基与葡萄糖醛酸结合，生成胆红素葡萄糖醛酸酯。胆红素分子内有两个羧基，故主要结合两分子葡萄糖醛酸，生成胆红素葡萄糖醛酸二酯（图 17－6），分泌进入胆汁。

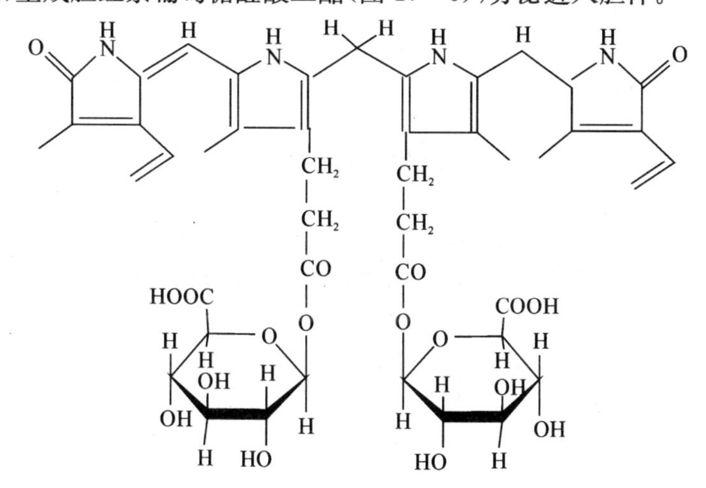

图 17－6 胆红素葡萄糖醛酸二酯结构

在肝内质网上进行结合转化后的胆红素称为结合胆红素(conjugated bilirubin)或肝胆红素,结合胆红素与结合剂结合后,分子内不再有氢键,因此溶于水,相对无毒能从尿液排出,并且能直接与重氮试剂发生反应,故结合胆红素又称为直接胆红素(direct bilirubin)。两种胆红素的区别见表 17-2。

表 17-2 两种胆红素的性质和名称区别

	未结合胆红素	结合胆红素
其他名称	间接胆红素,血胆红素	直接胆红素,肝胆红素
葡萄糖醛酸结合	未结合	结合
重氮试剂反应	慢、间接反应阳性	迅速、直接反应阳性
水中溶解度	小	大
透过细胞膜的能力	大	小
对脑的毒性作用	大	小
随尿排出	不能	能

三、胆红素在肠腔中的转化及胆素原的肠肝循环

经肝细胞转化生成的结合胆红素随着胆汁进入肠道,在回肠末端和结肠处细菌的β-葡萄糖醛酸糖苷酶作用下,脱去葡萄糖醛酸基,并被逐步还原生成中胆素原、粪胆素原和尿胆素原,三者统称为胆素原(bilinogen)(见附录)。其中 80%随粪便排出体外,在肠道下段经空气氧化为胆素。胆素呈黄褐色,为粪便颜色的主要来源。正常成人每天从粪便排出的粪胆素原为 50~250 mg。当胆道完全梗阻时,因胆红素不能排入肠道,不能形成胆素原及粪胆素,粪便呈灰白色,临床称陶土样便。

肠道生成的胆素原有 10%~20%可被肠黏膜细胞重吸收,经门静脉入肝。其中约 90%又以原形随胆汁排入肠道,形成胆素原肠肝循环(bilinogen enterohepatic circulation)。小部分进入体循环,随尿液排出,即为尿胆素原,接触空气被氧化为尿胆素,是尿液的主要颜色来源。正常人每天随尿排出的胆素为 0.5~4.0 mg。临床将尿液中胆红素、胆素原、胆素称为尿三胆,作为肝功能检查的指标之一。

四、血清胆红素与黄疸

正常人血清胆红素总量为 3.4~17.1 μmol/L(0.2~1 mg/dl),其中约 80%是未结合胆红素,其余为结合胆红素。凡是能够导致胆红素生成过多或肝细胞对胆红素摄取、转化和排泄能力下降的因素均可使血中胆红素含量增多,称为高胆红素血症(hyperbilirubinemia)。胆红素呈金黄色,血中浓度过高可扩散入组织,造成组织黄染,称为黄疸(jaundice)。巩膜、皮肤因含有较多弹性蛋白,与胆红素有较强亲和力,容易被染黄。黏膜中含有能与胆红素结合的血浆清蛋白,也能被染黄。因此,黄疸是由于胆红素代谢障碍,血浆中胆红素含量增加,使皮肤、巩膜及黏膜等被染成黄色的一种病理变化和临床表现。黄疸程度与血清胆红素浓度相关,当血清胆红素浓度超过 34.2 μmol/L(2 mg/dl),肉眼可见巩膜、皮肤、黏膜等组织明显黄染。若血清胆红素超过正常值,但不超过 34.2 μmol/L,肉眼未见黄染,称为隐性黄疸或亚临床黄疸。根

据病因，可将黄疸分为以下三类：

（一）溶血性黄疸（肝前性黄疸）

体内红细胞大量破坏，生成的胆红素过多，超过肝细胞的摄取、转化和排泄能力，使得大量未结合胆红素在血中积聚而发生黄疸。常见于先天性红细胞膜、酶或血红蛋白的遗传性缺陷等和后天性的血型不合的输血、脾亢、疟疾及各种理化因素或药物、毒物等引起的红细胞破坏增加。

（二）肝细胞性黄疸

由于肝细胞功能受损，使其对未结合胆红素摄取、结合、转化和排泄的能力降低，一方面不能将血浆中未结合胆红素完全转化为结合胆红素，使血浆中未结合胆红素含量增加；另一方面，部分结合胆红素通过损伤的肝细胞反流入血，使血中结合胆红素升高。临床上可见新生儿生理性黄疸，肝内胆汁淤滞、感染、化学试剂、毒物、肿瘤等所致的肝病变以及先天性遗传缺陷如 Gilbert 综合征和 Crigler-Najjar 综合征等。

（三）阻塞性黄疸（肝后性黄疸）

各种原因引起的胆汁排泄通道受阻，使胆小管和毛细胆管内压力增大而破裂，肝内转化生成的结合胆红素随胆汁反流入血，使得血浆结合胆红素含量升高。常见于胆结石、胆管炎症、先天性胆道闭塞、蛔虫或肿瘤等。由于排入肠道的胆红素减少、生成的胆素原也减少，粪便颜色变浅呈灰白色即陶土样便。

通过比较正常人和几类黄疸病人的血、尿、粪便中胆红素及其代谢产物的不同，可对溶血性、肝细胞性和阻塞性黄疸三种类型加以鉴别诊断，见表 17－3。

表 17－3　三种类型黄疸的实验室鉴别诊断

类型	血液尿液				粪便颜色
	未结合胆红素	结合胆红素	胆红素	胆素原	
正常	有	无或极微	阴性	阳性	棕黄色
溶血性黄疸	高度增加	正常或微增	阴性	显著增加	加深
肝细胞性黄疸	增加	增加	阳性	不定	变浅
阻塞性黄疸	不变或微增	高度增加	强阳性	减少或消失	变浅或陶土色

复习思考题

1. 名词解释：生物转化，胆色素，结合胆红素。
2. 简述肝脏生物转化的概念、反应类型及意义。
3. 何谓胆汁酸的肠肝循环？有何生理意义？
4. 胆红素在肝细胞内如何转化？何谓胆红素的肠肝循环？
5. 什么叫黄疸？根据发病机制可分为哪几种类型？

（张　盈）

【附一】初级游离胆汁酸的合成

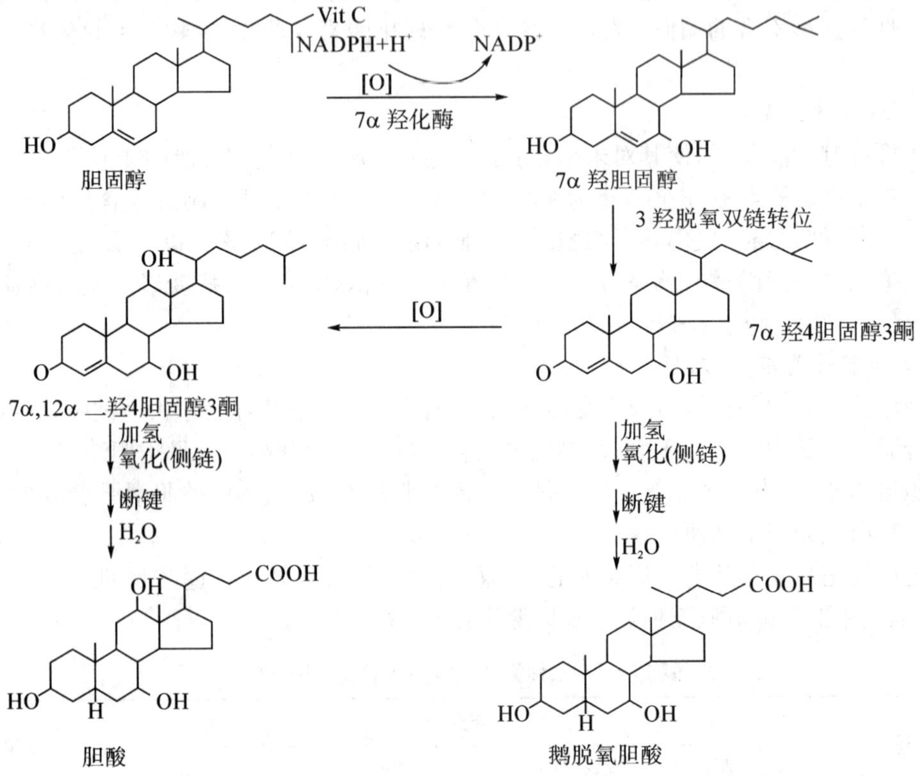

Vit C
NADPH+H^+ NADP$^+$
[O]
7α 羟化酶

胆固醇 → 7α 羟胆固醇

3 羟脱氧双链转位

7α 羟4胆固醇3酮

[O]

7α,12α 二羟4胆固醇3酮

加氢
氧化(侧链)
断键
H_2O

COOH

胆酸

加氢
氧化(侧链)
断键
H_2O

COOH

鹅脱氧胆酸

【附二】初级结合胆汁酸的合成

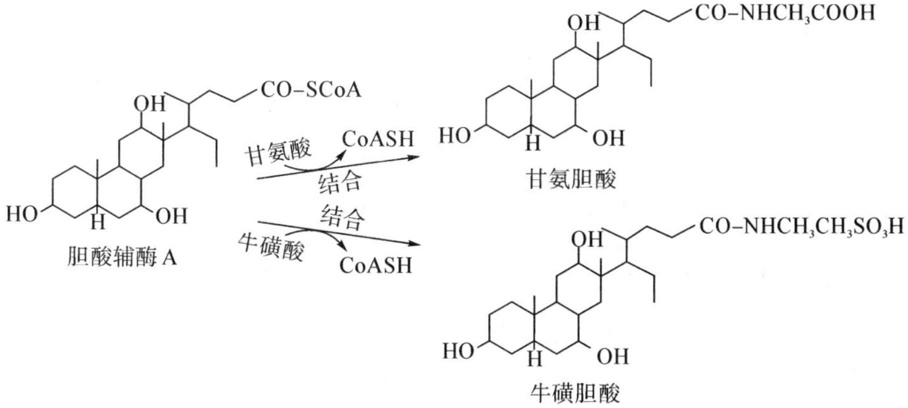

CO–SCoA
OH
HO
H
OH
胆酸辅酶 A

甘氨酸 → CoASH
结合

CO–NHCH$_3$COOH
OH
HO
H
OH
甘氨胆酸

结合
牛磺酸 → CoASH

CO–NHCH$_3$CH$_3$SO$_3$H
OH
HO
H
OH
牛磺胆酸

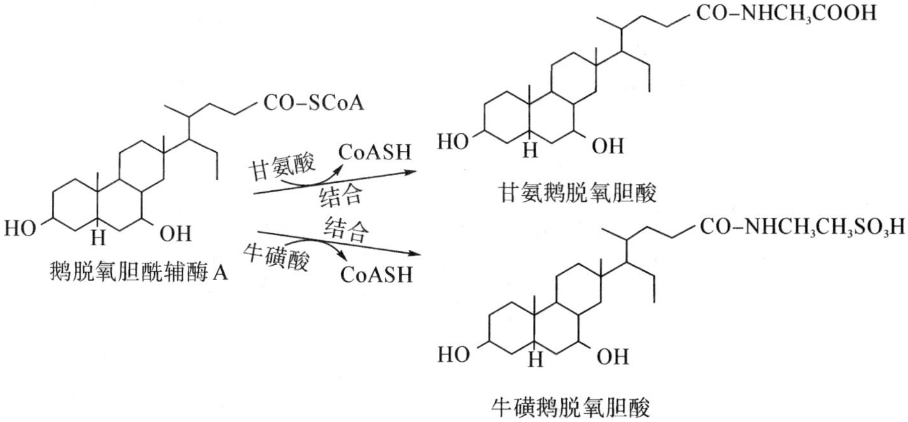

CO–SCoA
HO
H
OH
鹅脱氧胆酰辅酶 A

甘氨酸 → CoASH
结合

CO–NHCH$_3$COOH
HO
H
OH
甘氨鹅脱氧胆酸

结合
牛磺酸 → CoASH

CO–NHCH$_3$CH$_3$SO$_3$H
HO
H
OH
牛磺鹅脱氧胆酸

【附三】胆红素生成过程

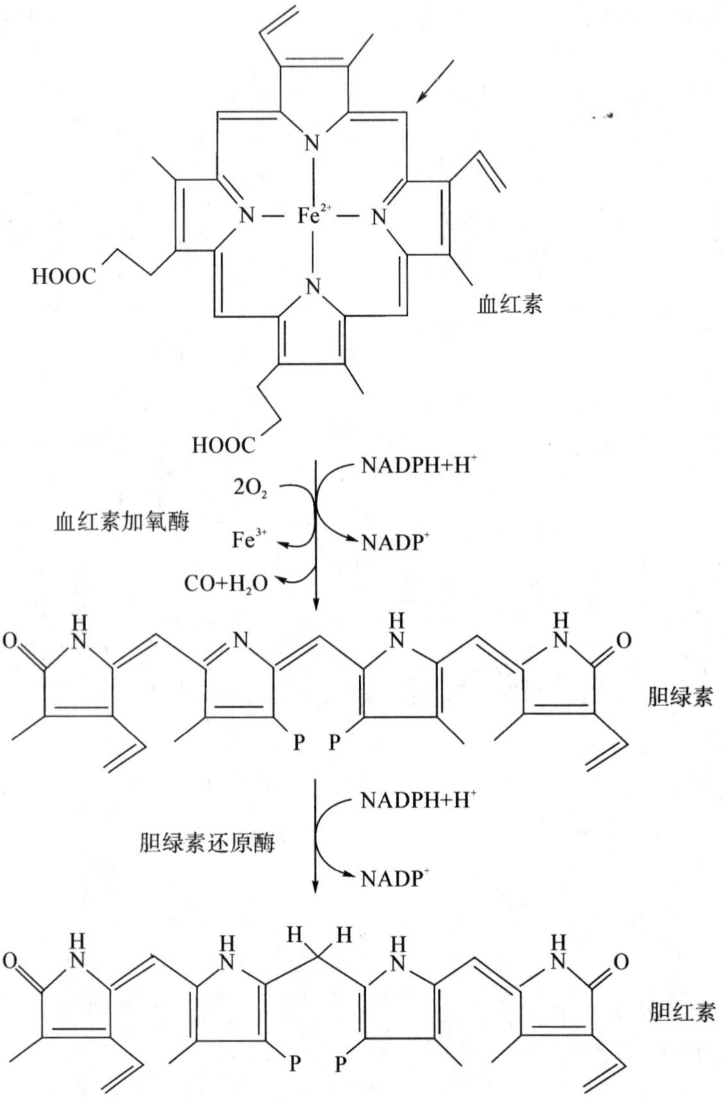

HOOC N N Fe^{2+} N N HOOC

血红素

NADPH+H^{+}

2O$_2$

血红素加氧酶

Fe^{3+}

NADP^{+}

CO+H$_2$O

O H N N H N H N O P P

胆绿素

NADPH+H^{+}

胆绿素还原酶

NADP^{+}

O H N H N H H H N H N O P P

胆红素

【附四】胆素原及胆素的生成

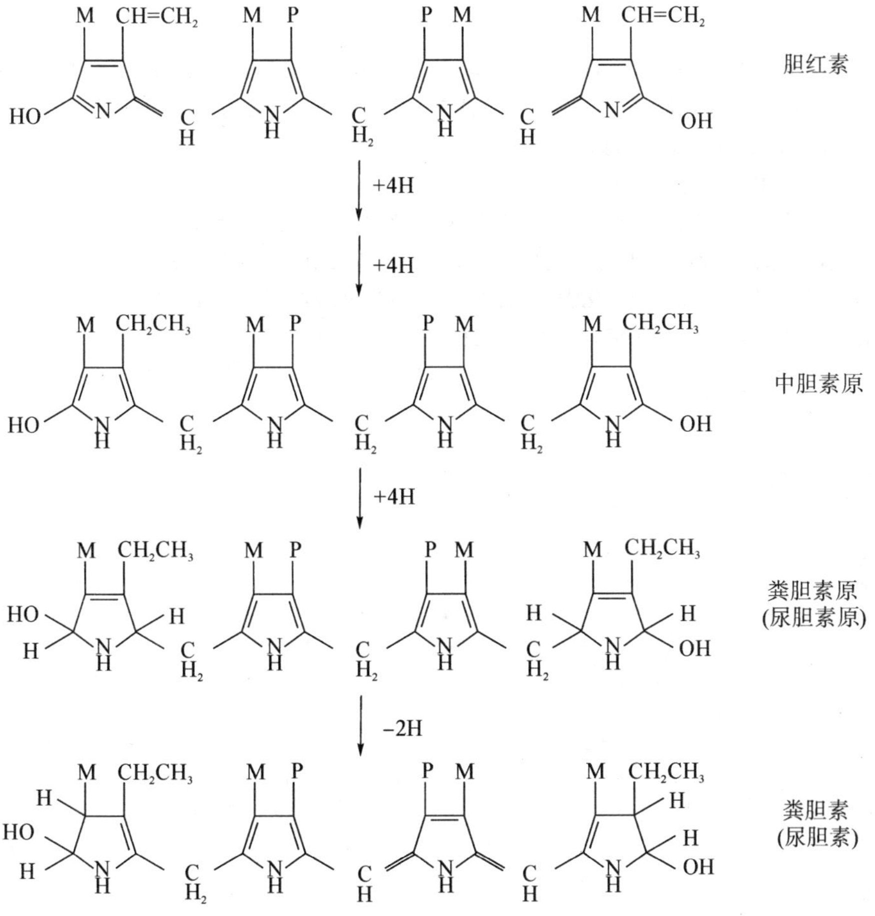

胆红素

↓ +4H

↓ +4H

中胆素原

↓ +4H

粪胆素原
(尿胆素原)

↓ −2H

粪胆素
(尿胆素)

主要参考文献

1. George P, David S, Eric S. Lewin's cells. 3th ed. Burlington, MA: Jones & Bartlett Learning, 2012.
2. John W Pelley. 整合生物化学. 2版. 北京：北京大学医学出版社，2014.
3. 药立波. 医学分子生物学. 2版. 北京：人民卫生出版社，2006.
4. 吴梧桐. 生物化学. 6版. 北京：人民卫生出版社，2007.
5. 黄诒森，张光毅. 生物化学与分子生物学. 3版. 北京：科学出版社，2012.
6. 查锡良，药立波. 生物化学与分子生物学. 8版. 北京：人民卫生出版社，2013.
7. 王镜岩，朱圣庚，徐长法. 生物化学. 3版. 北京：高等教育出版社，2002.
8. 章有章. 生物化学. 北京：北京大学医学出版社，2006.